21世纪高等教育网络工程规划教材
21st Century University Planned Textbooks of Network Engineering

计算机
网络设计（第3版）

Computer Networks
Design (3rd Edition)

易建勋 范丰仙 刘青 唐建湘 ◎编著

人民邮电出版社
北京

图书在版编目（CIP）数据

计算机网络设计 / 易建勋等编著. -- 3版. -- 北京：
人民邮电出版社，2016.2
21世纪高等教育网络工程规划教材
ISBN 978-7-115-41592-9

Ⅰ．①计… Ⅱ．①易… Ⅲ．①计算机网络－网络设计
－高等学校－教材 Ⅳ．①TP393.02

中国版本图书馆CIP数据核字(2016)第015048号

内 容 提 要

本教材在第 2 版基础上进行了修订，更新了网络设计最新技术，使教材重点更加突出，更适用于教学需要。

教材以网络结构设计为主线，从网络设计分析和常用网络设计两个方面进行讨论。全书分为两大部分，第 1~7 章为第一部分，主要从纵向分析（逻辑设计）网络设计的基本原则和方法，内容包括：网络设计规范、网络设计基本原则、用户需求分析、网络拓扑结构设计、网络分层设计模型、网络地址规划、网络路由技术、网络性能设计、网络 QoS 设计、网络负载均衡设计、网络可靠性设计、存储网络设计、集群系统设计、网络防火墙技术、安全防护设计、物理隔离设计等。第 8~11 章为第二部分，主要从横向讨论（物理设计）各种常用网络的设计，内容包括：光纤和光缆的技术性能、光通信设备的选型和应用、光纤通信工程设计、光纤通信工程施工、网络常用设备选型、网络设备互联、网络综合布线设计、网络机房设计、城域宽带接入网设计、无线局域网设计、无线传感器网络设计、移动通信网络设计、城域 SDH 传输网设计、DWDM 骨干传输网设计、电信级以太城域网设计、国内外主要互联网结构等内容。

本书提出了一些良好的网络设计解决方案。本书主要作为网络工程、物联网工程、通信工程、计算机科学技术等专业的大学本科教材。为了适合教学的需要，各章均附有习题、电子课件等教学资料。

◆ 编　著　易建勋　范丰仙　刘　青　唐建湘
　　责任编辑　刘　博
　　责任印制　沈　蓉　彭志环
◆ 人民邮电出版社出版发行　　北京市丰台区成寿寺路 11 号
　　邮编　100164　　电子邮件　315@ptpress.com.cn
　　网址　http://www.ptpress.com.cn
　　北京虎彩文化传播有限公司印刷
◆ 开本：787×1092　1/16
　　印张：20.5　　　　　　　　2016 年 2 月第 3 版
　　字数：566 千字　　　　　　2025 年 1 月北京第 10 次印刷

定价：45.00 元

读者服务热线：(010)81055256　印装质量热线：(010)81055316
反盗版热线：(010)81055315

前　言

教学说明

本教材主要作为网络工程、物联网工程、通信工程、计算机科学技术等专业大学本科的教材。学习本教材前，读者应当已经学习完成《计算机网络》或《数据通信》之类的原理性课程，或已具备计算机网络相关基础知识，因为本书不再介绍网络基础知识。

本教材遵循**"广度优先"**的教学原则，书中涉及的知识面较为广泛。通过课程学习，同学们应当达到融会贯通专业知识的要求。但是这也容易导致多而不专的教学效果，为了避免这种情况，应当在课程学习中把握**"网络结构分析"**这一基本原则。

一门课程很难做到面面俱到，本教材也不例外。出于课程安排和教材容量的限制，本教材没有讨论：语音网络设计、视频监控网络设计、工业以太网设计、网络管理设计、网络服务配置技术、网络性能优化、网络数据库优化等内容。作者认为，这些内容非常重要，应当在其他课程中更深入地进行分析和讨论。

由于教材篇幅的限制，网络设计中的一些内容本教材没有深入分析。如重要设计参数的分析和计算、网络设备选型案例、网络施工图纸设计、网络技术方案测试、网络技术文档撰写、完整设计案例分析等。应当通过课程设计和毕业设计加强这方面的训练。

本教材在知识点安排、内容均衡等方面，根据课堂教学实际情况进行了适当安排。教材每章内容具有一定的独立性，教师可根据课时多少，对教学内容进行适当剪裁。

教材说明

本教材在第 2 版的基础上进行了更新和升级，删除了部分"网络原理"课程的内容，新增了部分内容。删除的内容主要为：在本课程中无法讲清楚的技术，如 VoIP、全光网络等；网络原理课程中介绍过的技术，如 VLAN 等；大量压缩了一些网络技术的原理性描述，如 VPN、ADSL 等。新增加的内容为：云计算概念和模型、网络寻址分析、策略路由技术、集群分布式计算 Hadoop、网格分布式计算 BOINC、无线传感器网络设计、3G/4G 移动通信网络的结构、大型国际互联网等。这使教材重点更加突出，更适用于教学的需要。

教材中列举了一些网络设备和工程项目的市场报价，目的是为了在课程设计和毕业设计中，设计方案量化比较的需要，产品的实际成交价会随时间和折扣率而变化。

在教材列举的网络设备配置实例中，为了读者阅读方便，作者在配置命令行中加入了大量中文注释。由于不同产品厂商、不同网络设备对注释的隔离标识符不一致，因此本书统一采用双"//"符号进行隔离。

每章习题中，1~5 题为简要说明题，在教材中可以找到答案。6~8 题为讨论题，它们没有标准答案，这些题目可用于课堂讨论，也可以作为课程论文题目，目的是启发学生讨论问题的兴趣。第9 题为课程论文题，第 10 题为实验题。

教材中涉及的英文缩写名词较多，为了避免繁琐，便于阅读，本书对常识性英语缩写名词（如TCP/IP、IEEE、LAN 等）不进行注释；对大部分不易理解的英语缩写只注释中文词义，如：GE（吉比特以太网）；对于部分较生僻、不易找到原文的英文缩写，一般随书注释，如：EC（EtherChannel，以太通道/端口汇聚组）。

致谢

本教材主编为易建勋，副主编为范丰仙和刘青，唐建湘、汤强、周书仁、邓江沙、廖年冬、熊兵、谢晓巍、王静、龙际珍、唐良荣等老师参加了本书的编写工作。

因特网上的技术资料给作者提供了极大的帮助，本书也是建立在这些技术专家辛勤工作的基础上。非常感谢这些作者，没有您的技术探讨，作者不可能完成这项工作。

期待您的反馈

教材的 PPT 课件等材料，可在人民邮电出版社教学服务与资源网 http://www.ptpedu.com.cn/下载，教学文件、实验指导、实验视频、课程设计等文件，可以 E-mail 向作者获取。

虽然作者在写作中尽了最大努力，书中仍然可能存在一些不够详尽和准确的地方。如果您在阅读中发现了不足和错误，可以通过以下电子邮件地址与作者进行联系。E-mail：yjxcs@163.com。

易建勋

2015 年 10 月 22 日

目　　录

第1章 网络工程概述

网络工程设计涉及许多协议与标准，核心标准主要是 ITU-T、IEEE、IETF 三大系列。在数据通信网络中，ITU-T 系列标准更接近于城域网物理层的定义，IEEE 系列标准关注局域网物理层和数据链路层，IETF 标准则注重数据链路层以上的规范。

1.1 网络工程基本特征

1.1.1 系统集成特点

1. 计算机网络的类型

计算机网络是利用通信设备，通信线路和通信协议、将分布在不同地点，**功能独立的多台计算机互连**起来，通过网络软件，实现网络**资源共享**和**信息传输**的系统。

根据 IEEE 802 标准规定，计算机网络按地理范围可以分为局域网（LAN）、城域网（MAN）和广域网（WAN），这是最常见的分类方法。网络的其他分类方法如表 1-1 所示。

表 1-1 　　　　　　　　　　　　**常见通信网络分类方法**

分类方法	通信网络类型
按地理范围分类	局域网、城域网、广域网
按网络结构分类	点对点、链路形、总线形、星形、树形、环形、网状形、蜂窝形、混合形等
按业务类型分类	计算机网、电信网、电视网、视频监控网、广播网等
按全球大网分类	互联网、因特网、物联网、无线传感器网
按信号传输分类	广播式网络、点对点网络
按网络协议分类	Ethernet、SDH、DWDM、RPR、令牌环、Apple Talk、Novell Netware、FDDI、ATM
按交换技术分类	分组交换网、电路交换网
按信号复用分类	时分复用（TDM）、频分复用（FDM）、波分复用（WDM）、码分复用（CDM）
按接入技术分类	有线：Ethernet、ADSL、HFC、EPON、PSTN、ISDN、X.25、FR、DDN 等 无线：WLAN、3G/4G、LET、GPRS、LMDS、VSAT、DBS 等
按通信功能分类	用户驻地网（CPN）、接入网（AN）、交换网（如 IP 网）、传输网（如 SDH、DWDM）

2. 系统集成的组成

美国信息技术协会（ITAA）对系统集成（SI）的定义是：根据一个复杂的信息系统或子系统的要求，**验明多种技术和产品**，并建立一个完整的**解决方案**的过程。

根据以上定义，系统集成的对象是信息系统或子系统。我们可以将"信息系统"分解为网络系统、硬件系统和软件系统三大部分（如图 1-1 所示），这三大部分有各自独立的功能，也相互关联。系统集成技术贯穿于系统集成工作的全过程。

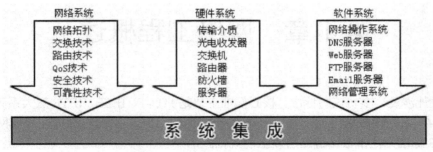

图 1-1　系统集成的三大组成部分

3. 系统集成的复杂性

如图 1-2 所示，一个大型系统集成项目的复杂性体现在**技术、成员、环境、约束**四个方面，它们之间互为依存关系。

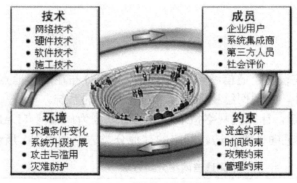

图 1-2　系统集成的复杂性

（1）实现技术的集成性。系统集成涉及网络技术、硬件技术、软件技术和施工技术四个方面，这增加了系统的复杂性。例如，在系统集成工程中选择 IBM 公司的大型专业服务器，也就意味着选择了 UNIX 软件平台，相应的网络技术和应用软件也会随之变化。

（2）成员目标的复杂性。系统集成涉及用户、系统集成商、第三方人员（如专家、项目监理人员）和社会评价部门（如关联企业、政府部门），它们之间既有共同的目标，也有不同的期望。系统集成项目的最终成功虽然符合各方利益，但用户期望这是一个低投入、高回报的项目；而系统集成商期望项目能够高效率进行，而且带来高利润；第三方人员希望项目能够保证高性能和高品质，以减少自己的责任风险；关联企业则希望不要引起自己系统工作模式的改变。因此，一个系统集成项目需要各个方面的协作。

（3）应用环境的不确定性。系统集成应当考虑到项目今后环境发生的变化，如电力不足、用户办公环境改造、城市建设改造等问题；还要考虑到企业由于计算机使用人员的增加，对系统造成的压力，以及系统的升级改造。另外，系统外部的攻击、内部人员的滥用（如多线程下载），也会给系统带来不确定的变化因素。

（4）约束条件的多样性。系统集成还会受到资金、时间、政策、管理等条件的约束。其中最大的约束条件是资金问题，几乎所有系统集成项目都会受到它的约束。

4．多种技术和产品的集成

按照 ITAA 定义，系统集成包含多种产品和技术。

系统集成不是选择最好的产品和技术的简单行为，而是要**选择最适合用户需求和投资规模的产品和技术**。这些不同的产品和技术可能是成熟和流行的技术，也可能是新产品和新技术，将它们集成在一个系统内时，需要"**验明**"系统集成的可行性。

对于硬件设备，系统集成的验明工作在于解决不同产品之间的兼容性问题。例如，在一个网络系统中，可能采用 H 公司的交换机和 C 公司的路由器，因此，只要解决了它们之间的兼容性问题，就可以实现多个设备之间的互连。

对于软件产品，系统集成的验明工作在于解决不同软件之间输出数据格式的转换问题。例如，某个公司总部采用 Linux 操作系统和 Oracle 数据库，而在另一地的子公司采用 Windows 平台下的 MS SQL Server 数据库，它们之间的数据交换就需要一种双方都能接受的中间文件格式，如 TXT 文本格式或 HTML 格式。

对于网络系统，系统集成的验明工作在于解决不同系统之间的信号交换和路由问题。例如，大部分企业采用以太网技术；ISP（因特网服务提供商）可能只提供 ASDL（非对称数字用户线路）接入技术；电信运营商可能采用 SDH（同步数字系列）技术进行信号转发；而信号在国家主干链路上传输时，则可能采用 DWDM（密集波分复用）传输技术。可见，IP 数据包在传输过程中经历了多种信号的交换和路由。

由于多种产品和技术源于不同的标准或行业要求，将它们集成在一起时，有许多问题需要解决。系统集成不是简单的设备供货，它更多地体现了设计、调试与实施等行为。

1.1.2　网络工程要求

计算机网络工程的目的是建立一套满足用户需求、性能价格比较高、完整可行的计算机网络硬件和软件应用平台。

1．网络工程的特点

工程是指按计划进行的规范性工作。一个网络工程项目具有以下特点。

（1）网络工程要有明确的目标，这个目标在工程开始之前就需要确定，在工程进行中不要轻易地进行大的更改。

（2）网络工程要有详细的规划或设计，设计可以分为不同的层次，有些设计比较概括（如总体设计），有些设计非常具体（如系统实施方案）。

（3）网络工程要有权威的依据，如国家标准、国际标准、行业标准或地方标准。

（4）网络工程要有完备的技术文档，如可行性论证报告、用户需求分析报告、项目总体设计方案、子项目具体设计方案、项目实施方案、项目验收方案等。

（5）网络工程要有固定的责任人，并有完善的实施机构。例如，用户方的项目负责人、系统集成商组成的项目小组、第三方的项目监理人员等。

2．网络工程的内容

一个成功的网络系统建立过程，需要解决以下问题。

（1）用户需要一个什么样的网络系统？

（2）如何构建一个满足用户需求的网络系统？

（3）建立一个满足用户需求的网络系统需要投入多少资金？

（4）最适合用户的网络系统结构是什么？

（5）选择什么样的网络硬件设备？

（6）选择什么样的网络操作系统和网络服务器软件？

（7）网络系统应当提供哪些功能？

（8）网络系统的性能如何？

（9）网络系统的可靠性如何？

（10）网络系统的安全性如何？

（11）网络系统的扩展性如何？

（12）建立什么样的网络管理机制？

具有表演功能的网络系统很容易建立，但要达到网络系统规定的设计目标则是一项困难的工作。在网络系统应用的初期，用户只使用了网络的部分功能。如果网络中传输的数据量较小，网络系统中存在的问题不会马上暴露出来。随着网络系统应用的深入，网络信息量会不断增大，网络系统设计中存在的问题将逐渐显露出来。如果网络结构设计不合理、服务器数据处理能力差、网络传输速率低，那么随着网络用户数量的增加，以及网络共享数据量的增加，网络系统性能将会不断下降。失败的网络系统都存在一个共同的问题，那就是忽视或根本没有做好网络系统的设计工作。

3．网络工程的专业定位

网络工程专业常见的困惑是：网络工程专业与计算机科学技术有什么区别？与通信工程是什么关系？要不要培养程序设计能力等。作者认为，按照 **TCP/IP** 网络模型进行专业分工是解决以上问题的一个很好方案，下面以图 1-3 进行简单说明。

TCP/IP模型	网络工程专业定位			基础知识			常用技术	
应用层	网络应用 其他 专业	软件开发 科学技 术专业	网络服务 网络工 程专业	C/S工作模式 域名结构 脚本语言 Socket接口	Windows Linux FreeBSD Cisco IOS	DNS服务器 Web服务器 E-mail服务器 FTP服务器	AAA认证 加密/解密 DNS负载均衡 网络管理	
传输层	网络工程专业			TCP协议原理	接口编程	防火墙配置	流量监测	
网络层				IP协议原理 路由算法理论	地址规划 静态路由	OSPF、RIP IS-IS、BGP	策略路由 QoS配置	
网络接口层	物联网 网络工 程专业	局域网 网络工 程专业	广域网 通信工 程专业	通信基础知识 以太网原理 光通信原理 无线通信知识	交换机配置 WLAN技术 VoIP技术 SAN技术	设备选型 网络测试 综合布线 机房建设	以太网技术 城域网技术 广域网结构 物联网技术	

图 1-3　网络工程的专业定位

（1）应用层

网络应用层的主要工作可以分为 3 个方面：网络应用、网络程序开发和网络服务。

网络应用的主要工作有：电子商务、网站设计、网站管理、客户端应用等。这方面的工作主要由其他相关专业处理较为合适，如网站风格设计，美术专业比网络工程更为合适；如电子商务的重点是商务，而不是网络这种形式，因此市场营销专业更为合适。

应用层软件开发、数据库管理等工作，由软件工程、计算机科学技术专业做更为合适。因为要求软件开发工程师去处理一个网络负载均衡问题，是一件令人痛苦的事情；而要求网络工程师做一个软件需求分析报告，同样是一件不靠谱的事情，毕竟分工不同，术有专攻。

应用层的网络服务工作主要有：各种服务器软件（如 DNS、Web、E-mail 等）的配置与管理、网络性能优化、网络安全管理、网络故障处理等，这些工作由网络工程专业处理较为合适，因为它与 TCP/IP 模型其他层的诸多技术密切相关。

（2）传输层和网络层

传输层和网络层的主要功能是：数据包的交换转发和路由选择等，它涉及的工作有：带宽规划、流量控制、拥塞预防、负载均衡、数据安全等，这些都是网络工程专业的主要工作职责。如果网络工程专业需要编程能力，那也必须是网络层的嵌入式程序开发（如路由算法编程），而不是应用层与传输层之间的 Sockets 接口编程。

（3）物理层

物理层的工作可以分为 3 个部分，一是物联网感知层的硬件和软件开发，这些工作大多涉及嵌入式开发等内容，由网络工程和电子工程专业人员共同开发较为合适；二是局域网的设计、施工与管理工作，这是对网络工程师的基本素质要求；三是城域网与广域网的设计、工程实施、业务管理等工作，由通信工程专业来做更为合适。

4．网络工程师的职业技术要求

理解和掌握网络原理与技术是对网络工程师最基本的要求。除此之外，一个成熟的网络工程师还应当具备以下知识结构和工程能力。

（1）网络技术知识结构。熟练掌握 VLAN 划分、流量控制、负载均衡、路由协议配置、防火墙设置等主要网络配置技术。掌握网络安全和管理技术、网络数据存储备份技术、网络系统备份与恢复技术、网络故障测试和处理技术、网络性能优化技术等。

（2）硬件技术知识结构。熟练掌握服务器等网络设备的主要技术参数、设备的接口形式与兼容性、设备的互连与调试方法。掌握网络布线设备与规范，并能将不同的网络设备与技术集成在一个工程系统中。

（3）软件技术知识结构。掌握 Windows Server、Linux、Cisco IOS 等网络操作系统的安装与配置方法。熟练掌握 DNS、Web、FTP、邮件等服务器软件的安装与配置方法。掌握常用网络工程软件的使用方法。

（4）工程设计能力。网络工程师应当能够评估目前流行的和正在出现的网络技术，预测技术的发展方向，评估计算机新技术的可能应用。

没有文档的设计只是一个设想。简单的文档只能说明网络工程师的能力不足，并不能表明设计方案的简单性。工程项目往往要求在极短的时间内写作和整理大量的技术文档（如标书文档），这项工作往往是衡量一个网络工程师是否成熟的重要标志。

很多网络工程项目往往是经典案例的简化应用（如大学校园网建设等），因此网络工程师应当熟练掌握数个网络工程的**经典设计案例**，分析这些案例的具体优点和不足，它们的应用对象和投资力度。

（5）工程管理能力。网络工程师应当具备组织和实施一个完整网络工程的能力。应当能把握网络工程的方案评审、工程实施与监理、系统测试与验收等关键环节。具备与不同用户进行沟通的能力，有独立解决问题的能力和很强的团队协作精神。

1.1.3　网络工程集成

网络工程师应当很好地掌握和应用网络系统集成技术，通过认真分析与设计，建立一个高性能、高可靠、实用的网络系统。网络工程的集成步骤如图 1-4 所示。

1. 网络系统规划

在网络规划工作中，用户需要组织技术专家对网络系统的可行性进行论证，论证网络系统是否具备建设的客观条件。在可行性论证过程中，用户要明确提出自己的应用需求、建设目标、网络系统的功能、技术指标、现有条件、工期、资金预算等方面的内容。可行性论证结束后，要形成"可行性论证报告"，作为网络工程的纲领性文件。

2. 网络系统设计

网络系统的承建者（集成商）在进行了用户需求调查后，在用户的配合下，对网络系统的用户需求进行调查，以确定网络工程应具备的功能和达到的技术指标。

网络工程集成商应当根据用户的需求，对网络工程建设范围、建设目标、建设原则、总体技术思路、投资规模等问题给出概括性的回答。

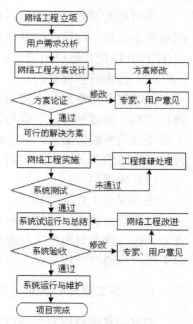

图 1-4　网络工程项目集成的步骤

接下来，网络工程集成商进行系统设计。这项工作是要对网络工程的具体问题给出明确的、可行的、系统的解决方案。设计工作结束后，要形成《网络系统总体设计方案》（也称为《网络工程设计说明书》），用户应当聘请第三方专家对设计方案进行评审。

3. 网络系统实施

（1）实施计划。网络工程进入实施阶段后，集成商要制订一个详细的实施计划。计划要有明确的时间安排、分期达到的目标、施工方式、资金使用预算、竣工验收方法等内容。网络工程实施计划必须是规范的技术文档，它是工程实施的基本依据。

（2）设备选型。集成商根据设计方案的技术要求，选择合适型号的设备与软件。如路由器、交换机、防火墙、服务器、布线系统、存储设备、网络操作系统、网络管理系统等。

（3）综合布线。这一阶段的核心工作是进行网络综合布线、设备安装调试、软件环境的配置以及系统测试等工作。

4. 网络系统验收

网络工程基本完工后，应当进行系统试运行工作，以及工程文档整理工作。如果试运行的网络系统满足"设计说明书"和"工程合同"要求，就可以进行系统验收工作了。验收工作包括以下几方面的内容。

（1）所选设备质量是否合格，能否达到用户要求；

（2）网络综合布线是否合理、规范，以及留有扩展空间；

（3）硬件设备安装调试是否正常，各种应用环境是否已经实施或模拟实施；

（4）系统软件和应用软件能否实现相应功能，并已经进行了系统快速恢复测试；

（5）网络系统的测试方法是否遵循相关标准进行，测试参数是否合格；

（6）网络工程文档是否完整、规范、齐全；

（7）用户培训教材、时间、内容、地点是否合适等。

（8）工程验收完成后，应当形成《网络工程验收报告》。

1.1.4　常用工具软件

网络工程师需要了解和掌握一些常用的网络操作系统，如 Windows Server、Linux、Cisco iOS 等。网络工程师还需要掌握一些常用的网络服务配置和优化方法，如 DNS 服务器配置、Web 服务器配置、FTP 服务器配置、E-mail 服务器配置等。网络工程常用的软件如表 1-2 所示。

表 1-2　　　　　　　　　　　　　网络工程中的常用软件

软件类型	软件名称	软件说明
网络操作系统	Windows Server	微软公司网络操作系统
	Red Hat Linux	红帽子公司网络操作系统
	FreeBSD	美国伯克利分校 UNIX 操作系统
	Cisco IOS	思科公司网络设备操作系统
服务器软件	Apache	应用最多的 Web 服务器开源软件（Linux/Windows）
	IIS	微软公司 Web、FTP 服务器
	IPTables	Linux 下的企业级防火墙软件
	ISA Server	微软公司企业级软件防火墙
	Exchange Server	微软公司大型邮件服务器
	Heartbeat	Linux 下的高可靠集群和负载均衡软件
	VMware Workstation/Server	VMware 公司虚拟机软件（Linux/Windows）
网络管理软件	HP Open View	大型网管软件，拓扑图、性能分析、故障分析等
	Ciscoworks	思科公司的中小型网络管理软件
	MG-SOFT MIB Browser	浏览多个厂商设备的 MIB 库，管理 SNMP 设备
	MRTG	网络流量监控自由软件（Linux）
	NetIQ Chariot	NetIQ 公司网络和网络设备性能测试软件
	Backup Exec	赛门铁克公司服务器综合备份软件
网络工具软件	Microsoft Office Visio	网络拓扑图设计和布线图设计
	Packet Tracer	思科开发的交换机、路由器、无线网络模拟实验软件
	GNS3	思科路由器、交换机、PIX 防火墙模拟实验软件

说明：网络工程师应当通过实验了解和掌握以上软件的功能和使用方法。

1.2　网络工程设计规范

标准是一组规定的规则、条件或要求。成功的标准应当能够满足用户的实际需求，没有实际用途的标准是没有生存空间的。

1.2.1　网络工程标准

1. 标准制定的目的

网络标准之所以重要，原因之一是目前网络工程所使用的硬件和软件种类繁多，如果没有标准，可能会导致一种设备与另一种设备不兼容，或者一个应用软件不能与另一个应用软件进行数据交换；原因之二是通过标准或规范，不同厂商可以确保产品和服务达到公认的规定品质；原因之三是为了保护标准制定者的利益；原因之四是降低系统集成商的开发成本，同时也降低了用户维护和扩展系统的成本。

2. 标准制定过程中的利益群体

标准的制定往往源于利益集团的需求，不同的利益集团往往会推出不同的标准。标准制定过程中，用户的作用并不明显，因为一旦标准组织由厂商和用户组成，双方都会把自己的意愿加入到标准中。由于双方的利益存在根本性的冲突（如知识产权问题），因此有可能出现激烈的争吵，因此**标准是各方利益博弈的结果**。

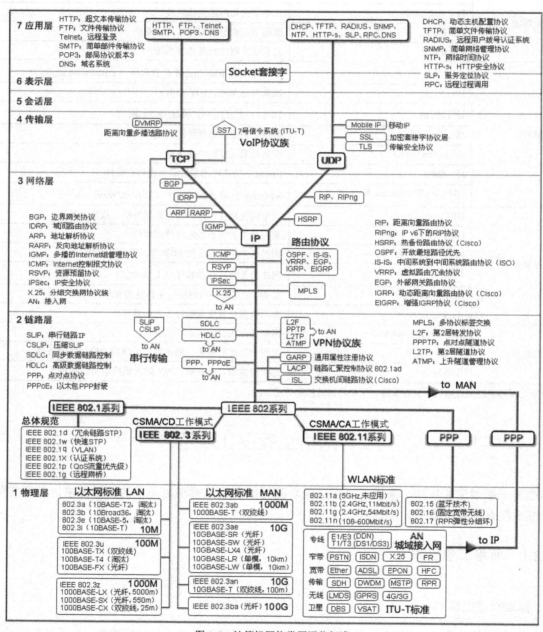

图 1-5　计算机网络常用通信标准

3. 标准的两面性

对于厂商而言，标准有它的两面性：一方面厂商必须保证他们的产品符合标准；另一方面他们又必须进行产品创新，以使自己的产品与别人不同。有时厂商会去掉标准中一些不重要的部分，以达到降低产品成本的目的。一些主要网络设备生产厂商的产品质量较高，而且市场占有份额很大，这会促使其他厂商围绕大厂商的企业标准来设计自己的产品。

4. 计算机网络标准的分布

计算机网络标准制定组织主要有：ITU-T（国际电信联盟标准化部门）、IEEE（国际电气与电子工程师协会）和 IETF（国际因特网工程小组）。如图 1-5 所示，ITU-T 和 IEEE 制定的网络标准主要集中在物理层和数据链路层，ITU-T 主要着重于制定城域网和广域网通信标准，IEEE 主要着重于制定局域网标准。IETF 则主要制定网络层、传输层和应用层的网络标准。

1.2.2　通信网标准 ITU-T

ITU 是联合国下的一个国际组织，它有 200 多个政府成员、500 多个部门成员（如电信公司、通信设备厂商等）。ITU-T 的工作是对电话、数据通信业务提供一系列的技术性建议。现行的 ITU-T 标准几乎是强制性的，因此，国内外企业制定的通信标准都必须与 ITU-T 的标准一致。随着 Internet 业务的迅速发展，ITU-T 自 1999 年开始进行全面的战略转移，开始研究与 IP 相关的标准。近几年来，ITU-T 开发了一系列电信网络支持 IP 技术的标准。

ITU 制定的标准称为"建议"，标准分为很多系列，如表 1-3 所示，这些标准系列往往以英文字母 A~Z 开头作为分类。

表 1-3　　　　　　　　　　　　　通信网络常用 ITU-T 系列标准

标准系列	标准内容
E 系列建议	网络运营、电话业务、业务运营。如 E.750 个人通信
F 系列建议	有关电报、数据传输和远程通信业务。如 F.742 远程学习业务
G 系列建议	传输系统、数字系统、网络系统。如 G.703 定义的 E1 接口标准
H 系列建议	视频、音频和多媒体系统。如 H.323 定义的 IP 电话标准
I 系列建议	ISDN（综合业务数字网）系列标准
J 系列建议	广播或组播方式的业务。如 J.83 关于电视多节目系统的标准
M 系列建议	电信管理网络。如 M.3010 电信管理网的原则
T 系列建议	远程信息处理业务的终端设备。如 T.120 多媒体数据会议系统
V 系列建议	电话通信、调制解调器、模拟数据通信等。如 V.92 Modem 通信标准
X 系列建议	数据网和开放系统通信及安全。如 X.25 分组交换网 X.61 定义的 7 号信令标准
Y 系列建议	全球信息基础设施、互联网和下一代网络。如 Y.1231 定义的 IP 接入网结构

1.2.3　局域网标准 IEEE

IEEE 是世界上最大的民间专业性学会，它有 175 个国家和地区 38 万多个成员。IEEE 为计算机工业制定了许多标准，它制定的标准提供给 ANSI（美国国家标准学会）考虑作为美国国家标准。

IEEE 在 20 世纪 80 年代开始制定以太网标准，由于不断更新技术，以太网至今仍然焕发出勃勃生机。以太网具有结构简单、成本低廉、带宽易于扩展、兼容性好等诸多优点。近年来 10G 以太网的实用化及与光纤技术的有机结合，出现了"光以太网"，使以太网信号可以实现长距离传输（达 40km）。这不但使以太网技术占领了局域网领域，而且在向城域网推进。

IEEE 802 系列标准是由 IEEE 制定的关于 LAN 和 MAN 的标准。IEEE 802 系列标准已被接纳为 ISO 标准，并命名为 ISO 8802。IEEE 802 系列标准的主要内容如表 1-4 所示。

表 1-4   **网络工程常用 IEEE 802 系列标准**

标准名称	标准内容	标准状态
IEEE 802.1	局域网总体介绍和体系结构系列规范	正常
IEEE 802.2	LLC 逻辑链路控制	已停止活动
IEEE 802.3	以太网系列规范	正常
IEEE 802.4	令牌总线网技术规范（通用汽车公司提出）	已停止活动
IEEE 802.5	令牌环局域网技术规范（IBM 公司提出）	已淘汰
IEEE 802.6	分布式队列双总线规范（早期城域网）	已淘汰
IEEE 802.7	宽带局域网推荐规程	已停止活动
IEEE 802.8	FDDI 光纤局域网规范	已淘汰
IEEE 802.9	ISDN 综合话音数据局域网规范	已停止活动
IEEE 802.10	VLAN 虚拟局域网和安全性规范	已停止活动
IEEE 802.11	WLAN 无线局域网系列规范	正常
IEEE 802.12	LAN 需求的优先级	已停止活动
IEEE 802.13	未使用	
IEEE 802.14	交互电视规范	已停止活动
IEEE 802.15	无线个人区域网络规范（蓝牙、Zigbee 技术）	正常
IEEE 802.16	宽带无线网络规范（如 WiMax 等）	正常
IEEE 802.17	RPR 弹性分组环规范（以太无源光纤网，EPON）	正常
IEEE 802.18	无线管制技术专家顾问组	正常
IEEE 802.19	共存技术专家顾问组	正常
IEEE 802.20	MBWA 移动宽带无线接入规范	暂停活动
IEEE 802.21	媒质无关切换规范（不同 802 网络之间的基站切换）	正常
IEEE 802.22	固定无线区域网络规范（WRAN）	正常
IEEE 1902.1-2009	长波无线网络协议（物联网）	正常

说明：IEEE 802.1/802.3/802.11/802.15/802.16 等是标准系列，也是目前最活跃的标准。

1.2.4   因特网标准 IETF

IETF（因特网工程任务组）创立于 1986 年，它是一个庞大的开放性国际组织，它由网络设计师、网络运营者、服务提供商和研究人员等组成。IETF 没有成员资格限定，任何志愿者都可以报名参加任何会议。

IETF 的主要工作是研究因特网技术，制定因特网标准。IETF 发布两种文件，一种是 Internet Draft（因特网草案），另一种是 RFC（意见征求书）。Internet Draft 任何人都可以提交，没有任何特殊限制。Internet Draft 的用途为：一是作为技术文章发表，二是提出技术方案来讨论，三是审查成为 RFC 标准。RFC 是真正的标准性文件，RFC 被批准出台后，其内容不做改变。RFC 标准可以在 Internet 上随意取阅，并可免费复制。截止到 2015 年，IETF 一共发布了 6 000 多篇 RFC 文档，而且新的 RFC 文档还在不断增加。RFC 所收录的文档并不都是正在使用或为大家所公认的标准，也有很大一部分只在某个局部领域使用，或并没有被工程实践所采用。网络工程常用的 RFC 文档如表 1-5 所示。

表 1-5 　　　　　　　　　　　　**网络工程常用 RFC 文档**

协议类型	RFC 编号	标准说明
基础类	RFC 768	UDP 用户数据报协议（1980）
	RFC 791	IP 网际协议规范（1981）
	RFC 793	TCP 传输控制协议（1981）
	RFC 821	SMTP 简单邮件传输协议（1982）
	RFC 959	FTP 文件传输协议（1985）
	RFC 1081	POP3 邮件接收协议（1988）
	RFC 1945	HTTP 1.0 超文本传输协议（1996）
地址类	RFC 932	子网地址分配方案（1985）
	RFC 1860	IPv4 变长子网表（1995）
	RFC 2373	IPv6 寻址体系结构（1998）
	RFC 3022	NAT 传统 IP 网络地址转换（2001）
路由类	RFC 1131	OSPF 开放式最短路径优先规范（1989）
	RFC 1388	RIP 2 距离向量路由协议（1993）
	RFC 1661	PPP 点对点协议（1994）
	RFC 1771	BGP 4 边界网关协议（1995）
QoS 类	RFC 1633	IntServ 集成业务模型（1994）
	RFC 2475	DiffServ 区分业务模型（1998）
安全类	RFC 2401	因特网协议的安全体系结构（1998）
	RFC 2764	IP VPN 的框架体系（2000）
	RFC 3093	FEP 防火墙增强协议（2001）
管理类	RFC 1157	SNMP 简单网络管理协议（1990）
	RFC 2866	RADIUS 远程用户拨号认证系统记账协议（2000）
	RFC 2906	AAA 认证、授权、计费规范（2000）

说明：一个 Internet 功能往往由多个 RFC 文档说明，这里只列出了主要文档。

1.3　网络通信体系结构

网络的功能分层与各层通信协议的集合称为网络体系结构。网络体系结构是抽象的，而实现体系结构的是一些具体的硬件和软件。主要的网络体系结构有 OSI/RM（开放式系统互连/参考模型）、TCP/IP（传输控制协议/因特网协议）、IEEE 802.3 局域网模型等。

1.3.1　OSI/RM 体系结构

ISO（国际标准化组织）一直致力于制定一套普遍适用的网络规范，使得全球范围的计算机都可进行开放式通信。1983 年，ISO 创建了一个有助于开发和理解计算机的通信模型 OSI/RM。OSI/RM

中的"开放"是指只要遵循 OSI 标准，一个系统就可以与世界上任何地方、遵循同一标准的任何网络系统通信。OSI/RM 对网络中两个节点之间的数据通信过程进行了理论化描述，但是它没有规定每一层的硬件或软件模型。

OSI/RM 只给出了计算机网络的一些原则性说明，它并没有制定一个具体的网络协议。许多现代的网络协议（如 TCP/IP）不完全符合 OSI/RM 模型，但是 OSI/RM 的概念与设计思想仍然被保留了下来。例如，网络分层的思想就被大多数计算机网络和通信标准所采用。

由于 OSI/RM 最早由 ISO 和原 CCITT（ITU 的前身）制定，因此有浓厚的通信背景和特色。例如，它强调服务质量（QoS）、强调差错率的保证、只考虑了面向连接的服务等，这与目前流行的 TCP/IP 网络模型有很大的不同。

OSI/RM 先定义了一套功能完整的结构，再根据该结构来发展相应的协议与系统。由于这个体系比较复杂，而且设计先于实现，有许多设计过于理想，因而目前并没有一个完全实现 OSI/RM 的实际网络系统。网络工程设计中常见的网络模型如图 1-6 所示。

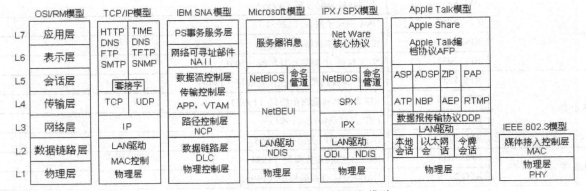

图 1-6　网络工程设计中常见的网络模型

1.3.2　TCP/IP 体系结构

TCP/IP 适用于连接多种不同的网络，既可用于局域网，又可用于广域网，TCP/IP 已成为目前事实上的国际工业标准。TCP/IP 各个层次与网络功能的关系如图 1-7 所示。

TCP/IP模型	主要协议		软件和硬件	网络寻址	数据结构	安全技术	标准制定		应用
应用层	HTTP DNS FTP SMTP Telnet POP3	TFTP SNMP SLP RADIUS DHCP DSMCC	服务器软件 DNS服务器 Web服务器 FTP服务器 Email服务器 服务器主机	进程号	报文	HTTPS PGP MD5 S-MIME SET AAA	IETF 因特网		面向用户
传输层	TCP	UDP	接口软件 L4交换机	端口号	分组	SSL、TLS IDS			面向数据传输
网络层	IP		路由器 L3交换机	IP地址	帧	IPSec 防火墙			
网络接口层	Ethernet、WLAN ADSL、HFC、 SDH、DWDM		L2交换机 光纤收发器 光通信设备 传输介质	MAC地址	比特流	PPP MAC绑定 物理隔离 错误校验	IEEE 局域网	ITU-T 广域网	

图 1-7　TCP/IP 系统结构与功能

从图 1-7 中可以看到 TCP/IP 网络体系结构具有以下特点。

（1）主要协议。由于因特网设计者注重的是网络互联，所以网络接口层没有提出专门的协议，并且允许采用当时已有的通信网（如 X.25 交换网、以太网等）。这种看似不严格的设计思想，使得 TCP/IP 协议可以与任何其他网络互联。例如，目前的 100G 以太网、DWDM（密集波分复用）光纤网络、WLAN（无线局域网）等。

（2）软件和硬件。应用层一般采用软件实现，这样具有功能的多样性、实现的灵活性；其他层由硬件实现则提高了网络处理性能。网络编程接口（Sockets）在传输层实现。

（3）网络寻址。应用层采用进程寻址，解决相同网络服务（如打开多个网页）区分的问题；传输层采用端口号寻址，解决不同网络服务（如打开网页和文件下载同时进行）的区分问题；网络层采用 IP 地址，解决广域网路由聚合问题，对早期没有地址的网络类型（如 PSTN）提供了寻址方式；网络接口层采用 MAC 地址，提高局域网寻址效率（广播）。

（4）数据结构。由于各层数据包的格式不同，因此数据结构名称容易混淆。

（5）标准制定。IEEE 主要定义了局域网的网络接口层规范，ITU-T 主要定义了广域网的网络接口层规范，IETF 则定义了其他各层的网络规范。

（6）应用。应用层主要面对用户和网络管理人员，其他层主要用于数据传输。

TCP/IP 目前面临的主要问题有：地址空间不足、服务质量不能保证、安全等问题。地址问题有望随着 IPv6 的引入而得到解决，服务质量和安全保证也在研究之中，并取得了不少的成果。因此，在很长一段时期内，TCP/IP 还将保持它强大的生命力。

1.3.3　物联网体系结构

1. 物联网的发展

2005 年，在突尼斯举行的信息社会世界峰会（WSIS）上，国际电信联盟（ITU）发布了《ITU 互联网报告 2005：物联网》，正式提出了物联网（IOT）的概念。ITU 报告指出：无所不在的"物联网"通信时代即将来临，世界上所有的物体从轮胎到牙刷、从房屋到纸巾，都可以通过互联网主动进行交换。RFID（射频识别）技术、传感器技术、纳米技术、智能嵌入技术将得到更加广泛的应用。在物联网时代，通过在各种各样的日常用品上，嵌入一种短距离的移动收发器，人类在信息与通信世界里将获得一种新的沟通形式，从任何时间、任何地点的人与人之间的沟通连接，扩展到人与物和物与物之间的沟通连接。物联网在各个领域中的应用如图 1-8 所示。

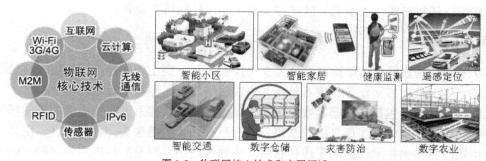

图 1-8　物联网核心技术和应用领域

2. 物联网的应用前景

国际电信联盟曾描绘"物联网"时代的图景：当汽车司机出现操作失误时，汽车会自动报警；

公文包会提醒主人忘带了什么东西；衣服会"告诉"洗衣机对颜色和水温的要求等。以交通管理为例，目前国内各地城市普遍建立了交通摄像头和一些交通情况检测传感器，这些传感器连接到城市交通网络管理中心，形成了一张城市交通监控网络。但目前的交通网功能比较简单，基本上是纠察违章行为。如果在此基础上，补充信息处理的软件和硬件，进行交通流量实时分析和预测，建立一种交通指挥体系，诱导和分流车辆，预判和防止交通事故，这将会大大改善现有城市交通状况，我们将会在一个更加智能的交通环境中行车。

IBM 公司认为，IT 产业下一阶段的任务是把新一代 IT 技术充分运用在各行各业之中，具体地说，就是把感应器嵌入和装备到电网、铁路、桥梁、隧道、公路、建筑、供水系统、大坝、油气管道等各种物体中，并且被普遍连接，形成物联网。

目前物联网在一些领域已经有成功的应用案例，只是没有形成大规模运用。常见应用案例如，上海移动通信公司将超过 10 万个芯片装载在出租车、公交车上，在上海世博会期间，基于物联网的"车务通"系统，将全面用于上海公共交通系统，以保障世博园区周边大流量交通的顺畅，确保城市的有序运作；物联网已在上海浦东国际机场防入侵系统中得到应用，机场防入侵系统铺设了 3 万多个传感器节点，覆盖了地面、栅栏和低空探测，可以防止人员的翻越、偷渡、恐怖袭击等攻击性入侵。

3. 物联网的定义

目前国内对物联网还没有一个统一的定义，早期（1999 年）物联网的定义很简单：将物品通过射频识别信息、传感设备与互联网连接起来，实现物品的智能化识别和管理。

以上定义体现了物联网的三个基本特征。一是**互联网特征**，物联网的核心和基础仍然是互联网，需要联网的物品一定要能够实现互联互通。二是**识别与通信特征**，即纳入物联网的"物"一定要具备自动识别（如 RFID）与物物通信（M2M）的功能。三是**智能化特征**，即网络系统应具有自动化、自我反馈与智能控制的特点。

现在来看，RFID 技术只是实现物品与物品连接的手段之一，这种连接以单向为主，不具备组网能力。现在对物品与物品的连接，普遍借助于无线传感器网络技术来实现。

物联网中的"物"要满足以下条件：要有相应信息的接收器；要有数据传输通路；要有一定的存储功能；要有专门的应用程序；要有数据发送器；要遵循物联网的通信协议；在世界网络中有被识别的唯一编码等。

通俗地说，物联网就是物物相连的互联网。就是将生活中的每个物品安装传感芯片，再通过无线网络联系起来，通过终端（如手机）就能控制家中和户外的所有设备。

4. 物联网总体结构

如图 1-9 所示，物联网整体结构可以分为 3 个层次，从下到上依次是：感知层、传送层和应用层。还可以进一步细分为感知设备、接入单元、传输网络、中间件和应用等。

（1）感知层。感知层包括传感器等数据采集设备，以及数据接入到网关之前的传感器网络。例如 RFID 标签和用来识别 RFID 信息的扫描仪，进行视频采集的摄像头，各种温度、压力、光线传感器，以及由短距离传输技术组成的无线传感网。感知层是物联网发展和应用的基础，RFID 技术、传感技术和控制技术、短距离无线通信技术是感知层的主要技术。其中包括：芯片研发、通信协议研究、RFID 材料、智能节点供电等细分领域。

（2）传送层。传送层建立在现有通信网络和互联网的基础上，综合使用移动通信网、有线宽带网、无线局域网等技术。实现有线网络与无线网络的结合，感知网络与通信网络的结合。在传送层中，感知数据的管理与处理是物联网的核心技术。感知数据的管理与处理技术包括：传感网数据的存储、查询、分析、挖掘、理解，以及应用等行为理论和实现技术。云计算作为海量感知数据的存储和分析平台，将是物联网传送层的重要组成部分，也是应用层众多应用的基础。

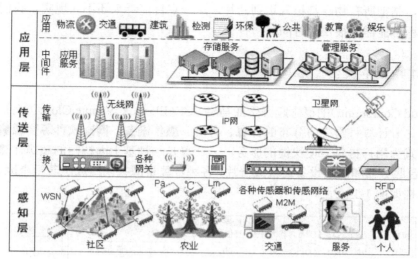

图 1-9　物联网基本结构

（3）应用层。应用层利用经过分析处理的感知数据，为用户提供丰富的特定服务。物联网的应用可分为：监控型（物流监控、污染监控等）应用、查询型（智能检索、远程抄表等）应用、控制型（智能交通、智能家居、路灯控制等）应用、扫描型（手机钱包、高速公路不停车收费等）应用等。应用层的对象包括：行业应用、政府应用、科研应用、家庭应用、个人应用等领域。应用层是物联网发展的目的，各种行业和家庭应用的开发，将会推动物联网的普及，也将给整个物联网产业带来利润。

感知层中的无线传感器网络（WSN）是指：随机分布的集成传感器、数据处理单元和通信单元的微小节点，通过自组织的方式构成的无线网络。传感网由传感器＋短距离传输模块共同构成。传感器种类非常多，常见的有：温度传感器、压力传感器、湿度传感器、振动传感器、位移传感器、角度传感器、光敏传感器等。目前研究的重点并不是传感器本身，而是如何通过各种低功耗、短距离的无线传输技术，构成自组织网络进行数据传输。

5. 物联网存在的问题

（1）安全问题。物联网主要采用 RFID 传感技术，植入这个芯片的产品，有可能被任何人进行感知。对产品用户而言，这个功能可以方便地进行物品管理。但是，其他人也能感知 RFID 信号。如何做到在感知、传输、应用过程中，这些有价值的信息可以为用户所用，却不被别人所用，尤其不被竞争对手所用。这就需要建立一套强大的安全体系，安全问题解决不好，也不会有企业愿意和敢于应用。中国大型企业、政府机构，如果与国外机构进行项目合作，如何确保企业的商业机密或国家机密不被泄漏？这不仅是一个技术问题，而且还涉及到国家安全问题，必须引起高度重视。

（2）隐私问题。在物联网中，射频识别标签有可能预先被嵌入到任何物品中。例如，在人们日常生活物品中，该物品（如衣物）的拥有者不一定能觉察该物品已预先嵌入电子标签，这可能会导致人们自身不受控制地被扫描、定位和追踪，这势必会使个人的隐私问题受到侵犯。这不仅是一个技术问题，还涉及到政治和法律问题。

（3）技术标准。互联网之所以取得成功，是因为全球都采用了标准化的 TCP/IP 协议，使每一台计算机连接到互联网中，都可以很方便地上网。物联网发展过程中，传感、传输、应用各个层面会有大量的技术出现，可能会采用不同的技术方案。如果企业各行其是，相互无法互连，就不能形成规模经济，不能形成整合的商业模式。

在物联网中，是把所有物品都植入识别芯片，这一点目前看来还不太现实。我们正走向物联网时代，但这个过程可能需要很长的时间。

1.3.4 云计算基本模型

云计算（Cloud Computing）的概念起源于亚马逊ECC（Elastic Compute Cloud）产品和Google-IBM分布式计算项目。云计算将网络中分布的**计算、存储、服务设备、网络软件等资源集中起来，将资源以虚拟化**的方式为用户提供方便快捷的服务。云计算是一种基于因特网的超级计算模式，在远程数据中心，几万台服务器和网络设备连接成一片，各种计算资源共同组成了若干个庞大的数据中心。云计算的系统结构如图 1-10 所示。

图 1-10 云计算系统结构和云管理

云计算把 IT 资源与物理基础设施分离，让 IT 资源"浮"起来，成为一朵"云"，让用户随时随地方便地根据自己的需求使用。云计算实现了 IT 资源与物理设施的分离，因此数据中心的任何一台 IT 设备都只是 IT 资源池中的一部分，不专属于任何一个应用，一旦出现故障马上就退出资源池。IT 资源与应用的关系就像发电站与电网的关系一样，用户无需关心到底用的是哪家电厂的电，只要可用就行了。

云计算中最关键的技术是**虚拟化**，此外还包括自动化管理工具，如可以让用户自助服务的门户、计费系统以及自动进行负载分配的系统等。云计算目前需要解决的问题有：降低建设成本、简化管理难度、提高灵活性、建立"云"之间互联互通的标准等问题。

在云计算模式中，用户通过终端接入网络，向"云"提出需求；"云"接受请求后组织资源，通过网络为用户提供服务。用户终端的功能可以大大简化，复杂的计算与处理过程都将转移到用户终端背后的"云"去完成。在任何时间和任何地点，用户只要能够连接至互联网，就可以访问云，用户的应用程序并不需要运行在用户的计算机、手机等终端设备上，而是运行在互联网的大规模服务器集群中。用户处理的数据也无需存储在本地，而是保存在互联网上的数据中心。这意味着计算能力也可以作为一种商品通过互联网进行流通。

1.4　网络工程设计分析

　　建筑工程设计、机械工程设计、电子工程设计都有成熟的设计理论和完善的设计规范。计算机网络是 20 世纪 90 年代兴起的一项新技术，目前还没有一套完整的设计规范。大部分网络设计思想都来源于成功和失败的网络工程设计经验。

1.4.1　简单设计原则

　　复杂性是指网络规模越大时，涉及到的约束条件越多，所耗费的资源也会越多。笛卡尔（René Descartes）在《方法论》一书中指出："如果一个问题过于复杂以至于一下子难以解决，那么就将原问题分解成足够小的问题，然后再分别解决"。对于复杂的因特网系统，不可能所有问题都适用于以上的"分割原则"，有些问题需要采用"系统论"的方法来解决。

　　著名的布鲁尔（Brewer）猜想指出：对于分布式系统，数据一致性（Consistency）、系统可用性（Availability）、分区容错性（Partitioning）三个目标（合称 CAP）不可能同时满足，最多只能满足其中两个。CAP 理论给了人们以下启示。

　　（1）事物的多个方面往往是相互制衡的。在**复杂系统中，冲突是不可避免的**。

　　（2）**凡事有代价**，常常需要在各方面达成某种妥协与平衡。例如，分层会对性能有所损害，但不分层又会带来系统过于复杂的问题。很多时候，结构就是平衡的艺术。明白这一点，就不会为无法找到完美的设计方案而苦恼了。

　　（3）复杂性是由需求所决定的。例如，既要求容量大，又要求效率高，这种需求本身就不简单，因此也无法简单地解决。

　　大型网站往往有成千上万台机器，在这些系统上部署软件和管理服务是一项非常具有挑战性的任务。大规模用户服务往往会涉及到众多的程序模块、若干操作步骤。简单性原则要求每个阶段、每个步骤、每个子任务都尽量采用最简单的解决方案。这是由于**大规模系统存在的不确定性，会导致系统复杂性的增加**。即使做到了每个环节最简单，但是由于不确定性的存在，整个系统还是会出现不可控的风险。

　　【例 1-1】美国工程院院士 Jeff Dean 介绍了在大规模数据中心遇到的难题：假设一台机器处理请求的平均响应时间为 1ms，只有 1% 的请求处理时间会大于 1s。如果一个请求需要由 100 个节点机并行处理，那么就会出现 63% 的请求响应时间大于 1s，这完全不可接受。面对这个复杂的不确定性问题，Jeff Dean 教授和 Google 公司做了很多工作。

　　由于不确定性的存在，在网络工程设计中，应当遵循 KISS 原则（英文直译：事情越简单、越傻瓜化越好）。KISS 原则推崇**简单就是美**，任何没有必要的复杂都需要避免（奥卡姆剃刀原则）。但是要做到 KISS 原则并不容易，人们遇到问题时，往往会从各个方面去考虑，其中难免包含了问题的各种细枝末节，这种方式会导致问题变得非常复杂。

1.4.2　效率设计原则

　　效率始终是网络工程关注的问题，它包括网络运行效率、设备利用率、工程资金利用效率等。例如，为了提高程序执行效率，采用并行处理技术；为了提高网络传输效率，采用信道复用技术；

为了提高 CPU 利用率，采用时间片技术；为了提高 CPU 处理速度，采用高速缓存技术等。但是，效率问题是一个双刃剑，美国经济学家奥肯（Okun）在《平等与效率》中断言："**为了效率就要牺牲某些平等，并且为了平等就要牺牲某些效率**"。奥肯虽然是讨论经济学问题，但是这个原则同样适用计算机系统。

【例 1-2】"优先级"技术中的系统进程优先、中断优先、数据存储局部性原理等，体现了效率优先的原则；而 FIFO（先到先出）算法、队列、网络数据包转发等，体现了平等优先的原则。效率与平等的权衡与选择，需要根据实际问题进行分析处理。如绝大部分算法都采用效率优先原则，但是也有例外。如在"树"的一般广度搜索和深度搜索中，采用了平等优先原则，即保证树中每个节点都能够被搜索到，因而搜索效率很低；而启发式搜索采用效率优先原则，它会对树进行"剪枝"处理，因此不能保证树中每个节点都会被搜索到。在实际应用中，搜索引擎同样不能保证每个因特网中的网页都会被搜索到。

【例 1-3】多台交换机采用"级联"方式互连时，网络设备利用率高，但是对最底层交换机用户不公平；采用"堆叠"方式互连时，所有交换机用户都平等共享网络带宽，但是网络设备投资较大，资金利用效率不高。

可以采用以下方法提高网络工程设计效率。

（1）技术简单性原则。在满足网络业务需求的前提下，尽可能选择简单实用的技术和设备。否则，今后的运行管理、故障维护都需要专业人员，管理开销过大。

（2）奥卡姆剃刀原则。**不要把简单事情复杂化**。复杂的网络结构会提高系统运营成本，并且使网络难于管理。在设计中应当采用最简单和最可行的解决方案，只有在有特殊要求的情况下，或者能够带来很好性价比的情况下，增加网络复杂性才是合理的。

（3）弱路由原则。路由器容易成为网络中的性能瓶颈，应传输尽量少的信息。一般在连接外网时使用路由器，而内网中尽量使用 3 层交换机。

（4）标准化原则。出于兼容性和时间两方面的压力，网络设备必须尽量遵循国际或国内标准。因为只有基于标准的产品才可能与其他厂商的产品很好地互连互通。

（5）基本结构不变原则。设计方案必须具有某种程度的灵活性，并且可随着网络工程的实施进行一些局部改进。但是，基本设计方案不能随意改变。如果频繁地修改基本设计方案，原来的设计原则就会消失，网络设计也就不再存在了。

（6）影响最小原则。因为网络结构改变而受到影响的区域，应被限制到最小程度。不要采用专用性太强的网络设计方案，经验表明，这些方案在今后的系统扩展中会遇到一些意想不到的问题。

1.4.3　安全设计原则

网络安全的重要性不言自明，网络设计中的安全性技术主要有：加密/解密技术、防火墙技术、入侵检测技术、认证技术、非军事化区技术、物理隔离技术等。为了保证网络系统的安全，可以在网络设计中考虑以下原则。

1. 适度安全的原则

安全需求永无止境，因此在网络设计中，应当根据业务的重要性划分安全级别，对不同安全级别实施**适度安全**的原则。

【例 1-4】在计算机工作过程中，由于电磁干扰、时序失常等原因，可能会出现数据传输和处理错误。如果每个步骤都进行数据错误校验，则计算机设计会变得复杂无比。因此，是否进行数据错误校验、数据校验的使用频度如何，需要进行性能与复杂性方面的折中考虑。例如，在个人微机中，性能比安全性更加重要，因此内存条一般不采用奇偶校验和 ECC（错误校验），以提高内存的工作效率；但在服务器内存条设计中，安全性要求大于工作效率，因此奇偶校验和 ECC 校验是服务器内存必不可少的设计要求。

2. 定时更新原则

有些网络被计算机病毒、网络拥塞所困惑，用户对安全的重要性也有认识，但是当得知新方案需要更新设备时，就会采用沉默的态度回避问题。在设备没有损坏时，应当多长时间进行重要设备的更新呢？一般是 3~5 年左右，**设备更新的驱动力已经不再是速度，而是来自对安全的需求**。如端点安全控制、交换机自身的安全保护等。

1.4.4　设计中的折中

设计网络系统时，用户往往会强调这个系统的先进性、实用性、安全性、易用性、可靠性、经济性等技术指标。其实这些指标往往是相互矛盾的，**一个满足以上所有指标的网络设计是一个充满矛盾的设计**。一个优秀的网络工程师，应当在满足其中少数几个主要指标后，对其他相互矛盾的指标做出**折中**处理。

1. 主流技术与新技术的矛盾

（1）主流技术的观点。由于网络技术发展迅速，大多数网络工程师无法看清 10 年甚至 5 年后技术的发展，所以在网络设计中应当采用成熟的网络技术，选用成熟的主流产品。主流技术通常在实践中经过了广泛的检验，在网络设计中选择主流技术可以减少用户培训和管理费用。如果片面追求新技术、新产品，就存在一定的风险，容易造成不必要的浪费。

（2）新技术的观点。网络设计的先进性体现在设计思想先进、网络技术先进、硬件设备先进、开发工具先进等方面。由于成熟的网络技术处于发展的顶峰，接下来会进入技术淘汰期。如果采用先进的网络技术进行设计，可为网络带来较高的性能，为今后的扩展性提供了较好的基础。因此网络设计应当有一定的前瞻性。

【例 1-5】设计一个 200 个信息点的小型企业以太网，主要用于办公自动化。网络设计中遇到的困难是，在 IPv6 技术还没有普及时，网络采用 IPv4 技术还是采用 IPv6 技术。

IPv4 技术成熟、产品标准化程度高、网络成本低廉，基本能满足当前工作需要。但是 IPv4 存在地址资源不足、QoS 无法保证、无法满足移动通信要求等问题，对企业网络今后的扩展不利，如果采用 IPv6 技术基本可以解决以上问题。但是 IPv6 是一种新技术，产品成本较高、技术更新较快，如果贸然采用 IPv6，很容易造成系统不兼容等问题。

分析了两种技术的优劣后，应当根据企业的实际需求进行技术决策分析。第一，企业网络主要用于办公自动化，因此对 IP 地址匮乏问题并不敏感，内网可以采用私有地址，外网可以采用地址转换（NAT）技术解决，在这点上采用 IPv4 或 IPv6 两种技术并无太大区别。第二，办公网络对 QoS 要求不高。IPv6 虽然可以解决部分 QoS 问题，但是并不能彻底解决这个问题。在网络流量高峰期，可以采用 IPv4 下的流量控制，负载均衡等技术。第三，无线移动通信对于企业办公网络是一个很重要的功能，在 IPv4 下可以解决无线移动通信问题，但是漫游问题难以解决。IPv6 可以解决无线通信中的漫游问题，但是实现成本较高。

根据以上分析，如果以实用性优先为原则设计网络，建议采用 IPv4 技术。

企业局域网一般不会追赶技术潮流（除特殊行业外，如通信行业等），系统的更新换代也有一定的时间规律性。而教学和研究型网络通常为了工作的需要而紧跟技术潮流。

2. 安全性与易用性的矛盾

网络的安全性体现在两方面，一是网络本身的安全性；二是网络上数据的安全性。在网络设计工作中，应当提供多层次的安全控制手段，建立完善的安全管理体系。然而，网络安全性设计原则与网络易用性设计原则存在冲突。从易用角度上做出的很多权衡和折中带来了太多的安全漏洞和隐患。

【例 1-6】 以 Windows 与 UNIX 两个网络操作系统为例，Windows 采用图形操作界面，易用性很好，但是图形界面由于设计复杂，很容易造成安全漏洞。而 UNIX 采用字符工作界面，结构相对简单，不容易造成安全漏洞。其次，Windows 操作系统的权限管理比较简单，使用方便，但是安全性不好。而 UNIX 操作系统的权限管理系统非常完备，每个用户有一定的权限，一个文件有一定的权限，而一段代码也有一定的权限，特别是对于可执行的代码，权限控制更为严格。只有系统管理员才能执行某些特定程序，包括生成一个可以执行程序等。但是，UNIX 复杂的权限管理造成了系统易用性不好。

3. 可靠性与经济性的矛盾

网络系统一般每年工作 365 天（客户端除外），每天提供 24 小时不间断服务，因此网络设计必须考虑网络的可靠性。网络设计应当保证系统能够不间断地为用户提供服务，即使发生某些部分的损坏和失效，也要保证网络系统内信息的完整、正确和可恢复。高可靠性网络设计可以通过链路冗余、设备冗余、数据远程备份冗余等技术实现。然而，网络系统可靠性设计往往以增加系统成本为代价。经济性设计原则要求在满足系统性能需求的前提下，应尽可能设计出网络结构简单、网络设备利用率高的设计方案。

【例 1-7】 某企业局域网设计中，用户要求外网出口不能出现长时间中断现象。

如果在网络设计中采用单一出口链路，万一出现链路失效的情况，就会造成网络中断，如果采用冗余链路，将提高系统成本。因此，在设计中应当只对关键链路进行冗余设计。

在接入网设计时，可以设计两个外网出口，一条主干出口链路选择 100Mbit 以太接入，而冗余链路则可以考虑采用 2Mbit 的 ADSL 专线接入，或 256kbit/s 的 DDN 专线接入。前者作为主出口，后者作为冗余备份链路。如果采用 2 条 100Mbit/s 以太接入，网络使用成本将成倍提高。

4. 折中和结论

在网络工程设计中，经常会遇到：性能与价格、新技术与兼容性、软件实现与硬件实现、易用性与安全性等相互矛盾的设计要求。单方面看，每一项需求都很重要，在鱼与熊掌不可兼得的情况下，必须做出折中的结论。可以认为，**没有最好的技术方案，只有最适合用户的技术方案**。可以尝试采用以下方法进行评估。

（1）多样性原则。在网络设计中，不过分依赖于某一个设备厂商的产品，但是行业中占主导地位的厂商往往能够提供最佳的解决方案。

（2）需求决定方案原则。在网络设计中，应当由需求推动设计；而不应当由技术决定设计；更不应当由经验推动设计。

（3）技术经济分析原则。网络设计通常包含许多权衡和折中，成本与性能通常是最基本的设计权衡因素。

（4）谨慎性原则。厂商的宣传和评测报告，其中商业因素较多。即便是权威机构的评测报告，也只是在特定网络环境下取得的结果，不能作为产品选型的全部依据。

习题 1

1.1 ITU-T、IEEE、IETF 三大系列国际标准有哪些特点？

1.2 网络系统集成的主要任务是什么？

1.3 制定网络标准的目的是什么？

1.4 物联网有哪新技术特征？

1.5 怎样解决网络系统中大问题的复杂性？

1.6 讨论网络工程师的专业知识结构是广度优先好，还是深度优先好？

1.7 讨论网络标准的制定应当基于现有技术，还是应当超越现有技术？

1.8 网络工程验收时合格，使用一段时间后网络性能下降很快，讨论原因何在？

1.9 在因特网上收集材料，写一篇关于"物联网"技术方面的课程论文。

1.10 学习 Office Visio 等网络拓扑图绘制软件的使用方法（实验）。

第2章 用户需求分析

用户需求分析是网络工程最重要的一个阶段。即使是最好的网络设计和工程实施，也会存在一些问题。如果建立一个清晰的网络预期目标，网络工程师与用户之间建立一种良好的沟通关系，就会为网络设计工作提供一个良好的基础。

2.1 需求分析基本方法

2.1.1 需求分析基本内容

目前国内网络工程设计还没有对用户需求分析进行明确规定，需求分析文档既不完整，也不规范。网络工程项目的成功，往往归功于设计小组中一些杰出个人或小组的努力。这种依赖个别设计人员的成功，并不能为全行业网络工程设计水平和质量的提高奠定有效的基础。只有采用规范的网络工程设计方法和管理方法，才能不断提高网络工程行业的设计水平，使网络设计更加规范、合理。

我们可以从软件工程中借鉴理论和学习经验，解决在构建复杂网络系统中遇到的问题。然而，软件工程与网络工程具有不同的特点，软件开发过程中，程序员更具有灵活性和创造性，而网络工程师则应当从工程的角度对活动进行规范。

在网络工程中，客户定义的"需求"是基于网络应用提出的概念；而网络工程师所定义的"需求"，对用户来说像是一个设计方案。实际上，系统需求包含了多个层次，不同层次的需求从不同角度与不同程度反映了网络工程的细节问题。

1. 需求分析的定义

IEEE 软件工程标准中定义的用户需求如下。

（1）用户解决问题或达到**目标所需要的条件或要求**。

（2）系统满足合同、标准、规范或其他正式规定文档所需要的条件或要求。

（3）反映（1）或（2）所描述的条件或要求的文档说明。

IEEE 的定义包括了从用户角度（系统的外部行为），以及从设计者角度（系统的内部特性）来阐述用户需求。

2．需求分析的内容

网络工程中用户需求分析的内容如表 2-1 所示。

表 2-1　　　　　　　　　　　　　　用户需求分析内容

需求类型	需求分析内容
用户业务	数据业务、音频业务、视频业务、安全业务、无线业务等
应用软件	OA 系统、MIS 系统、CAI 系统、ERP 系统、CAD 系统等
网络服务	DNS 服务、Web 服务、FTP 服务、E-mail 服务等
硬件设备	PC、服务器、交换机、路由器、防火墙、传输介质等
网络结构	逻辑结构、物理结构、网络互连、网络接入等

网络工程师对用户网络建设目标进行分析后，应进行更加细致的需求分析和调研，从而明确以下几个方面的情况。

3．用户网络应用环境

（1）了解用户单位的建筑物布局情况，以及建筑物之间的最大距离。
（2）了解外部网络接入点位置。
（3）用户确定的网络中心机房位置。
（4）用户设备间的位置及电源供应情况。
（5）用户信息点数量及位置。
（6）任何两个用户之间的最大距离。
（7）用户部门分布情况，尤其注意那些地理上分散，但属于同一部门的用户。
（8）特殊的需求或限制条件，如网络覆盖的地理范围内是否有道路或河流；建筑物之间是否有阻挡物；电缆布线是否有禁区；是否有已经存在的可利用的介质传输系统等。

4．用户网络设备状态

（1）用户现有的个人计算机数量及分布情况。
（2）今后几年中，用户信息点的可能增长情况。
（3）用户现有的网络通信设备型号、性能、技术参数和数量。
（4）用户的模拟通信设备，如电话、传感器、广播和视频设备。
（5）用户现有网络设备之间的物理连接等。

5．用户业务对网络服务的需求

（1）数据库和应用软件的共享服务需求。
（2）文件传输和存取的服务需求。
（3）Web 网站系统建设和应用的需求。
（4）电子邮件系统的建设和应用需求。
（5）网络远程登录服务的需求。
（6）网络视频服务的需求。
（7）企业 IP 电话的需求等。

6. 用户业务对网络容量和性能的需求

（1）用户业务与网络系统在应用中的时间规律。

（2）用户业务在网络通信中产生流量的规律。

（3）用户业务对网络通信的安全需求。

（4）用户业务对网络通信的可靠性需求。

（5）用户业务对网络通信的最低带宽需求。

（6）用户业务对网络通信的最低响应时间需求。

2.1.2　用户的权利与义务

1. 用户的特点

与"需求"密切相关的概念是"用户"，这个不言自明的概念无需定义，但是关于"用户"的一些特点应当引起网络工程师的注意。

（1）用户是经过筛选的。在同一个企业中，不同用户的需求存在千差万别，有些需求甚至相互矛盾。因此，一个面向市场的网络系统不可能满足所有用户的需求，网络工程师应当筛选出真正的用户，这对定位好网络工程项目的目标至关重要。

（2）用户是沉默的。在一个面向市场的网络系统（如电信网）中，用户往往难以清楚地描述具体需求，或者用户不会主动去表达需求。用户的需求常常隐藏在他们的头脑中、工作现场、企业工作流程或企业文化中。需求往往与其他信息混杂在一起，用户不易通过口头或书面的形式表述清楚，因而可以认为用户是沉默的。因此，网络工程师应细心地与用户交流，到现场进行认真的调研，进行用户需求的挖掘。

（3）用户是难以满足的。当网络系统面向特定用户进行设计时，常常会出现这种情况。特别是按合同设计一个网络项目时，如果双方对需求的理解不一致，强势的用户会提出一些过高要求。网络工程师应当与用户多进行沟通，并采取相应策略化解矛盾。

（4）用户是可引导的。面向行业（如教育系统、银行等）的网络系统，通常有较多的用户应用案例，有成熟的网络应用经验。这时网络工程师可以向用户推荐这个行业网络系统的通用架构，网络工程师可以从更多的角度提出建议来引导用户。

2. 用户的权利

需求分析专家卡尔·维杰斯（Karl E.Wiegers）在《软件需求》一书中提到了一个很有意义的概念，软件用户的需求权利和义务，这些权利与义务也可以作为网络工程用户与网络工程师的基本守则。我们可以认为，在网络工程中用户具有以下权利。

（1）要求网络工程师使用符合用户语言习惯的表达方式。

（2）要求网络工程师了解用户网络系统的业务及目标。

（3）要求网络工程师进行用户需求信息的获取，并编写系统需求分析说明书。

（4）要求网络工程师对需求过程中产生的工作结果进行解释和说明。

（5）要求网络工程师在与用户交流过程中，保持一种合作的职业态度。

（6）要求网络工程师对网络系统的实现及需求提供合理化的建议。

（7）要求网络工程师描述网络系统的基本特性。

（8）要求网络工程师可以调整需求，允许用户利用已有的网络系统。

（9）对需求进行变更时，网络工程师应当对成本、影响和得失做出真实可信的评估。

3. 用户的义务

用户在具有以上权利的同时，也应当具有以下义务。

（1）给网络工程师讲解用户的业务特征，说明业务方面的专业术语和专业要求。

（2）抽出时间清楚地说明用户需求，并不断完善它们。

（3）当用户对网络工程系统提出需求时，应当力求准确、详细。

（4）用户对最终需求做出决策时，不要使用含糊不清的表态。

（5）尊重网络工程师的成本估算和对需求的可行性分析。

（6）对一个复杂的网络工程项目，用户应提出子项目的优先实现等级。

（7）评审网络工程师提出的用户需求分析文档和模型。

（8）用户一旦对需求进行变更时，要马上与网络工程师联系。

（9）用户对项目进行需求变更时，应遵重网络工程师确定的处理流程。

需求权利和义务规定了用户和网络工程师双方应该做的工作，确保需求过程的有序进行。如果用户有什么样的要求，网络集成商就对系统做什么样的修改，这种处理方法最终损害的是用户和网络系统集成商双方的利益。网络工程开发过程中，网络集成商与用户是一对合作者，要达到双方共赢的局面，只能依靠充分的沟通。

2.1.3　用户需求获取方法

网络工程项目由需求驱动，需求源于用户的需要，这是一个基本原则。但是"需要"如何表达成"需求"呢？这就是需求获取，或者说是将用户的"需要"挖掘出来。

如果网络工程面向的是特定行业或特定用户（如金融行业），那么由用户提交业务需求书是重要的信息来源，这种情况下，需求获取有许多有利条件。

Snippet_30CA65144.idms　　如果系统集成商与用户有长期合作关系，可以在合作过程中培养用户提出需求和表达需求的能力，也可以与用户联合成立需求小组，共同开发需求。

如果网络工程面向市场（如城域网），那么来自市场的声音都是用户需求。但是一个网络工程不可能面面俱到，系统集成商有足够的主动权来选择用户、细分市场、定位项目目标。如果市场没有正式发出需求声音，网络工程师能够通过创意分析挖掘出未来的需求，这种抢占市场先机的需求获取是需求开发的最高境界。

如果用户是网络工程师不了解的一个行业或专业，需求小组中最好有一个专家，而**最终用户是最好的专家**。至少，网络工程师应当了解这个专业的基本知识（如专业词汇、工作流程等），否则网络工程师不知道如何询问用户，甚至不了解用户在说什么。

如果用户行业的技术难度不是很大，网络工程师可以通过自我学习，在短时间内了解用户的行业特征。但用户不能指望网络工程师成为该领域的专家，不要期望网络工程师能把握用户业务的细微之处，他们可能不知道一些对用户来说是理所当然的常识。

如果进行网络系统更新，网络工程师应检查和使用目前的系统，这有利于他们了解目前系统是怎样工作的，系统有哪些可供改进之处。

在大部分情况下，网络工程师可以通过调查来获取用户需求。在需求获取的初期，用户或网络工程师往往只有一个大体上的需要，或只是一些概念上的想法。网络工程师通过广泛调查，并从服务意识出发，与用户一起将需求清晰化。

2.1.4　分析中存在的问题

编写详细的需求分析说明书是网络工程中一项困难的工作，因为一旦需求分析中存在错误，以后再对它进行修改就存在一定的困难，这将给项目带来极大的风险。对网络工程师来说，如果没有编写出用户认可的需求分析文档，项目人员就很难确定项目何时结束。以下情况将会导致产生不合格的需求说明。

1. 没有足够多的用户参与

收集需求信息是一件很耗时的工作，用户经常不能理解为什么要花费那么多时间来收集需求信息，网络工程师可能也不重视用户的参与。出现这种情况有多种原因，首先是网络工程师觉得与用户合作不如进行网络设计有意义；其次是网络工程师觉得已经明白了用户的需求；其三是在某些情况下，与最终使用系统的用户直接接触很困难；其四是用户也不一定清楚自己真正的需求，而且不同用户群之间可能存在需求矛盾。

2. 用户需求不断增加

在网络工程中，如果不断地补充需求，项目将越来越庞大，以致超过计划和预算范围。如果希望将需求变更控制在最小范围，**必须一开始就对项目的范围、目标、约束条件和成功标准予以说明。**需求变更时，应当对变更造成的影响进行分析，提出控制变更过程的方案。这样有助于风险承担者明白为什么要进行某些需求变更，以及变更的合理性。

3. 模棱两可的用户需求

模棱两可是需求分析中最可怕的问题。它会使不同的网络工程师对用户需求产生不同的理解，也会使同一个网络工程师用多种方式来解释某个用户需求。模棱两可的需求会使不同的人员产生不同的期望，带来的后果是工程返工。

为了将模棱两可的用户需求清晰化，可以组织不同的网络工程师，从不同的角度审查需求分析的结果。如果不同评审者，从不同角度对需求分析给予的说明，都能得到相同的结果，这就可以消除用户需求的二义性。

4. 不必要的特性

"画蛇添足"是指网络工程师力图增加一些"用户欣赏"的新功能，大部分情况下用户并不认为这些功能很有用，以致网络工程师耗费的努力付之流水。网络工程师应当为用户提供一些具有创新意识的思路，但是，具体提供哪些功能，则需要用户与网络工程师在时间约束条件、资金约束条件和技术可行性之间取得平衡。网络工程师应努力使用户的功能简单易用，而不要未经用户同意，擅自脱离用户要求，自作主张。

用户有时也会要求一些看上去很"酷"的功能，但这些功能缺乏实用价值，而实现这些功能只能耗费时间和投资。网络工程师应当始终关注那些用户业务的核心功能。

5. 过于精简的需求说明

需求分析中最困难的工作是编写出详细的需求分析说明书。对需求定义的任何改动，都将导致设计和施工上的大量返工。

有时用户并不清楚需求分析的重要性，只做一份简略的需求说明，然后让网络工程师在项目进展中去完善。结果很可能是网络工程师先建立网络系统结构，然后再完成需求分析。这种方法可能适用某些带有研究性质的工程，或用户需求本身就十分灵活的情况。

6. 不准确的用户计划

对需求分析缺乏理解，会导致过分乐观的估计，当项目成本超支时，会带来更多麻烦。导致系统成本估计不准确的原因主要有：频繁的需求变更、遗漏的需求、与用户交流不够、质量低下的需求分析说明和不完善的需求分析。

2.2　基本要求需求分析

2.2.1　用户类型基本特征

网络设计起源于需求，不同行业对网络系统的需求存在很大差异，因此，行业性在一定程度上决定了网络设计的技术选型、网络结构、设备性能等技术要求。

1. 个人用户

个人用户对网络的需求主要是利用因特网进行网页浏览、邮件收发、文件下载、网络聊天、远程教育、在线证券、网络购物、网络游戏、视频点播等业务。除语音、视频等业务对实时性要求较高外，用户对带宽需求不是很高，大部分用户在 512kbit/s 的带宽下能够满足最小需求。个人用户对数据安全的需求大大低于企业要求，个人用户由于缺少专业经验，因此对个人计算机的安全需求较高。个人用户的上网时间大部分集中在 20:00~22:00 之间，在 22 点达到网络流量高峰。因此，个人用户的业务增长主要在于扩大用户使用面，以及增值业务（如网络游戏，电子商务）上。

2. 企业用户

（1）小型企业。小型企业的网络节点较少，信息点一般在 100 个以下，地理分布范围较小，大部分在一栋建筑物内。小型企业网络如：网吧、小型学生宿舍网、多媒体教室等。小型企业网络主要是利用因特网进行用户业务，网络内部数据流量不大。因此网络内部交换能力要求不高，网络接入带宽一般 10Mbit/s 以下就可以满足用户需求。小型企业通常采用以太网技术，通过中低档路由器连接到 ISP，并通过 ISP 接入到因特网。

（2）中型企业。中型企业网络的节点较多，用户信息点一般在 1000 个以下。地理分布范围一般在一个区域内。典型的网络案例如：中学校园网络、CAD（计算机辅助设计）网络、OA（办公自动化）网络等。中型企业网主要用于企业内部网络通信，也会利用因特网进行外部业务活动，但是，网络流量主要集中在企业内部，因此对网络交换能力要求较高。网络接入带宽通常根据用户业务流量而定，一般在 10~100Mbit/s 之间。企业网络对数据安全性要求较高，通常需要采用数据保护、数据备份等技术。通常采用以太网技术设计网络，然后通过路由器以及防火墙直接连接到电信网络，通过电信网络接入到因特网。

（3）大型企业。大型企业具有跨地区、跨行业等特点。在网络设计中，往往设计一个以企业总部为中心的星型网络。企业总部使用高性能的高端路由器并做冗余备份，在分支机构采用中低端路由器做接入。线路可以采用租用专线，也可以采用 VPN（虚拟专用网）形式。通常大型企业网络的路由器设备要求具有分组语音的功能，这样可以在各个分支机构与总部之间节省大量的长途电话费用。

3．行业用户

（1）电信企业。电信企业拥有庞大的传输网、信令网、接入网、数据网以及传统语音交换网。电信企业在设计 IP 网（基于 TCP/IP 的网络）时，可以采用重新构建 IP 网络的方式；也可以对原有的链路和设备进行改造，以承载 IP 业务。电信企业的网络业务类型较多，如数据业务、语音业务、视频业务等；网络类型复杂，如 PSTN（公用电话网）、FR（帧中继），DDN（数字数据网）、Ethernet（以太网）等；交换技术多样化，如电路交换、分组交换、信元交换等。因此，在设计电信企业网络时，应当考虑到原有网络与新建 IP 网络的互连性。电信企业可以采用各种技术建立宽带网络，例如，以太接入网、ADSL 接入网、HFC 接入网、IP Over SDH 传输网、IP Over DWDM 传输网等。电信企业对网络设备要求支持多种业务，以及较强的 QoS（服务质量）能力。电信网络的主干链路，一般采用 SDH（同步数字系列）和 DWDM（密集波分复用）技术。由于电信企业的网络流量非常大、工作负载重，因此对网络设备要求有较高的性能和一定的可靠性。

（2）ISP（因特网服务提供商）。ISP 虽然没有电信企业的庞大网络资源，但是也没有电信企业巨大的技术包袱，如需要维护多种网络、对新技术选择范围较小、只能在现有资源基础上进行选择等。ISP 可以选择先进的技术组建最合适的网络。ISP 有机会在统一的 IP 平台上提供多种业务，最大限度地节约网络系统运营成本（运营费用约占总成本的 70%左右）。新兴 ISP 在进行网络设计和设备选型时，通常要求系统能够运行多种业务、提供良好的 QoS 能力，以及尽可能多的用户接入方式。

（3）银行系统。银行系统的支行分布范围广，业务活动频繁，业务品种多、变化快，因此对网络结构、设备稳定性和响应时间有较高要求。同时银行系统对数据可靠性要求高，因此在网络设计中往往对设备与链路进行冗余备份。当主链路或主设备失效时，必须立刻切换到备用链路或设备上。此外银行系统对网络安全性要求较高，可以通过设计专网或采用安全的 VPN 来实现。

（4）教育系统。教育系统对数据的可靠性要求较低，但是往往对带宽要求较高。校园网上可能会有多媒体教学、视频点播等多种宽带应用，而且一些最新网络技术往往首先应用在校园网中。因此，在大型校园网设计中，往往将网络设计为具有核心层、汇聚层、接入层的三层网络结构，主干链路带宽很高，网络外部一般采用双出口，一个接入宽带 ChinaNet（中国电信公用计算机网络），另一个出口接入 CERNet（中国教育科研网）。网络技术较为单一，往往采用宽带以太网技术。

2.2.2　网络功能需求分析

因特网（Internet）与内部网（Intranet）提供的网络功能各具特色，内部网虽然可以实现因特网的所有功能，但是它的服务对象主要是企业内网用户；而因特网是面向全世界和开放的。网络工程师应当认真分析用户的业务需求，为网络设计提供依据。

1.　因特网（Internet）功能类型

（1）域名系统（DNS）。满足用户域名与 IP 地址转换的业务需求。

（2）因特网站（Web）。满足用户新闻阅读、在线学习、资料查找、电子商务、信息发布、网络调查等业务需求。根据 CNNIC（中国互联网信息中心）统计，网页信息获取占上网人数的 80.1%，是因特网应用最广泛的服务。

（3）即时通信（IM）。满足用户的即时通信、信息沟通、协同工作等业务需求，占上网人数的 70.9%。

（4）网络视频。满足用户的远程教学、影视点播等业务需求，占上网人数的 62.6%。

（5）邮件收发（E-mail）。满足用户的信息交流、协同工作等业务需求，收发邮件占上网人数的 56.8%。

（6）网络论坛（BBS）。满 4 足用户的问题讨论、协同工作、信息交流等用户业务需求。论坛、BBS、讨论组用户占上网人数的 30.5%。

（7）网络电话（VoIP）。通过添加 IP 语音网关就可实现内网及对外的话音通信，既满足了用户话音通信的业务需求，又降低了企业管理成本。

（8）远程访问。企业单位、政府机关内部网希望通过公网扩大连接范围，在虚拟专用网络（VPN）等方面有一定的业务需求。

在因特网功能中，DNS 服务、Web 服务、E-mail 服务、FTP 服务使用最多，也是因特网的四大基本服务。

2.　内部网（Intranet）功能类型

内部网以企业内部业务服务为主，兼顾因特网服务，同时具有内部信息传输速度快、信息安全性好等优点。企业内部网主要具有以下功能。

（1）资源共享。实现企业网络的硬件和软件资源共享。

（2）数据管理。对企业内部数据库进行集中管理，保证数据的一致性、安全性和可靠性。

（3）文件管理。满足用户对重要文件的存储、备份、加密、传输和利用。

（4）信息发布。满足用户对内部管理信息发布、产品宣传和文化活动的需求。

（5）协同工作。满足企业用户对各个部门之间协同工作的需求。

（6）OA 系统。满足用户内部办公自动化的需求，主要用于政府和大型企业。

（7）MIS 系统。满足用户内部信息管理的需求，主要用于政府各部门。

（8）ERP 系统。满足企业资源规划的需求，主要用于制造类企业。

（9）一卡通系统。满足企业对业务与资金的管理，主要用于学校、公交、超市等。

（10）CAD 系统。满足企业用户进行计算机辅助设计的需求，主要用于制造类企业。

（11）视频监控。满足用户对重要工作场所的视频监控和管理需求，主要用于银行、交通、超市等企业。

2.2.3　网络结构需求分析

网络结构包括网络逻辑结构和网络物理结构，网络结构的需求分析包括以下内容：网络的结构、网络传输链路、网络路由策略、网络 VLAN 划分、汇聚点位置、核心接入点位置等。网络结构会受用户地理环境制约，尤其是局域网段的结构，几乎与建筑物的结构一致。因此，在设计网络结构时要充分考虑用户的地理环境。

1. 网络结构需求分析

网络结构需求分析需要讨论以下问题。

（1）网络采用接入层、汇聚层、核心层3层结构模式，还是2层结构模式。对于简单的局域网，一般采用2层甚至1层结构就能满足用户需求；对于园区网和城域网，必须采用3层结构才能满足用户需求。但是，网络层数越多，建设成本和运行维护成本也会越高。

（2）网络采用哪种网络结构有利于满足用户的需求。对于小型局域网，一般采用星形网络结构或树形网络结构较为简单，也能很好地满足用户需求；对于园区网，一般需要采用树形结构加网状结构；由于城域网较为复杂，所以一般采用环形、树形、网状等混合网络结构。

（3）用户是否需要采用VLAN进行工作组划分？

（4）用户是否需要采用无线通信网络；如果采用无线网络，是采用固定无线网络方式，还是采用移动无线网络方式？

（5）用户网络接入点的类型和数量。如采用ADSL接入还是DDN专线接入；接入链路是单链路还是双链路（如电信网和教育网双链路接入）等。

（6）用户本地网络是否需要与远程网络互连，互连采用专线方式还是VPN方式？

（7）用户是否需要组建一个大型行业城域网（如城域交通指挥网）？

2. 网络节点需求分析

网络节点位置需求分析要确定接入层、汇聚层、核心层节点的地理分布情况。接入层节点一般设置在用户建筑物内；当接入层终端设备（如PC）较多时，汇聚层节点一般同时设置在接入层；当接入层信息点较少，或集中在一栋建筑物内时，汇聚层节点一般设置在核心层。网络节点的布置需要讨论以下问题。

（1）网络节点设备（如交换机，服务器等）处理能力是否能满足网络需求？

（2）网络节点服务器主机如果安排在核心层，用户业务的安全性和可管理性较好，但是会加大主干链路上的数据流量，导致网络性能降低；如果将服务器主机安排在汇聚层，可以减轻网络主干链路数据流量的压力，但是可能加大网络建设和管理成本。

（3）网络终端设备（如计算机）的分布情况如何？

（4）网络传输介质转接点（如光电收发器、Hub）位置分布情况如何？

（5）网络中心机房的位置，以及电源、干扰、接地等情况如何？

3. 网络链路需求分析

（1）网络主干链路采用双绞线、光缆，还是无线传输介质？

（2）网络主干链路是否存在交通要道、障碍物、场地扩建等情况？

（3）网络主干链路采用架空还是地埋走线方式？

（4）网络主干链路的最大实际连接距离是否满足网络要求？

（5）网络主干链路如果采用地埋走线方式，弱电管道、竖井位置是否合适？

（6）网络主干链路如果采用架空走线方式，是否考虑到铠装光缆的防雷问题？

（7）网络如果采用无线传输介质，对其他办公设备有电磁干扰现象吗？

（8）网络主干链路带宽的分配是否合理，是否考虑到带宽扩展或链路聚合等问题？

（9）网络链路的维护管理是否方便？

2.2.4　网络约束条件分析

任何资本的投入都期望得到回报，网络工程也是一样，需要进行经济效益分析。根据专家估计，在网络系统生命周期中，前期网络工程费用大概占 30%左右，大部分费用发生在网络运行管理和维护中。网络系统投资成本如表 2-2 所示。

表 2-2　　　　　　　　　　　　　网络系统投资成本一览表

费用类型	网络费用项目	费用说明
服务器主机	服务器主机、服务器网卡、磁盘阵列卡（RAID）、硬盘、扩展内存、扩展 CPU、主机冗余电源等费用	主要设备一次投入
个人计算机	客户 PC、网管 PC 等费用	主要设备一次投入
交换机	L2 交换机、L3 交换机、L4 交换机、光纤模块、堆叠模块、交换引擎、冗余电源等费用	主要设备一次投入
路由器	路由器主机、广域网接入模块、VoIP 语音模块等费用	主要设备一次投入
其他设备	集线器、光电收发器、带宽管理器、负载均衡器、语音网关、基带 Modem、KVM 切换器、网络线路延长器、信号转换器、UPS 电源、净化电源等费用	主要设备一次投入
安全产品	防火墙、入侵检测系统（IDS）、入侵防护系统（IPS）、网络物理隔离切换器等费用	主要设备一次投入
布线设备	双绞线、室外光缆、室内光缆、尾纤、信息插座、信息模块、水晶接头、机柜、配线架、配线箱、桥架等费用	主要设备一次投入
系统软件	网络操作系统、数据库系统、群件系统、网络管理软件、病毒防护软件、服务器软件、网站开发、定制软件等费用	主要费用一次投入周期性升级费用
系统建设	工程设计、综合布线施工、设备安装调试、工程监管、工程检测、专家评审等费用	主要费用一次投入
网络维护	系统升级、系统扩展、委托维护、系统监测、网络工具与仪器、网络维护耗材等费用	周期性费用
线路接入	宽带接入、专线租用、裸光纤租用、主机托管、域名维持、IP 地址维持、虚拟主机、定制服务等费用	每月反复投入
人员培训	网络管理人员培训、最终用户培训、新员工培训等费用	周期性费用
网络管理	网管人员、电力消耗、存储介质、系统维护等费用	每月反复投入

对于新设计的网络系统方案，应当说明所需费用。如果已有一个现存的网络系统，则应当说明该系统继续运行期间所需的费用。

网络系统基本建设费用包括设备采购、软件采购和安装费用等。这些费用一部分是一次性投入，一部分是周期性投入。对于周期性投入，应当列出在该网络系统生命期内按年支出的、用于运行和维护的费用。

应当说明网络工程设计方案带来的收益。这些收益表现为：某些费用的减少或避免、系统错误的减少、系统灵活性的增加、系统速度的提高和管理计划方面的改进等。它们包括以下内容。

（1）一次性收益。说明能够用人民币表示的一次性收益，可按数据处理、用户、管理和支持等项目分类说明。

（2）非一次性收益。在整个网络系统生命周期内，由于系统运行导致的按月、按年用人民币表示的收益，它们包括开支的减少和避免。

（3）不可定量的收益。逐项列出无法直接用人民币表示的收益。

2.3　高级要求需求分析

2.3.1　网络扩展需求分析

网络扩展时应当满足以下要求：一是新用户或部门能够简单地接入现有网络；二是新业务能够无缝地在现有网络上运行；三是现有网络结构无需做大的更改；四是原有设备能够得到很好地利用；五是网络性能恶化在用户允许范围内。网络需求分析不但要分析网络当前的技术性能，还要估计网络未来增长的压力，保证网络的稳定性，保护企业的投资。网络扩展性需求分析要明确以下内容。

1. 用户业务的扩展性

（1）用户业务的新增长点有哪些，网络能够满足这些新业务的需求吗？
（2）用户业务的增长速度有多快，随之而来的数据流量增长有多大？
（3）用户新员工的增长速度有多快，对网络端口数量的增长有哪些要求？
（4）用户部门调整对网络结构的影响有多大（如不同节点数据流量的变化）？

2. 网络性能的扩展性

（1）网络带宽增长速率对网络性能的影响有多大？
（2）网络交换机端口的预留比例是多少？
（3）主要网络设备（如服务器主机，核心交换机等）的处理性能预留是多少？

3. 网络结构的扩展性

（1）用户环境变化（如增加建筑物）时，对现有网络结构的影响有多大？
（2）可以采用哪些方式（如级联或堆叠）扩展网络端口？
（3）用户今后增加新的子网（如 SAN 网）时，对现有网络影响有多大？
（4）将部分网段扩展成为无线网（如 WLAN）时，对网络结构的影响有多大？
（5）网络改变接入方式（如 DDN 改为 Ethernet）时，对网络结构的影响有多大？

4. 网络设备的扩展性

（1）哪些网络设备（如刀片式服务器）便于网络扩展？
（2）哪些网络设备（如固定式交换机）不利于设备升级？
（3）网络设备扩展时，设备电源功率和外部电源（如 UPS）功率是否满足要求？
（4）哪些网络设备在今后的升级中存在兼容性（如 PCI-X 网卡）问题？

5. 网络软件的扩展性

（1）服务器软件（如邮件服务器）的性能能够满足扩展性要求吗？
（2）系统软件升级（如网络操作系统由 32 位升级为 64 位）对服务器性能影响有多大？
（3）服务器操作系统变更（如 Windows 改为 Linux）对网络设备影响有多大？
（4）服务器操作系统变更对网络应用软件影响有多大？

2.3.2　网络性能需求分析

1. 网络服务最低带宽

网络性能与带宽、流量、QoS（服务质量）、拥塞、实时性、突发性、数据流向等诸多因素有关，其中核心参数是网络带宽。对最终用户来说，对网络带宽的需求会随网络通信能力的增强而无限增加，达到"带宽无极限"是用户追求的一种理想状态。对于企业用户来说，由于网络性能与投资成本成比例增加，因此用户希望得到一种既能满足用户业务需求，又有较好性能价格比的网络设计方案。

提供**最终用户的平均最低接入带宽为 256kbit/s**。以上带宽仅为初步估计，需要通过大样本数据进一步统计验证。256kbit/s 的最低带宽虽然只能满足基本网络业务需求，但是应当看到，一是随着网络技术（如 10GE、DWDM 等）的发展，网络带宽会不断增加；二是随着编码技术（如 H.323）的发展，传输业务信息需要的带宽越来越小。

对于一些 P2P（点到点）文件下载类业务（如 BT），由于下载文件大，或使用一些工具软件后，将会无限制地抢占带宽资源，直至将网络带宽资源耗尽。

2. 用户网络通信流量的特点

不同的网络服务需要不同的带宽。但是多大的带宽才能满足用户的需求呢？或者说网络工程师设计的带宽能够容纳多少用户呢？带宽是否足够取决于三方面的因素：一是提供给用户服务的类型（如 Web、FTP、Email、OA、CAD 等服务）；二是接入层用户访问的速度；三是用户和服务器之间的连接质量。网络服务的通信流量主要有以下 4 种情况。

（1）偶尔少量的通信。如 DNS 查询或通信连接保持等，这些服务的网络流量非常小，占用的带宽几乎可以忽略不计。

（2）突发性通信。如网页浏览，用户通常在一段比较短的时间内，连续读取若干个文件，然后进行网页浏览，间歇一阵再读取几个文件。对这类用户的流量进行监测后，可以看到用户端的网络流量图是一种不规则的尖峰形状。当多个用户同时访问 Web 服务器时，服务的流量图就趋于比较平均的锯齿图。Web 服务对传输的延迟不敏感，因此在用户看来，访问高峰期的传输速度下降不是很明显。

（3）固定带宽的流式传输。如网络视频点播、语音应用等，这些用户的网络流量几乎一样。如 64kbit/s 的语音传输，则每个话路实际使用带宽就在 64kbit/s 上下。在视频点播服务中，大多数流媒体服务器都有 QoS 设置，这会控制每路媒体的带宽。当链接网站的用户超过规定值时，就会出现用户画面跳帧、声音抖动等问题。

（4）不定带宽的数据传输应用。如 FTP 文件下载、BT 下载等。

2.3.3　网络安全需求分析

网络安全的目标是使用户的网络财产和资源损失最小化。网络工程师需要了解用户业务的安全性要求，同时又需要在投资上进行控制，提供满足用户需求的解决方案。对于用户来说，安全性的基本要求是防止用户网络资源被盗用和破坏。安全需求分析包括以下内容。

1. 系统软件和硬件的安全需求

（1）进行网络设备安全功能的需求分析，如服务器、交换机、路由器、传输介质等。

（2）网络传输介质的保护也是网络安全的一个重要需求。

（3）用户的重要数据可能通过电磁辐射泄漏出来，因此对存放机密商务数据的机房应当构建屏蔽室，采用辐射干扰机等，防止电磁辐射泄漏商务机密信息。

（4）尽量采用安全性较高的网络操作系统，并进行必要的安全配置，关闭一些不常用，并存在安全隐患的系统服务和端口。

（5）网络操作系统和网络服务器软件可能存在安全漏洞，应当及时对系统进行补丁程序升级，加固系统的安全性。

2. 数据安全需求

（1）数据库的安全十分重要，必须保护它不会遭到来自网络的非法访问和恶意破坏。

（2）网络安全系统应当保证内网机密信息在存储与传输时的保密。

（3）允许用户访问外部网站服务器上的数据，但是不允许访问内部网络数据。

（4）企业的敏感性数据的分布情况及管理方法。

3. 用户认证需求

（1）网络系统需要提供确认访问者身份的认证系统。

（2）遵循最小授权原则，严格限制登录者的操作权限，并且谨慎授权。

（3）对一些关键文件的使用权限进行严格限制。

（4）设置复杂口令，确保用户使用的合法性，消除弱口令现象。

（5）利用操作系统的日志功能，对用户访问的信息进行记录，为事后审查提供依据。

（6）保护通过 VPN 传送到远程站点的数据。

4. 入侵防护需求分析

（1）防火墙是实现网络安全最基本、最经济的措施之一。防火墙可以对所有访问进行严格控制（如允许、禁止、报警等）。但防火墙是静态的，而网络安全是动态的，黑客的攻击方法有无数种，防火墙不可能完全防止这些有意或无意的攻击。IDS（入侵检测系统）可以对穿透防火墙的攻击进行检测，并做出相应反应（如记录、报警、阻断等）。入侵检测系统和防火墙的配合使用，可以实现网络的多重防护。

（2）安全隔离系统必须保证内部网络的有效运行。

（3）网络安全系统应当防止对内部网络设备的入侵和攻击。

（4）防止通过消耗带宽等方式破坏网络的可用性。

（5）采用防火墙技术防止和隔离入侵和攻击。

2.3.4 网络管理需求分析

网络管理包括两个方面的内容：一是人为制定的管理规定和策略，用于规范网络管理人员操作网络的行为；二是网络管理员利用网络设备和网管软件提供的功能，对网络进行的操作。目前大部分网络设备支持 SNMP（简单网络管理协议）对网络进行管理，网络管理一般包括性能管理、配置管理、安全管理、故障管理、计费管理等内容。

网络管理需求分析包括以下问题：

（1）是否需要对网络进行远程管理，如远程监测、远程配置、远程恢复等；

（2）需要哪些网络管理功能，如性能管理、故障管理、安全管理等；

（3）选择哪个网管软件，是否支持现有的网络设备，是否兼容现有的网络系统；

（4）网络 AAA（认证、授权、计费）服务支持哪些协议，如 PPPoE、RADIUS 等；

（5）网络设备（如交换机）支持哪些网络管理协议和网络管理软件；

（6）怎样跟踪和分析网络管理信息；

（7）如何设计和更新网络管理策略；

（8）如何进行网络流量管理；

（9）如何进行网络拥塞管理；

（10）如何进行网络故障定位。

习题 2

2.1　IEEE 软件工程标准中定义的用户需求有什么特点？

2.2　应当对用户网络应用环境进行哪些了解？

2.3　网络扩展时应当满足哪些要求？

2.4　用户有哪些特点？

2.5　在哪些状态下会导致产生不合格的用户需求说明？

2.6　如果用户没有，甚至不肯履行"用户的义务"，应当如何进行处理？

2.7　如果用户对网络工程师精心设计的需求分析报告不满意怎样处理？

2.8　设计一些详细的调查表格，将"用户需求分析"图表化。

2.9　将 IEEE 830-1998 软件需求规格说明书改写为《网络工程需求分析说明书》。

2.10　学习 Packet Tracer、GNS3 等网络实验模拟软件的使用方法（实验）。

第3章　网络结构设计

网络结构是网络设计工作的核心，它像一个建筑群的基本框架一样重要。本章主要从技术性能方面进行讨论，提供一些良好的设计方法。

3.1　点对点传输网络

3.1.1　点对点传输特征

网络的拓扑结构有很多形式，每种网络结构都有优点与缺点。按照信号传输方式，可以将网络分为点对点传输和点对多点传输两种类型。由于点对多点传输往往采用广播工作方式，因此也称为广播传输网络。

1. 点对点传输模式

点对点传输将网络中的主机（如计算机、路由器等）以点对点方式进行连接。如图 3-1 所示，网络中的主机通过单独的链路进行数据传输，两个节点之间可能会有多条单独的链路。点对点传输网络有点对点形、链路形、环形、网状等，点对点传输主要用于城域网和广域网，路由器、光纤、DDN 专线等都采用点对点连接。

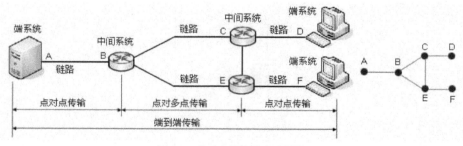

图 3-1　点对点传输模式示意图

2. 端到端传输模式

端到端（End to End）传输是指跨越多个中间节点的**逻辑链路**。如图 3-1 所示，数据从 A 传输到 D，中间要经过 A→B→C→D，可见端到端由多个点对点实现。端到端传输是一个逻辑链路，这条链路可能经过了很复杂的物理线路，但两端的主机一旦通信完成，这个逻辑链路就释放了，物理线路可能又被其他网络服务用来建立逻辑连接。

3．广播传输模式

广播传输的最大优点是在一个网段内，任何两个节点之间的通信，最多只需要"2 跳"（主机 A －交换机－主机 B）的距离；它的缺点是网络流量很大时，容易导致网络性能急剧下降。点对点式传输恰好相反，它的优点是网络性能不会随数据流量加大而降低。但网络的中间节点较多，需要经过多跳后才能到达，这加大了网络传输时延。在网络设计中，应当充分利用广播传输与点对点传输的优点，避免它们的缺点。

广播传输利用传输介质的共享性消除了网络线路的重复建设，降低了网络工程费用，有重要的经济意义，因此广播传输广泛用于局域网通信。广播传输为什么没有应用于广域网通信呢？原因是受到了技术和经济两个方面的限制。首先，广播传输中的主机必须协调使用网络，而这种协调需要占用大量的通信资源。网络中的通信时间由通信距离决定，广域网中主机之间在地理上的长距离通信，会带来较大的信号延迟，这会导致网络需要花费更多的时间来协调共享介质的使用。其次，提供长距离高带宽的信道，比提供同样带宽的短距离信道要昂贵得多。各种网络结构的分类和工作方式如表 3-1 所示。

表 3-1　　　　　　　　　　　　　　　**各种网络结构的分类与工作方式**

信号传输	拓扑结构	主要应用	工作机制	网络扩展	可靠性	投资
点对点	链路形	MAN、WAN	PPP	中等	低	低
	环形	MAN、WAN	SDH、DWDM	困难	高	高
	网状形	MAN、WAN	多种方式	困难	高	高
广播	总线形	LAN	CSMA/CD	中等	低	低
	星形	LAN	CSMA/CD	容易	高	低
	蜂窝形	WLAN	CSMA/CA	容易	高	高

3.1.2　链路网络结构

在城域网、广域网和工业以太网中，经常采用一种点对点串联而成的链路形网络结构（如图 3-2 所示）。链路形网络拓扑结构与总线网完全相同，但是它们的工作原理不同。总线网络采用广播方式进行数据传输，而链路形网络采用点对点方式进行信号传输。链路形网络结构简单、易于布线，并且节省传输介质（一般为光缆），往往用于主干传输链路。支持链路形结构的网络有 SDH、DWDM 等。点对点可以看作是链路形网络的特殊情况。

图 3-2　点对点网络结构和链路形网络结构案例

1. 链路形网络结构的优点

（1）设备无关性。在链路形网络结构中，网络中每个链路都是独立的，所以每个链路可以使用任何合适的硬件设备。例如，每一段子链路的传输能力（如带宽）可以不同；传输设备（如调制解调器）只需要两个相邻的节点认可即行，不必在所有链路中都相同。

（2）独立性。由于链路中的两个节点独占线路，所以它们之间可以选择相互接受的数据包格式、差错检测机制和最大帧尺寸等。而且，一旦双方同意改变以上技术参数，通信也可顺利进行，不涉及网络中的第 3 方节点和链路。

（3）安全性。由于在某一确定的时刻，只有 2 个节点能使用信道，因此通信安全性很好。其他节点设备不能改变被传输的数据，也没有其他节点能得到使用权。

（4）非中心化。网络中的资源和服务分散在所有节点上，数据传输和服务的实现都直接在节点之间进行，无需中间环节和服务器的介入，避免了可能的性能瓶颈。非中心化的特点带来了扩展性、可靠性等方面的优势。

2.链路形网络结构的缺点

（1）连接较多。新增的节点必须与每一个已存在的节点都建立连接，当多于 2 个节点需要相互通信时，线路连接的数量会随着节点数量的增加而迅速增长。

（2）时延较大。在大部分情况下，单纯的点对点通信较少，往往是由多个点对点结构组成一个端到端传输链路，如果链路中间节点较多，就需要多跳才能到达目的主机，这会使网络响应时间变长，加大传输时延。

3.1.3 环形网络结构

1. 环形网络的类型与结构

如图 3-3 所示，在环形结构网络（以下简称环网）中，各个节点通过环接口，连接在一条首尾相接的闭合环形通信线路中。环网有：单环、多环、环相切、环内切、环相交、环相连等结构。在环网中，节点之间的信号沿环路顺或逆时针方向传输。支持环形结构的网络协议有 IEEE 802.3-1995 定义的令牌环网，这种网络由于传输速率太低（16Mbit/s），目前已经被市场淘汰。IEEE 802.8-1997 定义的 FDDI（光纤分布数据接口）也是一种双环结构网络，最大传输速率为 100Mbit/s，最大传输距离达到 100km。我国第一个校园网——清华大学的 TUnet（1992 年）就是采用 FDDI 作为网络主干。由于 FDDI 结构复杂、建设成本高，目前已经淘汰。目前主要的环网有 SDH（同步数字系列）、DWDM（密集波分复用）、RPR（弹性分组环）等环网、它们主要用于城域网。

环形结构的特点是每个节点都与两个相邻的节点相连，因而是一种点对点通信模式。环网采用信号单向传输方式，如图 3-3 所示，如果 $N+1$ 节点需要将数据发送到 N 节点，几乎要绕环一周才能到达 N 节点。因此环网在节点过多时，会产生较大的信号时延。

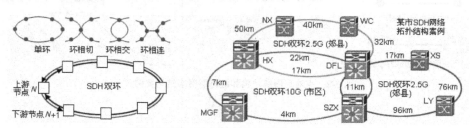

图 3-3 环形网络结构（左）和 HNYD 城域 SDH 网络案例（右）

2. 环网的实际施工

图 3-3 所示为环网的原理说明图，在实际组网工程中，由于地理位置的限制，有时不能做到环两端的物理连接，构建成一个物理环形。如图 3-4 所示，在工程设计和实施中，往往在环的两端通过一个阻抗匹配器来实现环的封闭，这样就可以通过铺设一条多芯光缆来构成环网连接。因此，环网光缆在物理上呈链路形状，但逻辑上仍然是环形网络结构。

图 3-4　工程实际中的双环网络网络结构

3. 双环网络的"自愈"功能

图 3-3 所示的单环网络中，环网中传输的任何信号都必须通过所有节点，如果环网中某一节点断开，环上所有节点的通信就会终止。为了克服环网的这个缺点，SDH 等环网采用了双环或多环结构。如图 3-5（a）所示，在 SDH 环网正常工作时，外环（数据通路）传输数据，内环（保护通路）作为备用环路。如图 3-5（b）所示，当环路发生故障时，信号会自动从外环切换到内环，这种功能称为环网的**"自愈"**功能。

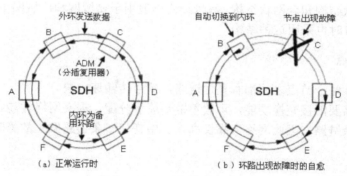

图 3-5　SDH 双环网络的自愈功能

4. 环形网络的优点

（1）环网不需要集中设备（如交换机），消除了端用户通信时对中心系统的依赖性。
（2）信号在网络中沿环单向传输，传输时延固定。
（3）相对于星形结构而言，环网所需的光缆较少，适宜于主干网络的长距离传输。
（4）环网中各个节点负载较为均衡，不会出现树形网络中汇聚节点负载过大的问题。
（5）双环或多环网络具有自愈功能。
（6）环网可以实现动态路由技术，增加了系统的可靠性。
（7）环网的路径选择非常简单，不容易发生网络地址冲突等问题。

5. 环形网络的缺点

（1）环网不适用于多用户接入，主要适用于城域传输网和国家骨干传输网。
（2）环网中增加节点时，会导致路由跳数增加、响应时间变长，加大传输时延。
（3）环网难以进行故障诊断，需要对每个节点进行检测后才能找到故障点。

（4）环网结构发生变化时，需要重新配置整个环网。

（5）环网的投资成本较高。

3.1.4 网状网络结构

网状结构采用点对点通信方式，网络中任何两个节点之间都有直达链路连接，在通信建立过程中，不需要任何形式的信号转接，网状结构如图 3-6 所示。

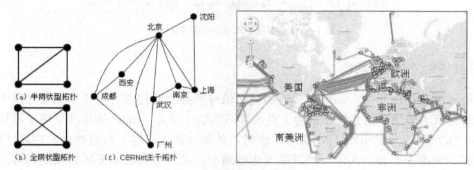

图 3-6 网状结构和广域网案例

网状结构有半网状结构和全网状结构。网状结构一般用于城域网和广域网中，在大型局域网（如园区网）的核心层，有时也采用这种结构。

1. 网状结构的优点

（1）网状结构中，每个节点之间都有直达链路，信号传输速度快。

（2）通信节点不需要汇接交换功能，可改善链路流量分配，提高网络性能。

（3）由于存在冗余链路，因此网络可靠性高，其中任何一条链路发生故障时，均可以通过其他链路保证通信畅通。

2. 网状结构的缺点

（1）网状结构线路多，总长度大，基本建设和维护费用很大。例如，在全网状结构中，6 台网络设备在全互连的情况下，需要 15 条传输线路。可见，线路连接的总数量比节点的增长快得多。显然，这种方式只有在地理范围不大，设备很少的条件下才有使用的可能。因此，在网络工程设计中往往采用半网状结构，全网状结构一般只用于大型网络核心层，而且节点一般不大于 4 个。

（2）网状结构在通信量不大的情况下，线路利用率很低。

3.2 广播传输网络

3.2.1 广播传输特征

1. 广播传输工作原理

广播传输一般采用 CSMA/CD（载波监听多路访问/冲突检测）原理进行工作。广播传输仅有一条信道（如双绞线电缆），网络上所有节点共享这个信道。数据包进行广播传输时，网络中所有节点都会接收到这些数据包。各个节点一旦收到数据包，就对这个数据包进行检查，看是否是发送给本节点的，如果是则接收，否则就丢弃这个数据包。

需要注意的是，广播传输中的共享信道并不意味着多个数据包可以同时传输。在某个时间片内，某个主机发送的数据包独占整个信道，其他主机必须等待这台主机完成数据包传输后，共享信道才能为其他主机使用。

双绞线连接的星形网络、同轴电缆连接的总线形网络、以微波方式进行传输的蜂窝形网络都采用广播传输。如图 3-7 所示，广播有三种信号传输方式：单播、多播和组播。

(a)单播（一对一传输）　　　　(b)多播（一对全部传输）　　　　(c)组播（一对多传输）

图 3-7　广播通信中信号的三种传输方式

2. 冲突域

如图 3-8 所示，在广播传输中，同一网段在同一时刻只能有一个信号发送，如果有两个信号同时发送，将导致信号之间的相互干扰，即发生**冲突**，冲突域是指产生冲突的最小范围。在以太网中，冲突是网络运行的正常组成部分。但是，当网络中主机较多时，冲突会变得严重起来，导致网络性能急剧下降。因此，在以太网设计中应当控制冲突域的规模，使网段中主机的数量尽量最小化。

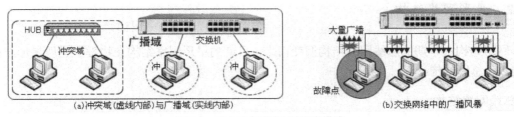

(a)冲突域（虚线内部）与广播域（实线内部）　　　　(b)交换网络中的广播风暴

图 3-8　以太网中的冲突域和广播域

如图 3-8 所示，Hub（集线器）上所有端口都在一个冲突域内，因此冲突域较大。而交换机明显地缩小了冲突域，交换机每个端口就是一个冲突域，即一个或多个端口的信号高速传输时，不会影响其他端口。

有多种方法来减小冲突。如采用交换机、网桥、路由器等设备隔离冲突域。采用确定性通信协议（如 SDH、DWDM）的网络，也不会发生广播冲突。

3. 广播域

以太网主要采用广播传输模式，大量主机之间的通信，都需要通过 ARP（地址解析协议）广播来决定目的主机地址。当网络中主机较多时，这种广播方式就会占用大量网络资源，影响到网络的带宽和信号时延。大量无用的广播数据包会形成广播风暴，因此在网络设计中应尽量减小广播域的大小。

广播发生在 OSI/RM 的第 2 层（数据链路层），而工作在第 2 层的交换机可以转发广播帧，因此 2 层交换机不能分割广播域。路由器工作在 OSI/RM 的第 3 层（网络层），不转发广播帧，因此可以用路由器来分割广播域。也可以用 VLAN 划分的方法缩小广播域的范围。

4. 广播风暴

在以上讨论的广播通信方式中，我们假设通信是间断进行的，而且数据量是有限的。当这一条件不满足时，就会发生广播风暴。在局域网中，广播风暴的典型案例是主机查找服务器资源。交换式以太网产生广播风暴的原因主要有以下几个。

（1）网络环路。如果错误地将一条双绞线的两端插在同一台交换机的不同端口上，就会导致网络性能急剧下降，这种故障就是典型的网络环路。网络环路的产生一般是由于一条物理网络线路的两端同时接在了一台网络设备中。

（2）网卡故障。发生故障的网卡会不停地向交换机发送大量无用的数据包，这就容易产生广播风暴。如果故障网卡还能连接网络，则广播风暴就更加难以发现。

（3）计算机病毒。一些计算机病毒会通过网络进行传播，病毒的传播会消耗大量的网络带宽，引起网络拥塞，导致广播风暴。

（4）软件使用。一些黑客软件和视频广播软件的使用，也可能会引起广播风暴。尤其是网络中多媒体应用程序的广播，可以很快地消耗掉网络中的所有的带宽资源。不同网络带宽支持的多媒体应用用户数如表 3-2 所示。

表 3-2　　　　　　　　　　不同网络带宽支持的多媒体应用用户数

以太网链路带宽（Mbit/s）	10	100	1 000
每用户 1.5Mbit/s 数据流量时，支持最多用户数	6	50~60	250~300
每用户 384kbit/s 数据流量时，支持最多用户数	20~26	200~240	1 000~1 200

3.2.2　星形网络结构

星形网络结构由早期的总线网络结构演变而来。目前的星形网络结构在物理上呈现星形结构，在逻辑上仍然是总线结构。

1. 总线网络结构

总线形网络结构采用一条链路作为公共传输信道（总线），网络上所有节点都通过相应的接口直接连接在总线上。如图 3-9（b）所示，总线节点到计算机的距离 L 很短（一般在 0.1m 以下），如果不计算这段线路，在总线结构中，N 个节点完全互连只需要 1 条总线传输线路。总线网络采用广播通信方式，节点上的信号通过总线向两个方向传输，总线上所有节点都可以收到这个广播信号。总线结构在网络扩展时，需要断开总线，然后再加入新节点。

（a）总线型拓扑　　　　　　　　（b）总线型网络结构案例

图 3-9　老式总线网络结构和 10BASE-T2 网络案例

在局域网中，支持总线结构的网络协议有 IEEE 802.3 定义的 10BASE-2、10BASE-5，它们采用同轴电缆（粗缆和细缆）作为传输介质，传输速率低于 10Mbit/s，由于传输速率太低，目前已经被市场淘汰。

2. 星形网络结构

如图 3-10 所示，星形网络结构的每个节点都有一条单独的链路与中心节点相连，所有数据都要通过中心节点进行交换，因此中心节点是星形网络的核心。在星形网络结构中，N 个节点完全互连需要 $N-1$ 条传输线路。星形网络也采用广播传输技术，局域网的中心节点设备通常采用交换机。在交换机中，每个端口都挂接在内部背板总线上，因此，星形以太网虽然在物理上呈星形结构，但逻辑上仍然是总线结构。因此，在很多网络结构示意图中也将星形网络简单地画为总线形式。

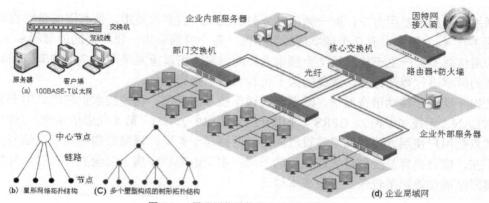

图 3-10　星形网络结构和企业局域网案例

3. 星形网络结构的优点

星形网络结构是目前局域网中应用最为普遍的一种结构，它具有以下优点。

（1）网络结构简单，建设和维护成本低。

（2）中心节点一般采用交换机，这样集中了网络流量，提高了链路利用率。

（3）网络性能较高，目前网络最高传输速率达到了 100Gbit/s。

（3）网络扩展性好，节点扩展时，只需要从交换机等设备中插入一条双绞线即可。移动一个节点时，只需把相应节点设备移到新节点即可。

（4）维护容易，一个节点出现故障不会影响其他节点，可拆除故障节点。

4. 星形网络结构的缺点

（1）网络可靠性低。如果中心节点发生故障，会导致整个子网系统瘫痪。

（2）所有信号都需要经过交换机，网络负载较重时，交换机容易成为网络性能瓶颈。

（3）使用线缆较多。由于每个节点都需要一条单独的线路连接到交换机，因此需要线缆较多，导致布线成本较高，管理复杂。

3.2.3　蜂窝网络结构

如图 3-11 所示，蜂窝形网络结构由圆形或六边形（为了表示方便）组成，每个区域中心都有一个独立的节点。蜂窝结构主要用于无线通信网络，它把微波覆盖区域分为大量相连的小区域，每个小区域都使用自己的、低功率的无线发送和接收基站（BS）或无线接入点（AP），在 BS 或 AP 周围就会形成一个近似于圆形的无线电频率区，这个区域称为蜂窝，蜂窝的大小与 BS 或 AP 的发射功率有关。

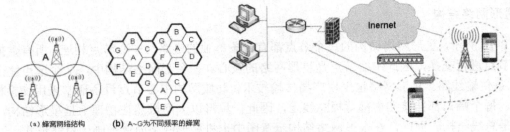

图 3-11　蜂窝形网络结构和无线网络案例

蜂窝网络采用频率复用方法，同一频率在分散的区域内被多次复用，使有限的带宽容纳大量的用户。如图 3-11（a）所示，有 7 个频率的蜂窝小区，每个蜂窝采用一段不同的通信频率（A~G），它们之间的通信就不会产生干扰，这 7 个频率之外的蜂窝又可以重复使用这 7 个频率。因此，需要对蜂窝小区的频率进行智能分配，避免同频干扰和邻频干扰等现象。

蜂窝结构早期用于移动语音通信，随着无线通信技术的普及，这种技术正在广泛用于数据通信网络，如 WLAN（无线局域网）、GPRS（通用分组无线业务）、4G（第 4 代通信系统）、蓝牙等。蜂窝结构的优点是用户使用方便、网络建设时间短、网络易于扩展。蜂窝结构的缺点是信号在一个蜂窝内无处不在，信号很容易受到环境或人为的干扰；由于地理和距离上的限制，有时信号接收非常困难；蜂窝网络的传输速率较低，投资成本较高。

3.2.4　混合网络结构

混合形网络结构在理论上可以是各种网络结构的组合，这种复杂的结构主要出现在城域网和广域网中，如城域网中大量使用的 SDH 环网与链路型网的混合结构。如图 3-12 所示，局域网中的混合网络结构主要是由交换机层次连接而构成的树形网络结构（星形+星形），以及由交换机与路由器连接构成的树形网络结构（星形+点对点）。混合形网络结构的顶层节点负荷较重，如果网络设计合理，可以将一部分负载分配给下一层节点。

【例 3-1】图 3-12 所示是一个典型的大学校园网结构图。从图中可见，这是一个混合形网络网络结构，主要由星形结构和点对点结构组成。行政办公网、生活区网、教学院系网、学生宿舍网、DMZ（非军事区）安全网都是星形网络结构的叠加。值得注意的是，在网络核心交换机处，物理上构成了环形网络结构，但它们不是一个环形网，因为环形网本质上是采用点对点通信方式，而这里的环形网络结构仍然采用广播通信方式。由于环路引起的信号循环问题，可以利用路由技术或生成树协议（STP）加以解决。

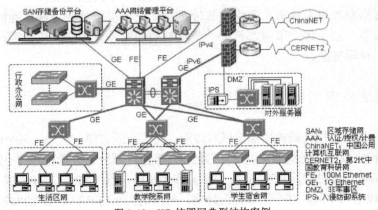

图 3-12　KD 校园网典型结构案例

3.3　网络设计模型

3.3.1　层次化模型

1. 网络层次化设计模型

在网络发展早期，网络设计工作往往局限于小型局域网设计，由于网络中主机数量不多，采用简单的网络结构进行组合就可以满足网络设计工作的需要。随着网络规模的不断扩大，产生了以下问题，一个园区的局域网（如校园网）主机数量达到了几万台，有限带宽和无限需求方面的矛盾越来越突出；网络的地域分布也从一个园区分布到几个园区（如商业连锁店的网络），网络之间的互连变得更加复杂；企业网络不仅需要解决企业本身的网络需求（内网），还需要向社会（外网）提供因特网服务，网络安全问题变得严重起来。更加复杂的是原来用于局域网的技术，目前正逐步应用到城域网中（如城域以太网）。因此，依靠网络网络结构的简单组合，已经不能满足大型网络工程设计的需求了。在这种情况下，Cisco 公司和其他网络厂商提出了层次化网络设计的概念，在网络设计中引入了**核心层、汇聚层和接入层**三个层次（如图 3-13 所示）。网络层次化设计模型是一种行业约定俗成的设计规范，没有严格的定义与标准，但是它的基本思想与 ITU-T Y.1231 标准中接入网的设计思想是完全一致的。

图 3-13　网络层次化设计模型

图 3-14　大型网络的三层模型迭加

如图 3-14 所示，网络层次设计模型将一个较大规模的网络系统分为几个较小的层次，这些层次之间既相对独立又相互关联。局域网、城域网、广域网都可以按三层网络模型进行表示，它们之间可以看作是一个层次叠加的关系。

2. 交换型层次结构

如图 3-15 所示，基于交换技术的层次模型主要由 2 层和 3 层交换机组成，这种网络由于统一采用交换机构建，因此结构简单。近年来，交换机性能提高得很快，而且价格越来越低廉，因此受到用户的追捧。目前主要的网络设计模式大多采用交换型层次结构。

交换型层次结构的缺点是网络路由功能不强大，对不同子网用户之间通信频繁的业务显得力不从心。另外，广播风暴也是困扰交换型网络的一个重要因素。

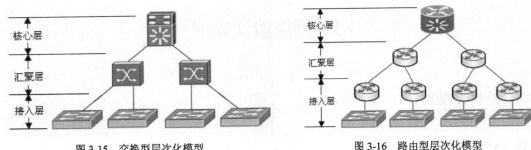

图 3-15　交换型层次化模型　　　　　图 3-16　路由型层次化模型

3. 路由型层次结构

如图 3-16 所示，早期的局域网大多是基于路由技术的层次模型，它主要由路由器和交换机组成，这种网络的优点是路由功能强大，便于不同网络之间的相互通信。但是这种网络结构较为复杂，路由器的性能也大大低于交换机，因此很容易在路由器端口形成性能瓶颈。另外，由于路由器价格高于交换机，而且路由器配置管理复杂，因此，路由型层次结构目前主要用于城域网和广域网设计。

4. 层次化设计模型的优点

（1）通过层次化设计，可以将网络分解成许多小单元，降低了网络设计的复杂性。

（2）使网络更容易处理广播风暴、信号循环等问题。

（3）网络容易升级到最新技术，升级任意层次的网络不会对其他层次造成影响。

（4）层次结构降低了设备配置的复杂性，网络故障也易于定位，使网络容易管理。

5. 层次化设计模型的缺点

（1）层次化设计不适用于结构非常简单的小型局域网。

（2）在核心层的某个设备或某个链路失效时，会导致整个网络遭到严重破坏。

（3）层次化设计中往往采用设备冗余、路由冗余等方法，这将导致网络复杂性的增加。

3.3.2　接入层设计

1. 接入层设计目标

接入层主要为最终用户提供访问网络的能力。接入层负责将用户主机连接到网络中，提供最靠近用户的服务。接入层在网络工程中面临很多困难，如网络设备工作在环境温度变化大、灰尘多、电压不稳定等复杂环境中，容易影响设备工作的稳定性；接入层网络设备大多分散在用户工作区附近，设备品种繁多，地点分散，造成网络管理工作的困难；接入层网络设备往往价格便宜，容易出现质量问题，对网络稳定性影响很大。接入层是网络的基础平台，在网络设计中应当注意以下问题。

（1）适度超前。为了避免重复建设、重复投资，同时满足企业网络业务发展需求，在设计工作中要遵循适度超前的设计原则。

（2）分期实施。由于接入层网络环境复杂多变，接入技术也在不断变化，在充分考虑投资成本的情况下，要根据用户需求进行总体设计和分期建设网络工程。

（3）简化设计。接入层是设备最多、情况最复杂的网络，为了降低网络成本以及提高网络效率，应遵循尽量简化的设计原则，包括结构简化、设备简化、接口简化等技术。

（4）安全隔离。在接入层，应当隔离各个用户之间的相互访问。合理而又灵活地利用端口隔离技术，可以有效地控制来自内部和外部用户之间的安全问题。这些隔离技术包括：包过滤策略、访问控制技术、VLAN 划分、路由器隔离、防火墙隔离等。

2．接入层网络结构设计

（1）在局域网设计中，接入层网络一般采用通用的星形网络结构。

（2）为了降低网络成本，接入层一般不采用冗余链路。

（3）为了简化网络和降低成本，接入层一般不提供路由功能。

（4）由于接入层处于网络末端，用户业务变化快，扩容频繁，所以要求设备具有良好的扩展性，如交换机应当留有冗余端口，方便用户的扩展。

（5）用户集中的环境（如机房），由于接入用户较多，因此交换机应当提供堆叠功能。

（6）当接入层交换机采用菊花链连接时（如交换机堆叠），网络拓扑可能会形成循环回路。因此应当选择支持 IEEE 802.1d 生成树协议的交换机，以防止网络信号循环。

3．接入层功能设计

接入层主要有交换机等网络设备，在网络设计中应当考虑：交换机端口密度（如 24/48 口）是否满足用户需求，交换机上行链路采用光纤模块（光口）还是采用光电转换端口（电口），交换机端口是否为今后的扩展保留了冗余端口，交换机是否支持链路聚合等问题。

由于用户接入类型复杂，接入层交换机应当提供交换机端口速率自动适应功能。如 10/100/1 000M 自适应、半/全双工自适应等。

以太网中，接入层设备往往采用固定式 2 层交换机或集线器，因为 2 层交换机价格便宜。但是 2 层交换也存在很多缺点，如不能有效解决广播风暴问题、异种网络互连问题、网络安全控制问题等。在一些高性能与高成本网络设计中，接入层可以采用 3 层交换机。

4．接入层性能设计

在接入网中，应当利用 VLAN 划分等技术隔离网络广播风暴，提高网络效率。

接入层交换机的下行端口与用户计算机相连，上行端口与汇聚层交换机相连，为了避免网络拥塞，交换机上行端口的传输速率应当比下行端口高出 1 个数量级。如下行端口为 100M 时，就应提供 1 000M 的上行链路端口。

接入层交换机与汇聚层交换机距离小于 100m 时，可以采用双绞线相连；如果接入层交换机与汇聚层交换机相距较远，可以采用光电收发器进行信号转换和传输。

5．接入层安全设计

接入层交换机可以将每个端口划分为一个独立的 VLAN 分组，这样就可以控制各个用户终端之间的互访，从而保证每个用户数据的安全。

接入层交换机应能提供端口 MAC 地址绑定、端口静态 MAC 地址过滤、任意端口屏蔽等功能，以确保网络运行安全。

6．接入层可靠性设计

接入层设备对环境的适应力一定要强，因为大多数接入层设备被放置在建筑物的楼道中。在每个建筑中设置一个通风良好、防电磁干扰的设备间是不现实的，因此接入层设备应该对恶劣环境有良好的抵抗力。

大部分情况下，建筑物的设备间空间有限，因此网络设备的尺寸也是一个不可忽略的问题。选择设备时应该首选尺寸小、集成度较高、空余槽位较多的网络设备。

室外的接入层网络设备应设置在地理位置比较稳定的区域，不易受以后基建工程建设的影响，同时尽量避开外部电磁干扰、高温、腐蚀和易燃易爆区的影响。

7. 接入层网络管理设计

接入层处于网络边缘，接入节点一般距离网络管理中心较远，而且节点分散、数量众多，接入设备良好的可管理性将大大降低网络运营成本。因此必须选用可网管的交换机，交换机应当提供 Web、Telnet 等多种管理方式。如果交换机具有远程监控（RMON）功能，就可实时进行网络信息收集，有效进行故障定位。

接入层网络管理还必须解决不同厂商设备组网下的网络管理问题。

3.3.3 汇聚层设计

1. 汇聚层主要功能

汇聚层的主要功能是汇聚网络流量，屏蔽接入层变化对核心层的影响。汇聚层是核心层与接入层之间的接口，在局域网环境中，汇聚层包括以下功能。

（1）链路聚合。减少接入层与核心层之间的链路数，当汇聚层与核心层有多条链路时，通过链路聚合实现链路上的负载均衡。

（2）流量聚合。将接入层的大量低速链路转发到核心层，实现通信流量的聚合。

（3）路由聚合。在汇聚层进行路由聚合可以减少核心层路由器中路由表的大小。

（4）主干带宽管理。对网络主干链路进行流量控制、负载均衡和 QoS 保证。

（5）信号中继。对跨交换机划分的 VLAN，进行信号中继（Trunk）。

（6）VLAN 路由。不同 VLAN 之间的计算机需要通信时，应当在汇聚层进行路由处理。

（7）隔离变化。网络接入层经常处于变化之中，为了避免接入层的变化对核心层的影响，可利用汇聚层隔离接入层网络结构的变化。

2. 汇聚层链路汇聚

汇聚层将大量的低速流量汇聚后，再发送到核心层，以实现链路的收敛，提高网络传输效率。

【例3-2】如图 3-17 所示，在园区网设计中，接入点一般在不同的建筑物之中，而核心层一般设置在中心机房，它们之间的距离往往大于 100m，因此需要采用光纤连接。如果接入层的信息点较多，可以将汇聚层网络设备（主要是交换机）设置在接入点楼栋内，然后将接入层交换机汇聚到汇聚层交换机，这样就大大减少了主干光纤链路建设，同时也减少了核心层路由器的数量，减轻了核心交换机的负载。

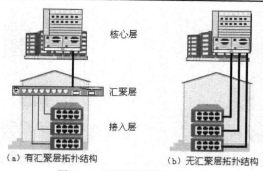

图 3-17　网络汇聚层的不同结构

4. 汇聚层交换机选择

汇聚层大多选用 3 层交换机，也有少部分选择 2 层交换机，这要视网络工程投资和核心层交换能力而定。同时，最终用户发流量需求也将影响汇聚层交换机的选择。

如果在汇聚层采用 3 层交换机，则在网络设计中体现了分布式路由的思想。可以大大减轻核心层交换机的路由压力，有效地进行路由流量的均衡。

对于突发流量大，控制要求高，需要对 QoS 有良好支持的应用，如多媒体数据流、语音、视频等应用（如多媒体教室和教学），可以选择高性能的多层交换机。

大部分没有特殊需求的子网（如办公子网），最常用的业务是数据传输，它们对汇聚层设备要求并不高。可以考虑使用性能中等的 2 层交换机设备。

如果汇聚层选择 2 层交换机，则核心层交换机的路由压力会增加，需要在核心层交换机上加大投资。

在园区网设计中，为了降低网络工程成本，一般采用电口的交换机设备。在城域网汇聚层，由于网络流量大，传输距离远，一般采用全光口交换机。

3.3.4　核心层设计

核心层的主要功能是实现数据包高速交换。核心层是所有流量的最终汇聚点和处理点，从网络工程设计来看，它的结构相对简单，但是对核心层设备的性能要求十分严格。核心层设计应注意以下问题。

1. 核心层网络结构设计

单中心星形网络结构常用于小规模局域网设计（如图 3-18 所示），它的优点是结构简单，网络工程投资少，适用于网络流量不大，可靠性要求不高的局域网。在这种结构中，往往将服务子网集中在核心层，这会导致核心层负载重、可靠性差，当核心层出现故障时，容易导致网络瘫痪。

核心层双中心星形网络常用于园区网设计（如图 3-19 所示），它的优点是网络结构较为简单，实现了设备冗余和链路冗余，提高了网络可靠性，也可以很好地进行网络负载均衡。

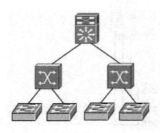

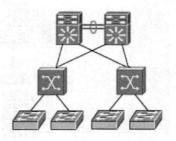

图 3-18　核心层单中心网络结构　　　　　　　　　图 3-19　核心层双中心网络结构

当核心层为 3 个中心节点时，网络结构将连接成环形；当核心层为 4 个节点时，一般将核心层连接成全网状（如图 3-20 所示）。这种网络结构较为复杂，主要用于大型园区网和城域网设计中。这种网络有极好的可靠性，但是核心层构成了路由循环，因此网络传输的开销较大，网络建设成本也非常高，一般仅用于国家级大型网络核心层。

2．核心层性能设计策略

（1）核心层通常采用高带宽网络技术，如 1G 或 10G 以太网技术。
（2）核心交换机应当采用高速率的帧转发。
（3）禁止采用任何降低核心层设备处理能力，或增加数据包交换延迟的方法。
（4）任何形式的策略必须在核心层外执行，如数据包的过滤和复杂的 QoS 处理等。
（5）核心层一般采用高性能的多层模块化交换机。

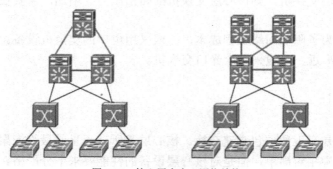

图 3-20　核心层多中心网络结构

3．核心层冗余设计策略

网络中增加带宽最简单的方法是增加冗余链路，路由器可以为多个链路和路径提供负载均衡功能，将信号流在各个链路之间进行均衡传输，从而提高数据的转发效率。

一些企业的网络核心层非常重要，不能出现故障，如银行、证券、电信等业务。对于这类网络，核心层一般采用设备冗余和链路冗余设计，以保证网络的 QoS 和可靠性。

对于核心层出现的网络环路，可以利用路由技术或生成树协议（STP）进行处理。

4．核心层路由设计策略

策略是指一些设备支持的标准或网络管理员定制的一些配置规划。例如，路由器一般根据最终目的地址发送数据包。但在某些情况下，希望路由器基于源地址，流量类型或其他标准做出路由决策。

（1）核心层的任务是交换数据包，应尽量避免核心层网络配置的复杂程度，因为一旦核心层执行策略出错，将导致整个网络瘫痪。

（2）核心层设备应当具有足够的路由信息，将数据包发送到网络中任意目的主机。

（3）核心层路由器不应当使用默认路径到达内部网络的目的主机。

（4）核心层路由器可采用默认路径来到达外部网络的目的主机。

（5）可以利用路由聚合来减少核心层路由表的大小。

3.4　网络结构分析

3.4.1　服务子网结构设计

局域网的服务主要有两类：一类是通用的网络服务，如 DNS 服务、Web 服务、FTP 服务、E-mail 服务等；另一类是企业内部的应用服务，如 OA（办公自动化）服务、MIS（管理信息系统）服务、CAD（计算机辅助设计）服务等。当这两大类服务较多时，往往需要一个服务器主机群组来实现，它们称为服务子网。服务子网设计在网络的哪个层次，对网络性能影响很大，一般有集中式服务设计和分布式服务设计两种模型。

1. 集中式服务设计模型

集中式服务设计模型是将所有服务子网设计在网络核心层，这样服务器机群就集中安置在网络中心机房（如图 3-21 所示）。集中式服务设计模型的优点是网络结构简单、便于管理；缺点是增加了核心层的负荷、增加了网络链路流量、网络可靠性不好。这种设计模型主要适用于网络数据流量不大的小型企业局域网。

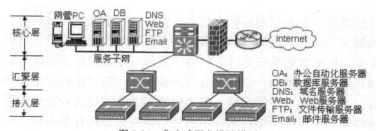

图 3-21　集中式服务设计模型

2. 分布式服务设计模型

分布式服务设计模型的基本原则是：**网络服务集中，应用服务分散**。如图 3-22 所示，这种结构是将通用网络服务子网设计在网络核心层，网络服务器群（或集群）安置在网络中心机房，而企业内部应用服务器则根据部门应用特点分布到各个部门（汇聚层或接入层）的机房。

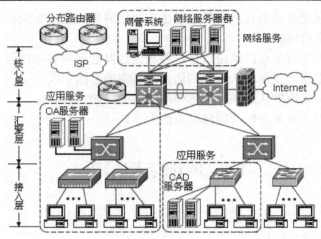

图 3-22　分布式服务设计模型

分布式服务设计模型的优点是网络流量分担合理，核心层网络设备的压力小；由于服务在汇聚层，即使核心层发生故障，服务子网仍然可以正常工作，因此网络可靠性好。分布式服务设计模型的缺点是网络管理工作量大、设备利用率不高。这种设计模型主要适用于大型企业园区网络设计。

3.4.2　网络结构扩展设计

用户业务的不断发展，接入用户数的增多，数据流量的加大，这些都对网络扩展提出了需求。但是，网络扩展是一件复杂的事情，即使是最简单的端口扩展，也可能会带来可靠性等方面的隐患；更不要说有些网络扩展，有可能要对网络配置进行大幅度修改，稍不小心就会带来灾难性的后果。网络扩展设计包括以下几个方面。

1．扩展性要求

一个扩展性良好的网络，在进行网络扩容时，不需要进行重大的改进设计。面对用户数量的增长、用户数据流量的增加、网络节点的增加或网络节点位置的改变等因素，可扩展性网络都应当提供解决问题的简单方案。网络扩展性设计时，网络工程师需要解决以下问题。如果企业网络用户数量增加一倍，网络端点数量就会增加一倍，并且有需要增加一倍带宽的应用程序时，目前的网络能够承受这种变化吗？一个扩展性良好的网络，应当能够容纳这种增长和变化，而不需要对基本结构进行全面修改。网络结构和使用的网络技术，不必为这些变化而进行重新设计。新的客户可以用一个简单的方式添加到一个可扩展的网络中。

2．接入能力扩展

接入能力是指接入层交换机端口数量的扩展。由于用户数量增加，现有交换机端口数量不够，需要进行端口数扩展。

对于固定式交换机端口不足的问题，可以通过两种办法来解决，一是将原来的交换机更换为高端口密度的交换机；二是增加交换机数量；三是对机架式模块化交换机，可以通过增加适配卡，达到增加端口数量的目的。

通过增加交换机数量来增加接入层端口时，势必要通过堆叠或级连的方式与原交换机连接在一起。如果原交换机不支持堆叠模块，则只能进行交换机的级联。而交换机级联方式在扩充端口的同时，大大降低了这个网络节点的可靠性，增加了故障点。而且对于新增加的交换机，其上连端口很可能是用户端口，这样就会影响到在原交换机上用户的数据传输。另外，增加了新的交换机设备，就意味着增加了管理和维护的复杂程度。

3. 处理能力扩展

处理能力是指交换机的数据转发能力，一般指三层转发能力。这种要求通常出现在网络的汇聚层或核心层。随着用户业务的发展，业务数据流量不断扩大，或用户对业务数据流有较多的 QoS 或安全策略要求，交换机转发能力不足就会影响这些业务。

对于处理能力的升级，一般通过更换交换处理模块来达到要求。对于机架式总线结构交换机，可以更换交换引擎。对于固定式交换机，则只能更换更高性能的交换机。另外一种方法是增加交换机的数量后，再进行负载均衡配置，将数据流量分担到两台设备上。

通过更换交换机的交换引擎虽然可以提高性能，但原有引擎则失去了作用，无法达到保护投资的目的。如果通过增加交换机数量和进行负载均衡配置，虽然设计方案可行，但需要对网络的配置进行较大的修改，不但会影响现有业务的正常运行，而且也同样增加了网络管理和维护的复杂程度。

4. 网络带宽扩展

带宽扩展通常出现在不同的网络层次，如接入层和汇聚层、汇聚层和核心层。为了解决带宽不足的问题，通常采用支持 IEEE 802.3ad 标准的交换机（大多为 3 层交换机），这个标准采用 LACP（链路访问控制协议）技术，如图 3-23 所示，可以将多条链路绑定在一起来增加带宽，这种技术称为链路聚合。二是更换上连端口速率更快的交换机。

通过 LACP 技术对现有网络带宽进行扩充时，LACP 技术的先天特征决定了一个 LACP 组的同一侧必须接在同一台交换机上。这带来了两个问题：一是连接 LACP 两端的交换机和 LACP 组本身为单点故障；二是若需要扩充的带宽很大，而交换机端口数量不够时，则无法满足扩展到预定带宽的目的。

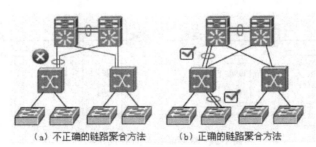

（a）不正确的链路聚合方法　　（b）正确的链路聚合方法

图 3-23　网络链路聚合方法

5. 网络规模扩展

用户由于部门调整或工作区域的增加，可能需要对网络进行扩展，在原来网络的基础上增加新的子网，通过互连而构成更大规模的局域网。如果用户只是部门调整，并没有增加新的办公区域或客户端点，可以利用子网重新划分来构成新的网络，也可以利用 VLAN 划分来解决问题。如果在原有基础上需要增加新的子网，可以利用交换机或路由器来构建新的子网，这时需要考虑网络链路的承载能力，以及网络核心层设备是否有足够的处理能力。

6. 网络平滑扩展

随着用户对网络的依赖性越来越强，网络的中断可能会给用户带来巨大的损失。即使要进行网络的扩展升级，用户也希望不要对现存的网络有影响。这就要求网络在扩展中具有平滑升级的特性。同时，在网络扩展中，需要保护原有设备的投资，不造成投资浪费。

在传统网络技术中，通过增加交换机的数量，达到端口扩展和升级的目的，可以不影响现有业务，其他情况下的扩展升级，势必会影响现有业务的正常运行。如果为了扩展网络性能而更换原有的核心交换机，则不能达到保护投资的目的。

集群技术的发展为网络的平滑扩展带来了新的方法，它将网络的扩展性、可靠性、管理性融合在一起，为网络扩展方式提供了良好的设计思想。H3C（华为 3Com）公司推出的 IRF（智能弹性结构）集群技术，是解决网络扩展的一种好方法。

3.4.3 IPv4 网络升级方法

由于 **IPv6 与 IPv4 网络协议不兼容**，因此，在 IPv4 向 IPv6 升级的过程中，必然会承担很大的风险。从近几十年计算机技术发展历史来看，大部分计算机技术都因为不兼容而淘汰，因此从 IPv4 升级到 IPv6 将是一个漫长的过程。目前主要是将小规模 IPv6 网络接入到 IPv4 网络中，这样可以通过现有的 IPv4 网络访问 IPv6 的服务。目前基于 IPv4 的网络服务已经很成熟，它们不会立即消失。因此，一方面要继续维护这些服务，但同时还要支持 IPv4 与 IPv6 之间的互通性。目前从 IPv4 升级到 IPv6 的方法有以下一些技术。

1. 双协议栈技术

如图 3-24 所示，网络设备同时支持 IPv4 和 IPv6 两个协议，但这会增加网络的复杂性，导致网络成本增加。

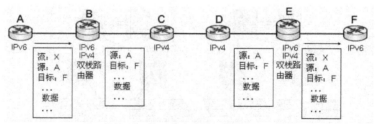

图 3-24　双协议栈技术网络示例

2. 隧道技术

如图 3-25 所示，隧道技术是将一个版本的数据包封装在另一个版本的数据包中进行传输，目前是将 IPv6 的数据包封装在 IPv4 的数据包中；随着 IPv6 网络的增多，倒过来封装的情况也会出现。这会增加网络设备的处理时间，导致处理效率不高。

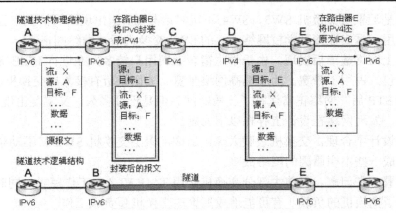

图 3-25　利用隧道技术进行数据包封装

3. 其他技术

使用专用软件或硬件进行 IPv4 与 IPv6 协议的转换。但是软件协议转换效率不高，硬件协议转换容易造成兼容性问题。其他方法还有：报头转换、应用层代理等技术。

3.4.4　网络设计案例分析

1. 网络层次不清晰的设计案例分析

【例 3-3】某校园网络结构图如图 3-26 所示，网络核心层采用三层交换机 SW1，安置在学校网络中心机房；核心层交换机与 2 号学生宿舍楼汇聚层交换机 SW2 通过吉比特（GE）光纤相连；1号学生宿舍楼（主宿舍楼）汇聚层交换机 SW3 通过吉比特光纤与 2 号宿舍楼的 SW2 交换机相连，并安置在一楼，由于 1 号宿舍楼用户较多，故在三楼又放置了一个汇聚层交换机 SW4。所有汇聚层交换机（SW2、SW3、SW4）采用可网管 1 000M 交换机；接入层均采用 100M 交换机与汇聚层相连。核心交换机、认证服务器、防火墙和路由器均设计在核心层。学生宿舍楼上网用户采用 IEEE 802.1x 认证，为了避免网络广播风暴，对接入层交换机的每个端口都进行了 VLAN 划分。

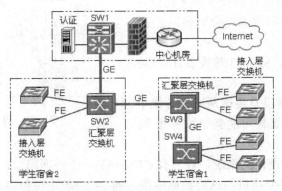

图 3-26　某校园网一期工程网络结构图

网络建成后不久，发现网络故障不断，主要故障现象是大约 1~2 天左右，每个汇聚层交换机（SW2、SW3、SW4）下连的个别接入层交换机不固定地出现断网情况，重启接入层交换机后不起作用，重启上连的汇聚层交换机后，网络则正常工作。

另外一个现象是汇聚层交换机 SW3、SW4 不定时地与 SW2 出现断网情况，重启 SW3、SW4 交换机后都不起作用，重启连接到学校网络中心的 SW2 交换机后，网络则正常。

测试和分析以上网络故障后发现，由于学生宿舍上网用户较多，在进行 IEEE 802.1x 认证时发送大量的认证数据包，占用了带宽。为了提高网络带宽，关闭了所有接入层交换机的 STP（生成树协议）功能。关闭 STP 后，网络正常运行了一段时间。但是没过多久，又重复出现上述故障现象。

分析以上故障，发现网络在设计上存在以下问题。

（1）网络结构设计不合理，交换机级联太深，造成汇聚层交换机 SW2 带不动整个 2 号和 1 号宿舍楼的网络，造成一些不明原因的网络故障。

（2）交换机配置存在问题。目前大部分交换机采用 TAG VLAN 工作模式，同时打开了 STP 功能，这无形中增加了交换机的负载，有可能造成汇聚层交换机超负载工作。

（3）设计方案中网络结构划分不明确。校园网核心层采用三层交换机是正确的；但是两个宿舍楼都是汇聚层，交换机 SW2、SW3、SW4 应当分别与核心层交换机级联。但实际设计是采用汇聚层交换机进行层层级联，造成交换机级联太深，使 SW2 交换机带不动整个学生宿舍楼的网络，造成不明原因的网络故障。针对这种情况，应当将 2 号宿舍楼的 SW3、SW4 交换机分别直接连接到网络中心的核心交换机上，图 3-27 所示为改进后的网络结构图。

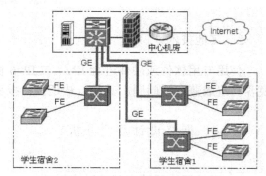

图 3-27　某校园网改进后的网络结构图

2. 网络核心层过于复杂的案例分析

【例 3-4】图 3-28 所示是一个校园网核心层的设计方案，下面对这个案例进行简单分析。

核心交换机 SW2、边界路由器 R1、网管系统等处存在单点故障，而且交换机 SW3 发生单点故障时，网管系统将无法工作。

数据库服务器 S4、S5 链路级联太深，从核心交换机传输到 S4 时，最好的情况也需要 5 跳才能到达，如果从接入层传输到 S4，中间传输将会更多，这造成了链路传输效率低。

SW4、SW5、SW6、S1、S2、S3 等设备冗余链路过于复杂。

S1、S2、S3 应用服务器没有遵循网络服务集中、应用服务分散的设计原则。这样可能会导致多处节点成为网络性能瓶颈。

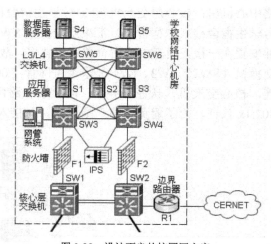

图 3-28　设计不良的校园网方案

一个具有大量冗余链路设计的系统，却只有 CERNET 一个外网出口，网络可靠性不好。

SW5、SW6 为 L3/L4 层交换机，这对数据库服务器 S4、S5 来说属多余功能。

由于防火墙 F1、F2 在 SW2 后，造成核心交换机 SW2 安全性不好，整个系统安全性不高。

要使信号经过 IPS（入侵防御系统），就必须在 SW3 和 SW4 上做策略路由，这样加大了系统开销。

方案没有考虑常用的网络服务器、数据存储备份方案（如存储网）等问题。

习题 3

3.1　在网络设计中怎样控制冲突域的规模？

3.2　造成交换式网络产生广播风暴的主要原因有哪些？

3.3　说明点对点网络的优点与缺点。

3.4　说明环型网络结构的缺点。

3.5　说明网络扩展的主要方法和基本原则。

3.6　讨论网络结构与哪些网络技术相关，并举例说明。

3.7　讨论 TCP/IP 四层网络模型与网络层次化设计模型的区别。

3.8　讨论网吧与校园网在服务子网设计中的区别。

3.9　写一篇课程论文，分析 IPv4 升级到 IPv6 的技术方案。

3.10　掌握交换机配置环境，掌握 VLAN 配置等实验。

第4章 网络路由技术

小型网络的路由选择很简单，一般采用静态路由技术，如直连静态路由、NAT 等。在大型网络中，IP 分组需要跨越若干个网络才能到达目标地址，网络也经常处于变化中（拥塞或故障），因此往往采用动态路由技术，如 OSPF、IS-IS、BGP 等。

4.1 网络地址规划

4.1.1 地址类型与分配

1. IP 地址类型

IETF（因特网工程小组）早期将 IP 地址分为 A、B、C、D、E 五类，其中 A、B、C 是主类地址，D 类为组播地址，E 类地址保留给将来使用。IP 地址的分类如表 4-1 所示。

表 4-1　　　　　　　　　　　　　　　IPv4 地址的网络数和主机数

地址类型	IP 地址格式	IP 地址结构				段 1 取值范围	网络个数	每个网络最多主机数
		段 1	段 2	段 3	段 4			
A	网络号.主机.主机.主机	N.	H.	H.	H	1~126	126	1 677 万
B	网络号.网络号.主机.主机	N.	N.	H.	H	128~191	1.6 万	6.5 万
C	网络号.网络号.网络号.主机	N.	N.	N.	H	192~223	209 万	254

说明：表中"N"由 NIC（网络信息中心）指定，H 由网络所有者的网络工程师指定。

在 IP v4 中，全部 32 位 IP 地址有 2^{32}=42 亿个，这几乎可以为地球上三分之二的人提供 IP 地址。但由于分配不合理，目前可用的 IPv4 地址已经分配完了。如图 4-1 所示，为了解决 IP 地址不足的问题，IETF 先后提出了多种技术解决方案。

图 4-1　IP 地址不足的技术解决方案

2. 公有地址和私有地址

RFC 1918 标准规定了两类 IP 地址，一种是在互联网中使用的 IP 地址，称为公有地址（外网地址），这类地址不允许出现重复，用户要使用必须向 NIC 申请。另一种是私有地址（内网地址），这类地址允许在内部网络中重复使用（注意，同一局域网内 IP 地址不能重复），这类地址无须向 NIC 申请。但是私有 IP 地址不能在因特网中使用。RFC 标准规定的公有地址与私有地址如表 4-2 所示。

表 4-2　公有地址和私有地址一览表

地址类型	IP 地址范围	说明
A 类公有地址	1.0.0.0~126.255.255.255	126 个网络号，每个网络 16 777 214 台主机
B 类公有地址	128.0.0.0~191.255.255.255	16 384 个网络号，每个网络 65 534 台主机
C 类公有地址	192.0.0.0~223.255.255.255	2 097 152 个网络号，每个网络 254 台主机
D 类公有地址	224.0.0.0~239.255.255.255	用于组播或已知的多点传送
E 类公有地址	240.0.0.0~254.255.255.255	实验地址，保留给将来使用
A 类私有地址	10.0.0.0~10.255.255.255	用于企业局域网，不能在因特网上使用
B 类私有地址	172.16.0.0~172.31.255.255	用于企业局域网，不能在因特网上使用
C 类私有地址	192.168.0.0~192.168.255.255	用于企业局域网，不能在因特网上使用
D 类保留地址	224.0.0.0~224.0.0.255	用于本地管理或特别站点的组播
D 类保留地址	239.0.0.0~239.255.255.255	用于管理和系统级路由等
D 类组播地址	224.0.0.1	特指组播中的所有主机
D 类组播地址	224.0.0.2	特指组播中的所有路由器

【例 4-1】192.168.0.0~192.168.255.255 均为 C 类网络私有地址。使用私有地址的计算机访问因特网时，需要在网关（如路由器）中进行网络地址转换（NAT），由路由器或其他网络设备（如防火墙、3 层交换机等）将私有地址转换为公有地址。

在大部分情况下，一台计算机只需要分配一个 IP 地址，但是在网络服务器、路由器、防火墙等设备中，可以根据需要，指定一台网络设备具有多个 IP 地址。另外，在网络负载均衡等设计中，也可以使多台网络设备共用一个 IP 地址。

3. 特殊 IP 地址

网络号或主机号为全 0 或全 1 的 IP 地址有特殊的意义，它们不分配给主机使用。全 1 的意义为"全部"，全 0 的意义为"这个"，这些特殊地址如表 4-3 所示。

表 4-3　特殊 IP 地址

网络号	主机号	说明	案例
全 0	全 0	本机	0. 0. 0. 0
全 1	全 1	本网段广播地址，路由器不转发	255. 255. 255. 255
全 0	全 1	本网段的广播地址	0. 0. 255. 255
全 1	全 0	本网络掩码	255. 255. 0. 0
全 0	主机 ID	本网段的某个主机	0. 0. 96. 33
网络 ID	全 0	标识一个网络，常用在路由表中	96. 33. 0. 0
网络 ID	全 1	从一个网络向另一个网络广播	96. 33. 255. 255
127	任何值	本机测试地址（loopback）	127. 0. 0. 1

【例 4-2】在网络号为 202.66.21.0 的 C 类网络中，主机可用地址范围为 202.66.21.1~202.66.21.254，广播地址是 202.66.21.255。当其他网络要向 202.66.21.0 网络中所有主机发送数据时，只需向 202.66.21.255 地址广播即可，无需向每台主机单独发送数据。

4.1.2 子网与子网掩码

1. 网络的子网化

按 A、B、C 类地址划分方法，一个 B 类 IP 地址可以组建一个最大有 65 534 台主机的网络，显然这是不现实的，造成了 IP 地址的巨大浪费。为了更好地利用 IP 地址资源，IETF 提出了子网化技术，设计思想是将地址中的主机号，按一定规则分割成多个子网。

如图 4-2 所示，子网划分方法是用主机号的一部分作为子网号。网络工程师需要从原有 IP 地址的主机号中借出连续的若干高位作为子网络标识。这样虽然减少了一个网络中主机的数量，但是增加了子网的数量，这个方法的关键是选择合适的子网位数。

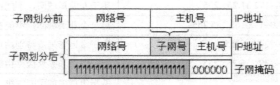

图 4-2 子网划分前后主机号的变化

值得注意的是，子网是一个逻辑概念，子网中各个主机的网络号（注意与子网号区分）是相同的。按照因特网的观点，子网化的若干个子网仍然为同一个网络。

2. 子网掩码

子网掩码是说明子网与主机关系的一种特殊 IP 地址。如图 4-2 所示，**子网掩码必须与 IP 地址成对使用**：子网掩码的二进制值高位连续为 1 时，对应的 IP 地址值为子网号；子网掩码二进制值**连续为 0** 时，对应的 IP 地址值为主机号。

子网掩码可以采用"IP 地址/x"的表示方式，如 192.168.10.0/26，"/"后的值（26）表示掩码中二进制高位连续为 1 的位数，即掩码为十进制的：255.255.255.192。

A 类地址的子网掩码最小值为：255.0.0.0（默认值）；

B 类地址的子网掩码最小值为：255.255.0.0（默认值）；

C 类地址的子网掩码最小值为：255.255.255.0（默认值）。

子网掩码单独使用时没有任何意义。例如，子网掩码值为 255.255.255.0 时，对 B 类网络来说是划分了 254 个子网，而对 C 类网络来说只划分了 1 个网络。

3. 子网划分中应当注意的问题

子网划分的目的并不是解决主机 IP 地址不够用的问题，因为子网划分后，反而会使主机 IP 地址数量减少。子网划分的目的是解决网络号不够用的问题。

子网划分方法复杂，划分的子网号也不便于记忆，不利于进行网络管理。况且，目前企业申请到一个或数个网络号（如 202.43.1.0）的情况也非常少。因此，对于大多数企业和个人，内部局域网一般使用私有地址（如 192.168.1.0/24），这样网络管理更为简单可靠，而外部网络的互连往往采用 NAT（网络地址转换）技术。

4.1.3　子网划分技术 CIDR

IETF 提出的 CIDR（无类别域间路由）技术，既涉及地址的分配方法，又涉及到路由归纳技术。"无类别"的意思是：路由决策基于整个 32 位 IP 地址的掩码进行操作，而不管 IP 地址是 A 类、B 类或 C 类。

1. CIDR 的地址划分方法

CIDR 取消了地址的分类，代之以"网络前缀"的概念，即允许以可变长分界的方式分配网络数。CIDR 可以将一个 A 类或 B 类网络分解成多个网络，也可以将多个连续的 C 类网络聚合成一个超网，超网不存在网络地址类别这个概念。

CIDR 的地址描述格式为：x.x.x.x/y，其中 x.x.x.x 表示超网地址，y 为网络前缀位数（IP 地址的前 y 位为网络号，也称为掩码位）。网络前缀位最大为/32，但是最大可用网络前缀位为/30，即保留 2 位给主机使用。

采用 CIDR 地址分配方案后，能够将路由表中的许多表项归并成更少的数目。例如，某个地址为 192.168.8.0~192.168.15.0 的网络，通过 CIDR 归纳后，可表示为：192.168.8.0/21。

CIDR 地址块划分时，网络前缀中的二进制位必须是**连续的 1**。例如，某个 CIDR 网络的掩码为 255.255.254.112 时，二进制表示为：11111111.11111111.11111110.01110000，这样的不连续掩码难于管理，CIDR 不允许使用。

如表 4-4 所示，CIDR 将网络前缀相同的连续的 IP 地址组成"CIDR 地址块"。

表 4-4　　　　　　　　　　　　　　常用 CIDR 地址块的对应掩码

前缀长度	对应掩码	地址数	前缀长度	对应掩码	地址数
/8	255.0.0.0	16 384k	/20	255.255.240.0	4k
/9	255.128.0.0	8 192k	/21	255.255.248.0	2k
/10	255.192.0.0	4 096k	/22	255.255.252.0	1k
/11	255.224.0.0	2 048k	/23	255.255.254.0	512
/12	255.240.0.0	1 024k	/24	255.255.255.0	256
/13	255.248.0.0	512k	/25	255.255.255.128	128
/14	255.252.0.0	256k	/26	255.255.255.192	64
/15	255.254.0.0	128k	/27	255.255.255.224	32
/16	255.255.0.0	64k	/28	255.255.255.240	16
/17	255.255.128.0	32k	/29	255.255.255.248	8
/18	255.255.192.0	16k	/30	255.255.255.252	4
/19	255.255.224.0	8k			

说明：从表 4-4 可以看出，网络前缀越短，地址块包含的 IP 地址数越多。

2. CIDR 网络地址规划案例

【例 4-3】某城市 ISP 分配给某大学的 CIDR 地址块为：210.43.96.0/22。这个地址块告诉了用户的网络前缀为/22，因此它的掩码为：255.255.252.0；用户地址范围是：210.43.96.0~210.43.99.255；这个网络最大有 1 024 个地址；相当于 4 个 C 类网络大小。某大学继续将以上地址划分为 5 个子块，校内地址规划如图 4-3 所示。

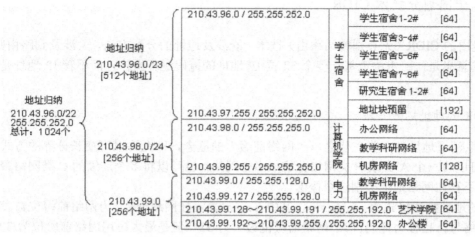

图 4-3　某大学地址块 CIDR 规划示意图

3. 路由归纳

互联网中存在数千万个网络，一般不希望在路由器的路由表中保存所有路由。路由归纳（也称为路由汇总或路由聚合）可以减少路由器保存路由条目的数量，它使用一个汇总地址代表一系列网络号。

CIDR 支持路由归纳，它可以将多个地址块聚合在一起，将路由表中的许多路由条目合并为更少的数目，这就减少了路由器中路由表的大小，减少了路由通告时间。例如，将成块的 C 类地址分配给各个 ISP，就可以将路由表中的条目进行归纳汇总。

4. 不连续子网

如图 4-4 所示，**不连续子网**是指属于同一主类网络，但是被不同主类网络分隔开的子网。

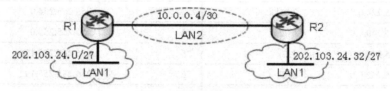

图 4-4　不连续子网案例

如图 4-4 所示，R1 和 R2 属于同一子网 LAN1（202.103.24.0），但是它们被 LAN2（10.0.0.4/30）分隔开了，因此它们是不连续的。私有地址与公有地址一起混用时，容易产生不连续子网。不连续子网在进行路由归纳时，容易出现问题，一些路由协议需要额外地进行配置。

4.1.4　网络地址规划原则

在 IP 网络中，必须为网络中每一台主机分配一个唯一的 IP 地址。IP 地址的分配可以采用静态分配和动态分配两种方式，静态分配是指由网络工程师为每台主机指定一个固定不变的 IP 地址，并在主机上手工配置。动态分配则由网络工程师在服务器主机中配置 DHCP（动态主机控制协议）来实现。无论选择哪种地址分配方法，在同一网络中，不允许任何两个接口拥有相同的 IP 地址，否则将导致网络冲突，使两台主机都不能正常运行。

一些网络设备需要静态 IP 地址，如各种网络服务器主机（如 DNS 服务器等）、路由器等，都需要固定的 IP 地址。在这些网络服务器主机中，往往分配多个 IP 地址。

网络中需要规划设计的 IP 地址包括：网络设备端口互联地址、网络设备管理地址、用户地址和网络业务地址等。IP 地址的规划设计和分配应遵循以下原则。

（1）按需分配，避免地址浪费。地址规划时应根据网络的规模、建设周期、业务发展等因素，预测 IP 地址需要的数量，本着既满足需求又不造成浪费的原则进行分配。在网络建设、扩容过程中，应在满足网络近期发展的前提下，尽可能地节约使用 IP 地址。

（2）利用技术，高效划分。在规划地址时，应打破传统 A 类、B 类、C 类地址的划分方法，充分利用 CIDR 及 VLSM 等技术，合理、高效地使用 IP 地址，不应使用 C 类地址作为规划的最小单位。划分子网掩码时，要注意保持地址的连续和路由表的优化。

（3）保持地址的连续性。为保证 IP 网络的运行效率、简化路由节点的路由表，在分配 IP 地址过程中，**应尽量保证网络内部地址的连续性**，尽量按地域或部门分配连续的 IP 地址块。

（4）合理预留地址。地址预留时要注意地址聚合问题，同时预留空间应该有一定限度，避免地址的闲置和浪费。

（5）内网地址私有化。在不影响网络服务的前提下，**内部网络应尽量使用私有地址**。规划和使用私有地址时，应采用 RFC 规定的私有地址范围，不能随便使用其他范围的地址。

（6）限制静态地址分配。所有静态地址的分配，必须有充分的理由和详细的规划说明。对于绝大部分用户，应当采用动态地址分配。

（7）AS（自治系统）号码的分配。公有自治系统号码由 ISP 向相关国际组织申请。对私有自治系统号码，在一个大型网络内部应统一规范和分配。

4.1.5　网络寻址方法分析

机器之间的寻址体现了大问题的复杂性，计算思维解决问题的思路是：将大问题分解成为有限的一些小问题，然后分层进行解决。下面以网页浏览为例，说明计算机网络中，信息寻址的计算思维方法。

（1）域名寻址

在因特网中，主机之间采用 IP 地址寻址。这对计算机来说非常方便，但是对用户来说，记忆众多的 IP 地址（如 119.75.217.56）是一件苦不堪言的负担。解决问题的方法是引进域名系统（DNS），这大大减轻了用户负担。用户在浏览器地址栏输入网站域名（如 www.baidu.com）或点击网页中的超链接时，计算机会自动在最近的 DNS 服务器中查找与这一域名相关的 IP 地址，然后按 IP 地址转发信息。

（2）端口号寻址

用户可能同时运行多个服务，例如用户一边浏览网页，一边与朋友进行 QQ 聊天。网络中传输给用户计算机的数据包，是发送给网页还是发送给 QQ 聊天软件呢？为了解决这个问题，因特网协议规定了网络服务端口号。例如：网页服务的端口号为 80，QQ 服务的端口号号 4000，E-mail 的端口号为 110 等。在数据包头部标明端口号和主机 IP 地址，以及数据包序号，这样就不会混淆不同网络服务的数据包了。

（3）进程寻址

用户可能一次打开一个网站中的多个网页，然后再慢慢阅读，这时主机地址和网络服务端口号都是相同的，计算机怎么区分数据包是哪一个网页的呢？这个问题由客户端的操作系统解决。用户每打开一个网页，操作系统就会针对这个任务创建一个相应的进程，一个程序（如 IE 浏览器）可以运行多个进程。不同的进程有各自不同的内存空间，网络传送的网页数据包会根据进程号存放到不同的内存空间中，这样网页显示的内容就不会产生混乱了。

（4）局域网主机寻址

局域网同一网段内的主机，可以直接采用物理地址（MAC 地址）进行主机定位。每台计算机网卡中都有一个全球唯一的 MAC 地址，它可以用于局域网内主机的寻址，局域网中多台计算机之间的数据传送就不会出现差错。

为什么不采用 IP 地址作为局域网主机的唯一标识呢？原因如下：一是以太网早于因特网出现，先有 MAC 地址，后有 IP 地址；二是 IP 地址中有一部分私有地址，它们可以重复使用，这不利于对全球计算机进行唯一标识；三是 IP 地址的容量不足以标识现有的计算机。

（5）广域网主机寻址

在因特网中，两台计算机可能在地理位置上距离非常远，信息传送需要经过很多中间节点，而且信息传送的路径有很多条，如何将信息正确地发送到对方主机呢？这就需要对主机进行正确定位，在 TCP/IP 协议中，采用 IP 地址进行网络和主机的定位，使用路由器进行路径选择，这样就能够将信息准确地传送到对方的计算机。

为什么因特网不采用全球唯一的 MAC 地址进行主机定位呢？原因如下：一是 MAC 地址由厂商标识和厂商规定的产品序号组成，而 **IP 地址由网络号和主机地址组成**，显然 IP 地址更利于因特网的主机寻址和网络管理；二是 MAC 地址的灵活性不好，它固化在计算机中，一旦机器发生故障不能使用，这个地址就浪费了，而 IP 地址没有固化在设备中，它可以随时灵活地分配给其他计算机使用；三是 MAC 地址的虚拟性不好，例如，一个网站可以采用一个或数个虚拟 IP 地址对外提供主机寻址，但是内部可能有数百台计算机提供网站服务，而 MAC 地址就没有这种灵活性。

（6）全球定位

以上我们从客户端角度讨论了信息寻址问题，在客户端/服务器模型中，有些程序运行在远程服务器上，它们也存在信息寻址问题。假设某个知名网站发布了一个热门视频，导致数百万个用户同时访问该网站，在线播放该视频信息。由于每个用户的网络带宽不同，观看的进度也不同，网站服务器软件需要同时为这些用户传送不同的数据包，这时会不会发生数据包传送错误呢？例如，本来应当传送给用户 A 的数据包，传送给了用户 B，而用户 B 需要的数据包又传送到用户 X。

为了避免发生这种情况，操作系统采用了一种 GUID（全局唯一标识符）技术。GUID 是一个 128 位的二进制整数，它由网卡 MAC 地址和主机时钟生成。例如：21EC202-8B66-D213-B42D-00C35FC762FF 即为一个 GUID 值。世界上任何两台计算机都不会生成重复的 GUID 值。在解决以上问题时，客户端将自己的 GUID 传送到服务器，服务器就不会发生数据包传送错误的情况了。

4.2 静态路由技术

4.2.1 网络路由技术概述

路由是数据包通过一条路径从源地址传送到目的地址的过程。路由器是从一个物理网向另一个物理网发送数据包的设备，路由器是一台专用计算机，路由器早期称为网关。数据包的路由方法分为静态路由和动态路由。

1. 静态路由技术

静态路由是数据包按照网络管理员设置好的路径进行路由选择（如图 4-5 所示）。静态路由一般用于小型局域网。静态路由由网络工程师采用手工方法在路由器中配置数据包路由信息。当网络结构或链路状态发生变化时，网络工程师需要手工修改路由表中相关的静态路由信息。静态路由信息在缺省情况下是私有的，路由器不会将路由表传送给其他路由器。当然，网络工程师也可以将路由器设置为共享的路由。静态路由可以减少路由数据过载问题，对于结构极少变化的网络可以使用静态路由。静态路由的形式有：直连静态路由、静态缺省路由、热备份路由（HSRP）和策略路由（PBR）等。

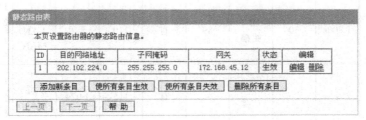

图 4-5　静态路由设置

静态路由的优点是网络安全性高、不占用网络带宽，因为静态路由不会产生路由信息更新的数据流量。大型和复杂网络通常不宜采用静态路由，一方面网络管理员难以全面地了解整个网络的结构；另一方面，当网络结构和链路状态发生变化时，路由器中的静态路由信息需要大范围地人工调整，这一工作的难度和复杂性非常高。

2. 动态路由技术

动态路由可以根据网络结构、信道拥塞等情况，由路由器自动寻找数据包的转发路径。采用动态路由时，路由器自动建立路由表，并根据网络变化情况实时进行调整。动态路由的基本功能为：一是路由器自动维护内部路由表；二是在路由器之间交换路由信息。

动态路由有多种路由协议，如：距离向量路由协议（如 RIP）、链路状态（如 OSPF）路由协议、中间系统-中间系统（如 IS-IS）路由协议、分级路由（如 BGP）协议等。大部分情况下，园区网（如校园网、企业网等）和**城域网采用 OSPF** 路由协议较多；**广域网**（如国家骨干网、国际网络互联等）**一般都采用 BGP** 路由协议。

动态路由需要在路由器之间频繁地交换各自的路由表信息，而对路由表的分析可以揭示出网络结构和网络地址等安全信息。因此，动态路由的安全性低于静态路由。

网络工程中常用的动态路由协议如表 4-5 所示。

表 4-5　　　　　　　　　　　　　　网络常用动态路由协议一览表

协议类型	路由协议	路由更新时间	路由器邻居数	传输模式	端口号	自动汇总	默认 AD	最大跳数	应用范围	说明
内部网关协议（IGP）	RIP 2 距离向量路由协议 [RFC 1508]	30s	50	UDP 广播	520	无	120	15	小型 LAN	1.距离向量算法 2.应用较少

协议类型	路由协议	路由更新时间	路由器邻居数	传输模式	端口号	自动汇总	默认AD	最大跳数	应用范围	说明
内部网关协议（IGP）	IGRP 动态距离向量路由协议 [Cisco 私有协议]	90s	50	IP广播	9	无	100	255	中型LAN	1.距离向量算法 2.不支持 VLSM
	EIGRP 增强动态距离向量路由协议 [Cisco 私有协议]	560s	30	IP广播	88	无	90	224	中型LAN	1.距离向量算法 2.无路由自环回路 3.负载均衡能力强
	RIPng [RFC 2080]	35s		UDP广播	521				LAN	1.距离向量算法 2.基于 IPv6 的 RIP
	OSPF 2 开放最短路径优先协议 [RFC 2328]	1 800s	30	IP组播	89	有	110	无限	大型LAN MAN	1.链路状态算法 2.无路由自环回路 3.支持数百个区域 4.负载均衡能力弱
	IS-IS 中间系统到中间系统路由协议 [ISO 10589]	-	30	IP广播	-	有	115	1 024	大型MAN	1.链路状态算法 2.支持数百个区域，每个区域数百台路由器
外部网关协议（EGP）	EGP 外部网关协议	120s		IP广播	47	有	140		MAN	已淘汰
	BGP 4 边界网关协议 [RFC 1771]	30s	无限制	TCP广播	179	有	外部20	无限	大型MAN WAN	1.距离向量算法 2.允许策略路由 3.协议配置复杂

说明：AD 为 Cisco 路由器管理距离，直连接口为 0，最快，静态路由为 1，路由不可达为 255。

3. 路由器配置的基本方法

（1）在配置路由器之前，需要将网络需求具体化。如：网络中哪些地方需要路由，哪些地方采用 3 层交换机路由，子网如何划分，路由如何汇总，广域网如何路由等。

（2）绘制仅包含路由器和链路的简化网络结构图，子网一般用虚线画出。标注网络地址或区域号、标注路由器接口类型（Ethernet 或 serial）、接口 IP 地址等。

（3）配置步骤为：进入规定的**配置模式→选择配置端口→配置地址→配置协议与参数→激活配置→查看配置（show）→测试配置（ping 或 debug）→保存配置（copy）**。

例 4-11 简要地说明了以上配置过程。

4.2.2　静态路由基本配置

1. 静态路由配置命令

Cisco 路由器静态路由的配置命令如下。

命令格式：Route(config)# ip route <网络号><掩码> {<下一跳地址>| <接口>} [<管理距离>] [tag <值>] [<强制路由>]

<网络号>是目的地路由器的网络号；<掩码>是目的地掩码；<下一跳地址>是要到达网络的下一

跳 IP 地址；<接口>为路由器接口；<管理距离>是有多条路由条目时，本路由的权值；**tag**<值>用于路由映像（route map）的匹配标记值；<强制路由>规定，即使接口被关闭，路由也不能取消。

【例 4-4】利用外出接口配置静态路由。

Route(config)# ip route 10.6.0.0　255.255.0.0 s1　//10.6.0.0 为网络号，s1 为路由器接口//

【例 4-5】利用下一跳地址配置静态路由。

Route(config)# ip route 10.7.0.0　255.255.0.0　10.4.0.2　//10.4.0.2 为下一跳地址//

2．静态缺省路由配置命令

缺省路由是最后的可用路由，配置命令如下。

命令格式：Route(config)# ip route 0.0.0.0　0.0.0.0 [<下一跳 IP 地址>]

【例 4-6】用 ip route 命令配置一条静态缺省路由。

Route(config)# ip route 0.0.0.0　0.0.0.0　10.5.0.1　//10.5.0.1 为下一跳地址，可选参数//

3．静态缺省网络配置命令

可以配置一条到任何 IP 网络的路由，并将作为候选缺省路由，命令如下。

命令格式：Route(config)# ip default-network <网络号>

【例 4-7】配置一条到 202.103.10.0 网络的静态缺省路由。

Route(config)# ip default-network 202.103.10.0　//202.103.10.0 为缺省路由网络号//

ip default-network 比 ip route 0.0.0.0 0.0.0.0 命令具有更大的灵活性，更加适用于一个复杂的网络结构。值得注意的是，ip default-network 命令只适用于有类别地址。

4．配置一条虚拟路由作为缺省网络

【例 4-8】对路由器配置一个虚拟路由。

Route(config)# ip route 10.0.0.0　255.0.0.0 s0　//配置一个不存在的 10.0.0.0/8 网络//

Route(config)# ip default-network 10.0.0.0　//将 10.0.0.0 作为缺省路由网络号//

Route(config)# igrp 364　//启动 Cisco 专有路由协议 IGRP//

Route(config-route)# redistribute static　//告诉 IGRP，应将 10.0.0.0 通告给邻居路由器//

以上配置了一个不存在的网络地址 10.0.0.0/8，将它作为 0.0.0.0/0 的替身。这是因为 0.0.0.0/0 不能传播到其他路由器，而 10.0.0.0/8 则可以。只要不使用 10.0.0.0/8 中的地址配置主机，该配置就会工作得很好。

5．路由器缺省网关配置命令

缺省路由通常都是指向外部网络，当它失效时，邻居路由器都会注意到。例如，在网络中可能会遇到一台关闭了路由功能的路由器。这时路由器就像一台客户计算机，它需要用 "ip default-gateway" 命令配置缺省网关。

【例 4-9】对路由器 Route1 配置缺省网关。

Route1(config)# no ip route　//关闭路由器路由功能//

Route1(config)# ip default-gateway 10.1.1.1　//配置路由器缺省网关为 10.1.1.1//

6．浮动静态路由

静态路由的最大缺点是不能适应网络结构的变化，可以通过创建浮动静态路由，使静态路由具

有一定限度的适应能力。

浮动路由是配置一个比主路由管理距离值更大的静态路由，只有当主路由失效时，浮动静态路由才开始工作。这种配置经常用在路由备份链路中。

【例4-10】网络结构如图4-6所示，浮动路由配置如下。

R1(config)# ip route 10.0.0.0   255.0.0.0   1.1.1.1   130   //130为路由管理距离值//

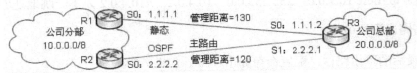

图4-6   浮动静态路由配置网络结构

7. 三层交换机静态路由配置

SW-3L(config)# interface f0/23   //选择3层交换机 f0/23 端口//

SW-3L(config-if)# no switchport   //启用3层路由功能//

SW-3L(config-if)# ip address 10.1.1.1   255.255.255.252   //配置静态路由//

三层交换机上配置路由的方法与路由器相同。

4.2.3   静态路由配置案例

【例4-11】假设网络结构如图4-7所示，路由器为 Cisco 2811。其中 R1 与 PC1、R2 与 PC2 之间采用直通电缆连接，R1 与 R2 之间采用 ITU-T V.35 串行电缆连接（模拟广域网连接）。配置时，假设 R1 为 DCE（数据通信设备），R2 为 DTE（数据终端设备）。

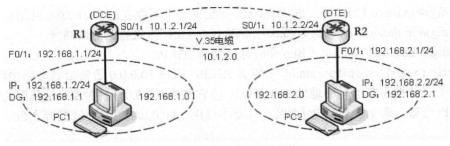

图4-7   静态路由配置网络结构

由图4-7所示的 IP 地址可以看出，网络中一共有3个子网，子网1的网络号为192.168.1.0，子网2的网络号为10.1.2.0，子网3的网络号为192.168.2.0。如果没有配置路由，PC1 与 PC2 之间不能进行通信。为了使 PC1 与 PC2 通信，需要进行以下静态路由配置工作。

1. 初始化工作

按照图4-7所示的网络结构，在计算机与路由器之间连接好双绞线电缆，路由器与路由器之间用 V.35 串行电缆连接，计算机 COM 端口与路由器 Console 端口采用专用调试电缆连接（图4-7中没有画出）。

按照图4-6的要求，在 PC1、PC2 中设置好 IP 地址、子网掩码、默认网关（DG）。

在 PC1 上启动"超级终端"，进行以下配置。

2. 路由器 Route1 的配置

Route# configure terminal　　//进入全局模式//

Route(config) # hostname Route1　　//给路由器命名//

Route1(config)# interface fastEthernet 0/1　　//进入 R1 以太网端口，以下用 fx/x 表示//

Route1(config-if)# no shutdown　　//激活 f0/1 端口，端口默认状态是关闭的//

Route1(config-if)# ip address 192.168.1.1　255.255.255.0　　//配置 f0/1 端口的 IP 地址//

Route1(config-if)# exit　　//退到上一级模式//

Route1(config-if)# interface serial 0/1　　//进入外网 s0/1 串行端口，以下用 sx/x 表示//

Route1(config-if)# no shutdown　　//激活 s0/1 端口//

Route1(config-if)# clock rate 64000　　//在 DCE 端配置时钟频率//

Route1(config-if)# ip address 10.1.2.1　255.255.255.0　　//设置 s0/1 端口地址//

Route1(config-if)# exit　　//退到上一级模式//

Route1(config)# ip route 192.168.2.0　255.255.255.0　10.1.2.2

//配置 R1 到 R2 的静态路由，192.168.2.0 为目标网络地址（注意，不是主机地址），255.255.255.0
为目标网络子网掩码，10.1.2.2 为下一跳地址（即距离目标网络最近的路由器的端口地址）//

Route1(config)# end　　//退到上一级模式//

Route1# show ip route　　//查看 R1 的路由表//

3. 路由器 Route2 的配置

Route# conf t　　//进入全局模式（以下使用简化命令方式）//

Route(config)# hostname Route2　　//给路由器命名//

Route2(config)# int f0/1　　//进入路由器 R2 以太网端口 f0/1//

Route2(config-if)# no shutd　　//激活 f0/1 端口//

Route2(config-if)# ip add 192.168.2.1　255.255.255.0　　//配置 f0/1 端口的 IP 地址//

Route2(config-if)# exit

Route2(config)# int s0/1　　//进入路由器 s0/1 端口//

Route2(config-if)# no shutd　　//激活 s0/1 端口//

Route2(config-if)# ip add 10.1.2.2　255.255.255.0　　//设置 s0/1 端口地址//

Route2(config-if)# exit

Route2(config)# ip route 192.168.1.0　255.255.255.0　10.1.2.1 //配置 R2 到 R1 的静态路由//

Route2(config)# end　　//退到上一级模式//

Route2# show ip route　　//查看 R2 的路由表，是否有其他网段的路由信息//

4. 测试网络的连通性

在 PC1 上打开 DOS 提示符窗口，然后 ping 目标主机 PC2 的 IP 地址，如果能 ping 通，说明网
络已经连通，命令如下。

C:\>ping 192.168.2.1　　//在 PC1 上 ping 目标主机 PC2//

如果希望删除静态路由，可以使用以下命令。

Route1(config)# no ip route 192.168.2.0　255.255.255.0　10.1.2.2

【例 4-12】设置一条管理距离稍大于正常使用的静态路由，当正常链路宕机后，这条稍大的静态

路由条目马上可以启动替代正常路由条目工作。

（1）Route(config)# ip route 1.1.1.0　255.255.255.0　192.168.123.2

（2）Route(config)# ip route 1.1.1.0　255.255.255.0　192.168.12.2　50

配置（2）中50为管理距离。当配置（1）宕机后，配置（2）自动接替配置（1）工作。

4.2.4　网络地址转换配置

NAT（网络地址转换）是IETF提出的一项标准，NAT技术主要功能为：一是解决IP地址紧缺问题；二是将内网地址隐藏起来，使外网无法直接访问内部网络；三是利用NAT技术对网络进行负载均衡控制。

1. NAT技术的基本原理

在边界路由器中配置NAT后，可以在内网使用私有IP地址，外网使用公有IP地址，通过NAT技术将内网私有IP地址翻译成合法的公有IP地址，并在Internet上使用。路由器、防火墙、3层交换机等网络设备，都具有NAT功能。如图4-8所示，当有数据包通过NAT设备时，NAT设备不仅检查数据包的信息，还要将包头中的IP地址和端口信息进行修改。使得处于NAT之后的主机共享数个公有IP地址。

2. NAT技术的类型

NAT有三种类型：静态NAT（Static NAT）、动态NAT（Pooled NAT）、端口地址转换（PAT，Port Address Translation），PAT也称为NAPT（网络地址端口转换）。

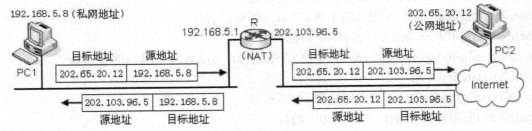

图4-8　NAT工作原理

静态NAT最简单，它将内网中的每个主机映射成外网的某个合法公有IP地址。

动态NAT可以定义一系列合法公有IP地址，然后采用动态分配方法映射到内部网络中。动态NAT为每一个内网IP地址分配一个临时的外网IP地址，当用户断开网络时，这个IP地址被释放，留待其他计算机使用。

PAT是将网络内部IP地址映射到一个公有IP地址的不同端口（如TCP端口）。PAT比NAT对网络设备要求更高，当网络流量较大时，容易导致信道拥塞。PAT在理论上支持 65 535－1 024 = 64 511个连接。但实际使用中，由于诸多条件的限制，不能达到这么大。例如，Cisco路由器的PAT功能中，**每个公有IP地址最多支持大约4 000个会话**（端口）。

3. NAT技术存在的问题

一些安全协议不能跨NAT设备使用，因为IP源地址的原始包头中可能采用了数字签名等安全技术，如果改变源地址，数字签名将不再有效。

使用 IPSec（IP 安全）协议构建 VPN（虚拟专用网）时，NAT 设备应置于 VPN 受保护的一侧，因为 NAT 需要改动 IP 报头中的地址域，而 IPSec 报头中的 IP 地址被改变后，IPSec 的安全机制也就失效了。

NAT 不能多层嵌套使用，它容易造成路由拥塞。

尽管 NAT 技术带来多种好处，但是，NAT 技术对管理和安全机制仍然存在潜在的威胁。

3．NAT 基本配置命令

（1）动态 NAT 配置

命令格式：Router(config)# ip nat pool <地址池名称><起始公网 IP><结束公网 IP> {netmask <掩码>| prefix-length <掩码位数>} [rotary]

prefix-length <掩码位数>说明掩码中有多少个连续的 1，可选关键字；rotary 关键字说明 NAT 负载均衡是否使用 IP 地址轮询策略（可选）。

【例 4-13】定义一个名称为"dzc"的地址池；公网 IP 地址范围为 202.203.96.130~202.203.96.150；子网掩码为 255.255.255.252。

Router(config)# ip nat pool dzc 202.103.96.130　202.103.96.150 netmask 255.255.255.252

（2）指定路由器内部接口启用 NAT

命令格式：Router(config-if)# ip nat inside

（3）指定路由器外部接口启用 NAT

命令格式：Router(config-if)# ip nat outside

（4）清空 NAT 转换表内所有条目

Router(config)# clear ip nat translations

（5）查看 NAT 统计信息

Router(config)# show ip nat statistics

（6）静态 NAT 配置

命令格式：Router(config)# ip nat inside source static <本地 IP 地址><外部 IP 地址>

【例 4-14】某公司 Web 服务器内网 IP 地址是 192.168.102.1 时，假设公网发布地址为 202.103.96.128，进行静态 NAT 配置。

Router(config)# int s0 //指定串行接口 s0//

Router(config-if)# ip nat outside //在 s0 外部接口启用 NAT//

Router(config-if)# exit

Router(config)# int fa0/0 //指定 Ethernet 接口 f0/0//

Router(config-if)# ip nat inside //在内部接口 f0/0 启用 NAT//

Router(config-if)# exit

Router(config)# ip nat inside source static 192.168.102.1　202.103.96.128 //静态 NAT 转换//

4．路由器 NAT 配置案例

【例 4-15】如图 4-9 所示，某企业局域网采用 100M 光纤接入到 ISP，通过城域网访问 Internet。企业局域网的边界路由器为 Cisco 2811，它带有 2 个 100/1 000M 的自适应以太网端口（fastethernet）。企业局域网使用的 IP 地址段为 192.168.100.1~192.168.101.254，边界路由器局域网端口 Ethernet 0 的 IP 地址为 192.168.100.1，子网掩码为 255.255.255.0。分配的公有 IP 地址范围为

202.103.96.128~202.103.96.131，连接 ISP 的路由器端口 Ethernet 1 的 IP 地址为 202.103.96.129，子网掩码为 255.255.255.252，可用于转换的 IP 地址为 202.103.96.130。要求企业局域网内的所有计算机均可访问 Internet。

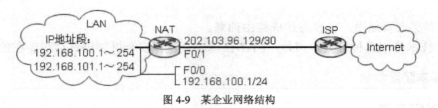

图 4-9　某企业网络结构

企业网络边界路由器 NAT 配置如下。

（1）路由器基本配置

Router(config)# interface f0/0　　//进入内网端口 f0/0//
Router(config-if)# ip address 192.168.100.1　255.255.0.0　//定义局域网端口 IP 地址//
Router(config-if)# no shutdown　　//激活 f0/0 配置//
Router(config-if)# duplex auto　　//端口双工通信自适应//
Router(config-if)# speed auto　　//端口速率自适应//
Router(config-if)# ip nat inside　　//启用内网 NAT 功能//
Router(config-if)# exit　　//退出配置模式//
Router(config)# interface f0/1　　//进入端口 f0/1//
Router(config-if)# ip address 202.103.96.129　255.255.255.252　//定义端口地址//
Router(config-if)# no shutdown　　//激活配置//
Router(config-if)# duplex auto　　//端口双工通信自适应//
Router(config-if)# speed auto　　//端口速率自适应//

（2）NAT 转换配置

Router(config-if)# ip nat outside　　//启用外网 NAT 功能//
Router(config-if)# exit　　//退出配置模式//
Router(config)# ip nat pool dzc 202.103.96.130　202.103.96.130 netmask 255.255.255.252

//定义 NAT 地址池名为"dzc"，第 1 个公网 IP 为起始地址，第 2 个公网 IP 为终止地址。由于公有 IP 地址不够，所以起始和终止都采用同一个 IP 地址。netmask 后是子网掩码//

Router(config)# access-list 1 permit 192.168.100.0　0.0.0.255

//定义内网访问列表 1，采用反向掩码进行描述，如 0.0.0.255 代表子网掩码 255.255.255.0//

Router(config)# access-list 1 permit 192.168.101.0　0.0.0.255
Router(config)# ip nat inside source list 1 pool dzc overload

//启用 NAT 功能，允许 NAT 为本地访问列表 1 中定义的 IP 地址，转换后使用的 IP 地址为"dzc"地址池中定义的地址。overload 表示所有内网主机都使用同一个外网 IP 地址，即采用端口复用（PAT）技术进行地址转换。如果地址池中公有地址较多，可取消 overload 关键字//

如果企业有专用的 Web 服务器或 E-mail 服务器对外提供服务时，这些服务器不能使用 NAT 进行映射。因为进行 NAT 转换后，外网客户就不能正常访问企业 Web 服务器和 E-mail 服务器，这时可以在路由器上对服务器主机地址进行宣告。

4.2.5　策略路由基本方法

1.　策略路由的功能

出于网络管理上的某些需求（如安全、QoS 等），网络工程师会要求某些数据包经过指定的路由。例如，在校园网中，对 QQ、视频等数据包指定走电信网，对 HTTP 等数据包指定走教育网，对学生成绩查询、校园一卡通等数据包指定在校园网内部等策略。

策略路由（PBR）可以使数据包按照网络工程师指定的策略进行转发。策略路由中的策略由路由图（Route Map）定义。一个路由图由多条策略组成，每个策略定义 1 个或多个匹配规则和对应地操作。一个路由器接口应用策略路由后，将对该接口接收的所有数据包进行检查，不符合路由图任何策略的数据包将按照普通路由转发，符合路由图中某个策略的数据包就按照该策略定义的操作进行处理。

2.　策略路由配置案例

【例 4-16】网络结构如图 4-10 所示，设置内网 1.1.0.0 的数据包转发到 ISP A（电信网），内网 1.2.0.0 的数据包转发到 ISP B（教育网）。

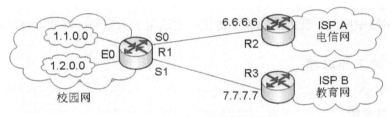

图 4-10　策略路由配置网络结构图

R1(config)# access-list 1 permit ip 1.1.0.0 0.0.255.255
//用 ACL 1 标出策略有路由允许通过的主机地址//
R1(config)# access-list 2 permit ip 1.2.0.0 0.0.255.255　　//定义 ACL 2//
R1(config)# route-map access permit 10　　//创建路由图，标记序号为 10//
R1(config-route-map)# match ip address 1　　//关联 ACL 1 定义的匹配条件地址 1//
R1(config-route-map)# set ip default next-hop 6.6.6.6
//符合 ACL1 中地址的数据包，下一跳地址为 6.6.6.6//
R1(config-route-map)# route-map access permit 20　　//创建路由图，序号为 20//
R1(config-route-map)# match ip address 2　　//定义策略路由匹配条件 2//
R1(config-route-map)# set ip default next-hop 7.7.7.7　　//设置下一跳地址//
R1(config-route-map)# route-map access permit 30　　//创建路由图，序号为 30//
R1(config-route-map)# set default interface null0　　//设置默认接口为 null0//
R1(config)# interface ethernet 0　　//选择路由器 ethernet 0 端口//
R1(config-if)# ip address 1.1.1.1 255.255.255.0　　//e0 入口地址为 1.1.1.1//
R1(config-if)# ip policy route-map access　　//应用路由策略//
R1(config)# interface serial 0　　//选择路由器 s0 端口//

R1(config-if)# ip address 6.6.6.5 255.255.255.0　//出口 S0 地址为 6.6.6.5//
R1(config)# interface serial 1　//选择路由器 s1 端口//
R1(config-if)# ip address 7.7.7.6 255.255.255.0　//出口 S1 地址为 7.7.7.6//

3. 策略路由配置要点

一个路由图可以由多个策略组成，策略按序号大小排列，只要符合了前面的策略，就退出路由图的执行。

一个路由器接口最好只配置一个路由图，同一个接口多次配置路由图会相互覆盖。

使用策略路由时，每个路由图建议只配置一个 ACL。

策略路由只支持配置 ACL 号，不支持配置 ACL 名字。

策略路由规则设置完成后，还要为每条线路加入相应的"原路返回路由"（从哪条线路进来的数据，最终还从这条线路出去）。不然就会出现数据包无法返回的问题。例如，电信用户通过联通访问时，数据到达了服务器上，本应该从联通的线路返回，但最终却从电信线路出去了，这些数据会被上层网关丢弃。因此需要加入"原路返回路由"。

4.3　OSPF 动态路由

OSPF 是目前网络中应用广泛的动态路由协议，它适用于大型园区网和城域网环境。

4.3.1　OSPF 的工作原理

1. OSPF 的区域结构

如图 4-11 所示，在一个 OSPF 网络中，可以将 AS（自治系统）分为主干区域和标准区域（非主干区域）。在一个 AS 中，只能有一个主干区域，它的区域号为 0（如 Area 0），但是可以有多个标准区域。区域号是一个 32 位的标识号（如 Area *n*）。值得注意的是，OSPF 的区域号与自治系统的 AS 号不同，AS 必须申请获得，**而 OSPF 区域号由网络工程师命名。**

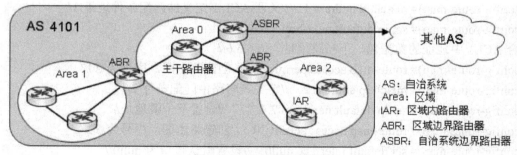

图 4-11　OSPF 中的区域结构

2. OSPF 协议工作原理

OSPF 协议的基本思路如下：在自治系统（AS）中，每一台运行 OSPF 协议的路由器，通过 Hello 呼叫协议，收集各自接口和邻居路由器的链路状态信息，然后通过**泛洪算法**将某个接口收到的数据流，向除该接口外的其他接口广播发送出去）。在整个系统中广播自己的 LSA（链路状态响应报文），使得在整个系统内部的路由器都维护一个同步的链路状态数据库（LSDB）。区域内的路由器进行路由选择时，先查询 LSDB 中的链路状态信息，然后采用 SPF（最短路径优先）算法，计算出以自己为根，其他路由节点为叶的一条最短的路径树，最后再通过计算域间路由、自治系统外部路由后，确定一个完整的最佳路由。

区域内的路由器进行路由选择时，先查询链路状态数据库（LSDB）中的链路状态信息，然后采用 SPF（最短路径优先，也称为 Dijkstra 算法）算法，计算出以自己为根，其他路由节点为叶的一条最短路径树。最后通过计算域间路由、自治系统外部路由后，确定一个完整的最佳路径（路由表）。

在 OSPF 路由协议中，只有当网络链路状态发生变化时才发送路由信息报文。但为了增强协议的健壮性，一般每 1 800s 会全部重发一次路由报文。一旦网络链路状态发生变化，OSPF 协议通过广播方式做出快速反应，对链路状态数据库（LSDB）进行更新。由于 OSPF 不经常交换路由表，而是更新各个路由器的 LSDB，这大大减轻了网络系统的负荷。

4.3.2　OSPF 的基本概念

（1）LSA（链路状态响应报文）。LSA 描述的信息包括：接口信息（接口 ID、类型、状态等）；网络节点信息（目的地址、掩码、所属区域、位置等）；路由信息（下一跳、权值、类型等）；其他信息（时钟、收到报文的信息等）。

（2）DR（指定路由器）。同一网段上的所有路由器通过一定的算法选举出 DR 和 BDR，其他路由器只与这两台路由器建立关系（BDR 作为 DR 的备份）。这两台路由器的 OSPF 信息是最全面的，DR 会把自己所知道的 OSPF 信息告诉链路上的其他路由器。

（3）BDR（备份 DR）。BDR 平时不起作用，而是监测 DR 的状态，一旦发现 DR 有问题，BDR 就会迅速（最坏 240s，最快马上）升级为 DR。DR 和 BDR 的作用只是帮助网络上的其他路由器同步链路状态数据库（LSDB），它们对数据包的路由决策不起作用。对于没有 DR 和 BDR 的点到点网络，由两端直接构成邻居关系。

（4）NBMA（非广播多路访问）。OSPF 支持的通信类型有：广播、点对点、点对多点和 NBMA。NBMA 用于精确模拟 X.25 和帧中继网络环境，因为这些网络不具备内部广播和多点传送的能力。在 NBMA 设置中，OSPF 周期性发送呼叫包（在路由器间建立和确认邻居关系），而不是以广播的形式发送给它们。呼叫计时器需要延迟 10~30s。

（5）Hello 报文。OSPF 依靠定期发送 Hello 报文维持连接，Hello 报文比路由表报文小得多，这大大减少了网络拥塞。Hello 报文在广播网中每 10s 广播一次，在 NBMA、PPP、虚连接等非广播网络中 30s 发送一次。本地路由器在一定时间（4 倍 Hello 时间）内没有收到 Hello 报文时，就会认为对方路由器已经宕机，然后在链路状态数据库（LSBD）中删除它。

（6）权值。OSPF 不再采用跳数的概念，而是对不同链路、不同服务（如网页、语音、优先级等）设置成不同的"权值"。然后根据网络端口的吞吐率、带宽、拥塞状况等指标，计算出路由"花费"，选择路径最短、"花费"最优的路由。OSPF 区域内最大花费值为 65 534，区域间和自治系统外为 16 777 214，缺省花费是 1，因此 OSPF 的路由处理能力相当大。

（7）虚连接。OSPF 规定，标准区域（如图 4-11 中 Area 1 与 Area 2 所示）之间的路由信息必须通过主干区域（Area 0）转发，因此所有标准区域都必须与主干区域保持连通。但在工程实际中，可能会因为各方面条件的限制，无法满足以上要求，这时可以通过配置虚连接解决。虚连接的另一个应用是提供冗余备份链路，当主干区域因链路故障被分割时，通过虚连接仍然可以保证主干区域在逻辑上的连通性。虚连接的两端必须都是 ABR（区域边界路由器），并且两端都必须配置。虚连接配置激活后，相当于在 2 个端口之间建立了一个点到点连接，这个连接与物理接口类似，可以配置接口的各种参数，如 Hello 报文的发送时间间隔等。

（8）验证字。出于安全考虑，OSPF 协议中包含认证过程，路由器之间必须通过某个过程来认证它们之间的通信，即在 OSPF 报文中加入认证字。OSPF 在处理报文之前，会检查验证字以判断是否要处理该报文。

（9）自治系统外部路由。指由非 OSPF 协议得到的路由，如 BGP（边界网关协议）、RIP、静态路由等。OSPF 外部路由的指定由网络工程师决定。

4.3.3　OSPF 的基本配置

1．OSPF 基本配置命令

（1）启动 OSPF 协议进程

命令格式：Router(config)# router ospf<进程号>

<进程号>取值范围为 1~65 535，不同路由器的进程号可以相同也可以不同。<进程号>与网络中其他路由器没有任何关系，一个路由器可以运行一个或多个 OSPF 进程，每一个 OSPF 进程维护一个数据库。应当尽可能只运行一个 OSPF 进程，以减轻路由器的负荷。

（2）定义路由器所在网络

命令格式：Router(config-router)# network <IP 地址><反子网掩码> area <区域号>

network 命令定义路由器所处的网络。

<IP 地址>为路由器所在网络的地址。

<反子网掩码>定义了网络的大小，其数值与端口的掩码相反，例如：子网掩码为 255.255.255.0 时，它的反码为 0.0.0.255；子网掩码为 255.255.255.252 时，它的反码为 0.0.0.3；0.0.0.3 掩码定义了前 3 个字节为网络号，标识了这个网络的大小。

<区域号>为端口所属的区域，取值 0~4 294 967 295。也可以是 IP 地址 x.x.x.x 的形式，如区域号为 0 或 0.0.0.0 时为主干区域。路由器将限制只能在相同区域内交换子网信息，不同区域间不交换路由信息。另外，区域 0 为主干区域。不同区域交换路由信息必须经过区域 0。某一区域要接入 OSPF 区域时，该区域至少有一台路由器为区域边界路由器（ABR），即它既参与本区域路由又参与区域 0 路由。

（3）指定该路由器邻居的节点地址

命令格式：Router(config-router)# neighbor <IP 地址>

对于非广播型的网络连接，<IP 地址>为邻居路由器的 IP 地址。

（4）指明网络类型

命令格式：Router(config-if)# ip ospf network [<广播网络>| <非广播网络>]

<广播网络>如以太网；<非广播网络>如 DDN、FR 和 X.25 等。

（5）查看 OSPF 路由表信息

命令格式：Router(config)# show ip ospf neighbor [<接口类型号>] [<邻居路由器 ID>]

<接口类型号>和<邻居路由器 ID>为可选参数。

【例 4-17】配置 OSPF 网络地址、区域号。

Router# Interface ethernet 0

Router(config-if)# ip address 200.2.2.1　255.255.255.0　//配置以太口 0 的 IP 地址//

Router(config-if)# exit

Router(config)# interface serial 0　//进入串口 0 配置模式//

Router(config-if)# ip address 200.8.8.1　255.255.255.0　//配置串口 0 的 IP 地址//

Router(config-if)# exit

Router(config)# router ospf 108　//启动 OSPF 路由协议，108 为自定义进程号//

Router(config-router)# network 200.2.2.0　0.0.0.255 area 0　// 200.2.2.0 属于主区域 0//

Router(config-router)# network 200.8.8.0　0.0.0.255 area 1　// 200.8.8.0 属于区域 1//

Router(config-router)# exit

Router(config)# show ip ospf neighbor　//查看 OSPF 路由表信息//

2．OSPF 接口参数配置命令

OSPF 协议网络接口参数都有默认值，同时允许用户根据网络实际需要来配置这些接口参数，以充分优化网络性能。

（1）Hello 数据包发送时间间隔

命令格式：Router(config-router)# ip ospf hello-interval <时间间隔>

本路由器向邻居路由器发送 Hello 包的时间间隔，单位为秒。

（2）链路权值

命令格式：Router(config-router)#ip ospf cost <权值>

OSPF 根据链路带宽计算权值，用户可以根据需要对链路权值进行设定。

（3）传输时延

Router(config-router)#ip ospf transmit-delay <时间间隔>

在 OSPF 链路接口之间，传输一个链路状态更新数据包需要的时间，单位为秒。

（4）重传时间间隔

Router(config-router)#ip ospf retransmit-interval<时间间隔>

本路由器向邻居路由器发送一个链路状态数据包，在没有收到对方的确认包时，将进行数据包重传的时间间隔，单位为秒。

3．OSPF 路由归纳配置命令

OSPF 路由归纳有两种类型：区域汇总和外部路由归纳。区域汇总是区域之间的地址汇总，一般配置在 ABR（区域边界路由器）上；外部路由归纳是一组外部路由通过重发布进入 OSPF 中，本地路由器将这些外部路由进行汇总，一般配置在 ASBR（AS 边界路由器）上。

（1）区域路由归纳

域间路由归纳在域边界路由器（ABR）上进行配置，适用于自治系统内部进行路由归纳，不适合外部路由通过再广播注入 OSPF 内的路由。为了充分利用路由归纳，网络内部的区域号应当尽可能连续，这样多个网络就可以汇总成一个网络，多条路由也就汇总成一条路由。

命令格式：Router(config-router)#area <区域号> range <网络地址><掩码>

<区域号>是需要进行路由归纳网络的区域号，注意<网络地址>为网络号，不是主机或接口地址，<网络地址>和<掩码>将域内网络地址汇总成一个网络的地址。

【例 4-18】在区域 102 中，将网络地址汇总为：128.1.16.0 255.255.240.0。

Router# router ospf 102　　//启用 OSPF 协议，进程号为 102//
Router(config-router)# area 2 range 128.1.16.0　255.255.240.0　//域间路由归纳//
（2）外部路由归纳

外部路由归纳是指通过再广播注入 OSPF 的多条路由，汇总成一条路由，同样外部路由的地址必须连续。路由归纳命令仅在自治系统边界路由器上有效。

命令格式：Router(config-router)# summary-address <网络地址><子网掩码>

【例 4-19】在路由器中，对外部 BGP 协议广播的路由进行汇总。将 20 区域的 202.102.1.0~202.102.15.0 地址汇总为：202.102.0.0　255.255.240.0。

Router# router ospf 20
Router(config-router)# summary-address 202.102.0.0　255.255.224.0

4. 广播外部路由到 OSPF 的配置命令

将外部路由协议（静态或动态路由协议）广播到 OSPF，变为 OSPF 的外部路由。广播外部路由到 OSPF 的命令如下。

命令格式：redistribute protocol [<进程号>] [<权值>] [<权值类型>] [<子网>]

protocol（协议）和<进程号>是指把路由广播到 OSPF 中的路由协议及进程号。如果没有定义<权值>，OSPF 对由 BGP 协议广播来的路由权值定义为 1，其他路由协议广播来的路由权值定义为 20。<权值类型>分为两种，外部类型 1 和外部类型 2，类型 2 中路由到达终点路由器的路径上权值不变；类型 1 中权值不断累加，权值类型默认值为 2。如果<子网>没有指定，进行子网划分的路由将会丢失。

4.3.4　OSPF 多区域配置

【例 4-20】某个多区域 OSPF 网络的结构如图 4-12 所示，以下是部分主要配置。

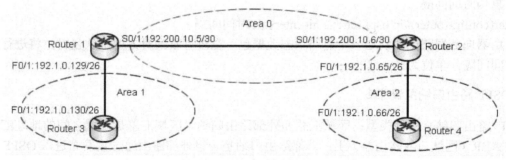

图 4-12　OSPF 多区域网络结构

（1）路由器 Router1 配置
Router1(config)#interface f0/1　　//进入路由器 Router 1 以太网端口 f0/1//
Router1(config-if)#ip address 192.1.0.129　255.255.255.192　//配置端口地址//
Router1(config)#interface s0/1　　//进入路由器 Router 1 串口 s0/1//
Router1(config-if)#ip address 192.200.10.5　255.255.255.252　//配置接口地址//
Router1(config)#router ospf 100　　//启用 OSPF 协议，100 为自定义进程号//
Router1(config-router)#network 192.200.10.5　0.0.0.3 area 0

//对主干区域 Area 0 进行配置，192.200.10.5 是 Router1 的串行接口地址，0.0.0.3 是 255.255.255.252 的子网掩码反码。同一区域号所有路由器的链路状态数据库都相同//

　　Router1(config-router)#network 192.1.0.129　　0.0.0.63 area 1

//对区域 Area 1 进行配置，192.1.0.129 是 Router1 的以太端口地址，0.0.0.63 是 255.255.255.192 的子网掩码反码//

　　（2）路由器 Router2 配置

　　Router1(config)#interface f0/1

　　Router2(config-if)#ip address 192.1.0.65　　255.255.255.192

　　Router1(config)#interface s0/1

　　Router2(config-if)#ip address 192.200.10.6　　255.255.255.252

　　Router2(config-if)# exit

　　Router1(config)#router ospf 200

　　Router2(config-router)#network 192.200.10.6　　0.0.0.3 area 0

　　Router2(config-router)#network 192.1.0.65　　0.0.0.63 area 2

　　Router(config-router)# exit

　　Router(config)# show ip ospf neighbor

　　（3）路由器 Router3 配置

　　Router3(config)#interface f0/1

　　Router3(config-if)#ip address 192.1.0.130　　255.255.255.192

　　Router3(config)#router ospf 300

　　Router3(config-router)#network 192.1.0.130　　0.0.0.63 area 1

　　（4）路由器 Router4 配置

　　Router4(config)#interface fastEthernet 0/1

　　Router4(config-if)#ip address 192.1.0.66　　255.255.255.192

　　Router4(config)#router ospf 400

　　Router4(config-router)#network 192.1.0.66　　0.0.0.63 area 2

　　（5）配置检查相关命令

　　Router 2#sh ip route　　//查看 Router 1 属于同一 OSPF 进程的路由条目//

　　Router 1#sh ip ospf　　//查看同一路由器的不同进程具有不同的路由器 ID//

　　Router 1#sh ip ospf neighbor　　//查看链路上有没有 DR 和 BDR//

　　Router1#clea ip ospf pro　　//刷新所有 OSPF 进程//

　　Router1#sh ip ospf 2　　//查看 OSPF 进程 2 的信息//

　　Router1#sh ip ospf database　　//查看 OSPF 数据库，可看到每个进程都有一个数据库//

4.3.5　OSPF 虚链路配置

1．多区域 OSPF 虚链路配置命令

OSPF 网络中，一个域与主干域不直接相连时，就需要配置虚链路，虚链路命令如下。

命令格式：Router(config-router)# area <区域号> virtual-link <对方路由器 ID>

<区域号>是 2 个需要建立虚连接区域之间的中间域，如图 4-13 中的 Area 2。<对方路由器 ID>

是虚连接对方路由器的 IP 地址，不是本路由器的接口 IP。

【例 4-21】某 OSPF 网络结构如图 4-13 所示，由于区域 Area 3 不能与主干区域 Area 0 直接相连，请在 R2 与 R3 之间建立一个虚链路。

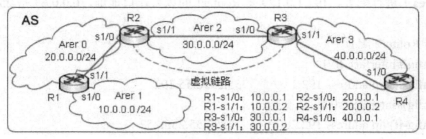

图 4-13　OSPF 虚拟链路网络结构

2. R1、R2、R3、R4 的 OSPF 基本配置

（1）R1 基本配置

R1# conf t　　//进入配置模式，以下路由器配置均省略这条命令//

R1(config)# int s 1/1//进入 R1 路由器串口 s1/1（Area 0 网络）//

R1(config-if)# ip add 20.0.0.1　255.255.255.0　　//配置端口地址//

R1(config-if)# no show　　//激活配置//

R1(config-if)# exit　　//退出//

R1(config)# int s 1/0　　//进入 R1 路由器串口 s1/0（Area 1 网络）//

R1(config-if)# ip add 10.0.0.1　255.255.255.0　　//配置端口地址//

R1(config-if)# exit　　//退出//

R1(config)# router ospf 1　　//启用 OSPF，1 为自定义进程号//

R1(config-router)# net 10.0.0.0　0.0.0.255 area 1　　//定义 Area 1，注意子网掩码取反//

R1(config-router)# net 20.0.0.0　0.0.0.255 area 0　　//定义主干区域 Area0 的网络//

（2）R2 基本配置

R2(config)# int s 1/0

R2(config-if)# ip add 20.0.0.2　255.255.255.0

R2(config-if)# no show

R2(config-if)# int s 1/1

R2(config-if)# ip add 30.0.0.2　255.255.255.0

R2(config-if)# no show

R2(config-if)# exit

R2(config)#router ospf 1

R2(config-router)# net 12.0.0.0　0.0.0.255 area 0

R2(config-router)# net 30.0.0.0　0.0.0.255 area 2

（3）R3 基本配置

R3(config)# int s 1/0

R3(config-if)# ip add 30.0.0.2　255.255.255.0

R3(config-if)# no show

R3(config-if)# int s 1/1

R3(config-if)# ip add 40.0.0.1　255.255.255.0

R3(config-if)# no show

R3(config-if)# exit

R3(config)# router ospf 1

R3(config-router)# net 30.0.0.0　0.0.0.255 area 2

R3(config-router)# net 40.0.0.0　0.0.0.255 area 3

R3(config-router)# end

（4）R4 基本配置

R4(config)# int s 1/0

R4(config-if)# ip add 40.0.0.2　255.255.255.0

R4(config-if)# no show

R4(config-if)# exit

R4(config)# router ospf 1

R4(config-router)# net 40.0.0.0　0.0.0.255 a 3

R4(config-router)#end

3．检查网络连通性

R1# sh ip rou　//检查 R1 路由表，查看网络连通性//

R1 没有去往 40.0.0.0/24 网络的路由，造成这个问题的原因是：Area 3 区域与主干区域 Area 0 被分割。以下在 R2 与 R3 上进行虚拟链路配置，确保非直连区域能与主干区域通信。

4．在 R2 和 R3 上配置虚链路

R2(config)# router ospf 1　　//启用路由器 R2 上的 OSPF，1 为自定义进程号//

R2(config-router)# area 2 virtual-link 40.0.0.2

//创建虚链路，指出 area 2 中有一条虚链路，40.0.0.2 为对方路由器 IP //

R3# conf t//进入配置模式//

R3(config)# router ospf 1　　//启用路由器 R3 上的 OSPF，1 为自定义进程号//

R3(config-router)#area 2 virtual-link 30.0.0.2　　//建立虚链路，30.0.0.2 为对方路由器 IP//

5．查看路由表

R4#show ip router　//检查 R4 路由表，查看虚拟链路创建是否成功//

R1#show ip router　//检查 R1 路由表，查看虚拟链路创建是否成功//

4.4　BGP 动态路由

4.4.1　互联网的自治系统

IETF 将互联网划分为许多域，这些域称为 **AS（自治系统）**，每个 AS 都是一个独立的组织机构。

AS 有权自主决定本系统的路由和安全策略，一个 AS 是一组有共同路由策略，并且在一个域内运行的路由器。

　　每个 AS 都有一个唯一的 AS 号（ASN），AS 号为 16 位标识符，取值范围为 1~65 535，其中 64 512~65 535 的 AS 号保留为私有 AS 号。全球 AS 号的分配由 ICANN（因特网号分配管理局）负责统一编号和分配。研究表明，16 位 AS 号即将耗尽，因此，从 2007 年起，各地区互联网注册机构开始分配扩展到 32 位的 AS 号。AS 号是一种紧张的资源，如果单位网络规模较小，而且只有一个出口，可采用静态路由或其他路由协议，这样就不需要 AS 号。通过 APNIC 网址 http://wq.apnic.net/apnic-bin/whois.pl，可查询到亚洲地区的 AS 号。美国大约有 1 500 个 AS 号，中国大陆分配到的 AS 号不到 150 个。如：CERNET（中国教育网）的 AS 号为 AS4789（清华大学内），UNICOM（中国联通）的 AS 号为 AS9800，CHINANET（中国电信）的 AS 号为 AS4134 等。

　　可用的 AS 号数量非常有限。如图 4-14 所示，连接到 ISP（如 CHINANET）并且共享 ISP 路由策略的单位，可以使用私有 AS 号（如 AS64512）。这些私有 AS 号只能出现在该 ISP 的网络中。如果某单位（如大学 A）的数据包传送到该 ISP 网络以外时，ISP 会将私有 AS 号替换成为合法的 AS 号（如 AS4134），这个过程大体与 NAT 类似。

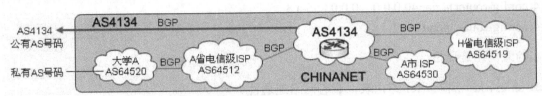

图 4-14　公有 AS 与私有 AS 之间的关系

4.4.2　BGP 路由工作原理

1. BGP 的基本特征

　　外部世界如何了解 AS 中的网络呢？网络服务商有 3 种方法：一是 ISP 将用户网络列为静态路由条目，并将这些路由条目通告给上游的核心网络；二是用户网络使用内部动态路由协议（IGP），如 OSPF 等，ISP 将这些路由条目通告给上游核心网络；三是采用 BGP（Border Gateway Protocol，边界网关协议），将路由条目通告出去。如图 4-15 所示，BGP 通常运行在 ISP 路由器与用户网络边界路由器之间，BPG 负责各个 AS 之间的路由与协调。

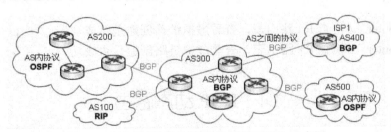

图 4-15　外部网关协议（如 BGP）用于互联网 AS 之间

　　BGP 是目前应用最广泛的外部网关协议（EBGP），它用来在 AS 之间传递路由信息。BGP 在相邻的 AS 之间交换信息，在 BGP 看来，整个 Internet 就是一个 AS 图，每个自治系统用 AS 号来区别。

　　BGP 是一种路径矢量路由协议，它属于外部网关协议（EGP），利用 TCP 协议的 179 端口进行数据包传输。BGP 在启动时传播整张路由表，以后只对网络变化的部分进行触发更新。全球互联网的 BGP 通告路由数目极大，大概有 BGP 条目 10 多万条，占用资源很大，占用大约 110 多 MB 的内存。

2. BGP 对等体组（peer-group）

与其他动态路由协议不同，如 OSPF 是要寻找邻居路由器，而 BGP 则是寻找对等体。当路由器之间建立了一条基于 BGP 的连接之后，它们就称为**邻居或对等体**。运行 BGP 的路由器称为**发言人**。如图 4-16 所示，在不同 AS 之间运行 BGP 时，称为外部 BGP（EBGP）；在一个 AS 内部运行 BGP 时，称为内部 BGP（IBGP）。

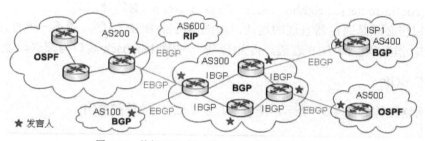

图 4-16　外部 BGP 与内部 BGP 之间的关系示意图

BGP 对等体的关系需要手动建立，信息交换（BGP 更新）也是手动进行的。外部 BGP 可以做到防止环路，内部 BGP 也可以通过水平分割防止环路。

（1）外部 BGP 对等体关系。外部 BGP 建立对等体关系必须物理直连（使用物理接口建立）。指定的 BGP 对等体地址和 BGP 信息发送源接口必须匹配。在默认情况下，所有 BGP 信息的发送源接口都是出站物理接口。默认情况下，外部 BGP 信息的 TTL=1。

（2）内部 BGP 对等体关系。内部 BGP 建立对等体关系不必物理直连。指定的 BGP 对等体地址和 BGP 信息发送源接口必须匹配，默认情况下，所有 BGP 信息的发送源接口都是出站物理接口。在默认情况下，内部 BGP 信息的 TTL=64。

指定 BGP 对等体组的主要优点是减少系统资源（路由器 CPU 和内存）的占用。

3. 团体（Community，团体/共同体/联盟）

可以将一个大型 AS 划分为若干个子 AS，每个子 AS 内部的邻居之间建立全连接关系，子 AS 与外部 BGP 建立连接关系，这个大型 AS 就是一个团体，**BGP 中的团体是共享公共属性的一组路由器**。团体之间可以相互传递属性，用来做策略路由。例如，如果路由器不能识别某个团体，则将它留给下一台路由器去处理；如果路由器能够识别团体，就对它进行处理，并使之传播到本团体内部。将一个大 AS 划分成若干个小 AS 时，小 AS 之间是外部网关（EBGP）的关系。

4.4.3　BGP 路由基本配置

1. 启用 BGP 进程配置

启用 BGP 命令格式：Router(config)# router bgp <AS 号>

在同一时间，只允许运行一个 BGP 进程，因此一台路由器不能属于 1 个以上的 AS。

【例 4-22】Router(config)# router bgp 64512　//在 AS64512 网络启用 BGP 进程//

2. 通告本地路由条目配置

命令格式：Router(config-router)# network <网络号> mask <子网掩码>

network 命令用于在 IGP（如 OSPF）中，确定要发送和接收路由更新的接口。一条 network 命令不会建立 BGP 邻居关系，network 用于告诉 BGP 路由进程，通告那些本地路由器学习到的网络，它们包括：直连路由、静态路由，或动态路由（如 OSPF）学习到的路由条目。

3. 建立邻居（对等体）关系配置

命令格式：Router(config-router)# neighbor <邻居 IP> remote-as <AS 号>

或：Router(config-router)# neighbor <邻居 IP> peer-group <对等体组名>

外部 BGP 邻居必须是路由器直连的地址，如果是内部 BGP 邻居，就不一定直连，可以是 AS 中任意一个地址，但必须保障 TCP 连通。内部 BGP 一般用 loopback 端口为邻居地址。

4. 配置外部 BGP

【例4-23】网络结构如图 4-17 所示，配置 R2 与 R1 之间的外部 BGP。

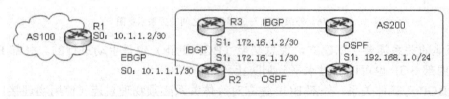

图 4-17   BGP 路由配置网络结构

R2(config)# router bgp 200   //在 AS200 中启用 BGP 进程//
R2(config-router)# neighbor 10.1.1.2 remote-as 100
//在 R2 与 R1 之间建立邻居关系，并启用外部 BGP，R1（10.1.1.2）在 AS100 中//

5. 配置内部 BGP（IBGP）

命令格式：Router (config-router)# neighbor <邻居地址> update-source loopback <接口号>

【例4-24】网络结构如图 4-17 所示，配置 R2 与 R2 之间的内部 BGP。

R2(config)# router bgp 200   //在 AS200 中启用 BGP 进程//
R2(config-router)# neighbor 172.16.1.2 remote-as 200   //在 R2 与 R3 之间建立邻居关系//
R2(config-router)# neighbor 172.16.1.2 update-source loopback 0

//为了保障邻居关系稳定，最好使用 loopback（环回接口）进行配置。update-source loopback 0 关键字说明，只要 loopback 0 是工作（update）的，如果邻居路由器存在多条路径，则路由器可以利用任何正常工作的接口来建立 BGP 连接//

6. 路由再发布配置

【例4-25】网络结构如图 4-17 所示，配置路由器 R2 学习 BGP 路由条目，并且在 OSPF 中通告学习的条目。

Router(config-router)# network 172.16.1.0 mask 255.255.255.254
//确定要发送和接收路由更新的接口，以及发送和接收路由更新的端口//

Router(config-router)# network 10.1.1.0 mask 255.255.255.254

Router(config-router)# network 192.168.1.0

注意，前 2 条配置中有<子网掩码>，所以只指定了某个特定的子网。第 3 条配置中没有<子网掩码>，将导致前面 OSPF 的路由被 BGP 所通告。

7. 复位 BGP 路由表

命令格式：Router# clear ip bgp{* | IP 地址}

当 BGP 某些配置信息被修改后，需要执行该命令复位相关的 BGP 连接，使修改的配置生效。另外在 BGP 路由学习不正常的情况下，使用该命令可能会解决问题。必选项"*"表示复位所有的 BGP 连接；必选项"IP 地址"指定复位一个 BGP 连接。

【例 4-26】网络结构如图 4-17 所示，清除 R2 上 S0：10.1.1.1/30 的路由条目。

R2# clear ip bgp 10.1.1.1　//清除 R2 上 S0 接口的路由条目//

8. 经常使用的 BGP show 命令

Router# show ip bgp

//显示 BGP 路由列表所有参数，如网段、下一跳、权重、优先级、AS 路径等信息//

Router# show ip bgp summary　//显示所有 BGP 连接汇总状态//

Router# show ip bgp neighbors　//显示每个 BGP 连接和邻居的详细信息//

4.4.4　BGP 路由属性配置

1. BGP 的各种属性类型

可以通过 BGP 的属性来控制路由，而各种"属性"是 BGP 协议中最常用和复杂繁琐的概念。BGP 属性有：公认强制属性、公认自由决定属性、可选传递属性、可选非传递属性等。

2. 下一跳（Next_Hop）属性配置

公认强制属性。**BGP 中的"跳"是指 AS**，而不是路由器，因此下一跳不一定是直连的。如图 4-17 所示，R3 要去网络 AS100 时，下一跳是 10.1.1.2，而不是 10.1.1.1。对于外部 BGP 和内部 BGP，下一跳是通告该路由器的邻居路由器的 IP 地址；对于多路访问型网络（如以太网），下一跳是路由器连接到该网络接口的 IP 地址。

命令格式：Router(config-router)# neighbor <邻居 IP 地址> next-hop-self

下一跳默认值为 0.0.0.0。路由器收到外部 BGP 路由时，将下一跳改为外部 BGP 的 IP 地址。路由器收到内部 BGP 通告时，不修改下一跳的值。内部 BGP 可以通过关键字 next-hop-self（自己作为下一跳）修改下一跳的值，即强迫路由器将自己作为下一跳，进行数据转发。

【例 4-27】设置路由器的下一跳属性。

Router# configure terminal　//进入配置模式//

Router(config)# router bgp 65500　//启用 BGP 路由//

Router(config-router)# neighbor 192.168.1.6 remote-as 65500　//设置邻居路由器//

Router(config-router)# neighbor 192.168.1.6 next-hop-self　//设置下一跳为自己//

3. 路由条目来源属性（Origin Code）

公认强制属性。来源属性指出该路由条目的来源是什么路由协议类型。

4. AS 路径（AS_Path）属性配置

公认强制属性。AS_Path 用来描述到达该网络经过的所有 AS 有哪些。AS_Path 有两个功能：一是让 BGP 进程决策最优路径（AS_Path 越短越好）；二是防止环路。当某 BGP 路由器从外部 BGP 邻居那里接收到一个网络更新分组时，如果发现这个网络更新的 AS_Path 中有自己的 AS 号，就证明网络路由有环路产生。

【例4-28】为了防止产生网络环路，将 R2 中的 AS65001 私有 AS 剥离。

R2# configure terminal   //进入配置模式//

R2(config-router)# neighbor 172.16.20.2 remote-as 65001   //指明私有 AS 网络//

R2(config-router)# neighbor 192.168.6.3 remote-as 7   //指明出口的公共 AS 网络//

R2(config-router)# neighbor 192.168.6.3 remove-private-as   //移除私有 AS 号//

5. 本地优先级（Local_ Preference）属性配置

公认自由决定属性。告诉本地 AS 中的 BGP 路由器，从哪个出口出去才是最优路径。只用在与内部 BGP 邻居间的路由更新分组中，不传递给外部 BGP 邻居。默认值为 100，值越大优先级越高。设置方法是单独在 AS 内的每一台路由器上设置它的本地优先级。

【例4-29】设置 R1 优先级为 100；R2 优先级为 200，希望路由优先从 R2 通过。

R1# configure terminal   //进入配置模式//

R1(config)# router bgp 4000   //在 AS400 网络中启用 BGP//

R1(config-router)# bgp default local-preference 150   //设置本地优先级值为 150//

R2# configure terminal   //进入配置模式//

R2(config)# router bgp 64513   //在 AS64513 网络中启用 BGP//

R2(config-router)# bgp default local-preference 200   //设置本地优先级值为 200//

这一命令会影响所有外部 BGP 传送来的路由，对内部 BGP 传送来的路由无效。

6. 权重（Weight）属性配置

权重是 Cisco IOS 的私有属性，仅在本地有效，即只在这台路由器上起作用，权值取值范围为：0~65 535，默认值＝32 768（本地），0=收到的路由，权重值越大，路由优先级越高，路径越优。当一个路由器分别从两个不同的邻居处学到同一条路由，它可以根据权重值决定从哪个邻居走（选择出口）。

【例4-30】对路由器的两个出口设置不同的权值。

R1(config)# router bgp 64512   //在 AS64512 自治系统中启用 BGP//

R1(config-router)# neighbor 192.168.4.1 weight 100   //设置出口 192.168.4.1 权重为 100//

R1(config-router)# neighbor 192.168.1.2 weight 50   //设置出口 192.168.4.2 权重为 50//

7. 多出口（MED）属性配置

MED（多出口鉴别）属性告诉外部邻居 AS 中的 BGP 路由器，从哪个入口进入本地 AS 才是最优的。MED 只在外部 BGP 传递，MED 值越小路径越优，Cisco IOS 中默认 MED 值为 0。MED 影响进入 AS 的数据流，而 Local_Pref（本地优先级）影响离开 AS 的数据流。

【例 4-31】在 R1 上配置 MED 值。

R1(config)# route-map setmedout permit 10　//建立 setmedout 映射图，

R1(config-route-map)# set metric 50　//设置 MED 值为 50//

R1(config-route-map)# exit

R1(config)# router bgp 4000　//在 AS4000 自治系统中启用 BGP//

R1(config-router)# neighbor 4.4.4.4 route-map setmedout

//邻居路由器 4.4.4.4，做 setmedout 映射图规定的策略路由//

8.　归纳（Aggregator）属性配置

当有大量连续网段的 BGP 路由时，可使用归纳属性将这些路由聚合成一条 BGP 路由通告出去，从而减轻网络设备路由处理负担。

命令格式：Router(config-router)# aggregate-address<归纳路由的网络号><汇总后的子网掩码> [summary-only] [as-set]

参数<归纳路由的网络号>描述了要求汇总的路由范围。summary-only 关键字说明只发送汇总后的路由，不发送明细信息（如权值、下一跳等）。as-set 关键字用于说明归纳路由具体经过的 AS 集合，避免产生环路。

BGP 默认启动时打开自动汇总（auto-summary）功能，可以用 no auto-summary 命令关闭自动汇总。在 no auto-summary（关闭自动汇总）模式下，会携带原有的明细信息。

【例 4-32】利用 gregate 命令进行路由归纳。

Route1(config)# ip route 172.16.0.0　255.255.252.0 null 0　//对 null 0 接口的静态路由归纳//

Route1(config)# router bgp 64512　//启用 AS 号为 64512 的 BGP 协议//

Route1(config-router)# aggregate-address 172.16.0.0　255.255.252.0 summary-only

//只发送汇总后的路由，summary-only 关键字说明不携带明细（如权值）信息//

【例 4-33】利用 network 命令进行路由归纳。

Route2(config)# ip route 192.168.0.0　255.255.252.0 null 0　//对 null 0 接口汇总//

Route2(config-router)# network 192.168.0.0 mask 255.255.252.0　//不通告明细//

network 命令本身不能归纳路由，它只是把经过 IGP 汇总后的路由发布出去。因此，第 1 条配置是手工指定一条静态归纳路由，并指向 null 0 接口。network 命令的特点是精确通告路由 IP 和掩码时，只起到通告作用，不建立邻居关系。

4.4.5　BGP 路由配置案例

【例 4-34】网络结构如图 4-18 所示，配置多区域 OSPF 与 BGP 协议。

（1）路由器 R1 配置

R1# conf t　//进入配置模式，以下路由器配置均省略这条命令//

R1(config)# router ospf 100　//进入动态路由 ospf 模式//

R1(config-router)# network 202.66.1.0　0.0.0.255 area 0

//通告区域 0 的直连网段，注意：0.0.0.255 为反子网掩码//

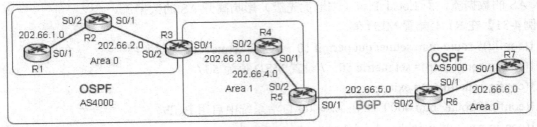

图 4-18　OSPF 多区域动态路由网络结构

（2）路由器 R2 配置

R2(config)# router ospf 100　//进入动态路由 ospf 模式//

R2(config-router)# network 202.66.1.0　0.0.0.255 area 0　//通告直连网段//

R2(config-router)# network 202.66.2.0　0.0.0.255 area 0

（3）路由器 R3 配置

R3(config)# router ospf 100　//进入动态路由 ospf 模式//

R3(config-router)# network 202.66.2.0　0.0.0.255 area 0　//通告直连网段//

R3(config-router)# network 202.66.3.0　0.0.0.255 area 1

（4）路由器 R4 配置

R4(config)# router ospf 100　//进入动态路由 ospf 模式//

R4(config-router)# network 202.66.3.0　0.0.0.255 area 1　//通告直连网段//

R4(config-router)# network 202.66.4.0　0.0.0.255 area 1

（5）路由器 R5 配置

R5(config)# router ospf 100　//进入动态路由 ospf 模式//

R5(config-router)# network 202.66.4.0　0.0.0.255 area 1　//通告直连网段//

R5(config-router)# network 202.66.5.0　0.0.0.255 area 1

R5(config-router)# redistribute bgp 4000 metric 1 metric-type 1

//将外部 BGP 路由信息发布到 OSPF 中，metric 发布权值，metric-type 为权值类型//

R5(config-router)# exit

R5(config)# router bgp 4000　//进入动态路由 BGP 配置模式//

R5(config-router)# network 202.66.1.0　//通告 BGP 所有网段//

R5(config-router)# network 202.66.2.0

R5(config-router)# network 202.66.3.0

R5(config-router)# network 202.66.4.0

R5(config-router)# network 202.66.5.0

R5(config-router)# neighbor 202.66.5.2 remote-as 5000

//202.66.6.2 为 R6 与 R5 直连 IP，指定 BGP 邻居//

（6）路由器 R6 配置

R6(config)# router ospf 110

R6(config-router)# network 202.66.5.0　0.0.0.255 area 0

R6(config-router)# network 202.66.6.0　0.0.0.255 area 0

R6(config-router)# redistribute bgp 5000 metric 0 metric-type 1

R6(config-router)# exit

R6(config)# router bgp 5000

R6(config-router)#network 202.66.5.0

R6(config-router)# network 202.66.6.0

R6(config-router)# neighbor 202.66.5.1 remote-as 5000

//202.66.5.1 为 R5 与 R6 直连 IP，指定 BGP 邻居//

（7）路由器 R7 配置

R7(config)# router ospf 5000

R7(config-router)# network 202.66.6.0　0.0.0.255 area 0

（8）路由器 R5 检测命令

R5# show ip dgp summary　//查看 BGP 邻居状态和活动信息//

习题 4

4.1　目前全球大约有 30 亿台计算机，IP v4 有 42 亿个 IP 地址，为什么还不够用？

4.2　为了解决 IP 地址不足，IETF 先后提出过哪些技术解决方案？

4.3　某网段分配地址为：222.210.100.0/26，写出它的掩码和最大主机数量。

4.4　说明路由器配置的基本思路。

4.5　NAT（网络地址转换）技术有哪些主要功能？

4.6　讨论为什么 IPv4 地址很紧缺，而电话号码没有这个问题？

4.7　讨论 OSPF 区域号与自治系统 AS 号的不同。

4.8　国际上不同互联网之间采用哪些路由协议？

4.9　写一篇课程论文，讨论 OSPF（或 IS-IS）技术在校园网（或园区网）中的应用。

4.10　进行静态路由配置、NAT 配置、OSPF 路由配置、BGP 路由配置等实验。

第 5 章 网络性能设计

网络性能的要求往往在用户需求分析时确定，但如何在有限的资金约束条件下，设计一个满足用户需求的高性能网络，对网络工程师来说是一项重要的工作。网络性能可以从带宽管理、流量控制、服务质量保证、网络负载均衡等方面进行设计。

5.1 网络带宽分析与设计

5.1.1 网络带宽的不稳定

1. 网络带宽

在频带（模拟）传输网络中，带宽是指波长、频率或能量带的范围，一般特指频率上边界与下边界之差，以 Hz（赫兹）为单位。在基带（数字）传输网络中，带宽通常用来衡量数据的传输速率。在计算机网络等基带串行传输网络中，一般以比特每秒（bit/s）为基本单位；在服务器主机总线、接口、磁盘系统等并行传输设备中，一般以字节每秒（Byte/s）为单位。在通信网络中，往往存在基带和频带技术交错使用的情况（如 WLAN、MAN），因此，带宽单位的判断应当根据技术文件的上下文进行判断。

根据 ITU-T I.113 建议的规定，一般将数据传输速率低于 1.5Mbit/s（T1）的网络划分为窄带网；将数据传输速率在 1.5Mbit/s 以上的网络划分为宽带网。

世界经济合作与发展组织 2010 年调查数据显示，日本宽带上网速度最快，宽带上网平均速度为 93.7Mbit/s，平均月费为 34.21 美元；美国宽带上网平均速度为 8.9Mbit/s，平均月费为 53.06 美元。在全球宽带上网排行中，美国宽带上网普及率居 15 位，宽带速度居 14 位。

P2P 技术的大量使用不仅给网民带来高速下载的渠道，也占用了大量带宽。统计数据显示，我国 P2P 应用占用了运营商网络 40%~60%的带宽，高峰时期的占用率高达 70%~90%，但 P2P 业务带来的收益仅占总收入的 5%。另外，垃圾邮件、蠕虫类病毒也占用了大量带宽。

视频是网络带宽的主要占用者，传统 CATV 有独立带宽保证的传输网络，因此网络本身不需要提供 QoS 保证。这也印证了如果 IP 承载网带宽充足，就不需要 QoS 的观点。

2. 以太网带宽不稳定性分析

IDC（因特网数据中心）机房提供的带宽实际上是指交换机端口的最大流量，并不是指提供给用户终端的带宽。网络带宽与网络设备、网络线路、网络类型、应用环境等因素有关。下面对 100M 到桌面的以太局域网进行简单分析。

（1）能否达到 100M 到桌面与网络结构采用阻塞式设计还是非阻塞式设计相关。如果采用阻塞式设计，在满负载的情况下，桌面很难达到 100M；如果采用非阻塞式设计，服务器主机、路由器、防火墙、流量管理器等设备，并不都能够做到非阻塞式设计。一般来说，全部网络设备做到非阻塞式设计的投资相当大，也没有必要。

（2）光纤线路对带宽影响不大，但是投资成本高，因此大部分局域网采用光纤与双绞线结合的方法进行线路设计。双绞线线路质量的好坏，对网络带宽影响很大。如果没有采用专用的跳线，当双绞线长度小于 1m 时，会产生严重的回波损耗（RL）；当线路长于 70m 时，信号衰减也会造成网络带宽下降。网络线路的连接质量对数据实际传输速率影响很大，如果网络连接质量不高，经常出现丢包现象，这会大大影响网络的实际传输带宽。对于 TCP 通信类的服务（如 Web、FTP 等），采用了超时重传机制，这样保证了网络传输的可靠性；但是，丢包引起的重传会大大增加网络的传输延迟时间。如果网络连接质量出现了问题，虽然网络传输流量仍然很大，但是有用的数据包减少了，用户会感觉网络的带宽下降了。

（3）100M 带宽只是理论上的速率，实际上在信号传输过程中要扣除大约 10% 的系统开销，它们包括 Ethernet 信头、IP 信头、TCP 信头等各种控制信号，因此，用户的理论有效带宽只有 90M 左右。以上情况只是在理想状态下的一个理论值，如果以太网工作负载超过 50%，非常容易发生广播风暴，导致网络传输效率下降。

（4）线路环境温度过高、信息插座或接头氧化、环境电磁干扰过大等，都会造成网络带宽下降。

5.1.2　网络用户业务模型

1. 用户网络业务最低带宽需求

不同的用户业务需要不同的网络带宽。在局域网中，用户一般要求较高的传输带宽，而且网络上行链路和下行链路的带宽相差不多。在因特网服务中，一般下行速率与上行速率不一致，用户对下行速率要求较多。表 5-1 分析的带宽为因特网最终用户在保证 QoS 下的端到端最低带宽要求。

表 5-1　　　　　　　　　　　　端到端网络业务最低带宽要求

业务类型	最低下行带宽	最低上行带宽	业务说明
网页浏览	32kbit/s	10kbit/s	每个页面
收发邮件	128kbit/s	128kbit/s	依用户与邮件服务器带宽而定
BT 下载	200kbit/s	512kbit/s	一般占用到用户带宽的 70% 左右
网上聊天	64kbit/s	32kbit/s	文字聊天
网上购物	64~128kbit/s	32kbit/s	交互式应用
网络游戏	64~256kbit/s	64kbit/s	因特网游戏，依用户与游戏服务器带宽而定
IP 电话	128kbit/s	32kbit/s	H.323 纯语音 IP 电话，采用 G.723 编码
视频监控	256~512kbit/s	256~512kbit/s	分布式多媒体监控业务，如交通监控系统等
视频点播 1	512kbit/s	64kbit/s	MPEG-1（VCD）分配型多媒体视频业务
视频点播 2	2Mbit/s	128kbit/s	MPEG-2（DVD）分配型多媒体视频业务
远程医疗	256kbit/s~1.5Mbit/s	256kbit/s~1.5Mbit/s	交互式多媒体业务
IPTV	2~8Mbit/s	512kbit/s~1Mbit/s	网络电视业务
SDTV	1.5~3Mbit/s	512kbit/s~1Mbit/s	1 024×768 分辨率以下的标清电视业务
HDTV	2~20Mbit/s	512kbit/s~1Mbit/s	1 024×768 分辨率以上的高清电视业务

由表 5-2 可以看到，**网络带宽低于 256kbit/s 时，很难满足用户对网络服务的需求。**

适合的带宽是保障网络业务 QoS 的重要手段，物理线路带宽越大，在一定范围内将会有效降低整个网络中数据传送的时延。在网络设计中，对于一些实时业务，其占用的网络带宽是可预测的，因此可以对这些业务做带宽设计。一般每路 H.323 IP 电话约占用 32kbit/s（采用 G.723 编码协议，考虑协议开销）；一路 H.323 视频会议的带宽为 384kbit/s（画面效果可接受），画面效果好时带宽为 768kbit/s。另外，MPEG-2 等业务流量也是固定的，如银行的实时交易等，这些网络流量都是可计算的。

一个基本的设计思想是：根据带宽占用大的业务来选择链路带宽，并根据业务使用频度考虑对带宽的复用。

2. 用户使用因特网的时间规律

中国互联网信息中心（CNNIC）调查显示，用户一天中使用因特网的时间波动非常大，凌晨 1~7 点用户最少上网，从早上 8 点开始上网的人数逐渐增加，到上午 10 点达到一天中的第一个高峰，有 22.8%的网民在这一时间上网。中午 11 点后略有回落，从 12 点开始回升，到下午 14、15 点达到一天中的第二个高峰，有 28.2%的用户在这一时间上网，此后上网人数开始下降。从晚上 19 点开始上网人数激增，到晚上 20、21 点时达到一天中的顶峰，有 48%左右的网民在这一时间上网，这之后上网人数又急剧减少，如图 5-1 所示。

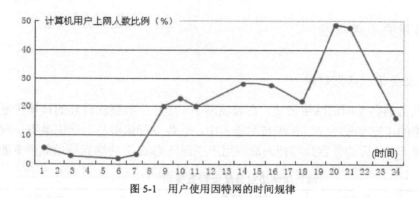

图 5-1　用户使用因特网的时间规律

从图 5-1 中可以看出，因特网高峰使用时段在 8:30~23:30 之间，共计 15 小时（900 分钟）左右。日常生活的作息时间在一定程度上影响着人们使用因特网的时间。

CNNIC 调查结果显示，用户平均每周上网 4 天，计 13.4 小时，平均每天使用 3.35 小时（201 分钟）左右。用户平均每周收到电子邮件（不包括垃圾邮件）5.8 封，收到垃圾邮件 7.9 封，发出电子邮件 4.1 封，平均每天收发的电子邮件为 2.5 封。

CNNIC 调查结果显示，有 46.2%的用户将获取信息作为上网最主要的目的，有 32.2%是休闲娱乐，7.9%是学习，选择其他上网目的的用户所占比例很小。

5.1.3　网络带宽设计案例

1. 阻塞式与非阻塞式设计

在分层网络设计中，如果上层（如汇聚层）链路带宽大于或等于下层（如接入层）链路带宽的总和，称为非阻塞式设计；如果上层（如汇聚层）链路带宽低于下层（如接入层）链路带宽的总和，称为阻塞式设计。

如图 5-2（a）所示，接入层有 8 台 100M 的交换机，汇聚层交换机链路带宽为 1 000M 时，下层链路的总带宽=100M×8=800M，可见这是一种非阻塞式带宽设计。而图 5-2（b）所示则是一种网络带宽阻塞式设计。

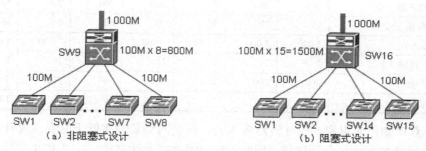

图 5-2　网络带宽的阻塞式与非阻塞式设计

按非阻塞式带宽设计的网络汇聚节点负载轻、网络扩展性好，但是工程成本偏高。

2．带宽设计案例

【例 5-1】某大学共有 20 栋楼，4 000 个信息点，其中有 8 座楼、1 640 个信息点希望提供视频点播服务（如表 5-2 所示），设计校园网视频链路需要的总带宽。

表 5-2　　　　　　　　　　　　　某校园网中需要视频点播的楼栋与信息点数

楼栋号	1	2	3	4	5	6	7	8
信息点（个）	300	60	40	40	120	120	480	480
总计信息点	1 640 个							

如果为每个信息点提供 MPEG-2 质量的视频流（DVD），则需要分配每个信息点端口最低为 2M 的带宽；如果为每个信息点提供 MPEG-1 质量的视频流（VCD），则需要分配每个信息点端口最低为 256kbit/s 的带宽。为了保证视频信号质量，设计单个信息点最大带宽为 5M，集线比暂时按照 1:1 计算。

按非阻塞式设计，提供 MPEG-2 视频点播时，网络视频流总带宽计算如下。

网络视频流总带宽=5Mbit/s×1 640=8.2Gbit/s

以上仅是视频流总量，而不是链路带宽，链路带宽与网络物理网络结构相关。这个参数对视频处理交换机、服务器有重要参考价值。

如果按照阻塞式设计，每栋楼以 1G 的链路连接到中心机房，一共 8 栋楼，主干带宽流量为 8G。这样可以保证每栋楼有（1 000M）/（5M）=200 个用户使用视频点播，总计 8 栋楼为 1 600 个用户同时使用 MPEG-2 视频的视频点播。这样的计算结果并没有满足用户需求，因为没有考虑链路带宽问题与网络负载问题。

由表 5-2 可见，用户信息点并不是均匀分布的，这会导致各楼栋的网络链路数不同，而且网络负载太大时容易造成广播风暴。按照播放 MPEG-2 的要求，将信息点带宽取定为 5M，对各个楼栋的总带宽、最少链路、网络负载进行计算，结果如表 5-3 所示。

表 5-3　　　　　　　　　　　**某校园网视频点播链路带宽计算结果**

楼栋号	1	2	3	4	5	6	7	8
信息点（个）	300	60	40	40	120	120	480	480
非阻塞式设计总带宽（Mbit/s）	1 500	300	200	200	600	600	2 400	2 400
非阻塞式设计需要 1G 链路（条）	2	1	1	1	1		3	3
非阻塞式设计最大用户数（个）	400	200	200	200	200	200	600	600
非阻塞式设计网络负载（%）	75	30	20	20	60	60	80	80
阻塞式总带宽（Mbit/s）	1 000	1 000	1 000	1 000	1 000	1 000	1 000	1 000
阻塞式设计需要 1G 链路（条）	1	1	1	1	1	1	1	1
阻塞式设计最大用户数（个）	200	200	200	200	200	200	200	200
阻塞式设计网络负载（%）	100	30	20	20	60	60	100	100

根据以上计算可知，非阻塞式设计链路成本高，但是网络负载率低于阻塞式设计。当网络负载率超过 70%时，网络效率将会急剧降低。因此，对于阻塞式设计来说，1、7 和 8 三栋建筑只能采用 MPEG-1 质量播放。

5.1.4　网络的集线比设计

1. 电话集线比模型

集线比是通信系统中引入的一个概念，它指可用信道与接入用户线的比例。例如，一条 E1 线路可以同时接通 30 路电话（E1 为 30 个可用信道），如果按照 1:1 的集线比，则只能接 30 条用户线；如果按照 1:8 的集线比，则可以接 240 条用户线，这样仍然可以满足 30 路电话同时通话，但是第 31 个用户需要通话时就需要等待，或者不能接通。这个模型是建立在所有用户不会同时通信的基础上。

那么理论上的最大集线比是多少呢？为了便于计算，我们只讨论 8:00~20:00（720min）之间的电话集线比，并且假设这 12 小时中通话的平均概率是相同的，每个用户每天 3 个电话，用户每次平均通话时长为 6 分钟，通信线路平均间隔时间为 10 分钟，那么电话服务最大集线比=720/（6+10）×3=15。也就是说，按照以上话务模型，一个电话信道最大可以满足 15 个用户使用。实际的集线比需要进行用户需求分析和话务量统计后才能确定。

对于计算机网络，集线比目前难以确定，一般根据经验进行估算。

2. 网络的集线比设计

在计算机网络中，如果网络按照非阻塞式设计，这样网络服务的集线比就可以达到 1:1，但是投资成本太高。如果按照阻塞式设计，同时又能满足用户需求，就需要确定网络服务的集线比。我们可以将网络集线比理解为网络服务系统有效接入与最大接入能力之间的比率。下面对各种网络服务进行综合集线比分析。

【例 5-2】分析一个 Web 服务器网站的有效工作时间和最小链路带宽。

（1）Web 服务器有效工作时间。根据 CNNIC 统计数据，每个因特网用户平均每天上网时间为 3.35 小时（圆整为 200 分钟）。如果每个用户每天花费 50%的时间浏览网页，这样一天浏览网页的总时长为 200min×50%=100min。虽然用户花费了 100 分钟的时间浏览网页，但是 Web 服务器并不需要占用这么长的时间。

假设一个用户平均每天浏览 50 个网页，每个网页平均大小为 30KB（CNNIC 统计值），协议通信开销占网页大小的 10%左右，Web 网站与用户之间端到端的链路带宽为 200kbit/s，Web 服务器的有效工作时间计算如式（5-1）所示。

$$\text{Web服务器有效工作时间[s]} = \frac{\text{打开网页数} \times (\text{网页大小[KB]} + \text{系统开销})}{\text{端到端链路宽带[kbit/s]} \div 8} \tag{5-1}$$

$$= \frac{50 \times (30 + 30 \times 10\%)}{200 \div 8} = 66\text{s} = 1.1\text{min}$$

根据以上计算可知，用户占用 Web 服务器的有效工作时间理论值仅为 1.1 分钟。

（2）Web 网站最小链路带宽。假设某 Web 网站网页平均大小为 30KB，打开网页平均等待时间为 10s，如果设计 100 个用户同时访问（并发连接）该网站时，应当向 ISP 申请多大的链路带宽，可以满足以上设计要求呢？计算方法如式（5-2）所示。

$$\text{Web网站最小带宽[Mbit/s]} = \frac{\text{网页平均大小[MB]} \times 8}{\text{平均等待时间[s]}} \times \text{并发访问人数} \tag{5-2}$$

$$\text{网站最小带宽} = \frac{0.03 \times 8}{10} \times 100 = 2.4\text{Mbit/s}$$

（3）估计 Web 网站最大访问人数。1 万个用户同时在线，与 1 万个并发数是完全不同的两个概念。根据以上计算可知，2.4M 带宽的网络链路，可以处理 100 个并发 Web 连接。由于用户一般采用手工打开网页，而且可能会大致阅读网页内容，因此同一个在线用户的会话进程不会连续并发进行。因此，如果按照 1:10 的集线比估算，则网站最大可以处理 1 000 个用户的在线会话连接，这个估计值是建立在所有用户不会同时并发通信的基础上。

5.1.5　网络带宽管理技术

1.　利用硬件设备进行网络带宽管理

网络带宽可以用软件的方法进行管理，也可以通过带宽管理器、入侵控制系统（IPS）、路由器等硬件设备进行控制和管理。硬件设备管理时性能高，但是投资大于软件管理。这些设备具有流量监视服务器、数据包分类器、流量调节器、策略分配器、业务报表等功能，能够实时有效地控制网络带宽资源的分配。

带宽管理器可与现有网络设备进行集成，无需改变已有的网络结构、路由器配置、服务器配置和用户计算机配置。即使网络结构或网络中的设备配置发生变化，带宽管理器也无需做任何变动。

带宽管理器可以针对不同用户定制最小保证带宽和最大应用带宽。通过带宽管理，保证网络关键性应用的高性能，如视频会议、数据库应用等；同时也可以抑制非关键应用的带宽占用，如 P2P 下载、网上电影、在线游戏等。带宽管理器同时也提供防火墙功能，可以对访问进行控制，有效防止非法数据对网络带宽的侵占。带宽管理器设备还具有自动旁路功能，对用户网络的安全性提供有效保证。

在局域网中，带宽管理器通常设计在核心交换机之前，或者核心交换机之后。如图 5-3 所示，如果放在核心交换机之后，可以对局域网内部的流量进行管理和控制。但是，局域网之外的其

图 5-3　利用带宽管理器组成的网络

他主机不受带宽管理器的监控，如图 5-3 中的服务器主机。

在网络设计中，带宽管理器一般设置在边界路由器附近，如图 5-4（a）所示。但是，应当考虑带宽管理器与高速链路的性能匹配问题。例如，10G 的高速链路，带宽管理器是否能够胜任，还有这种网络结构是否会导致单点故障，造成网络的不稳定等。

图 5-4　带宽管理器在城域网中的应用

如图 5-4（b）所示，将带宽管理器内置在边界路由器中。这种网络结构需要考虑在高带宽环境下路由器的性能问题。例如，当有 1 000 多个分类服务时，路由器是否有能力承担？如果在路由器上再加一个 5 000 行的 ACL（访问控制列表）时，路由器会宕机吗？

2．利用软件进行网络带宽管理

利用软件的方法也可以管理和控制网络带宽。例如，微软公司的 ISA Server 防火墙软件也可以进行网络带宽管理。

在 ISA Server 中，像路由规则一样，带宽管理规则也按次序排列。每个规则都分配一个指定的编号，编号为 1 的规则最先处理，默认规则总是最后一个处理。除了默认带宽规则外，其他所有带宽规则的次序都可以改变。

ISA Server 可以通过配置优先级和带宽规则给指定类型的网络通信分配较多的带宽。带宽优先级分配值在 1~200 之间，数值越高，优先级越高。带宽优先级是基于网络连接的有效带宽，因此必须手工在 ISA Server 中指定一个数值。网络管理人员可以根据协议、调度、用户、目的、内容等方面指定带宽规则。

例如，如果第 1 个带宽规则应用于 User A，并且出站和入站的带宽优先级分配为 150。第 2 个带宽规则应用于所有音频业务，其出站和入站的优先级为 200。如果 User A 在一个连接中发送音频内容，ISA Server 给该连接分配的带宽优先级为 150。这样则应用第 1 个带宽规则，因为它是第 1 个与该连接匹配的规则。

5.2　网络流量分析与设计

网络工程师需要一种精确评估网络流量的方法，通过流量分析，才能确定数据传输的带宽。可以将流量简单理解为通过交换机的数据包，这里忽略数据包在线路传输时的损耗。流量分析需要考虑很多因素，主要有流量特性、流量模型、服务级别等因素。

5.2.1　网络流量基本特征

1．流量与带宽

带宽是一个固定值，而流量是一个变化的量；带宽往往由网络工程师规划或由网络管理工程师分配，有很强的规律性，而网络流量由用户网络业务形成，规律性不强；网络带宽主要与网络物理设备、传输链路相关；而网络流量主要与使用情况、传输协议、链路状态等因素相关。

2. 不同网络服务的数据流量特性

网络性能取决于一些变量，如突发性、延迟、抖动、分组丢失等。如表 5-4 所示，不同的网络服务对这些指标要求会不同。如电子邮件具有很强的突发性，因为用户在写好邮件内容、单击"发送"按钮后，邮件就会进行传输。由于邮件不是实时服务，所以对其他指标要求不高。IP 语音就不一样了，当一个语音处于激活状态时，它的突发性较低。但是，语音信号的延迟不能大于 200ms，每个语音信道的数据流量在 8~64kbit/s，一些压缩的语音信号带宽只有 4kbit/s，这不包括协议开销在内。在网络设计工作中，应当根据用户数据流量特性进行网络流量设计和管理。

表 5-4 不同网络服务的流量特性

服务类型	业务特征	突发性	延迟容忍度	抖动容忍度	分组丢失容忍度
Web 网页	多个小文件传输	高	中等	高	中等
E-mail	数据量小	高	高	高	高
FTP	大文件批量传输	中等	高	高	高
即时通信	数据量小	高	中等	高	高
网络游戏	要求可靠传输	高	中等	高	中等
IP 语音	要求可靠传输	低	低	低	低
视频点播	带宽要求高	低	低	低	低
电子商务	要求可靠传输	高	中等	中等	低

3. 网络流量监测

利用流量监测硬件或软件，可监测网络中数据的流量。如图 5-5 所示，MRTG（Multi Router Traffic Grapher）是一款监控网络流量负载的软件，利用它可以监测到许多对网络设计有益的信息。

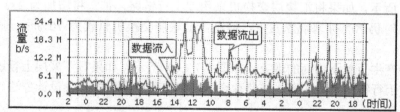

最大流入：10.0Mbit/s(10.0%) 平均流入：3.008Mbit/s(3.0%) 当前流入：2.421Mbit/s(2.4%)
最大流出：24.2Mbit/s(24.2%) 平均流出：6.704Mbit/s(6.7%) 当前流出：3.978Mbit/s(4.0%)

图 5-5 利用 MRTG 软件监测的某城市小区网络数据流量日分析图

利用流量监测图，可进行以下分析：
（1）网络峰值流量有多大，在何时出现，持续时间多久；
（2）网络平均流量有多大，达到了理论带宽的百分之几十；
（3）网络流出与流入情况如何，网络出口是否存在拥塞；
（4）系统资源负载情况如何，如磁盘空间、CPU 负载、内存用量等；
（5）各项网络服务流量分布情况，如 Web、E-mail、DNS、FTP、BBS 等；
（6）网络设备流量情况，如防火墙、路由器、交换机等。

5.2.2　网络流量设计模型

1．分层网络的流量模型

如图 5-6 所示，在交换型网络的分层设计中，网络数据流量从接入层流向核心层时，被收敛在高速链路上；流量从核心层流向接入层时，被发散到低速链路上。因此，核心层设备汇聚的网络流量最大，需要强大的数据处理设备；而接入层设备的流量相对较小，交换数据包需要的时间较少，因此接入层的交换机或路由器可以采用小型网络设备。

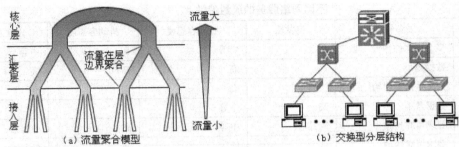

图 5-6　分层网络的流量模型

2．汇聚层链路聚合

链路聚合的目的是保证链路负载均衡。如图 5-7（a）所示，接入层交换机下行链路端口为 100M（FE），上行链路端口为 1 000M（GE），而汇聚层交换机的下行链路满载时的带宽达到了 3G，可见汇聚层交换机采用 1 000M 的上行链路，会造成上行链路带宽严重不足，导致网络阻塞现象发生。

如图 5-7（b）所示，如果将汇聚层交换机采用双上行链路，带宽将增加为 2×1 000M，虽然在汇聚层交换机满载时仍然有拥塞现象发生，但是，汇聚层交换机负载为 70%时，基本可以满足用户要求。

双链路可能会产生负载不均衡的现象。如图 5-7（c）所示，如果对汇聚层上行链路进行链路聚合配置，就可以使上行链路负载均衡。链路聚合是网络工程中常用的一种设计方法。

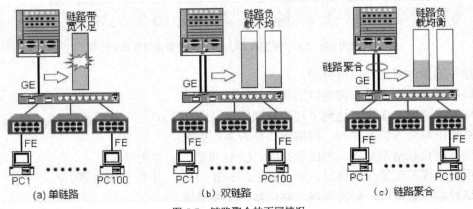

图 5-7　链路聚合的不同情况

3. 流量设计中的 80-20 规则和 20-80 规则

流量设计的 80-20 规则认为，在一个设计良好的网络中，一个网段上 80%的数据流量是在本网段内部流动，只有 20%的网络流量访问其他网段，如图 5-8（a）所示。这种流量设计模型主要适用于分布式服务设计的园区网（如大学校园网），网络通信主要在本网段的客户机与服务器之间进行，如局域网下的文件存取、数据库存取、OA 系统、CAD 应用等，这些应用的数据流量占有 80%的流量，而只有 20%的流量流往其他网段。这样设计的优点是减轻了网络核心层的流量压力，缺点是不利于网络集中管理。

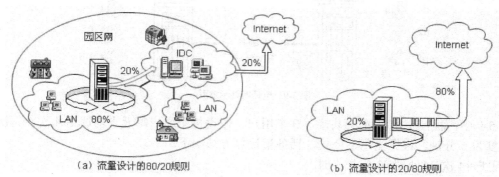

图 5-8　网络流量设计的两种规则

如图 5-8（b）所示，流量设计的 20-80 规则恰好与之相反，只有 20%的数据流量访问本地局域网，而 80%的数据流量需要流出本地网络。这种流量设计模型主要适用于采用 B/S（浏览器/服务器）工作模式的小型企业局域网，因为很多计算机既是信息的接收者，也是信息的发布者；部署集中式的服务器群有利于降低网络成本，提高网络安全。

4. 网络峰值流量设计原则

任何网络在设计时都必须考虑最繁忙时段的数据流量，否则这个时段就会发生网络拥塞和数据丢失。不同用户的最繁忙时段不同。例如，企业网络的繁忙时段在上午 9~10 点之间；网吧最繁忙的时段在晚上 20~23 点之间；超市网络最繁忙时段往往在晚上收市的时间。在这些时段，网络达到了最大吞吐量，在网络设计时要满足这些繁忙时段的特殊要求。

数据通信的另外一个特点是突发性。电话通信的带宽通常是确定的，标准信道是 64kbit/s，IP 电话更低，只有 8kbit/s。在分组交换网络中，用户可能会传输 1KB 大小的文本文件，也可能传输几百兆的视频文件。数据传输峰值可能随时毫无规律地出现。

5.2.3　流量的爱尔兰模型

1. 爱尔兰（Erlang）话务量计算公式

基于分组交换的网络中，目前还没有统一的数据流量模型，而基于电路交换的电话网络已经建立了成熟的爱尔兰（Erlang）话务量模型，这个模型最早由丹麦数学家 A.K.Erlang 于 1918 年建立，计算公式如（5-3）所示。

$$A=n \times t \tag{5-3}$$

式中，A 是话务量，单位 Erl（爱尔兰），1 爱尔兰是同一电路上一小时的呼叫次数；n 是呼叫强度，单位次/小时，t 是呼叫平均保持时间，单位小时。

【例 5-3】先讨论一个小话务量的爱尔兰值。假设电话网络如图 5-9 所示，程控交换机 A 和程控交换机 B 两边分别接有 3 个用户，而程控交换机之间只有一条中继线。如果程控交换机 A 中有 2 个用户希望同时与 n4 通话，则会发生话路阻塞现象；如果 n1 与 n4 在通话之中，n2 或 n3 也试图与 n4 通话时，也会发生阻塞，这种话路阻塞现象也称为呼损。统计表明，所有用户同时通话的概率非常小，一般情况是每个用户会在不同时间发出呼叫。

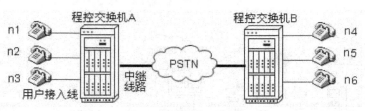

图 5-9　电话网络示意图

在图 5-9 中，程控交换机 A 一共接入 3 个用户，假设每个用户每天平均通话 4 次，每次通话时间平均长度为 6 分钟。根据爱尔兰公式，话务量计算方法如下：

n=3 用户×4 次/24 小时=0.5 次/小时

t=6 分钟/次=360s/3 600s=0.1h

A=0.5×0.1=0.05Erl

话务量反映了电话系统流量的大小，它与呼叫强度和呼叫保持时间有关。例如，呼叫强度=1 800 次/小时，呼叫保持时间=180s，则话务量 A=1 800 次/小时×（180/3 600）=90Erl。

2．忙时呼叫次数（BHCA）计算

在实际电话系统中，用户呼叫的频次和保持时间均为随机变量，因而通常采用概率统计的方法求得 n 和 t 值。n 值一般受到节假日、突发事件、电话普及率、费率等影响。t 与费率、计费方式、通话距离、用户习惯等有关。

程控交换机一天中的话务量是连续变化的，一般在上午 10 点与下午 15 点达到最高峰。通常将话务量最忙的一小时内的电话呼叫次数称为 BHCA（忙时呼叫次数），因此往往利用 BHCA 来检验通信设备的实时处理能力。

BHCA 值依照不同系统容量和话务量而异，通常可以根据给定的话务量 A 和呼叫保持时间 t，估算出忙时平均呼叫次数 t，然后取 2 倍作为 $BHCA$ 值。

【例 5-4】假设忙时话务量 A=150Erl，呼叫保持时间 t=180s，忙时呼叫次数计算如下。

n=A/t=150Erl/（180s/3 600s）=3 000 次/小时

$BHCA$=2×3 000=6 000 次/小时

3．呼损率与服务等级（GoS）

在平均话务量模型下，有些用户的呼叫得到了服务，有些没有得到服务，这些没有得到服务的呼叫称为呼损，丢失呼叫的概率称为呼损率。

电话系统将不同呼损率的等级称为"服务等级"（GoS）。GoS 值是在最繁忙时刻第 1 次呼叫阻塞的百分比。例如，GoS 值为 0.05 时，表示在繁忙时刻，100 次呼叫中有 5 次会听到忙音（阻塞）。GoS 等级一般按照 0.1、0.01 和 0.001 划分。

4. Erlang-B 公式

由于呼叫是一个随机事件，因此只有利用概率和统计的方法来分析和计算呼叫强度值（n）和呼叫保持时间值（t），这就推导出了 Erlang-B 公式（5-4）。

$$P(k) = \frac{\dfrac{A^k}{k!}}{\sum\limits_{i=0}^{M}\left(\dfrac{A^i}{i!}\right)} \tag{5-4}$$

式中，$P(k)$ 为系统在 k 状态下的呼叫阻塞概率，A（Erl）为总话务量，M 为中继线总数，k 为中继线占用数。

Erlang-B 公式已经被 ITU-T 规定为 G.80 标准，关于电话系统设计的技术书籍中，都提供了按照服务等级（GoS）分类的中继线路 Erlang-B 计算表。在设计工作中，只要已知 A（话务量）、GoS（服务等级，也称为呼损率）、M（中继线路数）三个参数中的任意两个，就可以通过查 Erlang-B 呼损表，得到第三个参数。

如果话务量 A 在 5Erl~50Erl 范围内，可将 Erlang-B 公式简化为经验公式（5-5）和（5-6）。

$M=5.5+1.17\times A$　　（GoS=0.01 时）　　　　　　　　　　　　　　　　　　　　（5-5）

$M=7.8+1.28\times A$　　（GoS=0.001 时）　　　　　　　　　　　　　　　　　　　（5-6）

5. 电话网络中继线路计算

在电话系统设计中，往往要求在给定平均话务量（A）和希望达到的服务等级（GoS）下，确定所需要的最低中继线路数。

【例 5-5】J1、J2 两个电话局各有 1 000 个用户，每个用户平均发送话务量为 0.05Erl，若呼损率为 0.01，试计算 2 个电话局之间所需要的中继线数量。

因为 J1→J2 与 J2→J1 的话务量相等，2 个电话局之间的总话务量为

A=0.05×（1 000/2）=25Erl

已知 A=25Erl，GoS=0.01，按照经验公式，J1→J2 单向中继线数 M=5.5+1.17×25=34.75，圆整为 35 条，J2→J1 单向中继线数也为 35 条，总共需要 70 条单向中继线路。每条中继线上的话务量为：$A1$=25/35=0.71Erl。

【例 5-6】如果将[例 5-5]中的所有线路改为双向中继线，试计算两个电话局之间所需要的中继线数量。

总两个电话局之间的总话务量为：A=0.05×1 000=50Erl。

已知 A=50Erl，GoS=0.01，按照经验公式，中继线总数 M=5.5+1.17×50=64，每条中继线上的话务量为：$A1$=50/64=0.78Erl。

【例 5-7】某电话网络在忙时总是出现阻塞现象，程控交换机显示忙时中继线路群话务量为 17Erl，如果希望阻塞率低于 1%，请设计需要的中继线路数量。

已知 A=17Erl，GoS=0.01，按照经验公式，中继线总数为：M=5.5+1.17×17=25.39 条。

通信网络设计中，传统电话的爱尔兰经验值，中继链路最高为 0.7 爱尔兰/线，平均为 0.2~0.3 爱尔兰/线。因特网的爱尔兰值目前无明确的数值，经验值一般高于传统电话。

5.2.4 网络链路聚合设计

爱尔兰模型在预测电话网络流量和设计电话中继线路方面很成功，但是它并不适用于分组交换网络，对分组交换网络，目前尚没有一个有指导意义的模型。交换机的链路和流量设计几乎采用了一种由设备决定的原始方法，直到链路聚合技术的出现，这种情况才有所改观。

1. 链路聚合协议

如图 5-10 所示，链路聚合（也称为链路汇聚，或端口聚合）是将交换机上的多个端口在物理上连接起来，在逻辑上捆绑在一起，形成一个有较大宽带的端口，实现均衡负载，并提供冗余链路。做链路聚合的线路上一般用一个小椭圆进行标记。

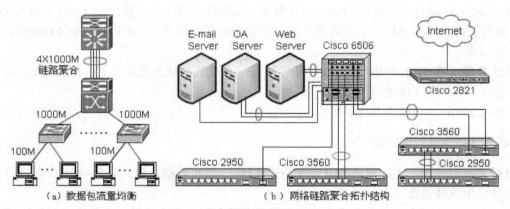

图 5-10　流量均衡与链路聚合网络结构

IEEE802.3ad 标准的 LACP（链路聚合控制协议）是一种实现链路动态聚合的协议。LACP 协议通过 LACPDU（链路聚合控制协议数据单元）与对方交换机交互信息。在交换机某端口启用 LACP 协议后，该端口将通过发送 LACPDU，向对方端口通告自己的系统优先级、系统 MAC、端口优先级、端口号等参数。对方接收到这些信息后，将这些信息与其他端口所保存的信息进行比较，以选择能够聚合的端口，从而双方可以对端口加入或退出某个动态聚合组达成一致。

需要指出的是，LACP 协议并不等于链路聚合技术，而是 IEEE802.3ad 提供的一种链路聚合控制方式，具体实现中也可采用其他的聚合控制方式。

2. 链路聚合的条件

链路聚合需要硬件设备的支持，不是所有交换机端口都可以设置成聚合模式。链路聚合还必须满足以下要求。

各链路的传输介质必须相同，例如，均为超五类双绞线或均为 50/125μm 多模光纤；各分离链路传输速率必须相同，如都为 100M 或 1 000M；各分离链路必须是全双工链路；各分离链路两端的参数必须一致，如流量控制；各分离链路的速率不小于 100M（不支持 10M 端口）等。

3. 华为公司交换机链路聚合技术特点

华为公司的链路聚合是将多个交换机链路聚合在一起形成 1 个汇聚组，以实现输出/输入负载在各成员端口中的分担，同时也提供了连接的可靠性。

　　例如，一台华为 Quidway S3526 FM/S3526 FS 以太网交换机，最多可以有 4 个负载分担组，1个负载分担组最多可以有 8 个端口。端口起始值只能为 Ethernet 0/1、Ethernet 0/9、Ethernet 1/5 和 Gigabit Ethernet 3/1，如果组内的端口是交换机同一槽内的端口，则端口号必须连续；如果组内的端口跨越了两个槽，则同一槽内的端口号必须连续，槽号也必须连续，且只能从第二个槽第 1 个端口开始加入负载分担组。

　　在一个端口汇聚组中，端口号最小的作为主端口，其他的作为成员端口。同一个汇聚组中成员端口的链路类型与主端口的链路类型必须保持一致，即如果主端口为聚合端口（AP），则成员端口也必须为聚合端口（AP）；如果主端口的链路类型改为普通（Access）端口，则成员端口的链路类型也变为普通端口。

4．Cisco 公司交换机链路聚合技术特点

　　Cisco 公司的链路聚合技术称为 EC（EtherChannel，以太通道）。构成 EC 的端口必须配置成相同的特性，如双工模式、速度、同为 FE 或 GE 端口、VLAN 范围、VLAN 中继状态和类型等；组端口必须属于同一个 VLAN；组端口使用的传输介质相同；组端口必须属于同一层次；当 EC 中某一条链路连接失败时，EC 中其他链路照常工作。

5.2.5　链路聚合配置案例

1．Cisco 公司链路聚合配置命令

　　端口汇聚可以分为手工汇聚、动态 LACP 汇聚和静态 LACP 汇聚。
　　EtherChannel 配置主要命令如下。
　　（1）指定端口加入 EC 汇聚组
　　命令格式：Switch(config-if)# channel-group <EC 组号> mode {auto|on|active| passive}
　　<EC 组号>：取值范围为 1~48。
　　Auto：将端口置于被动协商状态，不启动 LACP 协议。
　　on：将端口强制指定到 EC。on 模式不参与 PAgP 和 LACP 进程，仅仅建立 EC，只能捆绑为 2层以太网通道。
　　active（主动）：当检测到 LACP 设备时，启动 LACP 协议，激活端口为主动协商状态。并通过发送 LACP 包，与其他端口主动协商。支持 LACP 协议的交换机最多可以 8 对（16 个）同一类型的端口，其中 4 对为主动端口（active），4 对为被动端口（passive）。GBIC 和 SFP 接口不能配置为汇聚组。
　　passive（被动）：启动 LACP 协议，并且设置为被动模式。
　　例：Switch(config-if-range)#channel-group 1 mode active
　　//将端口绑定到 EC 组 1，并启动 LACP 协议//
　　（2）配置端口协议类型
　　命令格式：Switch(config-if)# channel-protocol {lacp | pagp}
　　LACP 是基于 IEEE802.3ad 标准的链路聚合协议，PAgP（Port Aggregation Protocol）是思科独有的端口聚合协议，EC 只能在一种协议下工作。Cisco 推荐使用 PAgP 模式，在 Cisco 设备与其他厂商设备互连时，则可以使用 LACP 协议形成端口汇聚组。

（3）EtherChannel 负载均衡配置

命令格式：Switch(config)# port-channel load-balance {<源 MAC 地址> | <目的 MAC 地址> | <源和目的 IP 地址> | <源 IP 地址> | <目的 IP 地址> | <源和目的 IP 地址> | <源第 4 层端口> | <目的第 4 层端口> | <源和目的第 4 层端口>}

2. 配置 2 层接口与 3 层接口的区别

EtherChannel 支持 2 层和 3 层交换机接口进行链路聚合，构成一条 3 层聚合通道。

2 层接口不能配置 IP 地址，不能宣告路由协议，只能对 2 层以太帧进行转发。

3 层接口可以配置 IP 地址，可运行路由协议，能接收 IP 数据包并且进行转发。

2 层端口配置 EtherChannel 时，只要在成员端口配置模式下，用 channel-group n 命令指定该端口要加入的 channel-group 组，这时交换机会自动创建 port-channel 接口。

3. Cisco 公司交换机链路聚合案例

【例 5-8】某企业网络的结构如图 5-11 所示，Switch2950 为 2 层交换机，Switch3560 为 3 层交换机，通过 100M 以太网链路实现互连，下面进行 EtherChannel 链路聚合配置。

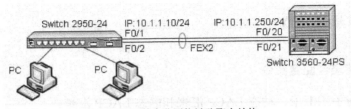

图 5-11　某企业网络链路聚合结构

（1）2 层交换机 Switch 2950 配置

Switch2950# configure terminal　//进入端口配置模式//
Switch2950(config)#int f0/1　//选择交换机 F0/1 端口//
Switch2950(config-if)#channel-group 1 mode on　//建立聚合组 1，不启动 LACP 协议//
Switch2950(config-if)#int f0/2　//选择交换机 F0/2 端口//
Switch2950(config-if)#channel-group 1 mode on　//建立聚合组 1，不启动 LACP 协议//
Switch2950 (config-if)# end

（2）3 层交换机 Switch 3560 配置

Switch3560# configure terminal　//进入端口配置模式//
Switch3560(config-if)# ip add 10.1.1.250 255.255.255.0　//设置 IP 地址//
Switch3560(config)#int f0/20　//选择交换机 F0/20 端口//
Switch3560(config-if)# no switchport　//进入端口 3 层路由功能//
Switch3560(config-if)# no ip address　//激活 3 层路由功能//
Switch3560(config-if)#channel-group 1 mode on　//建立聚合组 1，不启动 LACP 协议//
Switch3560(config-if)# no shutdown　//激活 EC 端口汇聚功能//
Switch3560(config-if)#int f0/21　//选择交换机 F0/21 端口//
Switch3560(config-if)#channel-group 1 mode on　//建立聚合组 1，不启动 LACP 协议//
Switch3560(config-if)# no shutdown　//激活 EC 端口汇聚功能//
Switch3560(config-if)#end　//退出//

5.3　服务质量分析与设计

在传统 IP 网络中，所有数据包都无区别地同等对待，网络**尽最大努力**（Best Effort）将数据包送到目的地，但对数据包传送的可靠性、传送延迟等性能不提供任何保证。目前许多有实时要求的网络业务，如 VoIP（IP 电话）、视频会议和电子商务等，不能容忍信号延迟、丢包等问题。解决这些问题需要利用 QoS 技术，增强对数据流的分类和控制功能，加快核心路由器和交换机处理这些数据的速度。

5.3.1　QoS 技术指标

1. 网络服务质量定义

QoS（服务质量）是指 IP 网络在传输数据流时，满足一系列服务请求的实现机制。这些服务请求可以用以下几个指标来衡量：传输时延、延迟抖动、数据包丢失率、吞吐量、带宽等。QoS 的目标是有效提供端到端的服务质量控制或保证。

2. 网络 QoS 技术指标

（1）传输时延。传输时延是指两个节点之间发送和接收数据包的时间间隔。产生时延的因素有很多，如分组时延、排队时延、交换时延和传输时延。传输时延是信号通过铜线、光纤或无线链路所需的时间。在任何系统中，传输时延总是存在的。话音数据包到达目的地的总时延不得超过 150ms，当时延超过 150ms 时，交互式会话将是不流畅的。

（2）时延抖动。时延抖动是不同数据包之间延迟时间的差别，抖动主要是业务流中的分组由于排队等候时间不同而引起的。在话音和视频等实时业务中，抖动将造成话音或视频画面的断续现象。话音网络的抖动不应超过 30ms。利用缓存可以克服过量的抖动，但这将增加时延等问题。

（3）丢包率。丢包率是指发送数据包与接收数据包的比率。在话音网络通话期间，丢失一个比特或一个数据包时，用户往往注意不到。在视频网络广播期间，丢失数据包可能会在屏幕上造成瞬间的波形干扰，然后画面很快恢复。数据包丢失一般由网络拥塞引起，随机丢包的拥塞控制机制有时也在有意丢失数据包，目的是减少拥塞的发生。数据包丢失过多会影响传输质量，在高可用网络中，数据包丢失率应小于 1%。

（4）吞吐量。吞吐量是在一定时间段内网上信息的流量，有时也使用数据传输速率表示。一般吞吐量越大越好。

3. QoS 的分类

不同的业务类型对 QoS 的要求不同，因此必须对 QoS 分类。例如，证券公司交易统计数据表明，在用户访问证券公司网站中，93%的用户主要进行股票查询与信息更新（非关键性业务），仅 7%的用户进行股票交易（关键业务）。

ITU-T Y.1541 标准根据数据包的传输时延、时延抖动、丢包率、错误率四方面综合划分了 QoS 类别。一共分为 6 类，按 0~5 优先级相应递减，第 5 类最低，对性能无保证。0 类和 2 类对时延要求很严格，并且 0 类对抖动还有限制；1 类和 3 类的时延要求比较严格，1 类对抖动有限制；4 类对时延要求比较宽松，没有定义抖动限制；除了第 5 类外都对丢包率和错误率有要求。

4. QoS 存在的问题

目前，虽然出现了很多 QoS 研究成果，但是应用很少，出现这种局面有以下原因。

（1）QoS 的复杂性。IP 网络最初是为了传输数据业务，以后逐步应用到话音和视频业务中。在 IP 网络上保证 QoS 存在以下困难：一是因特网的数据传输由 ISP（如电信公司）提供，信息由 ICP（因特网内容服务商）提供，两者之间需要共同协调；二是 IP 数据包采用统一格式，这使网络设备很难知道用户的业务类型（如数据或语音等）；三是用户可能混合使用多种业务（如聊天与传输文件），很难建立这些业务的流量模型；四是不同用户的业务特征和流量模型也可能不同；五是网络中端到端的可用资源很难判断；六是全网的 QoS 是以单用户的资源需求为基础设计的，如果单用户的 QoS 都难以处理，则保证全网的 QoS 就更困难了。

（2）技术还不成熟。目前的 QoS 体系无法解决全部 QoS 问题，应该将 IntServ（集成业务）和 DiffServ（区分业务）二者的设计思想结合起来，既有由动态信令机制带来的灵活性，又有按业务进行分类的简单性，然后再辅以流量工程，这样的技术方案才是成熟的。但是目前将这些技术结合在一起的方案还没有标准化。

（3）实现 QoS 需要全网的支持。很多路由器和 3 层交换机都支持 IntServ、DiffServ、MPLS 流量工程等技术，但是这些功能往往没有被充分利用。因为 QoS 需要全网络端到端的支持，QoS 不是链路上某一个路由器就能单独完成的，它是链路上所有节点合作的结果，这涉及现有网络结构的改进问题。

（4）电话网的 QoS。电话网之所以没有 QoS 问题，是因为网络与业务没有分离，都由电信运营商提供和控制。用户不能自行创建新的业务，只能在电信运营商提供的业务类型中做出接受或拒绝的选择。电话网的最大特点是具有固定的通信速率（64kbit/s），当电话网收到用户的呼叫请求时，在连接过程中，能够判断出本次呼叫的端到端网络资源是否可用。如果可用，则允许用户接入，否则拒绝。因为电话网知道用户每次请求的网络资源必然都是 64kbit/s 的带宽，因此可以很容易地计算出用户请求的、端到端的网络资源是否可用。

5.3.2 综合业务模型 IntServ

为了解决 QoS 问题，IETF 在 1993 年提出了 RSVP（资源预留协议），RFC1633 等标准提出了 IntServ 模型。IntServ 服务可以提供以下两种服务类型。

（1）保证服务（GS）。提供保证的带宽和时延限制来满足应用程序的要求。如 VoIP 服务可以预留 10M 的带宽和不超过 1s 的时延。

（2）负载控制服务（CLS）。即使在网络过载的情况下，也能保证某些应用程序的数据包低时延和高通过率。

IntServ 也存在以下缺点。

（1）IntServ 试图为每一路呼叫都建立一条虚链路。相应地，网络上的路由器需要为每条链路维护一个状态。当网络规模大到一定程度时，网络链路状态维护工作将使核心层路由器不堪重负。这种方式使 IP 网络良好的可扩展性优点大打折扣。

（2）IntServ 每次呼叫前都必须进行信令的传递，这个过程非常占用网络带宽。

（3）IntServ 具有面向连接的特性，这与 IP 无连接的特性相冲突，容易导致网络复杂化。

（4）IntServ 还需要全部网络设备都能提供一致的技术才能实现 QoS。这使得 IntServ 难于在骨干网上得到实施。

在网络设计工作中，并不推荐使用 IntServ 模型，一般以 DiffServ 模型为主。

5.3.3 区分业务模型 DiffServ

1. DiffServ 区分业务

针对 IntServ 模型的缺陷，IETF 在 RFC 2475 标准中提出了 DiffServ（区分业务）模型。DiffServ 模型的基本思想是：将网络业务分成不同的类别，**根据业务类别进行区分对待**。DiffServ 有以下功能：一是将用户的业务划分为少数几种业务类型，为不同的业务类型提供相应的优先权；二是对流量进行整形、队列调度等处理，减少网络拥塞。

DiffServ 是一个多业务模型，它可以满足不同的 QoS 需求。它不需要信令，即应用程序在发出数据包前，不需要通知路由器。DiffServ 可以根据每个数据包指定的 QoS 提供特定的服务。可以用不同的方法来指定数据包的 QoS，如 IP 包的优先级位、数据包的源地址和目的地址等。DiffServ 主要用于一些对 QoS 有严格要求的端到端应用。

2. CAR 流量控制技术

（1）CAR（约定访问速率）的功能

DiffServ 可以通过 CAR 技术实现，CAR 主要有两个功能，一是对端口进出的**流量**速率按某个上限进行**限制**；二是对流量进行分类，划分出不同的 **QoS 优先级**。CAR 除了可以限制某种流量的速率外，还可用来抵挡某些类型的网络攻击。如 DOS 网络攻击的特征是网络中充斥着大量带有非法源地址的 ICMP 包，我们可以在路由器上配置 CAR，限制 ICMP 包的通过速率上限，达到保护网络的目的。

（2）CAR 的工作原理

CAR 采用令牌桶机制进行流量控制。CAR 首先从数据流中识别出感兴趣的流量，感兴趣的流量是指用户希望对其进行流量控制的数据包类型。它有以下几种类型：全部 IP 数据包流量、基于优先级的 IP 流量、QoS 分组、MAC 地址、IP 访问列表等。对数据包分类后，对不需要进行控制的流量直接发送，而需要进行控制的流量就要经过令牌桶。

数据包进入令牌桶后，当令牌桶中有令牌时，相应的流量才能通过。如果令牌桶中没有足够的令牌，要么数据包被直接丢弃，要么缓存起来，等有了足够的令牌后再发送出去。

3. 队列调度算法

QoS 保证与队列调度算法有着密切的关系。队列调度算法对传输延迟、丢包率等性能指标有着直接的影响。常见的队列调度算法有以下几种。

（1）FIFO（先到先服务）算法。FIFO 队列是因特网使用最多的一种方式，它的最大优点在于实施简单。虽然这种算法在因特网上成功工作了许多年，但它有 3 个严重的缺陷：一是持续的满队列状态；二是业务流对缓存的死锁；三是业务流的全局同步。

（2）RED（随机早期检测）算法。RED 一般用于路由器配置，它监视网络上各节点的通信负载，如果拥塞增多，就随机丢弃一些数据包。它对突发业务的适应性较强。

（3）PFQ（分组公平队列）算法。PFQ 可以提供准确的流量调整，PFQ 利用了 TCP 的"慢起动"和"拥塞回避"两个重要机制。PFQ 动态地为每个数据流分配适当的带宽，这样既可以满足用户对带宽的需求，又可以避免网络拥塞。PFQ 是实现 QoS 的关键技术。

（4）WFQ（加权公平队列）算法。WFQ 将流量按照不同的业务、不同的 IP 优先级，自动按 Hash（哈希）算法划分成不同的队列。WFQ 的优点是：对所有业务都能公平地提供 QoS 保证，对关键性业务通过设置权重保障优先级，配置相对简单（不用手工分类）。WFQ 的缺点是：策略计算复杂，较消耗路由器处理能力；不支持手工分类；不能提供固定带宽保证等。WFQ 适用于应用复杂并且要求相对公平的网络（如 Internet）。

（5）PQ（优先级排队）算法。PQ 使用了 4 个子队列，优先级分别为 high、medium、normal、low。PQ 先服务高优先级的子队列，如果高优先级子队列里没有数据后，再服务中等优先级子队列，依此类推。如果 PQ 正在服务中等优先级的子队列，但是高优先级里又来了数据包，则 PQ 会中断服务，转而服务高优先级子队列。每个子队列都有一个最大队列深度，如果达到了最大队列深度，则扔掉数据包，路由器不进行处理。PQ 的优点是对高优先级的数据流提供了低延迟的转发。PQ 的缺点是实现很复杂，需要对每个数据流进行排队处理；对低优先级的数据流而言，可能会被"饿死"，因为只要高优先级队列中有数据，PQ 就不会对低优先级队列服务。

（6）RR（轮循调度）算法。RR 是处理完一个队列的一个数据包后，接着处理另一个队列的数据包，一直进行下去，最后又从第 1 个队列开始轮流处理每个队列中的数据包，队列中的数据包优先级都相同。改进的 RR 算法有：WRR（加权轮循）、DRR（差额轮循）、URR（紧急轮循）等。这些算法在尽量保持 RR 实现简单的同时，改进了 RR 的不公平性。例如，WRR 允许用户为每个队列分配一个权值，根据这个权值，每个队列都能获得一定的接口带宽。

4. DiffServ 的优点与缺点

DiffServ 的优点是没有基于流的额外开销、实现简单、可扩展性好、与其他 QoS 技术兼容。DiffServ 处理效率高，实施可以分步进行。虽然 DiffServ 模型并不能实现真正意义上的 QoS 保证，但它是目前比较切实可行的方法，尤其适用于大型网络的核心网。

DiffServ 的缺点是它只着眼于网络中的单个路由器，缺乏全网观念。它只为进入当前路由器的数据包设置不同的优先级，并不关心数据包下一跳路由器的状态如何。网络没有发生拥塞时，不同优先级的数据包按部就班发送时不会出现问题。一旦网络发生拥塞，无论数据包优先级多高，一样都会被阻塞。另外，DiffServ 在构建网络时，需要对网络中的路由器设置相应的规则，配置管理比较复杂。

5.3.4 QoS 流量控制

1. Cisco 公司的 QoS 设计技术

在 CiscoIOS 中，QoS 功能有：WRED（加权随机早期检测）、WFQ（加权公平队列）、RSVP（资源保留协议）、IP 优先、PBR（策略路由）等。

Cisco 的 QoS 策略实施可以利用 Cisco Assure 工具软件。CiscoAssure 有四个模块：智能网络、策略服务、注册与目录服务和策略管理。网络工程师可通过 Cisco Assure 的图形用户接口，在 Cisco Assure 的策略服务器上定义 QoS 策略或 SLA（协商服务级别）。所有底层的 QoS 配置、管理和维护任务，都将由 Cisco Assure 自动协商进行，不需要对每个网络设备进行手动 QoS 策略设置。

网络工程师也可以使用命令行接口（CLI），对所有相关网络设备逐个地进行 QoS 策略配置，这样不仅任务繁重，而且很容易造成各个网络设备中所配置的 QoS 策略不一致。

2. Cisco CAR 配置命令格式

Cisco 大部分路由器和 3 层交换机都支持 CAR（约定访问速率）技术，一般在路由器的入口配置 CAR，出口配置 GTS（通用流量整形）。可用 rate-limit 命令指定访问速率和访问速率策略，它是实现 QoS 的主要命令。

命令格式：rate-limit {input|output} [<访问组策略> [rate-limit] <访问列表号>] bps<正常传输速率><非正常最大传输速率> conform-action <动作参数> exceed-action <动作参数>

rate-limit：定义带宽控制策略。

Input：在输入端口对接收数据包的访问速率进行限制，一般在 serial 口配置。

Output：在输出端口对发送数据包的访问速率进行限制，一般在 Ethernet 口配置。

<访问组策略>：可选项，在指定的访问列表上应用访问速率策略。

rate-limit：访问控制策略关键字，可选项。

<访问列表号>：可选项。

bps：平均传输速率关键字，单位 bit/s，一般为 8kbit/s 的整数倍。

<正常传输速率>：该参数说明令牌桶大小，单位 Byte/s。一般为 8 000、16 000，32 000 等值，视 bps 关键字的大小而定。

<非正常最大传输速率>：参数单位 Byte/s。

conform-action：流量小于限制速率时的处理策略。

<动作参数>：常用设置参数有 Transmit（传输）、Drop（丢弃）、set-prec-transmit（设置 IP 优先级和发送数据包）、Continue（不动作，看下一条 rate-limit 命令中有无流量匹配和处理策略，如无则继续传输）、set-dscp-continue、set-dscp-transmit、set-mpls-exp-continue、set-mpls-exp-transmit、set-prec-continue、set-qos-continue、set-qos-transmit、transmit。

exceed-action：流量超过限制速率时的处理策略。

查看 CAR 配置命令格式：show interface <端口号> rate-limit

删除 CAR 配置命令格式：no rate limi

3. CAR 的适用范围

CAR 一般用在网络边界路由器上。可以在一个接口上设置多个 CAR 策略（1 个端口最多可配置 20 条 rate-limit 命令），数据包依次与多个 CAR 策略匹配，如果没有匹配成功的策略，默认操作则是继续转发数据包。

CAR 的使用有以下限制：CAR 只能在支持 CEF（Cisco Express Forward，思科快速转发）技术的网络设备上使用；只能对 IP 流量限速，对非 IP 流量不能限速；不支持 Fast EtherChannel 技术；不支持隧道接口；不支持 ISDN PRI 接口等。在启用宽带限制之前，必须启用交换机或路由器的快速转发技术（CEF）。

以上都是基于端口流量进行带宽限制，其他方法有：针对某个流量的 CAR、IP 优先级、MAC 地址等进行访问速率限制。

4. 基于端口流量的 CAR 配置案例

【例 5-9】利用 rate-limit 命令，限制网络输入链路带宽。

Router#configure terminal　　//进入全局配置模式//

Router(config)#ip cef　　//启用快速转发技术（CEF），CEF 缺省没有启用//

Router(config)#interface f1/0　　//进入 F1/0 端口//

Router(config)#rate-limit input 128000 8000 9000 conform-action transmit exceed-action drop

//限制输入链路最大平均带宽为 128kbit/s；如果突发连接流量在 8~9KB/s 范围内时，就进行转发（transmit）；如果超出以上范围就丢包（drop）//

【例 5-10】利用 rate-limit 命令，限制网络输出链路带宽。

Router(config)#rate-limit output 128000 8000 9000 conform-action transmit exceed-action drop

限制输出链路最大平均带宽为 128kbit/s，如果突发连接流量在 8~9KB/s 范围内时，就进行转发操作；如果超出以上范围就进行丢包操作。

【例 5-11】利用 set-prec-transmit 命令设置输入和输出链路优先级。

Router(config)#rate-limit input 128000 8000 9000 conform-action set-prec-transmit 5 exceed-action drop

Router(config)#rate-limit output 128000 8000 9000 conform-action set-prec-transmit 5 exceed-action drop

链路流量在 128kbit/s 以下时正常传输；突发流量在 8~9KB/s 之间时，优先级为 5（0 最高，7 最低）；如果链路流量超出 9KB/s 时，进行丢包操作。

【例 5-12】网络结构如图 5-12 所示，请将 PC1 的流量限制在 800kbit/s；突发流量为 40~80KB/s；这样既能满足 PC1 的正常需求，又能避免突发流量对网络造成的拥塞。

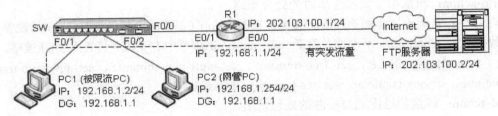

图 5-12　某企业网络结构图

下面通过在 R1 上设置 CAR（承诺访问速率），解决以上 QoS 问题。

Router(config)# access-list 100 permit ip any host 192.168.1.2

//定义访问列表 100，说明被限速的主机 PC1//

Router(config)# int e0/0　　//选择 R1 外网端口//

Router(config-if)# ip address 202.103.100.1 255.255.255.0　　//设置 R1 外网地址//

Router(config-if)#rate-limit input access-group 100 800000 40000 80000 conform-action continue exceed-action drop

//匹配访问列表 100 的流量，限制输入链路承诺访问速率（CIR）为 800kbit/s；突发流量（Bc）为 40KB/s（注意单位容易出错），最大突发流量（Be）为 80KB/s，符合的流量就转发（continue），超出以上范围的流量被丢弃（drop）//

Router(config-if)#exit

Router(config)# show interface e0/0 rate-limit//查看配置信息//

5.3.5　QoS 队列调度

队列调度有多种算法，下面仅介绍 CQ 队列调度技术的配置方法。

1. CQ（Customized Queue，用户定制队列）基本功能

CQ 使用了 17 个子队列（其中 0 子队列是 PQ 队列，优先级最高，留给系统使用），CQ 采用 WRR（加权轮循调度）队列调度算法。RR 算法是处理完一个队列的一个数据包之后，接着处理另一个队列的一个数据包，一直下去，最后又从第 1 个队列开始轮流处理每个队列中的数据包，RR 中每个队列的优先级都是一样的。WRR 允许用户为每个队列分配一个权值，根据这个权值，每个队列都能获得一定的接口带宽。在 CQ 中，权值就是一次轮循中可以转发的字节数。CQ 配置命令如下。

命令格式：queue-list <访问列表号> lowest-custom <队列号>

【例 5-13】Route(config)# queue-list 1 lowest-custom 3

//0、1、2 都是优先级队列，3 以及 3 以上编号的队列都是定制队列//

2. CQ 基本配置案例

【例 5-14】对网络路由器进行用户定制队列（CQ）配置。

Route(config)#access-list 101 permit ip any any precedence 5

//定义访问列表，名称 101，所有 IP 包优先级为 5//

Route(config)#queue-list 16 protocol ip 1 list 101

//定义队列 16，将访问列表 101 定义的数据流映射到子队列 1 中//

Route(config)#queue-list 16 queue 1 limit 40

//设置子队列 1 的队列深度为 40 个数据包//

Route(config)#queue-list 16 lowest-custom 2

//设置 queue 0，1 为优先级队列 PQ，其余为 CQ//

Route(config)#queue-list 16 interface s0/0 2

//将 s0/0 接口进入的流量映射到子队列 2 中//

Route(config)#queue-list 16 queue 2 byte-count 3 000

//在队列 16 中，设置子队列 2 在一个轮循内可以传输 3 000 字节的数据包//

Route(config)#queue-list 16 protocol ip 3　　//将所有 IP 流量映射到子队列 3 中//

Route(config)#queue-list 16 queue 3 byte-count 5 000

//在队列 16 中，设置子队列 3 在一个轮循内可以传输 5 000 字节的数据包//

Route(config)#queue-list 16 default 4　　//其他所有流量都映射到子队列 4 中//

Route(config)#int s0/1　　//进入 s0/0 接口//

Route(config-if)#custom queue-list 16　　//应用 CQ 到接口 s0/1 上//

5.4　负载均衡分析与设计

根据 Yahoo 发布的新闻，Yahoo 每天发送 6.25 亿个 Web 页面。American Online 的 Web Cache 系统每天处理 50.2 亿个用户访问 Web 的请求，每个请求的平均响应长度为 5.5KB。网络服务因为访问次数爆炸式地增长而不堪重负，为了满足不断增长的负载，各种负载均衡技术提出了不同的解决方案。

5.4.1 负载均衡基本类型

1. 负载均衡基本工作原理

网络负载均衡（NLB）技术简称为负载均衡，它是采用一组设备和多条通信链路，将通信量及其他工作智能地分配到整个设备组中的不同设备上，或将数据流量均衡地分配到多条链路上，提供最快的响应速度，以及不间断的服务。

负载均衡需要进行两方面的处理，一是将大量的并发访问或数据流量分配到多台节点设备上分别处理，以减少用户等待时间；二是每个节点设备处理结束后，需要将结果进行汇总，返回给用户端主机。

2. 硬件负载均衡技术

硬件负载均衡技术是直接在服务器和交换机之间安装负载均衡设备。硬件负载均衡设备往往采用专用的处理芯片和独立的操作系统，因此整体性能很好，而且有较高的可靠性。其次硬件设备可以采用多样化的负载均衡策略，以及智能化的流量管理方法。硬件负载均衡设备的缺点是成本昂贵。

典型的硬件负载均衡设备有：F5 负载均衡器、Radware、Array、A10、Cisco、深信服等，F5 在这类产品中影响最大。负载均衡设备有多种形式，也可以采用 L4 和 L7 层交换机、多网卡绑定、路由器、防火墙、计算机集群等设备。

3. 软件负载均衡技术

软件负载均衡技术是在一台或多台服务器操作系统中，安装一个或多个软件代理工具来实现负载均衡。例如，LVS（Linux Virtual Server）、DNS Load Balance、Check Point Firewall-1 Connect Control 等。例如，ISA Server 的负载均衡功能如图 5-13 所示。

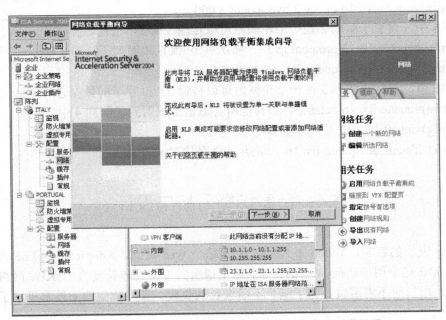

图 5-13　ISA Server 软件防火墙的网络负载均衡（NLB）工作界面

软件负载均衡的优点是配置简单、成本低廉，可以满足一般网络的需求。由于软件依赖于系统平台，当服务器上安装有其他软件时，可能会在可靠性及性能上有所下降。其次，功能越强大的软件，消耗的系统资源越多，也容易成为网络服务的瓶颈。

5.4.2　负载均衡设计要求

设计网络负载均衡方案时，需要确定当前及将来的应用需求，然后在效果与代价之间做出权衡。负载均衡设计时需要考虑以下问题。

（1）输出和输入接口的流量均衡。在网络出口处部署一台负载均衡设备，设计 2 条接入 Internet 的链路，并对这 2 条链路进行负载均衡。这样就可以同时实现输出流量（内部用户访问 Internet）和输入流量（Internet 用户访问企业服务器）的负载均衡。

（2）支持动态和静态的路径选择。可以根据数据包的延时、跳数以及链路负载的变化，动态地选择最佳链路。也应当能够静态地选择不同 ISP（如电信和联通）的 Internet 接入链路，提高用户访问的服务质量和访问效率。

（3）链路健康状态检测。可对 HTTP、DNS、FTP、POP3、SMTP 等多种网络服务进行健康检查。链路负载均衡设备可以每隔一定时间（缺省为 10s）后，通过 2 条链路对 10 个站点进行业务访问，如果 1 个站点连续 3 次访问不可达，则认为这个站点不能提供服务。如果从 1 条链路发出的 10 个健康检测信号，都不能达到访问站点，则这条链路将被认为不能提供服务。

（4）冗余均衡。对服务质量要求较高的网站，可以在网络出口进行冗余设计。采用冗余设计方案时，多个负载均衡设备必须能够互相监控。负载均衡设备必须支持 VRRP（虚拟路由器冗余协议），当主设备出现故障时，应当在 100ms 之内切换到备份设备上。

（5）易管理性。不管采用软件或硬件实现负载均衡，都要能够直观和安全地进行管理。负载均衡目前主要有三种管理方式：一是命令行接口（CLI）方式，通过超级终端（或远程登录）对负载均衡设备进行管理；二是图形用户接口（GUI）方式，大部分采用 Web 页面管理方式；三是支持 SNMP（简单网络管理协议），通过第三方网络管理软件进行管理。

（6）衡量负载均衡性能的技术参数有 2 个，一是**每秒钟通过网络的数据包数**，二是**服务器能处理的最大并发连接数**。负载均衡设备自身性能不足时，会导致网络性能瓶颈，采用混合型负载均衡策略可以提升网络总体性能。例如，DNS 负载均衡与 NAT 负载均衡相结合；对有大量静态文档请求的网站，可以考虑采用高速缓存技术。

5.4.3　负载均衡设计技术

1. 双网卡硬件负载均衡技术

如图 5-14 所示，双网卡负载均衡技术是通过软件和硬件设置，将 2 块（或多块）网卡绑定在同一个 IP 地址上，2 块网卡合成一个逻辑链路工作。

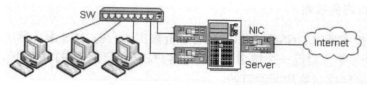

图 5-14　双网卡负载均衡结构

高档服务器都有多网卡绑定功能，这项技术在 Sun 和 Cisco 设备中早已应用，分别称为 Trunking（中继）和 EtherChannel（端口聚合），在 Linux 中这种技术称为 Bonding。

2 个网卡运行在网卡的混杂模式下，网卡在混杂模式下可以接收网络上所有的帧。通过软件将 2 块网卡的 MAC 地址修改为一致。利用 Bonding 技术配置双网卡绑定的前提条件是 2 块网卡芯片组型号必须相同，而且都具备独立的 BIOS 芯片。

多网卡绑定可以增大带宽；其次还可以形成网卡冗余阵列、负载均衡。双网卡绑定后，对服务器的访问流量被均衡地分担到 2 块网卡上，这样每块网卡的负载就小多了，提高了并发访问能力，保证了服务器访问的稳定。当其中一块网卡发生故障时，另一块网卡会立刻接管全部负载，保证服务不会中断。

2. 硬件负载均衡设备解决方案

如图 5-15 所示的网络结构中，硬件负载均衡设备（大多是一种 4 层交换机，如 F5 BIG）可以与内部服务器并联连接，负载均衡设备也可以与内部服务器串联连接。

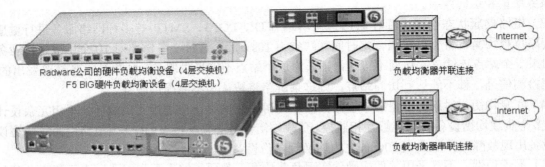

图 5-15　硬件负载均衡的网络结构

3. LVS（Linux 虚拟服务器）软件负载均衡技术

LVS 是一套基于 IP 的服务器负载均衡集群软件。LVS 是开源自由软件，这意味着可以得到软件的源代码，并且可以进行修改。LVS 集群软件可支持几百万个并发连接，如果配置 1 000M 网卡，集群系统的最大吞吐量高达 10Gbit/s。LVS 集群软件已经在很多大型的、重负载的、关键性的网站得到了很好的应用，它的可靠性在应用中得到了很好的证实，有很多 LVS 服务器运行一年多都没有一次重启。RedHat Linux 在发行版中已包含了 LVS 代码，而且开发了一个 LVS 集群管理的工具软件 Piranha，用于控制 LVS 集群，并提供图形化的配置界面。

LVS 的工作原理是：一组服务器通过高速局域网相互连接，每台服务器中都安装 Linux 和 LVS 软件，其中一台 LVS 服务器作为前端负载调度器（Load Balancer）。它将客户端的网络请求调度到其他服务器上。服务器集群结构对客户是透明的，客户访问集群系统提供的网络服务，就像访问一台高性能的服务器一样。客户端程序不受服务器集群的影响，不需作任何修改。在服务器集群中，可以随时加入和删除一个服务器节点，而不影响正常服务。

4. DNS 软件负载均衡技术

最早的负载均衡技术通过 DNS 服务中的域名解析来实现。在 DNS 服务器中，可以为多个不同的 IP 地址设置同一个域名，对同一个域名，不同的客户机会得到不同的 IP 地址，访问不同 IP 地址上的服务器，从而达到网络负载均衡的目的。

【例 5-15】可以用 3 个 Web 服务器主机响应用户对 www.test.com 的 HTTP 请求。如图 5-16 所示，可以在 DNS 服务器中进行类似的设置。

DNS\WLGCSVR\正向查找区域\com\test
DNS
WLGCSVR
正向查找区域
com
test
edu.cn
反向查找区域
事件查看器
wlgc　4 个记录
名称
类型
数据
(与父文件夹相同)
邮件交换器 (MX)
[10] test.com
www
主机 (A)
192.168.0.10
www
主机 (A)
192.168.0.11
www
主机 (A)
192.168.0.12
ftp
主机 (A)
192.168.0.20
3台Web服务器做负载均衡

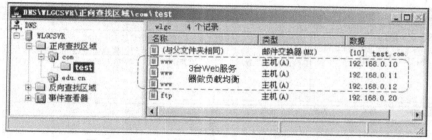

图 5-16　Windows Server 下利用 DNS 进行网络负载均衡

DNS 负载均衡的优点是经济简单易行，并且 DNS 服务器可以位于因特网上的任意位置。但是 DNS 负载均衡也有以下局限性，一是为了保证 DNS 数据及时更新，使地址能随机分配，一般要将 DNS 的刷新时间设置得较小，但刷新时间太小会增加额外的网络流量；二是一旦某个 DNS 服务器出现故障，即使及时修改了 DNS 设置，也还要等待 DNS 刷新后才能发挥作用；三是不能让用户去访问最近、最快的 DNS 服务器。

【例 5-16】Linux 下利用 DNS 进行负载均衡的文件如图 5-17 所示。

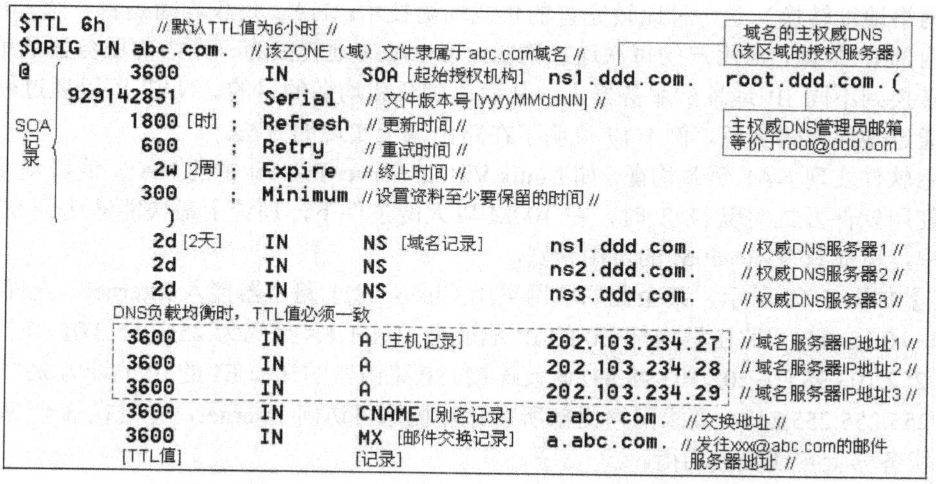

$TTL 6h　//默认TTL值为6小时 //
$ORIG IN abc.com.　//该ZONE（域）文件隶属于abc.com域名 //
@　3600　IN　SOA [起始授权机构]　ns1.ddd.com.　root.ddd.com. (
929142851　;　Serial　// 文件版本号 [yyyyMMddNN] //
1800 [时]　;　Refresh　// 更新时间 //
600　;　Retry　// 重试时间 //
2w [2周]　;　Expire　// 终止时间 //
300　;　Minimum　// 设置资料至少要保留的时间 //
)
2d [2天]　IN　NS [域名记录]　ns1.ddd.com.　// 权威DNS服务器1 //
2d　IN　NS　ns2.ddd.com.　// 权威DNS服务器2 //
2d　IN　NS　ns3.ddd.com.　// 权威DNS服务器3 //
DNS负载均衡时，TTL值必须一致
3600　IN　A [主机记录]　202.103.234.27　// 域名服务器IP地址1 //
3600　IN　A　202.103.234.28　// 域名服务器IP地址2 //
3600　IN　A　202.103.234.29　// 域名服务器IP地址3 //
3600　IN　CNAME [别名记录]　a.abc.com.　// 交换地址 //
3600　IN　MX [邮件交换记录]　a.abc.com.　// 发往xxx@abc.com的邮件服务器地址 //
[TTL值]
SOA记录
域名的主权威DNS (该区域的授权服务器)
主权威DNS管理员邮箱等价于root@ddd.com

图 5-17　Linux 下利用 DNS 域名服务器文件进行网络负载均衡

5. Windows 负载均衡技术

Windows Server 服务器提供了网络负载均衡（NLB）功能。Windows Server 的网络负载均衡功能允许最多 32 台服务器共同分担对外的网络请求服务。网络负载均衡技术保证即使是在负载很重的情况下，也能作出快速响应。

Windows Server 服务器的网络负载均衡对外只需提供一个 IP 地址（也称为集群 IP 地址）或域名。

Windows Server 服务器网络负载均衡系统自动检测到服务器不可用时，能够迅速在剩余的服务器中重新指派服务器与客户机通信。保护关键业务，提供不中断的服务。

在 Windows Server 系统中，网络负载均衡应用程序包括：Internet 信息服务（IIS）、ISA Server

防火墙与代理服务器、VPN 虚拟专用网、Windows Media Services（Windows 视频点播、视频广播）
等服务。Windows Server 网络负载均衡管理界面如图 5-18 所示。

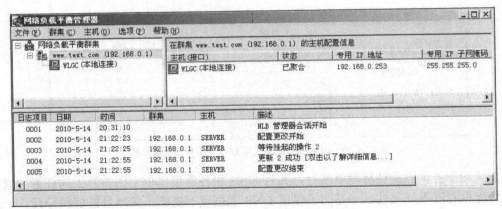

图 5-18　Windows Server 网络负载均衡管理

5.4.4　NAT 负载均衡技术

NAT（网络地址转换）是一种比较完善的负载均衡技术，NAT 负载均衡是将一个外部 IP 地址
映射为多个内部 IP 地址，对用户的每次连接请求，可以动态地转换为一个内部服务器的地址，将外
部连接请求转换到不同 IP 地址的服务器上，从而达到负载均衡的目的。NAT 可以通过软件方式实
现，也可以通过硬件方式实现。例 5-17 说明了在路由器上实现的方法。

也可以用软件实现 NAT 负载均衡，如 Linux Virtual Server Project 中的 NAT，或者使用 FreeBSD
下的 natd。使用软件方式实现 NAT 时，在 100M 以太网条件下，理论上最快能够达到 80M 带宽，
在实际应用中，可能只有 40~60M 的可用带宽。

【例 5-17】如图 5-19 所示，某企业局域网采用 Cisco 2811 路由器接入 Internet。内部网络 IP 地
址为 10.1.1.1~10.1.3.254。路由器内部 E0 的 IP 地址为 10.1.1.1，掩码为 255.255.0.0。申请的合法公
有 IP 地址为 202.103.98.80~202.103.98.87。假设连接 ISP 路由器的端口 E1 的 IP 地址为 202.103.98.81，
子网掩码为 255.255.255.248。要求网络内部所有计算机均可访问 Internet，并且在 3 台 Web 服务器
和 2 台 FTP 服务器上实现负载均衡。

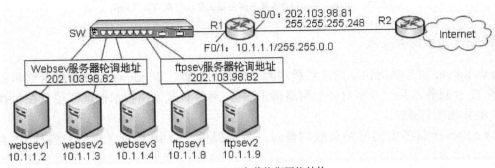

图 5-19　NAT 负载均衡网络结构

路由器 R1 的 NAT 负载均衡配置如下。

```
Router# conf t
```

Router(config)# interface f0/1 //指定路由器接口//

Router(config-if)# ip address 10.1.1.1 255.255.0.0 //定义内部端口 IP 地址//

Router(config-if)# ip nat inside //在路由器内部端口 f0/1 启用 NAT//

Router(config-if)# exit

Router(config)# interface s0/0 //指定路由器接口//

Router(config-if)# ip address 202.103.98.81 255.255.255.248 //定义广域网端口 IP 地址//

Router(config-if)# ip nat outside //在外部广域网端口 s0/0 启用 NAT//

Router(config-if)# exit

Router(config)# access-list 1 permit 202.103.98.82 //定义 websev 服务器轮询地址列表 1//

Router(config)# access-list 2 permit 202.103.98.83 //定义 ftpsev 服务器轮询地址列表 2//

Router(config)# access-list 3 permit 10.1.1.0 0.0.255.255 //定义本地访问列表 3//

Router(config)# ip nat pool websev 10.1.1.2 10.1.1.4 255.255.255.248 type rotary

//定义 websev 服务器的 IP 地址池,Rotary 关键字表示使用轮询策略,从 NAT 池中取出相应的 IP 地址用于转换进来的 web 报文,访问 202.103.98.82 的请求将依次被发送给 10.1.1.2、10.1.1.3 和 10.1.1.4//

Router(config)# ip nat pool ftpsev 10.1.1.8 10.1.1.9 255.255.255.248 type rotary

//定义 ftpsev 服务器的 IP 地址池,从 NAT 池中取出相应的 IP 地址用于转换进来的 ftp 报文,访问 202.103.98.83 的请求将依次被发送给 10.1.1.8、10.1.1.9//

Router(config)# ip nat pool dzc 202.103.98.84 202.103.98.84 netmask 255.255.255.248

//定义合法公有 IP 地址池,名称为 dzc//

Router(config)# interface f0/1 //指定路由器接口//

Router(config-if)# ip nat inside destination list 1 pool websev

//定义与列表 1 相匹配的 IP 地址报文将使用轮询策略,websev 为轮询地址池名称//

Router(config-if)# ip nat inside destination list 2 pool ftpsev

//定义与列表 2 相匹配的 IP 地址的报文将使用轮询策略,ftpsev 为轮询地址池名称//

5.4.5 广播风暴控制技术

当交换机端口接收到大量的广播、单播或多播数据包时,转发这些数据包将导致网络速度变慢或超时,发生广播风暴现象。交换机等网络设备对广播风暴有控制功能,它可以限制每个端口连续广播信息包的数量。每个广播包存储在缓存器中,然后一个一个地转发到其他端口。当缓存器中广播包的数量超过 64 个时,设备将丢弃这些到来的广播包。在默认状态下,交换机中的广播风暴控制功能被禁用。

1. 启用广播风暴控制

当广播风暴控制开启时,交换机监测通过接口的数据包。交换机每 1s 监测一次数据包,当某种类型的数据包流量达到门限值时,这些数据包就会被丢弃。这个门限值可用带宽的百分比指定。如果将门限值设置成 100%,意味着不限制任何流量;如果设置成 0%,意味着所有的广播组播和单播流量都会被禁止。交换机持续地监测端口的流量,当带宽利用级别降到门限值以下时,被丢弃的流量又会再次转发。

2. 广播风暴控制命令格式

可以通过 storm-control 命令控制广播风暴。

Switch(config-if)# storm-control {broadcast | multicast | unicast} level {<阻塞端口带宽上限值> [<启用端口带宽下限值> | bps [<端口传输速率下限值>] | pps [<端口数据包速率下限值>]}

broadcast 关键字表示接口收到的广播包超过门限，则丢弃所有的广播包；multicast 关键字表示接口收到的组播包超过门限，则丢弃所有的组播包；unicast 表示接口收到的单播包超过门限，则丢弃所有的单播包；level 级别为表示百分比。

<阻塞端口带宽上限值>：取值范围为 0.00~100.00，如果设置为 100%，将不限制任何传输；如果设置为 0%，那么，该端口的所有广播、多播和单播都将被阻塞。

<启用端口带宽下限值>：取值范围为 0.00~100.00。当广播、多播或单播传输占用带宽的比例低于该值时，端口恢复转发传输。

bps：指定端口阻塞的传输速率上限值，取值范围为 0.0~10 000 000 000.0。当广播、多播或单播传输达到每秒若干比特时，将阻塞端口传输。

<端口传输速率下限值>：该值应当小于或等于下限值，当广播、多播或单播传输低于每秒若干比特时，端口将恢复传输。取值范围为 0.0~10 000 000 000.0。

pps：指定端口的阻塞转发速率上限值。当广播、多播或单播传输速率达到每秒若干个数据包（pps）时，端口将阻塞传输。取值范围为 0.0~10 000 000 000.0。

<端口数据包速率下限值>：当广播、多播或单播转发速率低于每秒若干数据包（pps）时，端口将恢复传输。取值范围为 0.0~10 000 000 000.0。

3. 发生广播风暴时的设置

Switch(config-if)# storm-control action {shutdown | trap}

当接口检测到广播风暴后，默认处理是过滤指定的数据包，并不发送警报；选择 shutdown 关键字时，在广播风暴期间将禁用端口；选择 trap 关键字时，发生广播风暴时，将产生一个 SNMP 陷阱，向网络管理软件发出警报。

Switch# show storm-control

//显示并校验该接口当前的配置//

4. 禁用广播风暴控制

Switch(config-if)# no storm-control   //禁用端口风暴控制//

Switch(config-if)# no storm-control action   //禁用指定的风暴控制动作//

5. 广播风暴控制应用案例

【例 5-18】对交换机 f0/15 端口进行广播风暴控制。

Switch# configure terminal   //进入配置模式//

Switch(config)# interface f0/15   //指定配置接口 f0/15//

Switch(config)# storm-control broadcast level 30.00

//当接口广播包占用带宽达到 30%时开始丢包，下限为默认值//

Switch(config)#storm-control broadcast level pps 60 30

//广播包达到 60 个/秒（pps）时开始丢包，低于 30 个/秒时停止//

【例 5-19】将交换机 f0/17 端口的组播风暴级别限制在 70%。

Switch# configure terminal

Switch(config)# interface fastethernet0/17

Switch(config-if)# storm-control multicast level 70

//当接口收到的组播包占用带宽达到 70%时，开始丢弃组播包//

Switch(config-if)# end

Switch# show storm-control　　//查看风暴控制信息//

习题 5

5.1　网络带宽与哪些因素有关？

5.2　频带网络的带宽与基带网络的带宽有哪些区别？

5.3　网络流量与网络带宽有哪些区别？

5.4　网络 QoS 用哪些技术指标来衡量？

5.5　某用户平均每天上网时间为 4 小时，如果用户每天花费 60%的时间浏览 50 个网页，40%的时间下载文件，试计算用户占用 Web 服务器和 FTP 服务器的有效工作时间。

5.6　为什么说全网络按非阻塞式设计没有意义？

5.7　计算机网络为什么不采用光纤进行并行传输？

5.8　公用电话网络（PSTN）为什么不存在 QoS 问题？

5.9　写一篇课程论文，分析负载均衡技术在网络中的应用。

5.10　进行 EtherChannel 链路聚合配置、CAR 入口带宽限制配置、GTS 出口带宽限制配置、CQ 队列配置、广播风暴控制配置等实验。

第6章 网络可靠性设计

网络可靠性是指网络自身（设备、软件和线路）在规定条件下正常工作的能力。人为攻击（如黑客）或自然破坏（如雷击）造成的网络不稳定性属于网络安全问题。

6.1 可靠性设计概述

6.1.1 网络可靠性分析

每个网络工程师都希望他们负责的各种网络系统正常运行时间最大化，最好将它们变成完全的容错系统。但是，约束条件使得这个问题变得几乎不可能解决。经费限制、部件失效、不完善的程序代码、人为失误、自然灾害，以及不可预见的商业变化，都是达到 100%可用性（或者说高可用性）的障碍因素。

1. 网络可靠性参数

目前关于网络可靠性的大量研究，都是基于图论的拓扑结构可靠性研究。专家们对由于节点、链路故障造成的网络连通性故障已经有了清晰的定义。然而，随着网络业务量日益剧增，网络拥塞、外部因素干扰造成的故障越来越多。而关于网络业务故障的定义却缺乏统一认识，往往成为网络工程实践中争论的焦点。如何定义网络结构的可靠性参数和网络业务可靠性参数，以及如何度量网络整体可靠性，是当前正在研究解决的问题。

在计算机网络建设中，目前建设方提不出具体的网络可靠性需求参数；施工方在网络工程建设完成后也心里没底，不知道是否能满足建设方的使用需求。最终网络工程项目的可靠性验收，只能在双方商定好的具体网络应用案例上，进行可靠性验证工作。如连通性测试、流量测试、拥塞测试、广播风暴测试等。

2. 网络可靠性计算方法

可靠性可以用平均无故障工作时间（MTBF）来衡量。MTBF 是指产品从一次故障到下一次故障的平均时间。**MTBF 是一个统计值**，它通过取样、测试、计算后得到，它与真实测试值有一定的差异。MTBF 采用手工方法计算非常困难，一般借助于软件，如庞大的数据库查出 MTBF 值。例如，某网络设备要求 24 小时连续运转，系统可靠性 $P(t)$ ＝99%以上，则查表可知，设备的 MTBF 必须大于 4 500 小时。

MTBF 值的计算方法，目前通用的标准是 MIL-HDBK-217（美国国防部可靠性分析中心提出的军工产品标准）、GJB/Z299B（中国军用标准）和 Bellcore（AT&T Bell 实验室提出的民用产品标准）。

例如，Bellcore 推荐的计算公式为

$$MTBF = \frac{T_{tot}}{N \times r} \tag{6-1}$$

式中，N 为失效数，没有产品失效时 $N=1$；r 为对应的系数，取值与失效数 N 和置信度两个参数有关；T_{tot} 为总运行时间，单位小时。

3. 网络可靠性设计的新理念

20 世纪 90 年代开始，国际上开始用无维修使用期（MFOP）取代 MTBF（无故障工作时间）的概念。目的是设计出不存在随机失效的产品，同时从故障维修转换到计划预防维修。要做到产品的"无维修使用期"必须做好以下工作。

（1）改变可靠性设计思路，采用自下而上的可靠性设计方法，取代 MTBF 自上而下的设计方法。主要设计方法有：采用状态监控，故障诊断和故障预测设计；容错设计；可重构性设计；动态设计；故障软件化设计；环境防护设计；冗余设计；在任务能力不受影响的情况下，留出用户可接受的服务等级降级水平设计等。

（2）在技术上深入开展软件可靠性设计、机械可靠性设计、计算机辅助设计（CAD）等技术。积极采用模块化、综合化、容错设计、光纤传输、超高速集成电路等新技术，全面提高现代网络系统的可靠性。

4. 网络可靠性的成本分析

网络系统的可靠性是以各种投入为代价而实现的，并不是越高越好。在进行网络方案分析设计时，需要从投入资本、保障需求、获得利益（或减少损失）三个方面进行权衡。

保障需求是对不同的业务，提供不同级别的可靠性保障。各种业务对服务中断的容忍度（或带来的损失）是不同的，如银行业务数据与办公数据就属于不同的业务等级。

减少损失需要考虑两个因素，一是网络系统发生故障时对业务带来的损失，对损失的评估需要进行定量与定性分析；二是故障发生的可能性，当系统发生故障损失较大，且发生故障的可能性较高时，就需要实施多种备份策略，提高系统的高可靠性。

【例 6-1】根据 Dell 公司的新闻发布，Dell 每天在网站上的交易收入为 1 400 万美元，1 个小时的服务中断都会造成平均 58 万美元的损失。所以，这对网络服务的可靠性提出了越来越高的要求。

6.1.2　网络可用性分析

1. 可用性计算方法

可用性用来衡量计算机网络系统提供持续服务的能力。它表示在给定时间内，系统或系统某一能力在特定环境中能满意工作的概率。如果知道系统每次失效后的平均停机时间，那么可用性可以转换为一定的可靠性（估算值）。例如，如果系统可用性为 99%，且每次失效后的平均停机时间为 1 小时，则由推算得知：每 100 小时系统可以可靠地运行 99 小时，即系统可靠性约为 99%。系统可用性计算方法如下。

$$系统可用性 = \frac{系统运行时间}{系统运行时间 + 系统停机时间} \times 100\% \tag{6-2}$$

系统年停机时间＝一年总时间×（1－系统可用性） $\tag{6-3}$

（6-2）式计算的是严重失效，即那些需要恢复程序数据、重新加载程序、重新执行等情况的失效，一般小的问题不计算在内。根据墨菲定律的推论，世界上没有 100%可靠的系统，除非这个系统不运行。网络通信系统可用性如表 6-1 所示。

表 6-1   **网络通信系统可用性类型**

可用性类型	系统可用性（%）	每年停机时间	应用范围
个人可用性	99	87.6 小时	一般性业务处理
商业可用性	99.9	8.8 小时	企业级服务器系统，敏感性业务处理
高可用性	99.99	53 分钟	集团级计算机系统，重要业务处理
极高可用性	99.999	5 分钟	省级通信中心，如金融业务处理
容错可用性	99.999 9	32 秒	国家级信息中心，核心任务处理

2. 通信系统可用性指标

根据国家通信标准规定，具有主备用系统自动切换功能的数字通信系统，允许 5 000km 双向全程每年 4 次故障；对应于 420km 数字段，允许双向全程每 3 年 1 次故障。市内数字通信系统假设链路长度为 100km，允许双向全程每年 4 次故障；50km 数字段双向全程每半年 1 次故障。根据上述标准，以 5 000km 为基准，按长度平均分配给各种数字段长度，相应的全年指标如表 6-2 所示，假设平均故障修复时间（MTTR）=6 h。

表 6-2   **数字通信系统可用性指标**

链路长度（km）	5 000	3 000	420	280	100	50
双向全程故障（次数/年）	4	2.4	0.336	0.224	4	2
无故障工作时间 MTBF（h）	2 190	3 650	26 071	39 107	2 190	4 380
失效率 F（%）	0.274	0.164	0.023	0.015	0.274	0.137
可用性 A（%）	99.726	99.836	99.977	99.985	99.726	99.863

3. 网络可用性计算

（1）串联型网络结构可用性计算

在串联系统中，可用性最差的单元对系统的可用性影响最大。串联型网络的可用性按（6-4）式计算。

$$R_{\mathrm{S}} = \prod_{i=1}^{n} R_i \qquad (6\text{-}4)$$

【例 6-2】网络结构如图 6-1 所示，计算路由器 A 至路由器 B 之间的可用性。

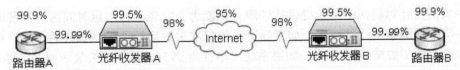

图 6-1   某串联型网络可用性参数分布

AB 之间的可用性=0.999×0.999 9×0.995×0.98×0.95×0.98×0.995×0.999 9×0.999=90.1%

（2）并联型网络结构可用性计算

并联型网络的可用性按（6-5）式计算。

$$R_s = 1 - \prod_{i=1}^{n}(1 - R_i) \tag{6-5}$$

【例6-3】网络结构如图6-2所示，计算路由器 ABCD 的整体可用性（不含链路）。

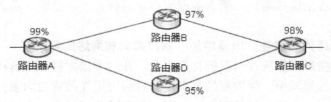

图6-2 某并联型网络可用性参数分布

路由器 ABC 之间的可用性=0.99×0.97×0.98=94.1%

路由器 B+D 并联体的可用性=1-（1-路由器 B 的可用性）×（1-路由器 D 的可用性）

=1-（1-0.97）×（1-0.95）=99.85%

路由器 ABCD 整体可用性= A 可用性×（B+D 可用性）×（C 可用性）

=0.99×0.9985×0.98=96.9%

4. 网站可用性分析

网站可用性即网站正常运行时间的百分比，对于 Web 网站，业界更倾向用 n 个 9 来量化说明可用性，如通常说的"4 个 9"也就是 99.99%的可用性。

【例6-4】国外知名微型博客网站 Twitter（推特）2008 年前 4 个月的可用性只有 98.72%，有 37 小时 16 分钟不能提供服务，连 2 个 9 都达不到。国外电子商务巨头 eBay 在 2007 年的可用性是 99.94%，考虑到 eBay 网站的规模与应用的复杂程度，这是个很不错的可用性指标了。不同的业务类型决定了不同网站对可用性的要求是不同的。对 Web 网站来说，4 个 9 的可用性是很难实现的目标。有些机构宣称自己的系统可用性达到了 99.999 9%，甚至更高。这些结论无法证明，也经不起仔细推敲。

提高网络可用性的常规策略有：消除单点故障、部署冗余设备（或集群）、设计高可用集群网络等，对大部分网络来说，采用这些方案就能满足需要了。如果要提供更高的可用性，如 4 个 9 甚至 5 个 9，这不是简单靠硬件设备就能做到的事情，还需要建立完善的网络管理制度、建立网络变更机制、提升网络事故响应速度等。

不同企业对网络系统可用性的要求不一样。在电信级网络中，通信设备的可用性要求达到 99.999%，这要求系统在一年的连续运行中，因各种原因造成的停机时间少于 5 分钟。

6.1.3 可靠性设计原则

网络最重要的两个特性是**速度和可靠性**。网络可靠性包括网络的生存性、抗毁性及有效性等多方面的技术指标。另外还涉及到网络设备、网络结构、通信协议等多方面的因素。

1. 高可用性的 7R 原则

高可用性 7R 原则是：**冗余**（Redundancy）、**品牌**（Reputation）、**可靠性**（Reliability）、**维修能力**（Repairability）、**恢复能力**（Recoverability）、**响应**（Responsiveness）、**活力**（Robustness）。

（1）冗余。设备制造商一直在产品设计中保持一定的冗余，如：主控设备冗余、交换设备冗余、存储设备冗余、电源冗余、风扇冗余、多处理器、内存分段等；在系统结构设计中，采用双机热备服务器系统等；在存储结构设计中，采用 RAID 技术，将数据分配到多个磁盘阵列进行存储等；在网络链路设计中，将网络负载分散到两条链路上，网络正常时，所有数据流随机分配到任何一条链路上，当一条链路或设备出现故障时，所有数据流自动选择另一条链路。总之，尽可能地减少单点故障造成的服务中断。

冗余虽然提高了网络的可靠性，但是增加了系统成本和网络的复杂度。

（2）品牌。品牌是指产品供应商一贯的良好记录。在服务器主机、磁盘存储系统、数据库管理系统和网络硬件以及软件领域中，供应商的名声是获得高可用性的重要因素。可以通过以下方法来衡量一个厂商的品牌：占有市场份额的百分比；专家的测试分析报告；在该领域内的历史记录；客户中的良好口碑（如费用、服务、产品质量、培训等因素）。

（3）可靠性。为了增加设备的可靠性，一些网络设备采用了**不间断转发技术**（控制系统主备设备在切换过程中不中断转发业务）；在网络结构设计中，**存储网络系统、高可用性集群网络系统、容灾备份网络系统**等，都有很好的可靠性。

软件或者硬件的可靠性，可以通过客户参考和行业分析来证实。经验性的部件可靠性分析方法有：检查并分析故障管理日志；从操作人员那里获得反馈信息；从支持人员那里获得反馈信息；从供应商的维修人员那里获得反馈信息；专家的分析报告等。操作人员的反馈通常是公正的，而且有很好的参考作用，能够反映出设备真正的性能和问题。

（4）维修能力。维修能力是网络工程师能够解决或者替换有问题部件的能力。衡量这项能力的标准是：完成维修的时间长短、维修工作多长时间就要进行一次。

（5）恢复能力。恢复能力是指克服瞬间失败的能力，它小到从一个内存单元的错误中恢复，大到整个服务器系统转移到热备系统上，而不丢失数据。恢复能力还包括重新尝试对磁盘进行读取或者写入，也包括网络的重新尝试传输。**热插拔技术**（设备的电路板、部件、接口等支持热插拔）也是衡量恢复能力的重要指标。

（6）响应。响应是指紧急情况下，所有相关人员解决问题、排除故障的能力。它包括供应商和内部网络工程师对问题做出快速有效的反应时间；还包括对资源（备用部件）的备用冗余准备情况。

（7）活力。活力描述的是硬件和软件的发展前途和兼容性设计。一个有活力的系统经受过长时间不同的考验，而有些问题可能轻易地破坏一个脆弱系统的可用性。

2. 网络设计中的可靠性要素

计算机网络可靠性包含以下要素。

（1）无故障运行时间。网络可靠性传统上用"无故障运行时间"来度量。由于网络运行环境、网络程序路径选取，以及网络故障的随机性（如停电）、软件失效行为的随机性（如系统死机），因此无故障运行时间属于随机变量。美国军方 MIL-STD-7810《工程研制鉴定和生产可靠性试验》标准中，按故障后果的严重程度分为**致命故障、严重故障**和**轻度故障**三类。

（2）环境条件。网络运行环境涉及网络系统运行时所需的各种要素，如硬件设备、网络协议软件、网络操作系统、以及可能受到的网络攻击、所采取的防护措施以及操作规程等。不同环境条件下，网络的可靠性不同。

（3）规定的功能。网络可靠性还与规定的任务和功能有关。要完成的任务不同，网络的运行状态会有所区别。网络系统调用的子模块不同，可靠性也就不同。因此要准确度量计算机网络的可靠性，首先必须明确它的任务和功能。

6.1.4　可靠性设计案例

以下是某企业对公司网络系统进行的设计，目的是提高网络可靠性和网络性能。

1.　系统优化改造思路

优化改造的网络系统是某单位关键业务系统，对系统可靠性要求非常高，对网络故障恢复能力也有较高的要求。因此，在设计中计划采取以下措施来保证系统的可靠性。

（1）网络设备的冗余配置。在网络核心层配置 2 台路由器互为热备份，并为关键设备配置双冗余电源，保证不会一台路由器出现故障后，导致整个网络系统的崩溃。

（2）冗余线路。在广域网接入中采用 2 条 E1 的 2Mbit/s 链路，保证广域网线路的畅通。

（3）提高故障的快速恢复能力。一旦网络出现故障后，要求网络拓扑能快速收敛，这样就不至于发生关键业务数据丢失。为此，采用 OSPF 路由协议保证网络的快速收敛。

（4）在现有防火墙的基础上增加策略路由的功能。选用具备 VPN 功能的防火墙，为外出员工提供通过 Internet 可靠连接到单位内部网的条件。

2.　网络结构设计方案

【例 6-5】某大型企业优化设计方案的网络结构如图 6-3 所示。

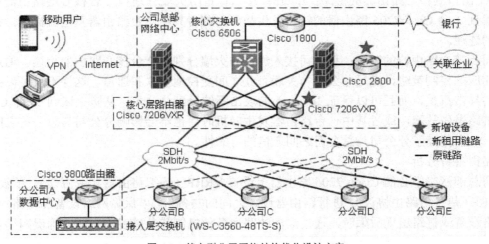

图 6-3　某大型公司网络结构优化设计方案

在优化设计方案中，公司总部网络中心新增加一台 Cisco7206VXR 路由器，作为核心层的备份路由器，提高公司总部与 Internet 和关联企业链路的可靠性。每个分公司数据中心新增加 1 台 Cisco 3800 路由器（图 6-3 仅画出了分公司 A 新增加的路由器），用于分公司数据中心与公司总部网络中心的互连。在现有 2M 的线路上，每个分公司都新租用 SDH 的 2M 线路作为备份链路（图 6-3 中虚线所示），并对业务数据进行负载均衡。分公司新增加的 WS-C3560-48TS-S 交换机（图 6-3 仅画出了分公司 A 新增加的交换机），与原交换机（图 6-3 未画出）一起作为堆叠交换机使用。公司网络中心通过防火墙接入 Internet。新增加 Cisco 2800 路由器与公司关联企业相连。

3．方案可靠性分析

（1）设备可靠性分析

公司总部网络中心核心层设备要进行大量的数据传输和处理，因此，对这些设备自身的可靠性有很高的要求。此外，还需要设备之间的热备份，才能避免单点故障的存在。在网络核心层中使用主用、备用2台 Cisco 7206VXR 路由器，提高了核心路由的可靠性。同时，Cisco 7206VXR 路由器支持插卡、接口、电源等部件的冗余与热插拔能力。

核心层采用 Cisco 的 Catalyst 6506 三层交换机，电源系统、引擎等关键部件都采用了冗余热备份设计。

（2）链路可靠性分析

从核心层路由器到分公司的出口链路：从图 6-3 所示的网络结构看，公司总部网络核心层利用 2 台 7206 路由器，达到了全网冗余的目的。通过配置 OSPF 协议，对各个分公司与公司总部网络中心之间的两条链路进行负载均衡配置，并互为备份。这不仅提高了链路带宽，而且提高了链路的可靠性。

总公司网络核心层的链路：公司总部网络中心的 2 台 Cisco 7206VXR 路由器有 2 条链路相连到核心层 Catalyst 6506 三层交换机，当其中任何一条链路发生故障，或者任何一台 Cisco 7206 路由器宕机，都不会影响业务的正常进行。如果有条件再配置 1 台核心层交换机，在 2 台核心层交换机之间建立多条链路，通过链路聚合技术，将多个物理端口聚合为一个逻辑端口，当聚合端口中一条或多条物理链路发生故障时，可自动将流量转移到其他链路。

Internet 出口到核心路由器的链路：Internet 接入通过防火墙分别和 2 台核心层路由器相连。这样从防火墙到 2 台 Cisco7206 路由器的链路发生故障，或者其中一台路由器发生宕机时，都不会影响到全网的连通。

总公司到核心路由器的链路：总公司接入通过防火墙分别与 2 台核心路由器相连。通过在防火墙上实施相应的控制策略，满足总公司与关联企业之间受控地互联和通信，这样不仅可以控制来自关联企业的异常流量，而且可以保证 Internet 的攻击不波及到总公司。从防火墙到 2 台 Cisco7206 路由器的链路发生故障，或者其中一台路由器发生宕机时，也不会影响分公司与总公司之间的数据通信业务，从而提高了分公司与总公司之间通信的可靠性。

（3）路由备份分析

在公司总部网络中心的 Cisco 7206 路由器上设置 VRRP（虚拟路由器冗余协议），或设置 Cisco 公司的 HSRP（热备份路由协议），进行路由器设备之间的热备份，以保障网络设备和链路的可靠性。当部分网络设备或链路出现故障时，通过灵活的路由备份机制和备份线路资源，确保网络互联互通的可靠性。

6.2 网络冗余设计

6.2.1 冗余设计基本原则

1．冗余设计的目的

冗余设计是网络可靠性设计最常用的方法。网络冗余设计的目的有两个，一是提供网络链路备份；二是提供网络负载均衡。网络链路备份和负载均衡在冗余设计的物理结构上完全一致，但是完成的功能完全不同，工作模式也完全不同。冗余链路用于网络备份时，2 条冗余链路只有一条工作，另一条处于热备监控状态；冗余链路用于负载均衡时，多条冗余链路同时工作，不存在备份链路。

2．单点故障

网络冗余备用设计的原因是网络中存在单点故障，即使是强壮的网络分层设计模型也存在这个问题。**单点故障是指网络某一单个节点或某一条链路发生故障时，可能导致用户与核心设备或网络服务的中断**。而网络中的冗余备用链路可以绕过这些单点故障，网络链路冗余备份提供了安全的方法以防止服务丢失（见图 6-4）。

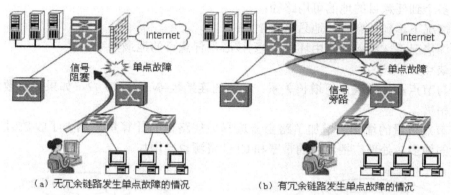

（a）无冗余链路发生单点故障的情况　　　　（b）有冗余链路发生单点故障的情况

图 6-4　单点故障与冗余链路

3．冗余设计的内容

网络冗余设计主要通过重复设置网络链路和网络设备，以提高网络的可靠性需求。冗余设计包括：链路冗余、设备冗余（如交换机冗余、路由器冗余、服务器冗余、电源系统冗余等）、软件冗余等内容。

最好的冗余方式是多台主机互为热备（如双机热备系统），但这种方案投资非常大，而且冗余控制需要一定的开销，对网络性能有一定的影响。

链路冗余可以采用双网卡方式或在单片多口网卡上使用链路聚合技术；链路冗余还可以利用交换机或路由器端口进行双链路连接；服务器冗余可以采用双机热备；核心交换机、路由器和服务器都可以采用冗余电源；软件冗余可以采用双服务器软件镜像的方法等。

4．冗余设计要求

如果缺乏恰当的设计和实施，冗余链路和冗余节点会削弱网络的层次性和降低网络的稳定性。进行冗余备份设计需要遵循以下要求。

（1）只有在网络正常链路中断时，才使用冗余备份链路，除非冗余链路用于负载均衡。尽量不要将冗余链路用于负载平衡，否则当发生网络故障需要使用冗余链路时，网络由于负载失衡而产生不稳定性（性能颠簸）。

（2）为了提高核心层的性能，一般在核心层采用链路聚合技术。

（3）尽量减少路由器的路由数量，以及减少路由跳数。

6.2.2 网络结构冗余设计

1. 核心层全网状冗余设计

核心层冗余设计有全网状核心层和半网状核心层设计。全网状核心层设计如图6-5所示。在全网状冗余设计中，每个核心层路由器都与相关核心层路由器相连接，提供了最大的冗余可能性。全连接网络结构被誉为最可靠的网络结构。全连接网络结构适用于节点数量较少，而且数据流量很大的大型网络核心层设计。全网状结构的优点如下：

（1）提供多个到任意目的地的可用路径；

（2）正常情况下，到任意目的地只需要1跳；

（3）在最坏情况下（不包括路由环路），到核心层任意目的地最大为3跳。

全网状的缺点如下。

（1）投资与节点数量呈现几何增长关系。线路的连接数=$N(N-1)/2$，如果链路数量多，全网状的投资非常昂贵。

（2）随着节点数量的增加，增加了路由器选择最佳路径的计算量，加大了收敛时间。其次随着路由器数量的增多，处理广播消息的带宽和CPU资源也会增加。

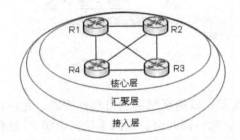

图6-5　核心层全网状冗余结构

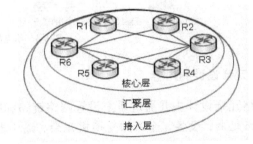

图6-6　核心层部分网状冗余结构

2. 核心层部分网状冗余设计

核心层部分网状冗余设计如图6-6所示，部分网状网络结构结合了网络冗余、路由收敛以及线路投资等方面的考虑，提供给用户可控的设计空间。

如图6-6所示，每个路由器之间的路径达到2~3条，但总连接数仅为8条。正常情况下，核心层之间的数据传输不会超过3跳，可见部分网状结构折衷了全网状与环网的特点。部分网状结构在网络设计中得到了大量应用，成为主干网络中最流行的一种形式。网络节点的位置越重要，其链路就越多。同时，还可以根据需要方便地增加网络冗余度，而不必对整个网络结构重新设计。需要注意的是：部分网状的连接并不是随意设计的，要综合考虑网络层次结构特点，灵活地应用其他冗余设计技术（如双归设计等）。

部分网状冗余结构的缺点是：某些路由协议不能很好地处理多点对多点的部分冗余网状设计，因此在核心层中最好采用点对点链接。

3. 汇聚层与核心层之间的双归冗余设计

双归冗余设计如图6-7所示，汇聚层路由器R4通过链路R4-R3或R4-R2连接到核心层路由器。

双归链路提供了很好的冗余，当一条链路出现故障时，不会削弱汇聚层路由器的可到达性。但是，双归接入也有以下一些缺点。

（1）采用双归冗余使汇聚层路由器通往核心层设备的路径比单连接增加了一倍，从而会降低网络路由收敛速度。

（2）强迫使用某一条路径时，双倍路径数量依旧，需要使用浮动静态路由。

（3）双归路由器的"升级"问题，如图 6-7 所示，如果核心层路由器 R3-R2 之间的链路中断，双归路由器 R4 就会升级到核心层，路由器 R4 承担了核心层路由器的功能，在性能上有可能达不到要求。防止出现这个问题的方法是配置核心层路由器 R1。

4. 汇聚层之间的冗余设计

汇聚层之间的冗余设计如图 6-8 所示，汇聚层路由器 R4 和 R5 进行链接，实现冗余。

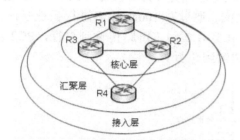

图 6-7　汇聚层与核心的双归冗余结构

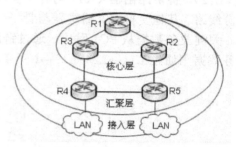

图 6-8　汇聚层之间的冗余结构

这种方法的优点是也可以构成双归回路，它的缺点如下：

（1）核心层路由表的大小增加了一倍；

（2）汇聚层路由器 R4 和 R5 可能"升级"到核心层；

（3）汇聚层的冗余路径可能替代核心层路径，如图 6-8 所示，在核心层中 R3→R2 之间进行信号传输时，如果 R2 或 R3 产生端口拥塞或链路故障，则传输链路会变为 R3→R4→R5→R2；

接入层冗余链路的设计方法与汇聚层相同，遇到的问题也与汇聚层相同。

6.2.3　网络链路冗余设计

广域网的备份冗余按实现的方式可分为链路冗余备份和设备冗余备份。

1. 链路冗余备份

在路由器内部的物理端口、逻辑端口之间进行多种形式的备份。如华为公司 Quidway 系列路由器采用备份中心技术，可为路由器上的任意接口提供备份接口。

【例 6-6】如图 6-9 所示，某公司总部与分部之间有三条链路相连，DDN 与 FR 之间的路由器配置动态路由协议选路，并配置策略路由从而实现负载均衡；另外还通过 PSTN 提供静态路由备份。公司的数据传输平时通过 DDN、FR 进行，当 DDN、FR 出现故障时，链路上的数据可切换到 PSTN 备份线路上进行传输。

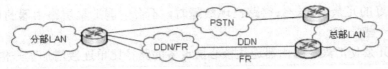

图 6-9　利用 PSTN 进行路由备份

2. 链路冗余备份案例分析

【例6-7】某银行分行备份网络设计如图 6-10 所示。每个一级分行均配有 2 台骨干路由器（R1、R2）、1 台拨号备份路由器（R3）、2 台骨干交换机（SW1、SW2）、若干接入交换机及服务器。2 台骨干路由器分别通过 1 条专线链路（L1、L4）接入到总行网络。骨干交换机与骨干路由器之间通过双 100M 以太口热备份互连（L2、L5、L13、L14），2 台骨干交换机之间通过 1 000M 接口互连（L12），备份路由器（R3）与骨干交换机（SW1）之间是 100M 互连（L7），并通过 PSTN 作为备份线路。其他交换机、路由器与骨干交换机之间，通过双 100M 接口进行备份互连。正常情况下，关键业务数据从 PC1 发出，通过链路 L10→L3→L2→L1 链路传输到总行，PC2 发出的综合业务数据则通过 L11→L3→L12→L5→L4 链路传输到总行。

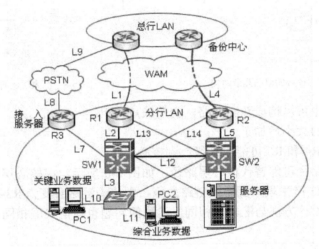

图 6-10　某银行备份网络设计案例

6.2.4　网络设备冗余设计

1. 网络设备和部件冗余技术

（1）设备端口的冗余。在路由器的物理端口、逻辑端口进行多种形式的冗余。如华为公司的 Quidway 路由器采用的"备份中心"技术，可为路由器上的任意接口提供冗余接口。

（2）主控冗余技术。在交换机、路由器等网络设备中，提供两块主控制板，互为备份。其中一块为主控板处于工作状态，另一块作为备用从控板。主控板运行中，将所有静态配置信息和一部分动态信息备份到从控板，使得从控板具有和主控板相同的配置信息。当主控板因为硬件或软件失效出现故障时，从控板接管失效的主控板工作，保证网络设备在较短时间内能恢复正常。主控板与备用从控板之间的切换检测方法可采用硬件心跳线或其他方式。

2．不间断转发技术

路由器进行主备切换时，在路由协议层面会与邻居路由器之间发生信号震荡。这种邻居关系的震荡将导致路由震荡，使备用路由器在一段时间内出现路由黑洞，或者导致邻居路由器将数据业务进行旁路，进而导致业务出现暂时中断。

NSF（不间断转发）技术可以保证路由器控制层面出现故障（如系统重启或路由震荡）时，数据转发不间断地正常进行，从而保护网络各种流量不受影响。具备 NSF 的路由协议有 OSPF、IS-IS、BGP、LDP（标记分发协议）等，虽然各个协议有自己独特的实现方法，但基本原理是相似的。

3．设备热插拔技术

热插拔技术是指在设备运行时，直接拔出某个部件（如电路板、硬盘等）或接口（如光纤线路），更换一个新部件（或原部件重新插入），新部件能继承原来的配置，并且不影响其他部件的工作。

热插拔包括：热替换、热添加和热升级。热插拔技术最早出现在服务器领域，是为了提高服务器可用性而提出的，目前部分高端网络设备的所有组件均支持热插拔功能，包括主控板、交换电路板、电源、风扇和各种业务电路板。通过热插拔功能，用户可以在不影响业务的情况下，对组件进行维护更新，扩展更多业务，增加更多用户，提供更多的功能等。

6.2.5　热备份路由 HSRP

IETF 制定的 VRRP（虚拟路由器冗余协议）是一种容错协议（RFC 2338），VRRP 在网络边界布置 2 台路由器或 3 层交换机，然后在 2 台路由器上配置 VRRP 和静态路由，如果其中一台路由器发生故障，另一台路由器马上可以及时工作，从而保持通信的连续性和可靠性。

HSRP（热备份路由器协议）是 Cisco 公司私有协议。HSRP 功能与 VRRP 完全一致，在 HSRP 中，负责转发数据包的路由器称为主动路由器。一旦主动路由器出现故障，HSRP 将激活备份路由器取代主动路由器，保证不发生主机通信中断的现象。

1．HSRP 工作原理

HSRP 协议利用优先级来决定哪个路由器成为主动路由器。如果一个路由器的优先级设置比所有其他路由器的优先级高，则该路由器成为主动路由器。刚开始工作时，各个路由器广播自己的 HSRP 优先级，HSRP 协议选优先级最高的路由器作为当前的主动路由器。

主动路由器在默认情况下每 3 秒钟发送一个 hello 数据包通知其他路由器，当备用路由器检测不到主动路由器发出的 hello 数据包时，将认为主动路由器有故障，这时 HSRP 会选择优先级最高的备用路由器转换为主动路由器。

HSRP 指定一个虚拟 IP 地址作为缺省网关地址，网络中的主机将缺省网关指向该虚拟地址，主动路由器负责转发由主机发到虚拟地址的数据包。

2．3 层交换机的 HSRP 配置命令格式

（1）设置端口 IP 地址。

命令格式：Router(config-if)# ip address <端口 IP 地址><子网掩码>

例：Router(config-if)# interface ethernet0/0

　　Router(config-if)# ip address 202.103.168.101 255.255.0.0

（2）启用 HSRP 功能，设置虚拟 IP 地址。

命令格式：Router(config-if)# standby <组号> ip <虚拟 IP 地址>

例：Router(config-if)# standby 150 ip 202.103.168.100

//定义 150 组的虚拟地址，也是这台路由器连接的网关地址//

其中有相同组号的路由器属于同一个 HSRP 组，所有属于同一个 HSRP 组的路由器的虚拟地址必须一致。

（3）设置 HSRP 抢占模式。

命令格式：Router(config-if)# standby <组号> preempt

例：Router(config-if)# standby 150 preempt　　//允许 150 组的 HSRP 抢占功能//

允许权值高于该 HSRP 组的其他路由器成为主动路由器。所有路由器都应该设置此项，以便每台路由器都可以成为主动路由器。如果不设置该项，即使该路由器权值再高，也不会成为主动路由器。

（4）设置路由器的优先权值。

命令格式：Router(config-if)# standby <组号> priority <权值>

例：Router(config-if)# standby 150 priority 110

//定义 150 组的优先权值，值越大，成为主路由器的希望越大//

不设置时，缺省优先权值为 100，权值数字越大，则抢占为主路由器的优先权越高。

3．HSRP 配置案例

【例 6-8】网络结构如图 6-11 所示。R1 和 R2 两台路由器通过 2 条链路指向路由器 R3。由于 R3 与配置无太大联系，以下不做说明。

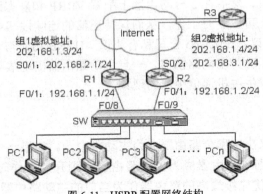

图 6-11　HSRP 配置网络结构

在 R1、R2 上分别做 NAT，使得内网的 PC 能够访问外网，并在此基础上实现 HSRP。为了实现 2 组负载均衡，R1 作为 HSRP 组 1 的主动路由器，它的虚拟 IP 地址为：202.168.1.3；而 HSRP 组 2 的备份路由器，虚拟 IP 为：202.103.1.4。假设设置 PC1 默认网关为：202.10.1.3，PC2 的默认网关为：202.103.1.4。

在以下配置中，R1 优先级为 120，R2 优先级 95，这样 R1 就成为了主动路由器，R2 为备份路由器。

（1）R1 上的默认路由，访问列表以及 NAT 配置。

R1(config)# ip route 0.0.0.0　　0.0.0.0 s0/1　　//配置 R1 上的默认路由//

R1(config)# access-list 1 permit any　　//配置 R1 上的访问列表//

R1(config)# ip nat inside source list 1 interface s0/1　　//启用内部源地址的 NAT 转换//

R1(config)# interface f0/1　//进入 R1 内网端口 f0/1//

Router1(config-if)# ip address 192.168.1.1　255.255.255.0　//设置 R1 内网 f0/1 端口地址//

R1(config-if)# ip nat inside　//启用内部地址的 NAT 转换//

R1(config-if)# interface s0/1　//进入 R1 外网端口 s0/1//

R1(config-if)# ip nat outside　//启用外部地址的 NAT 转换//

R1(config-if)# end　//退出//

（2）R1 上的 HSRP 配置

R1(config)#int f0/1　//进入 R1 内网端口 f0/1//

R1(config-if)#standby 1 ip 202.168.1.3　//设置组 1 的外网虚拟 IP 地址//

R1(config-if)#standby 1 priority 120　//设置 1 组优先权值为 120，即主动路由器//

R1(config-if)#standby 1 preempt　//设置组 1 为抢占模式，即可成为主动路由器//

R1(config-if)#standby 1 track s0/1　//设置组 1 的中继干道//

R1(config-if)#standby 2 ip 202.168.1.4　//设置组 2 的虚拟 IP 地址//

R1(config-if)#standby 2 priority 95　//设置组 2 优先权值为 95，即备份路由器//

R1(config-if)#standby 2 preempt　//设置组 2 为抢占模式//

R1(config-if)#standby 2 track s0/1　//设置组 2 的中继干道//

R1(config-if)#end

（3）R2 上的默认路由，访问列表以及 NAT 配置。

R2(config)#ip route 0.0.0.0　0.0.0.0 s0/2

R2(config)#access-list 1 permit any

R2(config)#ip nat inside source list 1 interface s0/2

R2(config)#int s0/2

Router1(config-if)# ip address 192.168.1.2　255.255.255.0　//设置 R2 内网 f0/1 端口地址//

R2(config-if)#ip nat outside

R2(config-if)#int f0/1

R2(config-if)#ip nat inside

R2(config-if)#end

（4）R2 上的 HSRP 配置

R2(config)#int f0/1

R2(config-if)#standby 1 ip 202.168.1.3

R2(config-if)#standby 1 priority 95

R2(config-if)#standby 1 preempt

R2(config-if)#standby 1 track s0/2

R2(config-if)#standby 2 ip 202.168.1.4

R2(config-if)#standby 2 priority 120

R2(config-if)#standby 2 preempt

R2(config-if)#standby 2 track s0/2

R2(config-if)#end

（5）在 R1 检查 HSRP 配置

R1#sh standby

6.3 存储网络设计

存储网络是保证数据安全和容灾备份的主要方法，在可靠性设计中经常采用这些技术。

6.3.1 磁盘接口技术 SAS

1. SAS 接口技术

SAS（串行连接 SCSI）是一种存储设备接口技术，主要功能是作为硬盘等设备的数据传输接口。SAS 由并行 SCSI 接口演化而来，与并行传输相比，串行传输能提供更快速的数据传输速度和更简易的配置。此外，传统硬盘接口 SATA 是 SAS 标准的一个子集，因此 SAS 和 SATA 在物理层和协议层是兼容的。SAS 控制器可以直接操控 SATA 硬盘，但是 SATA 不能直接使用在 SAS 环境中，因为 SATA 控制器不能对 SAS 硬盘进行控制；在协议层，SAS 由 3 种类型的协议组成，根据连接的不同设备使用相应的协议进行数据传输。

2. SAS 接口基本规格

如图 6-12 所示，SAS 接口与 SATA（串行 ATA）接口很相似，不过 SAS 接口是双端口设计，SAS 的插头是一整条横梁，数据端口与电源端口是一体化的，而 SATA 数据端口与电源端口是分开的。SAS 接口的第 2 个端口在数据端口与电源端口的背面，一体化设计可以保证 SAS 硬盘无法插入SATA 插座，而 SATA 硬盘则可以安全地插入 SAS 接口的第 1 端口。

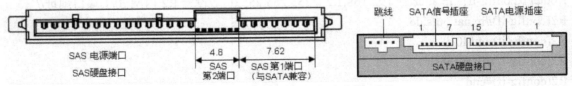

图 6-12　SAS 硬盘接口与 SATA 硬盘接口比较

SAS 与 SATA 有相同的物理层，因此它们的线缆与连接器很相似，但电气上有些差别。内置SATA 信号电压不到 SAS 信号电压的一半，因此点对点 SAS 接口传输距离可达 6m，而 SATA 只能达到 1m。

3. SAS 技术性能

为了提升 SAS 接口的性能，SAS 增加了多宽度连接器规范，用于提供多个 SAS 端口捆绑在一起的接口带宽，而 SATA 接口不支持这一特性。如果服务器有 4 个 SAS 接口，则可以采用：4（每个端口接 1 个硬盘）、2+2（每 2 个端口接 1 个硬盘）、1（4 个端口接 1 个硬盘）等组合形式的接口带宽。各种硬盘接口性能对比如表 6-3 所示。

表 6-3　　　　　　　　　　　　SAS、SATA 和 USB 硬盘接口性能对比

技术指标	SAS 2.0	SATA 2.0	USB 3.0
接口带宽	6.0Gbit/s	3.0Gbit/s	5.0Gbit/s
电缆最大长度（m）	10	1	5
热插拔	支持	支持	支持

续表

技术指标	SAS 2.0	SATA 2.0	USB 3.0
数据信号线（根）	14	7	9
电源线数量（根）	15（4 组）	15（4 组）	15（4 组）
通信模式	点对点全双工	点对点半双工	点对点全双工
支持设备端口	多端口硬盘	单端口硬盘	单端口硬盘
连接硬盘数	256	1	127
市场应用	服务器	PC	PC

6.3.2　磁盘阵列技术 RAID

改进磁盘存取速度的方法主要有两种。一种是磁盘高速缓存技术，它将从磁盘读取的数据存储在高速缓存存储器中，以减少磁盘存取的次数。另一种是使用 RAID（廉价磁盘冗余阵列）技术。

1. RAID 技术的类型

（1）软件 RAID。Windows 及 Linux 均支持软件 RAID。软件 RAID 中的所有操作都由服务器 CPU 负责处理，因此系统资源利用率很高，从而使服务器系统性能降低。软件 RAID 的优点是不需要另外添加任何硬件设备。

（2）硬件 RAID。如图 6-13（a）所示，硬件 RAID 通常采用 PCI-E 接口的 RAID 控制卡，RAID 卡上有处理器及内存，不占用系统资源。硬件 RAID 可以连接内置硬盘或外置存储设备。无论连接哪种硬盘，都由 RAID 卡控制。

（3）大型磁盘阵列机。磁盘阵列机是一台独立的精简型服务器（如 IBM TotalStorage DS4500），硬件上有 CUP、内存、硬盘、网卡和主板等，磁盘阵列机内部有多个磁盘和 RAID 控制器。如图 6-13（b）所示，小型磁盘阵列机将 RAID 控制器和硬盘都安装在一个机箱中。如图 6-13（d）所示，大型磁盘阵列机的控制部分与磁盘阵列部分采用分开的设备，存储容量可达到数百 TB，如 IBM DS4500。磁盘阵列机采用精简型操作系统，如 Linux 等。磁盘阵列机可以通过自带的网卡连接到网络中。

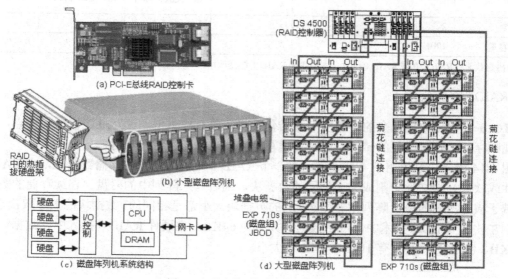

图 6-13　磁盘阵列机外观与系统结构

2. RAID 的技术特性

容错功能是磁盘阵列最受青睐的特性，为了加强容错功能，以及在磁盘发生故障时能迅速重建数据，磁盘阵列都提供热备份功能。热备份是在建立磁盘阵列时，将其中一部分磁盘指定为备份磁盘，这个磁盘平常进行数据镜像备份或存储校验数据。当阵列中某一磁盘发生故障时，磁盘阵列立即以备份磁盘取代故障磁盘，或利用校验数据快速恢复数据。因为反应速度快，加上磁盘高速缓存减少了磁盘的存取次数，所以数据重建工作可以很快完成，对系统的性能影响不大。对于要求不停机的大型数据中心而言，热备份是一项重要的功能，它可以实现无人守护时，避免磁盘故障引起的种种不便。

3. RAID 的级别

RAID 级别是一种工业标准，各厂商对 RAID 级别的定义也不相同。目前广泛应用的 RAID 级别有 4 种，即 RAID 0、RAID 1、RAID 0＋1 和 RAID 5。

RAID 级别大小并不代表技术的高低，RAID 5 并不高于 RAID 1，选择哪一种 RAID 级别的产品，视用户操作环境及应用而定，与级别的高低没有必然的关系。

RAID 0 没有安全保障，但速度快，适合高速 I/O 系统；RAID 1 适用于既需安全性又要兼顾速度的系统；RAID 2 及 RAID 3 适用于大型视频、CAD/CAM 等处理；RAID 5 多用于银行、金融、股市、数据库等大型数据处理中心。其他如 RAID 6、RAID 7，乃至 RAID 10、RAID 50、RAID 100 等，都是厂商的自定规格，并无一致标准。RAID 级别的技术性能如表 6-4 所示。

表 6-4   RAID 技术性能

技术指标	RAID 0	RAID 1	RAID 2	RAID 3	RAID 4	RAID 5
技术特点	磁盘条带	磁盘镜像	汉明码纠错	奇偶校验	奇偶校验	奇偶校验
校验磁盘	无	无	1~多个	1 个	1 个	分布于多盘
数据结构	分段	分段	位或块	位或块	扇区	扇区
速度提高	最大	读数据提高	没有提高	较大	较大	较大
容错能力	无	数据 100%备份	允许单个磁盘错，校验盘除外	允许单个磁盘错，校验盘除外	允许单个磁盘错，校验盘除外	允许单个磁盘错，无论哪个
最少磁盘数	2	2	3	3	3	3
磁盘可用容量	100%	50%	$N-1$	$N-1$	$N-1$	$N-1/N$

说明：N 为磁盘数量；RAID 10 或 RAID 0+1 为 RAID 0 和 RAID 1 组合应用。

4. RAID 0 条带技术

RAID 0 采用无数据冗余的存储空间条带化技术，具有成本低、读写性能极高等特点，适用于音频、视频存储、临时文件的转储，以及对读写速度要求极高的特殊应用。

如图 6-14 所示，这里用了 4 个硬盘组成一个 RAID 0 磁盘阵列，在存储数据时，由 RAID 控制器（硬件或软件）将文件分割成大小相同的数据块，同时写入阵列中的磁盘。连续存储的数据块就像一条带子横跨所有的磁盘阵列，每个磁盘上的数据块大小都是相同的。数据块的大小取决于 RAID 的类型，在软件 RAID 0 技术中，每个数据块大小为 64KB。在硬件 RAID 0 技术中，数据块大小有 1KB、4KB、8KB 等，甚至有 1MB、4MB 等大小。

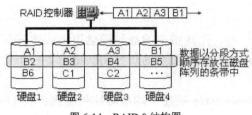

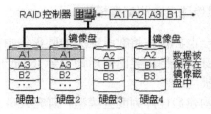

图 6-14　RAID 0 结构图　　　　　　　　　　图 6-15　RAID 1 结构图

如图 6-14 所示，RAID 0 系统在进行数据写入和读取时，4 个磁盘可以同时进行，读写性能虽然不能提高 300%，但比单个硬盘提高 200%的性能是可能的。

RAID 0 没有数据冗余和校验恢复功能，所以阵列中任何一个硬盘损坏，就可能导致整个阵列数据的损坏，因为数据是分布存储在多个硬盘中的。RAID 0 最低必须配置 2 块或以上的相同规格硬盘，但是多于 4 块硬盘的配置是不必要的。

5．RAID 1 镜像技术

RAID 1 采用了两块硬盘数据完全镜像的技术，这等于内容彼此备份（见图 6-15）。阵列中有两个硬盘，在写入数据时，RAID 1 控制器将数据同时写入两个硬盘。这样，其中任何一个硬盘的数据出现问题，可以马上从另一个硬盘中进行恢复。这两个硬盘不是主从关系，而是相互镜像的关系。

RAID 1 提供了很强的数据容错能力，但这是以牺牲硬盘容量为代价获得的效果。例如，4 个 500GB 的硬盘组成的 RAID 1 阵列时，总容量为 2TB，但有效存储容量只有 1TGB，另外 1TB 用于数据镜像备份。

6．RAID 5 校验技术

RAID 2、3、4、5 可以对磁盘中的数据进行纠错校验，当数据出现错误或丢失时，可以由校验数据进行恢复。在 RAID 2、3、4 中，这种纠错机制需要单独的硬盘保存校验数据。RAID 5 不需要单独的校验硬盘，而是将校验数据块（Parity Block）以循环的方式放在磁盘阵列的每一个硬盘中，如图 6-16 所示。第一个校验数据块 P1 由 A1、A2、A3、B1、B2 计算而得，以下扇区也采用同样的处理方法。

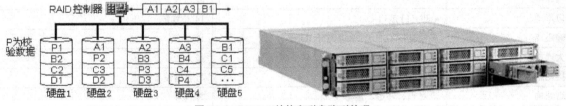

图 6-16　RAID 5 结构和磁盘阵列外观

RAID 5 对联机交易处理系统，如银行、金融、股市等或大型数据库的应用提供了最佳解决方案，因为这些应用的每一笔数据量都很小，磁盘输入/输出频繁，而且必须具有数据容错功能。RAID 5 既要求磁盘速度快，又要处理数据，计算校验值，进行错误校正等工作。因此，RAID 5 的控制较为复杂，设备成本较高。

利用多个磁盘组成 RAID 时，**磁盘阵列最大可用容量与阵列中最小磁盘容量有关**。

7. 最佳磁盘阵列配置模型

目前全世界都在将数量庞大的硬盘集中在数据中心，由此带来的故障硬盘更换成本甚至远远高于硬盘自身的价格。美国休斯顿大学 Jehan François Pâris 教授负责的研究团队提出了一个最佳磁盘阵列配置模型。

为了构建最佳阵列配置模型，研究人员采用了 Backblaze 硬盘平均故障比例数据：前 18 个月内故障率为 5.1%，接下来 18 个月中为 1.4%，而第 3 年为 11.8%。此外，假定硬盘容量为 4TB，平均数据传输速率为 200Mbit/s，磁盘阵列自身修复需要耗费 24 小时。

他们的研究表明，可靠性与最佳阵列数的平衡点为：利用 45 块数据硬盘、10 块备用硬盘、33 块奇偶校验硬盘构建的磁盘阵列方案，能够在 4 年中无需人工介入的前提下实现数据保护。这个模型的存储容量浪费水平为 49%，能够提供高达"5 个 9"的可用性。模型还指出：即使将阵列中的备用硬盘数提升至无限，也几乎不会给可用性带来明显提升。

6.3.3 FC 存储网络设计

光纤通道（FC）是一种数据传输接口技术，主要用于计算机设备之间的数据传输，数据传输速率目前达到了 4Gbit/s。FC 适用于服务器共享存储设备的连接以及存储控制器和驱动器之间的内部连接。

1. 光纤通道技术

FC 采用全双工串行通信方式，支持点对点、仲裁环和交换式三种网络结构。FC 的兼容性较差，主要是因为厂商会以不同的方式解读 FC 标准，而且以多种技术实现。

FC 是在 SCSI 接口技术上发展的一个高性能接口。由 FC 组成的网络不同于以太网技术，它的带宽资源几乎全部可用于传输数字信号，FC 网络基本上没有管理信息，利用 FC 技术组建的存储网络（SAN）有较好的性能。FC 技术性能如表 6-5 所示。

表 6-5   **FC 与 SAS 的主要技术性能**

技术指标	FC 技术	SAS 技术
传输速率	2Gbit/s	6Gbit/s
接口形式	4 芯光纤接口	14 芯线缆
传输距离	多模光纤 500m、单模光纤 10km	10m
最大连接设备	每个环路 126 个设备	最大 256 个设备
连接网络	可与网络连接	与存储设备连接
网络结构	点对点、环形、星形	总线形
网络互联设备	光纤交换机	不能进行网络互连

2. FC 存储网络设计

FC 技术有三种光纤信道交换方法：主控制器交换、网络交换和环路交换。FC 主控制器有以下一些组成方式。

（1）主控制器交换模式

主控制器是一个多端口、高带宽的网络交换机。主控制器中某个部件失灵不会影响正常的应用，对 SAN 性能和可用性没有影响，因为主控制器采用全冗余、热插拔部件，能将宕机时间最小化。此外，主控制器支持在线错误检测、故障隔离、修理和恢复。主控制器可提供 99.999%的可用性，即每年少于 5 分钟的宕机时间。

主控制器的多端口和无拥塞结构使它能提供高性能带宽，允许所有端口同时交换数据，并保持性能不变，没有额外延时。它主要用于以下应用系统：不允许宕机的关键任务系统、企业 SAN 存储网、应用密集型系统等。

（2）网络交换模式

网络交换模式采用光纤交换机作为主要设备，在交换机所有端口之间进行高速数据传输。与主控制器类似，光纤交换可以构成一个存储网络，这个网络对连接设备来说是透明的。各个厂商的产品及其属性（如冗余、端口数量等）有很大不同。网络交换主要用于下列应用系统：部门级连接、分布式存储占主导地位的应用、小型 SAN 的标准构件等。

【例 6-9】由光纤交换机组成的存储网络结构如图 6-17 所示，它由光纤交换机（FC-SW）、主机光纤通道卡（HBA）、磁盘冗余阵列（RAID）、光纤链路（FC）等组成。

3．FC 的局限性

FC 本质上是一个高速存储系统，虽然具备了一些网络互连的功能，但远不是一个完善的网络系统。我们熟知的网络大都是以服务器为核心的，如 Windows、Linux、UNIX 等，根据服务器来组建网络、提供文件服务。而 FC 网络的核心是 FC 快速硬盘，没有专门的服务器来管理 FC 网络。

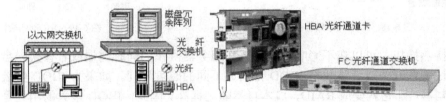

图 6-17 FC 存储网络结构

现有的 FC 还无法达到基本的安全管理要求。在实际应用中，这会带来管理上极大的不便。例如，当某用户获得某个卷的写权限时，他就很容易对别人的文件进行修改或删除，而系统无法知道用户是谁，也无法精确限制他的权限，这将引起严重的混乱。

由 FC 组成的区域存储网络（SAN）存在不可避免的弱点，它无法使存储设备在因特网上运行。FC-SAN 的物理覆盖距离不超过 50km，这样就容易形成存储孤岛。

6.3.4　SAN 存储网络设计

目前流行的网络存储技术有：DAS、NAS、SAN 和 iSCSI 等，随着网络存储技术的发展，各种存储设备和技术正趋于融合。

1．网络存储技术的类型

（1）直接附加存储（DAS）

DAS 是直接连接在服务器主机上的存储设备，如常见的硬盘、光盘、USB 存储器等设备。在 DAS 中，所有存储操作都要通过 CPU 的 I/O 操作来完成，存储设备与主机操作系统紧密相连。这种存储方式加重了服务器主机的负担，因为 CPU 必须同时完成磁盘存取和应用程序运行的双重任务，不利于 CPU 指令周期的优化。

（2）网络附加存储（NAS）

NAS 是连接在网络上的专用存储设备。NAS 以文件传输为主，提供跨平台海量数据共享功能。NAS 的典型产品是专用磁盘阵列主机、磁带库等设备。如图 6-18 所示，由于 NAS 连接在局域网上，所以客户端可以通过 NAS 系统与存储设备交互数据。另外，NAS 直接运行文件系统协议，如 NFS、CIFS 等。客户端可以通过磁盘映射和数据源建立虚拟连接。

（3）存储区域网络（SAN）

存储区域网络是在服务器和存储设备之间利用专用的光纤通道连接的网络系统。

（4）JBOD 存储技术

JBOD（磁盘组）是在一个底板上安装多个磁盘的存储设备。如图 6-19 所示，JBOD 是在逻辑上将几个物理硬盘串联在一起，从而提供一个大的逻辑硬盘。JBOD 上的数据简单地从第 1 个硬盘开始存储，当第 1 个硬盘的存储空间用完后，再依次从后面的硬盘开始存储数据。JBOD 的存储性能与单一硬盘相同，不提供数据安全保障，JBOD 的存储容量等于组成 JBOD 所有硬盘容量的总和。

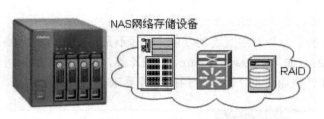

图 6-18　NAS 网络结构图

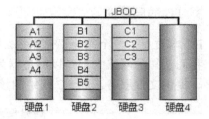

图 6-19　JBOD 结构图

JBOD 支持热插拔，可以在不影响数据存储和服务器操作的同时增加或者替换磁盘。一些厂商的产品允许通过硬件开关或者跳线将 JBOD 分离成不同的磁盘阵列。如果为 JBOD 安装了提高可靠性的 RAID 控制器，那它就变成 RAID，成本自然随之提高。因此，JBOD 最大的用处是在可靠性要求不高的情况下，最大限度地发挥成本低廉的优势。

JBOD 经常安装在 19 英寸机柜中，JBOD 大都为十几块磁盘，甚至几十块磁盘（如图 6-13 所示），它们之间采用菊花链连接，因此总存储容量十分巨大，如果一个磁盘发生故障就会造成整个设备故障，这对系统是一个巨大的风险。简单的解决办法是采用软件 RAID 技术。

【例 6-10】如图 6-20 所示，SAN 一般由 RAID（磁盘阵列）、光纤交换机（FC-SW）、光纤通道（FC）、主机总线卡（HBA，安装在服务器内）、存储管理软件等组成。SAN 允许多台服务器独立地访问同一个存储设备，特别适合在局域网中传输大容量数据，但系统建设成本较高。

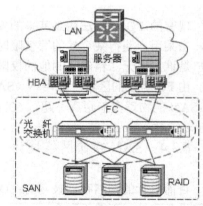

图 6-20　具有冗余结构的 SAN 存储网络

2．SAN 与 NAS 的区别

SAN 和 NAS 两种技术是互补的。SAN 以数据为中心，而 NAS 以网络为中心；SAN 具有高带宽数据传输优势，而 NAS 更适合文件系统级别上的数据访问；SAN 的关键应用有数据库、备份等，主要进行数据的集中存取与管理；而 NAS 支持若干客户端之间，或服务器与客户端之间的文件共享，因此 NAS 适用于作为日常办公中需要经常交换的小文件，如文件服务器、存储网页等。不同存储技术的性能特点如表 6-6 所示。

表 6-6　　　　　　　　　　　**不同存储技术的性能特点**

技术指标	DAS	NAS	SAN	iSCSI
设计思路	存储设备	存储设备	存储网络	存储网络
主要技术	SATA、SAS、USB	TCP/IP	FC	TCP/IP+iSCSI
数据格式	数据块	文件	数据块	数据块
网卡	SAS 卡	网卡+RAID 卡	光纤通道卡 HBA	以太网卡
管理方式	服务器管理	存储设备管理	服务器管理	服务器管理
系统性能	低	中	高	高
系统成本	低	低	高	中

3. SAN 设计案例

【例6-11】SAN 设计案例如图 6-21 所示。方案采用 SAN 存储服务器作为整个系统的核心设备，直接接到磁盘阵列机，然后通过吉比特交换机为所有服务器提供高速、可靠的存储服务。将其中的一台服务器安装备份软件作为备份服务器，其他服务器安装数据代理软件，系统将根据用户的备份策略，自动将各个服务器的应用数据备份到 SAN 中。

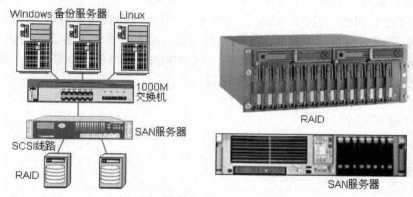

图 6-21　简单 SAN 网络结构

SAN 存储服务器是实现存储子系统功能的主要设备，它实现对存储资源的整合与优化、数据保护等功能。SAN 存储服务器集中管理磁盘阵列，把磁盘阵列中的所有单个磁盘整合为多个虚拟的逻辑卷，供服务器使用，并通过 SAN 存储服务器管理软件，对这些逻辑卷进行直观化分配和管理，如允许哪个服务器使用哪个卷、具有怎样的使用权限等。

备份服务器统一集中管理备份及恢复操作的各项策略。

RAID 和磁带机为整个存储网络提供存储资源。

吉比特交换机为 SAN 存储服务器和应用服务器之间提供吉比特高速网络传输带宽。

SAN 存储备份系统一般包含了一系列可配置的软件模块，用来实施数据集中策略，SAN 存储备份系统软件模块有：数据保护模块、数据备份和恢复模块、数据迁移或分级存储模块、数据归档模块、灾难恢复模块、存储资源管理模块、SAN 网络和介质管理模块、集中统一管理等软件。

【例6-12】一个用于灾难备份的大中型冗余 SAN 设计案例如图 6-22 所示。

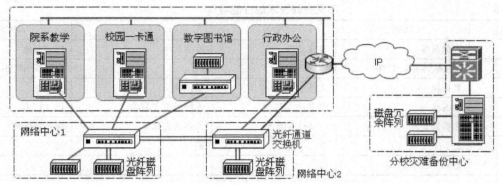

图 6-22　大中型冗余存储区域网络（SAN）网络结构

5. 存储网络的安全问题

对备份数据实行加密保护并不是件容易的事情，因为会产生一系列的问题，如系统性能降低、应用响应延时，以及数据备份、恢复和管理的复杂度增加等。

很多存储网络产品虽然都提供了安全功能，但是，如果用户使用 Cisco 公司的 NAS 设备、安氏公司的安全设备、HP 公司的主机、D-Link 公司的网卡，这些设备要相互协调工作就变得相对困难。例如，许多交换机厂商提供有口令控制、访问控制列表（ACL）及基于验证的公钥（PKI）保护技术等，但每个厂商的安全级别各不相同，如果同一网络中的交换机来自多家厂商，实施安全的方法互不兼容，交换机设备的安全控制就难以发挥作用。

6.3.5　IP 存储网络设计

1. IP 存储技术的发展

存储网络工业协会（SNIA）推出的 SMI-S（存储管理接口规范）使不同的存储设备供应商提供的存储系统之间能够互相兼容。SMI-S 是一个面向对象的信息模型，它定义了系统构件的物理和逻辑结构。CIM（通用信息模型）则是基于 Web 的企业管理的一部分，它包括一个基于 XML 的加密规范和一个通过 HTTP 访问模式化对象的方法。

FC（光纤通道）是一个成熟的技术，被广为采用，但是 FC 系统对厂商的依赖性较大。另外，FC 存在距离上的限制（10km），而 IP 存储技术可以扩展到 WAN 中。

IP 存储目前的主流技术是 iSCSI，它将 SCSI 指令封装在 TCP/IP 协议中传输。iSCSI 目前仅仅是 IETF 的标准草案，但很快就会成为一个 RFC 标准文档。iSCSI 吸收了光纤通道技术的优点，同时也继承了以太网和 IP 技术的优点；其次，iSCSI 克服了光纤通道技术的距离限制。用户可以用较低的投资实现 WAN 上的远程复制。

iSCSI 兼容的设备要比光通道设备便宜得多，因而有更广泛的市场。如 Cisco、IBM 等公司，很早就投入到了 iSCSI 市场中。微软公司也声明它将在 Windows Server 中提供 iSCSI 驱动。

其他 IP 存储技术包括 iFCP、FCIP 等。iFCP 和 FCIP 不会像 iSCSI 那样迅速对市场形成很大的影响，但是它们可以找到特定的应用。

2. iSCSI 技术

iSCSI 是在 IP 上运行的 SCSI 指令集。iSCSI 技术由 Cisco 和 IBM 两家公司发起，目前 IETF（因特网工程小组）已经批准了相关的标准。iSCSI 技术允许用户通过 TCP/IP 网络来构建存储网络。相对于以往的存储网络，iSCSI 解决了开放性、容量、传输速度、兼容性、安全性等方面的问题。iSCSI 与主机的连接有 3 种实现方式，在设计 iSCSI 存储网络时，应当注意选择不同的设备。

光纤通道采用 FCP（光纤通道协议），而 iSCSI 采用 TCP。FCP 最初是按照光纤通道网络的高级协议设计的，它紧密地与低级网络功能集成在一起工作。而 iSCSI 在开发时采用现有的由 TCP 提供的传输机制。由于采用不同的工作协议，iSCSI 和 FC 之间不兼容。

3. iSCSI 工作原理

iSCSI 存储网络结构由 iSCSI 服务端和客户端两部分组成。服务端包括服务器及连接的 iSCSI 网络。客户端一般是 Windows 或 Linux 操作系统，iSCSI 客户端通过网络访问服务端。对于客户端操作系统来说，访问存储网络和本地硬盘完全相同，可以对 iSCSI 做任何能在本地硬盘上进行的操作。iSCSI 彻底抛开了 NFS（网络文件系统）的限制，不必通过文件系统直接存取磁盘系统，特别适合基于 IP 网络的数据库应用环境。

iSCSI 协议是一个在网络上打包和解包的过程，在网络的一端，数据包被封装成包括 TCP/IP 头、iSCSI 识别包和 SCSI 数据三部分内容；iSCSI 数据包传输到网络另一端时，这三部分内容分别被顺序地解开。iSCSI 工作过程如图 6-23 所示。

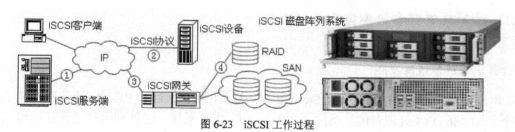

图 6-23　iSCSI 工作过程

4. iSCSI 的优点与缺点

iSCSI 的基础是传统的以太网和因特网，因此 iSCSI 有很好的基础，同时能大大减少总体拥有成本。安全性方面，基于 FC 技术的 SAN 及 DAS（直接附加存储）大都在一个局部环境内，安全要求相对较低。iSCSI 将这种概念颠倒过来，存储的数据可在因特网中流通。因此，iSCSI 支持 IPSec 机制，并在芯片层面执行有关指令，确保数据的安全性。

iSCSI 目前还面临诸多问题，如距离和带宽之间的矛盾、广域网传输的成本等。虽然 iSCSI 满足长距离连接的需求，但是 IP 网络的带宽仍然是目前无法解决的问题。1 000M 的局域网虽然已经普及，但在广域网上利用 1 000M 的带宽进行 iSCSI 数据传输，速度仍不理想，带宽也相当昂贵。而且，IP 网络的效率和延迟都是存储数据传输的巨大障碍。

5. 数据灾备系统的应用

随着云计算技术的普及，以及数据中心集中的趋势，灾备体系（数据灾难备份存储网）正在向服务外包模式发展。如图 6-24 所示，一些企业提供数据灾备服务。

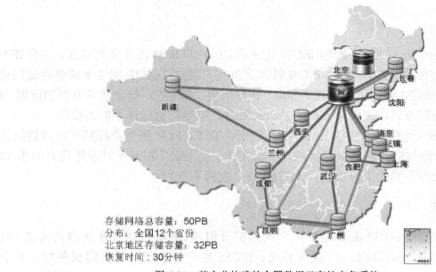

存储网络总容量：50PB
分布：全国12个省份
北京地区存储容量：32PB
恢复时间：30分钟

图 6-24　某企业构建的全国数据云存储灾备系统

6.4　集群系统设计

6.4.1　计算机集群系统类型

1. 计算机集群系统的发展

1994 年，托马斯·斯特林（Thomas Sterling）等人，利用以太网和 RS-232 通信网构建了第一个拥有 16 个 Intel 486 DX4 处理器的贝奥武夫（Beowulf）集群系统，这种利用普通计算机组成一台超级计算机的设计方案，比设计一台超级计算机便宜很多。根据 2014 年的统计数据，世界 500 强计算机中，有 95％以上的超级计算机采用集群结构，其他超级计算机大多采用 MPP（大规模并行处理）等结构，集群成为了目前超级计算机的主流体系结构。

计算机集群采用了以空间换时间的计算思维。计算机集群系统是将多台计算机（如 PC 服务器）通过软件（如 Rose HA）和网络（如以太网），将不同的设备（如磁盘阵列）连接在一起，组成一个超级计算机群，协同完成大型计算任务。集群系统中的单个计算机通常称为计算节点，这些计算节点一般通过局域网相互连接，但也有其他互连方式。

【例 6-13】高性能集群的典型应用如 Google 公司的数据中心。Google 所有服务器均为自己设计制造，服务器高度为 2U（1U=4.45cm）。如图 6-25 所示，每台服务器主板有 2 个 CPU、2 个硬盘、8 个内存插槽，服务器采用 AMD 和英特尔 x86 处理器（4 核）。

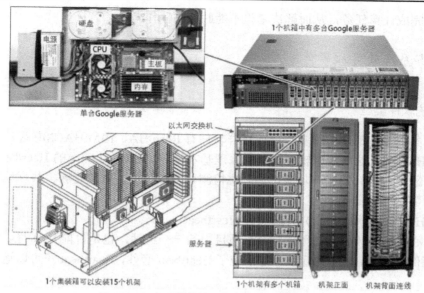

图 6-25　Google 集装箱式计算机集群系统示意图

Google 的数据中心以集装箱为单位，一个集装箱中有多个机架。每个机架可安装 80 台服务器，每个机架通过 2 条 1 000M 以太网链路连接到 2 台 1 000M 以太网交换机，一个集装箱可以容纳 15 个机架，每个集装箱大致可以安装 1 160 台服务器，每个数据中心有众多集装箱。如 Google 俄勒冈州 Dalles 数据中心有 3 个超大机房，每个机房有 45 个集装箱数据中心，可以存放大约 15 万台服务器。

2．计算机集群系统的类型

集群系统有高可用集群、负载均衡集群和高性能计算集群三种类型。三种类型经常会混合设计，如高可用集群可以在节点之间均衡用户负载，同时维持高可用性能。

（1）高可用集群

HA（高可用性）集群主要用于不可间断的服务环境。HA 集群具有容错和备份机制，在主计算节点失效后，备份计算节点能够立即接管相关资源，继续提供相应服务。HA 集群主要用于网络服务（如 Web 服务等）、数据库系统（如 Oracle 等）以及关键业务系统（如银行业务等）。HA 集群不仅保护业务数据，而且保证对用户提供不间断的服务。当发生软件、硬件或人为系统故障时，将故障影响降低到最小程度。对业务数据的保护一般通过磁盘冗余阵列（RAID）或存储网络（SAN）来实现，因此，在大部分集群系统中，往往将 HA 集群与存储网络设计在一起。

（2）负载均衡集群

LBC（负载均衡集群）主要用于高负载业务，它由多个计算节点提供可伸缩的、高负载的服务器群组，以保证服务的均衡响应。负载均衡集群能够使业务（如用户请求）尽可能平均地分摊到集群中不同计算机进行处理，充分利用集群的处理能力，提高对任务的处理效率。负载均衡集群非常适合运行同一组应用程序（如 Web 服务）的大量用户，集群中每个节点处理一部分负载，并且可以在节点之间动态地分配负载，以实现计算的负载平衡。

（3）高性能计算集群

HPC（高性能计算）集群致力于开发超级计算机、研究并行算法和开发相关软件。HPC 集群主要用于大规模数值计算，如科学计算、天气预报、石油勘探、生物计算等。在 HPC 集群中，运行专门开发的并行计算程序，它可以把一个问题的计算数据分配到集群中多台计算机中，利用所有计算机的资源共同来完成计算任务，从而解决单机不能胜任的工作。

6.4.2　集群系统软件和硬件

1. 集群系统软件类型

构建计算机集群系统的软件很多，商业集群软件有 Rose HA、IBM HACMP 等，开源集群软件有 Heartbeat、RHCS 等，这些集群软件的工作原理基本相同。例如，Linux 的 Heartbeat（心跳服务）软件提供了高可靠集群所有的基本功能，如心跳检测、资源接管、系统监测、共享地址转移等，很多 Linux 都自带了 Heartbeat 套件。

（1）Linux-HA（高可用 Linux）开源软件 Heartbeat

Heartbeat（心跳服务软件）是 Linux-HA 项目中的一个组件，也是目前开源 HA 集群项目中最为成功的一个范例。很多 Linux 发行版本都自带了 Heartbeat 套件，Heartbeat 还可以运行在 FreeBSD 等操作系统上。

（2）Beowulf（贝奥武夫，英国传说中的勇士）集群软件

Beowulf 是著名的 Linux 科学计算集群软件。事实上，没有一个软件包称为 Beowulf，它是在 Linux 内核上运行的一组公共软件工具。其中包括：MPI（消息传送接口）、PVM（并行虚拟机）、修改后的 Linux 内核、DIPC（分布式进程通信）服务等。DIPC 机制允许从任何节点访问任何进程。例如，Alta Technologies 公司的 Alta Cluster 就是一个 Beowulf 系统。

（3）MSCS（微软公司集群服务器）软件

在 Windows Server 中带有 MSCS 集群软件，它的存储模式为共享磁盘，支持主/从、主/主工作模式，支持 SQL Server、Oracle 等数据库。对于不同的 Windows Server 平台，集群软件提供不同的节点数支持。例如在 Windows 2003 Enterprise Server 平台上，MSCS 最多可以管理 8 个节点的集群，是目前市场上低成本、高性价比的解决方案。

（4）Co-Standby 集群软件

Co-Standby Server 是 Legato 公司基于 Windows Server 平台的 HA 集群软件。该集群软件支持磁盘镜像和共享磁盘两种存储模式，支持主/从、主/主工作模式，支持 SQL Server、Oracle 等数据库。由于支持磁盘镜像模式，对一些没有磁盘阵列，但希望保证关键业务高可靠性的用户，是一种很好的解决方案。

（5）多操作系统平台的 HA 集群软件

Rose HA 是功能非常强大的商业集群软件，它支持众多的专用 UNIX 平台，如 IBM AIX、HP-UX、SUN Solraris、UnixWare、SGI、NEC、SIEMENS 等；它也支持 PC 平台的 UNIX 系统，如 FreeBSD、SCO Unix、Solraris x86 等；它还支持 Windows、Linux 等操作系统。Rose HA 集群软件支持的数据库有：Oracle 、MS SQL、Excheng|、Lotus/Nose、DB2 等。

支持多操作系统平台的商业集群软件还有 Symantec 公司的 VERITAS Cluster 集群软件，它支持 Linux、Windows、Solaris 等操作系统。

（6）集群系统软件基本结构

集群软件是建立在操作系统之上的程序，如图 6-26 所示，主要由守护进程、应用程序代理、管理工具、开发脚本四部分构成。应用服务系统是为客户服务的应用系统程序，如 MS SQL Server、Oracle、Exchange Serrver、Lotus Notes 等系统应用软件。

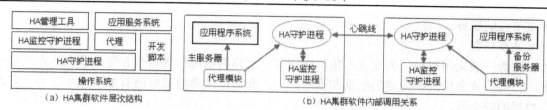

图 6-26　集群系统软件层次结构

不是每个应用程序都能够实现集群管理，也不是每个集群软件都可以管理所有的应用程序，因为代理模块（Agent）有不同的功能。集群软件的代理模块一般支持使用频度较高的软件，如数据库系统、Web 系统、邮件系统等，为了支持更多的应用，有些集群软件提供了二次开发接口。

2. 集群系统硬件设备

集群系统必需的硬件设备有服务器主机、网络和网卡。为了增强集群的功能和可靠性，一般会增加一些其他设备，如串口卡、Fence 设备、共享磁盘阵列、HBA 卡、光纤交换机，以太网交换机等。

（1）服务器主机

设计一个集群系统至少需要 2 台服务器主机，普通 PC 服务器即可满足要求，也可以在虚拟机上安装集群软件。

（2）网卡

集群中每台服务器主机至少必须有 2 个以太网卡（或集成网口）和 1 个 COM 串口（没有 COM 口时需要串口卡）。一个以太网卡用于连接 2 台服务器之间的私用网络（TCP/IP），另外一个以太网卡用于连接公用网络（TCP/IP）。

（3）串口卡和心跳线

2 台服务器之间的串口通过 RS-232 电缆连接，用于监控节点间的心跳状态。心跳线是集群中主从节点通信的物理通道，它由集群软件控制，确保服务数据和状态同步。不同集群软件对于心跳线的处理有各自的技术，大部分采用 RS-232 串口；也有厂商采用专用板卡和专用连接线；有的采用 USB 口处理；有的采用以太网口处理，它们之间的可靠性和成本有所不同。近年来，基于 TCP/IP 技术的心跳线因为成本低、性能优异而被广泛采用。双机热备系统采用 TCP/IP 技术实现心跳功能时，主从 2 台服务器之间采用以太网交叉线直连方式即可，但是每台服务器至少需要配置 3 块网卡（或网口），基于虚拟服务的集群需要配置 4 块网卡。虽然以太网交叉线和串口电缆都能用于心跳监测，但是串口电缆传输的信号相对较好，而且不易受到以太网故障的影响。

（4）Fence 设备

Fence 设备用于监控节点状态和控制节点自动重启或关机。当有节点出现故障时，处于正常状态的节点会通过 Fence 设备将故障节点重启或关机，以释放 IP 地址、磁盘空间等资源，防止发生资源争用的情况。

在一个简易的集群系统中，如果能够保证心跳通信网络（RS-232 线路与接口、操作系统）正常工作，则可以不需要 Fence 设备。如果没有 Fence 设备，集群就只能配置成手动模式。这种模式在故障切换时，需要网络工程师手工在备份服务器中输入命令，备机才能接管资源，启动服务。

Fence 设备有两种，一种是很多服务器内置的 Fence 设备，如 IBM 服务器的 RSA（远程管理卡）、HP 服务器的 iLO（integrated Light Out）卡、DELL 服务器的 DRAC 等。第二种是外部 Fence 设备，如 APC 公司的外置电源管理器（可管理多个节点）、UPS（不间断电源）、SAN 交换机、以太网交换机等设备。对外部 Fence 设备，主节点断电后，备机可以接收到 Fence 设备返回的信号，备机可以正常接管服务。对内置 Fence 设备，主节点断电后，备用节点不能接收主节点返回的信号，就不能接管主节点的服务。

（5）共享磁盘

共享磁盘一般采用磁盘阵列设备，集群中所有节点都需要连接到这个存储设备上，在共享存储设备中，一般放置公用的、关键的数据和程序，一方面可以共享数据给所有节点使用，另一方面也保证了数据的安全性。

大部分软件支持独占和共享两种磁盘访问方式。在独占访问模式下，只有活动节点能够独立使用磁盘设备，当活动节点释放磁盘设备后，其他节点才能接管磁盘进行使用。在共享访问模式下，集群中所有节点都可以同时使用磁盘设备。当某个节点出现故障时，其他节点不需要再次接管磁盘。共享访问模式需要集群文件系统（如 NFS）的支持，**NFS 文件系统允许多个节点同时读写同一个文件**，而不出现读写冲突。

3．集群系统关键技术

（1）存储网络

计算机集群使用的数据存储系统要能高效地工作。因此，数据存储系统采用大量磁盘阵列（RAID），通过高速光纤通道互连，组建一个内部存储网络。

（2）高速通信网络

高速通信网络是集群系统最关键的部分，它的带宽和性能直接影响集群系统的高性能计算。大多数高性能计算任务都是通信密集型的，因此尽可能缩短节点之间的通信延迟和提高吞吐量是一个核心问题。网络的带宽和通信质量决定了信息传递的延迟，当大量文件通过内部网络读取时，网络可能会成为集群性能的瓶颈。因此，计算机集群大多采用 10Gbit/s 或更高速率的以太网作为内部数据的传输网络。

（3）集群调度和容错

集群系统必须能及时了解全局的运行情况，并采取相应措施。采取什么策略进行控制和反馈，在很大程度上会影响任务完成的速度和质量。在分布式系统中，各种意外事故随时可能发生，集群系统必须针对事故进行预处理（如将同一个任务拷贝多份，交给不同机器处理，接受最先完成的）和错误处理。

6.4.3　高可用集群系统结构

1．双机热备集群系统工作原理

双机热备是典型的高可用计算机集群系统，系统主要包括：主服务器（主机）、备份服务器（备机）、共享磁盘阵列等设备，以及设备之间的心跳连接线。在实际设计中，主机和备机有各自的 IP 地址，通过集群软件进行控制。典型的双机热备系统结构如图 6-27 所示。

【例6-14】图 6-27 是一个 HA 集群系统的典型结构图。在 HA 集群中，最核心的部分是心跳监测网络和集群资源接管模块。

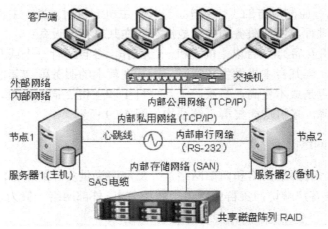

图 6-27　双机热备高可用集群系统典型结构

心跳监测一般由串行接口 COM（RS-232）通过串口线实现。两台（或多台）服务器在运行过程中，两个节点之间通过串行网络相互发送信息（心跳信号），告诉对方自己当前的运行状态。心跳信号包括系统软件和硬件的运行状态、网络通信和应用程序的运行状态等。如果备机在指定时间内未收到主机发来的信号，就认为主机运行不正常（主机故障）。备机立即在自己的机器上启动主机（故障机）上的应用程序，将主机应用程序及资源（IP 地址和磁盘空间等）接管过来，使主机上的应用在备机上继续运行。应用程序和资源的接管由软件自动完成，无需人工干预。当两台主机正常工作时，也可以根据需要，将其中一台主机上的应用程序人为地切换到另一台备机上运行（但这将影响热备功能）。

2．HA 集群系统的存储模式

如图 6-28 所示，一般有共享磁盘和磁盘镜像两种存储模式。

图 6-28　HA 集群的存储模式

磁盘镜像不需要磁盘阵列设备，它将集群中 2 台服务器的本地硬盘，通过数据镜像技术实现集群中各个节点之间的数据同步，从而实现 HA 集群功能，这是最简单的集群结构。

共享磁盘一般采用独立的磁盘阵列设备，通过磁盘阵列的共享，实现集群中各节点的数据共享。

3．HA 集群系统的工作模式

（1）主从模式（一用一备）。主从模式的网络结构如图 6-27 所示，正常情况下，服务都由主机承担，备机处于监控备用状态。当主机宕机时，备机接管主机的一切工作，待主机恢复正常后，按网络工程师设计的切换模式（自动或手动）将服务切换到主机上运行，数据的一致性通过共享存储系统解决。

（2）对称模式（互用互备）。2 台主机同时运行各自的服务（如主机 1 运行 Web 服务，主机 2

运行数据库服务），且相互监测对方的工作状态。当任一主机宕机时，另一主机立即接管它的一切工作，保证服务的不中断进行，网络服务的关键数据存放在共享存储设备中。

（3）均衡模式（多机互备）。3台以上的主机一起工作，各自运行一个或几个服务，各个服务定义一个或多个备用主机，当某台主机发生故障时，运行在其上的服务就被其他主机接管。这种结构的优点是稳定性高，缺点是成本更高。其次，一旦主机1和主机2同时宕机，则主机3就要承担2个服务，导致稳定性下降。多机均衡集群系统结构如图6-29所示。

4. HA集群系统的网络类型

在HA集群系统中，有外部网络和内部网络，外部网络提供实际的服务，外部网络可连接1台或多台交换机，并且允许客户端访问集群中的多个服务节点，外部网络一般为以太网，运行在TCP/IP协议上。

HA集群的内部网络随设计方案而不同，一般有：串行网络（如RS-232或TCP/IP）、公用网络（如TCP/IP）、私用网络（如TCP/IP）、存储网络（如FC或SAN）、Fence设备网络、大型集群管理网络等。HA集群内部网络不允许客户端访问，网络协议也各有不同。

串行网络由服务器主机的COM串行接口和一条RS-232串口线组成。也可以通过以太网交叉线构建一个串行网络，以供节点间相互通信。串行网络用来传输控制信号和心跳监控。

公用网络一般采用虚拟地址方式，为外部客户提供网络服务，这样在故障切换时，客户端就不会造成服务中断现象。在公用网络中，可以由几台主机一起提供某个服务。

私用网络是HA集群系统内部服务器主机之间传输数据的网络。

存储网络与集群系统的结构有关，如果集群采用镜像存储模式，则在两台服务器之间通过以太网接口进行连接（如图6-28（a）所示）。如果集群采用磁盘阵列存储模式，则每台服务器与磁盘阵列之间通过网络线路进行连接（如图6-28（b）所示），连接网络的类型与磁盘阵列的支持有关，大部分为以太网。如果集群采用SAN存储网络模式（如图6-29所示），则通过FC（光纤通道）网络进行连接。

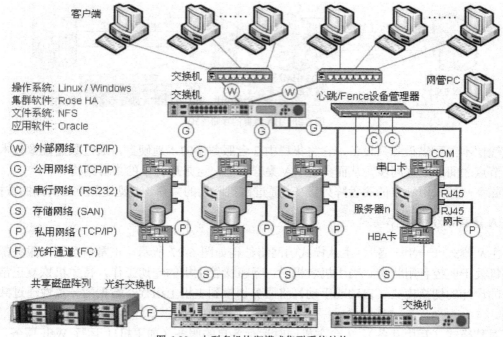

图6-29　大型多机均衡模式集群系统结构

6.4.4 集群分布式计算 Hadoop

1. 分布式计算的基本特征

分布式计算是利用网络把成千上万台计算机连接起来，组成一台虚拟的超级计算机，把一个需要巨大计算能力才能解决的问题分成许多小的计算任务，把这些计算任务分配给许多计算机进行处理，最后把这些计算结果综合起来得到最终的计算结果。

在过去 20 多年的时间内，涌现出了大量的分布式计算技术，如中间件技术、网格技术、移动 Agent 技术、P2P 技术、Web Service 技术，以及近年推出的 Hadoop 技术，它们在特定的范围内都得到了广泛的应用。目前最流行的分布式计算系统是：**基于计算机集群**的 Hadoop 分布式计算平台和**基于网格计算**的 BOINC（伯克利开放式网络计算平台）。它们都可以实现高速分布式计算，但是实现技术完全不同。Hadoop 主要利用大型数据中心的计算机集群实现计算，而 BOINC 则利用互联网中普通用户的计算机实现计算；Hadoop 的数据传输主要利用高速局域网，而 BOINC 的数据传输则利用互联网。

2. Hadoop 基本特征

Hadoop（音译：海杜普，一个玩具大象的虚构名字）是一个分布式系统计算框架，早期由谷歌公司开发，目前移交到 Apache 基金会管理。Hadoop 的核心设计是：HDFS（Hadoop 分布式文件系统）和 MapReduce（映射/聚合）分布式计算框架。HDFS 为海量数据提供了分布式文件管理系统，而 MapReduce 为海量数据提供了分布式计算方法。

Hadoop 最常见的应用是 Web 搜索，它将网络爬虫检索到的页面作为输入，并且统计这些页面上单词出现的频率。采用 Hadoop 技术的大型 IT 公司有：Google、Facebook、Twitter、Amazon、eBay、IBM、Intel 等，国内有：淘宝、华为、百度、腾讯等。

3. Hadoop 的优点

在 Hadoop 平台下可以编写处理海量数据（PB 级）的应用程序，程序运行在由数万台机器组成的大型计算机集群系统上。Hadoop 以一种可靠、高效、可伸缩的方式进行处理。Hadoop 可靠是因为它假设计算元素和数据存储都会失败，因此它维护多个数据副本，并且自动将失败的任务重新进行分配。Hadoop 高效是因为它以并行方式工作，能够在计算节点之间动态地分配数据，并保证各个计算节点的动态平衡。此外，Hadoop 是开源平台，因此它的开发成本低。Hadoop 带有用 Java 语言编写的程序框架，运行在 Linux 平台上非常理想。Hadoop 应用程序也可以用其他语言编写，如 C++、PHP、Python 等。

4. Hadoop 的基本结构

Hadoop 分布式计算平台的基本结构如图 6-30 所示。

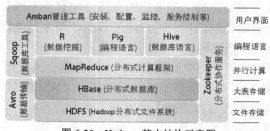

图 6-30　Hadoop 基本结构示意图

（1）HDFS 是一个分布式文件系统，HDFS 具有创建、删除、移动或重命名文件等功能。HDFS 的功能是管理名称节点（NameNode）和数据节点（DataNode）。名称节点为 HDFS 提供元数据服务，并且控制所有文件操作；数据节点为 HDFS 提供存储块，存储在 HDFS 中的文件被分成多个块，然后将这些块复制到多个数据节点中进行处理。块的大小（通常为 64MB）和数量在创建文件时由客户端决定。HDFS 内部的所有通信都基于 TCP/IP 协议。

（2）HBase 是一个类似谷歌大表的分布式 NoSQL（非结构化查询语言）数据库。

（3）MapReduce（映射/聚合）是一个分布式计算框架。

（4）Pig 是数据流编程语言，它的主要功能是对 HBase 中的数据进行操作。

（5）Hive 用类似 SQL 语言的形式访问 Hbase 数据库，提供数据查询和分析等功能。

（6）Sqoop 是 Hadoop 与传统数据库之间进行数据转换和数据传输的工具。

（7）Zookeeper 是分布式协作服务，功能包括配置维护、名称服务、分布式同步等。

（8）Avro 是数据序列化格式与传输工具，它将逐步取代原有的进程通信机制。

（9）Ambari 是管理工具，它可以快捷地监控、部署、管理 Hadoop 集群系统。

5．MapReduce 工作原理

MapReduce 的关键思想是：将各种实际问题的解决过程抽象成 Map（映射）和 Reduce（聚合）两个过程，程序员在解决问题时只要分析什么是 Map 过程，什么是 Reduce 过程，它们的 key/value（键/值）分别是什么，而不用去关心底层复杂的操作。

Hadoop 的工作流程如图 6-31 所示。MapReduce 的工作流程是：客户端作业提交（**输入**）→Map 任务分配和执行（**映射**）→Reduce 任务分配和执行（**聚合**）→作业**完成**。

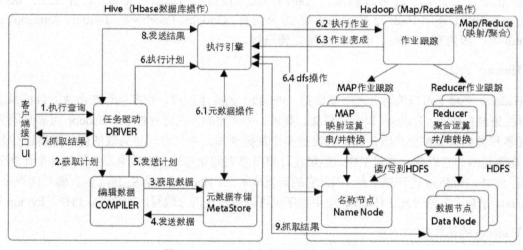

图 6-31 Hadoop 分布式计算平台工作流程

（1）作业提交。一个作业在提交之前，需要把所有应该配置的东西都配置好，因为一旦提交到了作业服务器，就进入了完全自动化的流程，用户除了观望，最多只能起到监督作用。用户要做的工作是写好 Map 和 Reduce 执行程序代码。

（2）Map 任务分配。客户端将作业提交到服务器后，服务器会先把用户输入的文件切分为 M 块（M 默认值为 64MB），每个块有多个副本存储在不同机器上（副本默认值为 3）。系统生成若干个 Map 任务，然后将用户进程拷贝到计算机集群内的机器上运行。

（3）Map 任务执行。系统内的名称节点（Name Node）是主节点，它负责文件元数据（如文件属性，副本数等）的操作和客户端对文件的访问。文件内容的数据由数据节点（Data Nodes）负责处理，如文件内容的读写请求、数据块的存储，以及数据校验等。数据节点启动后，周期性地（1小时）向名称节点上报所有数据块的信息。心跳信号每 3s 一次，如果名称节点超过 10 分钟没有收到某个数据节点的心跳信号，则认为该数据节点不可用，名称节点重新将数据块分配到另外一个数据节点处理。

（4）Reduce 任务分配与执行。Reduce 任务的分配较简单，如果 Map 任务完成了，空闲的 Reduce 服务器就会分配一个任务。只要有一个 Map 任务完成，则 Reduce 就开始拷贝其输出。一个 Reduce 有多个拷贝线程，Reduce 会对 Map 的输出进行归并排序处理。

（5）作业完成。当所有 Reduce 任务都完成了，所需数据都写到了分布式文件系统上，整个作业就正式完成了。

6.4.5　网格分布式计算 BOINC

1. BOINC 分布式计算平台的发展

BOINC（伯克利开放式网络计算平台）是目前世界上最大的分布式计算平台之一，它由美国加州大学伯克利分校 2003 年开始研发。这里的开放有多层含义，一是 BOINC 客户端软件的源代码是开放的；二是参与计算的计算机是开放的，它们来自世界各地，人们可以自由参加或退出；三是参与计算的科研项目是开放的，计算结果必须向全球免费公开。

截至 2013 年 8 月，BOINC 在全世界约有 63 万台活跃主机，提供约 7.054PetaFLOPS（千万亿次浮点运算/秒）的计算能力。

2. BOINC 工作原理

BOINC 由客户端软件和项目服务器两大部分组成。安装了 BOINC 客户端软件的计算机在闲置时，会使用计算机的 CPU 或 GPU 进行运算。即使计算机正在使用，BOINC 也会利用空闲的 CPU 周期进行计算。如果志愿者的计算机装有 NVIDIA 或 ATI 显卡，BOINC 将会利用显卡中的 GPU 进行计算，计算速度将比单纯使用 CPU 提高 2~10 倍。

BOINC 客户端程序本身并不进行实际的计算工作，只是提供管理功能。志愿者参与 BOINC 项目后，BOINC 客户端程序会与 BOINC 项目服务器自动进行连接，服务器会向志愿者计算机（客户端）提供计算任务单元（Workunit），然后客户端对任务单元进行运算，运算完成后，BOINC 客户端程序将把计算结果上传至 BOINC 项目服务器。

BOINC 项目服务器负责协调志愿者计算机的工作，包括发送任务单元、接收计算结果、核对计算结果等。由于个别计算机可能会在运算过程中出现错误，所以 BOINC 服务器一般会把同一任务单元传送至多个志愿者，并比较各个志愿者的计算结果。

3. BOINC 服务器的任务分配

客户端通过互联网周期性地发送请求信息到 BOINC 服务器。客户端的请求信息中包括了对主机和当前工作的描述、提交最近完成的任务并请求新的任务。BOINC 服务器的回复信息中包含了一组新的任务。这些工作由软件自动完成，无需用户干预。

如图 6-32 所示，BOINC 服务器的数据库中可能包含数以百万计的计算任务，服务器可能每秒需要处理几十或几百个客户端的调度请求。对于客户端的计算任务请求，理想情况下 BOINC 服务器要扫描整个计算任务列表，并根据标准发送针对该客户端"最佳"的任务。然而，这在现实中是不可行的，因为数据库的开销将高得惊人。

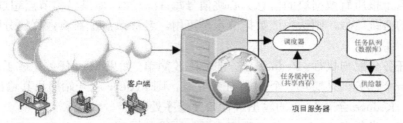

图 6-32　BOINC 系统结构示意图

如图 6-32 所示，在 BOINC 服务器共享内存区，维持大约 1 000 个任务的缓冲区。通过"供给器"程序从数据库中提取任务，并对缓冲区的任务进行周期性的补充。在某一时间内，可能有数十或数百个任务请求，每个任务请求在缓冲区扫描所有任务，并确定一个最佳任务。这种设计有很高的性能，服务器能在每秒发送数百个计算任务。

任务选择策略是：从一个随机点开始，对任务缓冲区进行扫描，针对每个任务进行可行性检查。这个过程并不需要访问数据库。例如，检查客户端是否有足够的内存与硬盘空间、客户端是否能在限期内完成这个计算任务。如果某个任务通过了这些检查，那么锁定它，然后对需要访问的数据库进行检查。然后选择计算任务，以满足志愿者主机的工作请求。

在客户端程序中，任务大小可以任意设置。那么项目服务器如何设置任务大小呢？如果任务设置太大，缓慢的客户端将无法在规定期限内完成任务；如果任务太小，服务器可能会被众多小任务反复调度而超出负荷。理想情况是，服务器在调度请求中选择一个特定的时间间隔 T（如 1 天），然后向每个志愿者计算机发送一个任务，并且计算机能在 T 时间内完成。实现这一目标的要求是：BOINC 调度器必须能够生成适当大小的计算任务。

4. 客户端诸多问题的解决

志愿者返回的计算结果并非总是正确的，主要原因有：志愿者计算机发生故障、少数恶意志愿者试图破坏项目、少数志愿者为了获得积分而不进行实际运算。鉴于这些原因，服务器必须对计算结果进行验证。BOINC 支持多种验证技术，最基本的验证是冗余计算。即服务器会把计算任务发送给两台不同的客户端，如果两者运算结果一致，计算结果就被认为是正确的。否则服务器会进一步发送计算任务到其他客户端，以期获得一致的计算结果。

BOINC 客户端软件会定期（1 周左右）在志愿者计算机上运行基准测试程序，对志愿者计算机的整数及浮点运算能力做出一个评估。另外，客户端软件在完成计算任务后，也会记录下完成该任务所耗费的 CPU 时间。然后依据基准测试的结果和计算任务所用的时间，算出客户端的积分，并在向服务器上报计算结果的同时，提交客户端的积分申请。

不同计算机有不同的错误率，大多数计算机错误率接近于 0。虽然冗余校验计算是必要的，但它会降低分布式计算的效率。BOINC 提供自适应冗余校验计算，服务器调度程序对每个客户端维持一个动态的错误率 $E(H)$ 评估。如果客户端错误率 $E(H)$ 大于恒值 K，那么对这台客户端的所有任务都需要进行冗余计算；如果 $E(H)<K$，那么对任务进行随机的冗余计算；当 $E(H)$ 接近 0 时，冗余计算也趋于 0。$E(H)$ 的初始值将会充分大，因此新客户端在获得无需冗余计算的资格之前，必须正确地完成一定数量的计算任务。这项策略并不能排除计算结果错误的可能性，但可以使错误降低到一个可接受的水平。

习题 6

6.1　某网络系统年可用性为 99.5%，试计算每年允许停机时间。

6.2　有哪些技术可以提高网络可靠性？

6.3　简要说明 RAID 0、RAID 1、RAID 5 采用的主要技术。

6.4　简要说明网络存储技术有哪些类型和应用。

6.5　简要说明什么是计算机集群系统。

6.6　讨论利用软件进行数据自动备份与 RAID 1 备份有什么不同？

6.7　讨论光纤通道（FC）与以太光纤网络有什么不同？

6.8　讨论计算机集群系统会取代大型计算机系统吗？

6.9　写一篇课程论文，讨论存储网络或者高可靠集群技术在网络中的应用。

6.10　利用模拟器进行 RAID 0、1、5 配置；进行 HSRP 配置；利用 Linux 和 Heartbeat 集群软件进行双机热备实验；进行 Ghost 备份与恢复等实验。

第 7 章　网络安全设计

网络安全性是指在人为攻击（如黑客）或自然破坏（如雷击）作用下，网络在规定条件下生存的能力。一个好的网络安全设计往往是多种方法适当综合的结果。

7.1　网络安全体系与技术

造成信息系统不安全的主要原因有：**程序设计漏洞**、**用户操作不当**和**外部攻击**。外部攻击的形式主要有：**计算机病毒**、**恶意软件**、**黑客攻击**等。信息安全是一种不可证明的特性，只能说在某些已知攻击下是安全的，对于将来的新攻击是否安全仍然很难断言。

7.1.1　网络安全问题分析

1. 程序设计中存在的安全问题

由于程序的复杂性和编程方法的多样性，很容易留下一些不容易发现的安全漏洞。程序漏洞包括：操作系统、数据库、应用软件、网络协议等安全漏洞。这些漏洞平时看不出问题，但是一旦遭到病毒和黑客攻击就会带来灾难性的后果。随着软件系统越来越大，越来越复杂，系统中的安全漏洞或"后门"不可避免地存在的。程序设计中的安全漏洞有两个方面的根本原因：溢出和程序授权。

溢出是指在数据存储过程中，超过数据结构允许的实际长度造成的数据错误。大部分编程语言（如 C 语言）没有数据边界自动检查功能，当数据被覆盖时也不能被发现。如果程序员总是假设用户输入的数据是有效的，并且没有恶意，那么就会造成很大的安全问题。大多数攻击者会向服务器提供恶意编写的数据，信任任何输入可能会导致缓冲区溢出，跨站点脚本攻击等问题。对于外部输入的数据，永远要假定它是任意值。安全的程序设计应当对输入数据的有效性进行过滤。

最小授权原则认为：要在最少的时间内授予程序代码所需的最低权限。除非必要，否则不要允许使用管理员权限运行应用程序。部分程序员在设计程序时，没有注意到程序代码的运行权限，长时间打开系统核心资源，这样会导致用户有意或无意的操作对系统造成严重破坏。在程序设计中，应当使用最少和足够的权限去完成任务。

【例 7-1】 在 Windows 操作系统中捆绑了许多额外的服务，这些额外服务大多数是以默认的访问权限进行安装的，关闭或者使用更低的权限运行这些服务会使系统更加安全。

2. 用户操作中存在的安全问题

（1）操作系统默认安装。大多数用户在安装操作系统和应用软件时，通常采用默认安装方式。这样带来了两方面的问题，一是安装了大多数用户不需要的组件和功能；二是默认安装的目录、用户名、密码等，非常容易被黑客利用。

（2）激活软件全部功能。大多数操作系统和应用软件在启动时，激活了尽可能多的功能。这种方法虽然方便了用户，但产生了很多安全漏洞。

（3）没有密码或弱密码。大多数系统都把密码作为唯一的安全防御，弱密码或缺省密码是一个很严重的问题。安全专家通过分析泄露的数据库信息，发现用户"弱密码"的重复率高达 93%。根据某网站对 600 万个账户的分析，其中采用弱密码、生日密码、电话号码、QQ 号码作为密码的用户占 590 万。图 7-1 所示是中国版的常见"弱密码"。很多企业中的信息系统，也存在大量弱密码现象，这为黑客攻击提供了可乘之机。

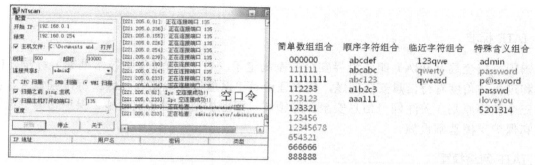

图 7-1　利用软件进行密码扫描（左）和常见弱密码（右）

选择密码最好的建议是选取一首歌中的一个短语或一句话，将这些短语单词的第 1 或第 2 个字母，加上一些数字来组成密码，在密码中加入一些符号将使密码更难破解。

3．黑客攻击

黑客攻击的形式有：**数据截获**（如利用嗅探器软件捕获用户发送的数据包）、**重放**（如利用后台屏幕录像软件记录用户操作）、**密码破解**（如破解系统登录密码）、**非授权访问**（如无线"蹭网"）、**钓鱼网站**（如假冒银行网站）、**完整性侵犯**（如篡改 E-mail 内容）、**信息篡改**（如修改订单价格和数量）、**物理层入侵**（如通过无线微波向数据中心注入病毒）、**旁路控制**（如通信线路搭接）、**电磁信号截获**（如手机信号定位）、**分布式拒绝服务**（DDOS）、**垃圾邮件或短信攻击**（SPAM）、**域名系统攻击**（DNS）、**缓冲区溢出**（黑客向计算机缓冲区填充的数据超过了缓冲区本身的容量，使得溢出的数据覆盖了合法数据）、**地址欺骗**（如 ARP 攻击）、**特洛伊木马程序**等。总之，黑客的攻击行为五花八门，方法层出不穷。黑客最常见的攻击形式有 DDOS、SPAM 和钓鱼网站。

黑客攻击与病毒的区别在于黑客攻击不具有传染性，黑客攻击与恶意软件的区别在于黑客攻击是一种动态攻击，它的攻击目标、形式、时间、技术都不确定。

【例 7-2】2009 年 5 月 19 日晚，一个游戏"私服"网站对它的竞争对手发动攻击，黑客对国内最大的免费域名服务器 DNSpod 进行了攻击，大流量攻击导致 DNSpod 服务中止，运行在 DNSpod 免费服务器上的 10 万个域名无法解析，由于 DNSpod 的 DNS 服务完全中断。而黑客攻击的 DNS 服务器正好为"暴风影音"软件的某项功能提供域名解析服务，据称有 2.8 亿用户的暴风影音软件，通过安插在用户计算机中的后台进程，悄悄访问暴风影音网站，出现无法连接之后，便自动向当地电信的 DNS 服务器疯狂提交查询请求，海量的 DNS 查询信息最终导致了当地电信 DNS 服务器瘫痪，并进一步造成浙江电信 DNS 瘫痪，于是巨量的 DNS 服务请求又自动转向国内各大电信运营商。最终造成北京、天津、上海、河北、山西、内蒙古、辽宁、吉林、江苏、黑龙江、浙江、安徽、湖北、广西、广东等地区的 DNS 陆续瘫痪。中国互联网遭遇了"多米诺骨牌"连锁反应，出现了全国范围的网络故障。

这次网络故障围绕三个关键环节展开：DNSPod、暴风影音、电信运营商 DNS 服务器。其中，DNS 是引起这次网络故障事件的重要环节。DNS 在 Internet 上的作用相当于电话黄页，它提供的是公共服务，它的 IP 地址必须向公众公开，而且相对固定。如果经常发生 IP 地址变更，就会影响客户端的服务，因此 DNS 具有目标大、易受攻击的特点。通过"519"网络故障事件，暴露出我国互联网诸多环节中，存在大量潜在的安全风险。

7.1.2 网络安全体系结构

1．IATE 标准

美国国家安全局（NSA）组织世界安全专家制定了 IATF（信息保障技术框架）标准，IATF 从整体和过程的角度看待信息安全问题，代表理论是**"深度保护战略"**。IATF 标准强调人、技术和操作三个核心原则，关注四个信息安全保障领域，即保护网络和基础设施、保护边界、保护计算环境和保护支撑基础设施。

2．IATF 网络模型

在 IATF 标准中，飞地是指位于非安全区中的一小块安全区域。如图 7-2 所示，IATF 模型将网络系统分成局域网、飞地边界、网络设备、支持性基础设施等 4 种类型。

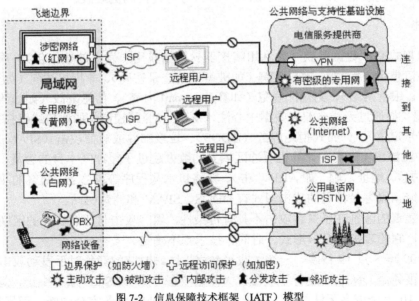

图 7-2　信息保障技术框架（IATF）模型

在 IATF 模型中，局域网包括涉密网络（红网，如财务网）、专用网络（黄网，如内部办公网络）、公共网络（白网，如公开信息网站）和网络设备，这一部分主要由企业建设和管理。网络支持性基础设施包括专用网络（如 VPN）、公共网络（如 Internet）、通信网等基础电信设施（如城域传输网），这一部分主要由电信服务商提供。IATF 模型最重要的设计思想是：**在网络中进行不同等级的区域划分与网络边界保护**。

3. 对手、动机和攻击类型

在网络安全设计中，为了有效抵抗对信息和网络基础设施的攻击，必须了解可能的对手（攻击者）以及他们的动机和攻击能力。可能的对手包括罪犯、黑客或者企业竞争者等。他们的动机包括收集情报、窃取知识产权等。IATF 标准认为有 5 类攻击方法：**被动攻击**、**主动攻击**、**物理临近攻击**、**内部人员攻击和分发攻击**。除了要防范以上 5 类人为故意攻击外，还必须防范由非恶意事件引发的破坏性后果，如火灾、洪水、电力中断以及用户失误等。

因此网络系统应能抵抗来自黑客的全方位攻击，而且网络系统必须具备限制破坏程度的能力，并且能在遭受攻击后快速恢复。表 7-1 描述了上述 5 类攻击的特点。

表 7-1　　　　　　　　　　　　　　　I ATF **描述的 5 类攻击的特点**

攻击类型	攻击特点
被动攻击	被动攻击是指对信息的保密性进行攻击。包括分析通信流、监视没有保护的通信、破解弱加密通信、获取鉴别信息（如口令）等。被动攻击会造成在没有得到用户同意或告知的情况下，将用户信息或文件泄露给攻击者，如泄露个人信用卡号码等
主动攻击	主动攻击是篡改信息来源的真实性、信息传输的完整性和系统服务的可用性。包括试图阻断或攻破安全保护机制、引入恶意代码、偷窃或篡改信息。主动攻击会造成数据资料的泄露、篡改和传播，或导致拒绝服务
物理临近攻击	指未被授权的个人，在物理意义上接近网络系统或设备，试图改变和收集信息，或拒绝他人对信息的访问。如未授权使用、U 盘复制、电磁信号截获后的屏幕还原等
内部人员攻击	可分为恶意攻击或无恶意攻击。前者是指内部人员对信息的恶意破坏或不当使用，或使他人的访问遭到拒绝；后者指由于粗心、无知以及其他非恶意的原因造成的破坏
分发攻击	在工厂生产或分销过程中，对硬件和软件进行恶意修改。这种攻击可能是在产品中引入恶意代码，如手机中的后门程序等

4. 安全威胁的表现形式

安全威胁的表现形式包括：信息泄露、媒体废弃（如报废的硬盘）、人员不慎、非授权访问、旁路控制（如线路搭接）、假冒、窃听、电磁信号截获、完整性侵犯（如篡改 Email 内容）、数据截获与修改、物理侵入、重放（如后台屏幕录像或键盘扫描）、业务否认、业务拒绝、资源耗尽、业务欺骗、业务流分析、特洛伊木马程序等。

5. 深度保护战略模型

IATF 的深度保护战略（DDS）认为，**信息保障依赖于人、技术和操作来共同实现。**

（1）人。人是信息保障体系的核心，同时也是最脆弱的。信息安全保障体系包括安全意识培训、组织管理、技术管理和操作管理等多个方面。

（2）技术。信息保障体系通过各种安全技术机制实现，安全技术不仅包括以防护为主的静态技术体系，也包括以防护、检测、响应、恢复并重的动态安全技术机制。

（3）操作。操作也称为运行，操作是将各种安全技术紧密结合在一起的主动过程，包括：风险评估、安全监控、安全审计、跟踪告警、入侵检测、响应恢复等内容。

7.1.3 网络协议安全技术

1. 常用的网络安全技术

网络安全是指网络系统的硬件、软件及其系统中的数据受到保护，不因偶然的或者恶意的原因而遭到破坏、更改和泄露，系统能连续、可靠地正常运行，网络服务不中断。

在 TCP/IP 体系结构中，各个层次的安全措施有所不同，常用安全技术如表 7-2 所示。

表 7-2   **TCP/IP 各个层次常用安全保护技术**

网络层次	硬件安全保护技术	软件安全保护技术
应用层	极少，如数据加密机	文件加密、数字签名、安全认证、安全补丁、AAA、病毒防护、防火墙
传输层	SSL 加密机、防火墙	软件 SSL、TLS、防火墙
网络层	防火墙、IDS、IPS、VPN 网关、ACL、NAT	软件防火墙、软件 VPN 网关、安全认证
接口层	链路加密网卡、链路加密机	MAC 地址绑定、VLAN 划分
	物理隔离、线路屏蔽、设备屏蔽、设备冗余	极少

2. 接口层的安全

接口层可以分为物理层和数据链路层。物理层面临的安全威胁有：搭线窃听，电磁辐射信号还原、物理临近等。政府、金融等对数据安全敏感的部门，可以根据计算机辐射量的大小和环境，对机房或部分主机进行屏蔽。如将网络设备用金属屏蔽笼（法拉第笼）封闭起来，并将屏蔽笼接地，就能有效地防止计算机电磁辐射的泄露。如果没有条件建立屏蔽机房，可以将处理重要信息的网络设备放在中间，四周放置处理一般信息的计算机，这种方法可降低辐射信息被接收还原的可能性。

3. 网络层的安全

网络层的安全威胁主要有数据包窃听、ARP 欺骗、流量攻击、拒绝服务攻击等。网络层的安全技术有 IP 路由安全机制、IPSec（IP 安全协议）和防火墙技术。IPSec 对应用程序和终端用户是透明的，即上层的软件不会受到影响，用户日常办公模式也不需要改变。

4. 传输层的安全

传输层使用 TCP 提供端到端服务，传输层主要的安全协议有 SSL（Secure Sockets Layer，安全套接层协议），它在两实体之间建立了一个安全通道，当数据在通道中传输时是经过认证和保密的。SSL 提供三个方面的服务：用户和服务器认证、对数据进行加密服务和维护数据的完整性。SSL 对于应用层协议和程序是透明的，它可以为 HTTP、SMTP 和 FTP 等应用层协议提供安全性。

5. 应用层的安全

应用层的安全问题主要有：操作系统漏洞、应用程序 BUG、非法访问、病毒木马程序攻击等。应用层采用的安全技术有加密、用户级认证、数字签名等。应用层的安全协议都是为特定的应用提供安全服务。如 S/MIME（安全/通用因特网邮件扩展服务）是一个用于保护电子邮件的规范，标准内容包括数据加密、数据签名等。

7.1.4　网络信息加密技术

加密技术是网络安全最有效的技术之一，加密的网络信息不但可以防止非授权用户的窃听和入网，而且也是对付恶意软件的有效方法。

1．加密系统的组成

加密系统通常包括 4 个组件：**软件组件、加密算法、协议和加密密钥**，软件组件负责各功能子系统的协调和用户交互；加密算法根据一定规则对输入信息进行加密处理；协议为加密系统和运行环境所需；而加密密钥就是用户加解密信息所需的钥匙。加密算法的强度和加密密钥长度是衡量一个加密系统功能强弱的重要指标。

2．常用加密算法

（1）对称加密。**对称加密是加密和解密都使用相同密钥的加密算法**。它的优点在于加解密的高速度和使用长密钥时的难以破解性。常见的对称加密算法有 DES、3DES、IDEA 等。假设 2 个用户使用对称加密方法交换数据，最少需要 2 个密钥并交换使用；如果企业有 n 个用户，则整个企业共需要 $n×（n-1）$ 个密钥。对称加密算法的密钥生成和分发将成为网络工程师的恶梦，它要求企业中每一个持有密钥的人都保守秘密，如果一个用户的密钥被入侵者获得，入侵者便可以读取该用户密钥加密的所有文档，如果整个企业共用一个加密密钥，则整个企业文档的保密性便无从谈起。DES的最典型应用是 IPSec（VPN 安全标准），IPSec 工作在网络协议的第 3 层，使用 DES（56bit）或 Triple DES（112bit）加密方式。

（2）非对称加密。**非对称加密是加密和解密使用不同密钥的加密算法**。常见的非对称加密算法有：RSA、SSL（传输层安全标准）、ECC（移动设备安全标准）、S-MIME（电子邮件安全标准）、SET（电子交易安全标准）、DSA（数字签名安全标准）等，这些加密算法和协议都是一些"事实标准"。假设 2 个用户使用非对称加密方法交换数据，使用时一方用对方的公开密钥（类似于"锁"）加密，另一方可用自己的私钥（类似于"钥匙"）解密。如果企业中有 n 个用户，企业需要生成 n 对密钥，并分发 n 个公钥。由于公钥可以公开，用户只要保管好自己的私钥即可，因此加密密钥的分发变得十分简单。同时，每个用户的私钥是唯一的，其他用户除了可以通过信息发送者的公钥来验证信息的来源是否真实，还可以确保发送者无法否认曾发送过该信息。非对称加密的缺点是加解密速度要远远慢于对称加密，在某些极端情况下，甚至能比对称加密要慢 1 000 倍。

（3）Hash 加密。Hash（哈希）算法是一种单向函数，**可以通过 Hash 算法对目标信息生成一段特定长度的唯一 Hash 值，却不能通过这个 Hash 值重新获得目标信息**，常见的 Hash 算法有 MD5（消息摘要）等。MD5 将任意长度的"字节串"映射为一个 128bit 的大整数，但是通过该 128bit 的值反推原始字符串非常困难。也就是说，即使你看到源程序和算法描述，也无法将一个 MD5 值变换回原始的字符串。从数学原理上说，原始字符串有无穷多个。MD5 常用于密码校验、数字签名等应用中。

加密算法的性能可按照算法复杂程度、密钥长度（越长越安全）、加解密速度来衡量。

3．加密系统在网络中的应用

加密系统在网络中有三个基本的应用：存储、传输和认证。

（1）在网络存储中的应用。通过加密来保证敏感数据不被未授权者访问和保证数据的完整性。

在数据量较少时，常采用 RSA 等对称加密算法；校验常采用 MD5 算法；利用软件实现对特定目标（如文件、数据库、全硬盘等）加密，如商业加密软件 PGP、开源加密软件 GPG 等；Seagate（硬盘生产厂商）等厂商采用加密芯片的方法加密存储设备中的数据。

【例 7-3】 在"数字签名"中，用 MD5 为任何文件生成一个独一无二的"数字指纹"，任何人对文件进行任何改动后，对应的 MD5 值都会发生变化。常常在一些软件下载站点中看到 MD5 值，它的作用在于在下载该软件后，对下载回来的文件用专门的软件（如 Windows MD5 Check 等）做一次 MD5 校验，就可以确保获得的文件与该站点提供的文件为同一文件。

（2）在网络传输中的应用。传输加密系统比存储加密更加复杂，它需要考虑密钥的分发问题，常见方法是同时使用对称加密和非对称加密算法。先通过非对称加密来加密分发对称加密的密钥，再用对称加密方法来加密数据和保证传输速度。传输加密系统分为点对点加密和端对端加密，点对点加密将对所有数据进行加密，通常用在有较高安全级别的通信中；如图 7-3 所示，端对端加密则只加密数据本身，而对路由信息等网络协议数据并不进行加密，它适用在安全级别较低的场合。传输加密系统有软件实现的各种隧道技术，如 SSH、IPsec、端对端加密的 PGP、HTTPS、SMIME、PEM 等；硬件实现的传输加密系统有各种带 VPN 功能的防火墙、带加密功能的网卡等。

图 7-3　端到端加密传输过程

（3）在网络认证中的应用。加密系统的主要功能是确认信息发送者的身份、校验收到信息的完整性以及提供不可否认性，这些功能经常采用非对称加密和 Hash 算法来实现。目前认证方面的加密系统以软件实现为主，如 MD5、PKI、PGP、GPG 等。

【例 7-4】 经常采用 MD5 算法进行用户密码校验。在大部分系统中，用户密码经过 MD5（或其他算法）转换后存储在文件系统中。当用户登录时，系统将用户输入的密码进行 MD5 运算，然后再与系统中保存的 MD5 值进行比较，从而确定输入的密码是否正确。通过这样的步骤，系统在并不知道用户密码的情况下，就可以确定用户登录系统的合法性。这可以避免用户密码被具有系统管理员权限的人员知道。

4．选择加密技术的基本原则

选择加密系统应考虑到网络的业务流程以及业务的主要安全威胁，并综合考虑产品的实现、性价比、部署后产生的影响等因素。

（1）根据业务要求选择加密系统。网络业务主要面临什么安全威胁，决定了加密系统的选择方向。例如，电子商务企业需要安全地保存客户数据和防止在线交易时被监听，因此可以考虑使用数据库加密或全盘加密的安全地产品来存储数据，使用 HTTPS 来加密在线交易时的数据传输。一个非盈利组织可能更注重所有收发信息的真实性，并且对加密产品的成本较敏感，因此可以选择成本较低的 PGP/GPG 软件或公共的 PKI 服务来保证信息的完整性。在外地有分支机构的企业，可以选择各种 VPN 或加密传输产品来保护在互联网上传输数据的安全。因此，业务需要是选择加密系统产品的首要考虑因素。

（2）硬件加密系统与软件加密系统的选择。硬件加密系统的处理速度远高于软件，但高成本限制了它的应用范围。软件加密系统的优点在于实现的灵活性和较低的成本。

（3）加密系统本身的安全性。加密系统自身的安全性是非常重要的选择指标。例如，对于硬件 VPN 网关，由于工作在可能受外界攻击的网络环境中，它对各种攻击的抵抗能力将是整个加密系统最薄弱的环节。

7.2　防火墙与 DMZ 设计

防火墙是为了防止火灾蔓延而设置的防火障碍。网络系统中的防火墙是用于隔离本地网络与外部网络之间的一道防御系统。客户端用户一般采用软件防火墙；服务器端用户一般采用硬件防火墙，关键性的服务器一般都放在防火墙设备之后。

7.2.1　防火墙基本功能

1. 防火墙在网络中的位置

防火墙是内部网络与外部网络通信的唯一途径。也就是说，所有从内网到外网或从外网到内网的通信都必须经过防火墙，否则，防火墙将无法起到保护作用。网络工程师在防火墙中制订一套完整的安全策略，只有经过安全策略证实的数据流，才可以完成通信。防火墙本身应当是一个安全、可靠、防攻击的可信任系统，它自身应有足够的可靠性和抵御外界对防火墙的任何攻击。

2. 防火墙的类型

如果按照防火墙的应用形式，可以分为硬件防火墙和软件防火墙。硬件防火墙可以是一台独立的硬件设备（如 Cisco PIX）；也可以在一台路由器上，经过配置成为一台具有安全功能的防火墙；软件防火墙是运行在服务器主机上的一个软件（如 ISA Server）。硬件防火墙在功能和性能上都优于软件防火墙，但是成本较高。

如果按照防火墙工作的网络层次，可以分为包过滤型防火墙（网络层）、代理型防火墙（应用层）或混合型防火墙。包过滤防火墙的典型产品有以色列的 Checkpoint 防火墙和美国 Cisco 公司的 PIX 防火墙，代理型防火墙的典型产品有美国 NAI 公司的 Gauntlet 防火墙。

3. 防火墙的功能

防火墙用来在两个网络之间实施**访问控制**策略，解决内网和外网之间的安全问题。防火墙应具备以下功能。

（1）所有内部网络和外部网络之间交换的数据都可以而且必须经过防火墙。例如，学生宿舍的计算机既接入校园网，同时又接入电信外部网络时，就会造成一个安全后门，攻击信息会绕过校园网中的防火墙，攻击校园内部网络。

（2）只有防火墙安全策略允许的数据，才可以出入防火墙，其他数据一律禁止通过。例如，可以在防火墙中设置内部网络中某些重要主机（如财务部门）的 IP 地址，禁止这些 IP 地址的主机向外部网络发送数据包；例如阻止上班时间浏览某些网站（如游戏网站）或禁止某些网络服务（如 QQ）；以及阻止接收已知的不可靠信息源（如黑客网站）。

（3）防火墙本身受到攻击后，应当仍然能稳定有效地工作。例如，设置防火墙对外部突然增加的巨大数据流量进行数据包丢弃处理。

（4）防火墙应当有效地过滤、筛选和屏蔽一切有害的服务和信息。例如，在防火墙中检测和区分正常邮件与垃圾邮件，屏蔽和阻止垃圾邮件的传输。

（5）防火墙应当能隔离网络中的某些网段，防止一个网段的故障传播到整个网络。例如，在防火墙中对外部网络访问区（DMZ）和内部网络（LAN）访问区采用不同网络接口，一旦外部网络（DMZ）崩溃，不会影响到内部网络的使用。

（6）防火墙应当可以有效地记录和统计网络的使用情况。

4．防火墙的局限性

防火墙技术不能解决所有安全问题，它存在以下局限性。

（1）防火墙不能防范不经过防火墙的攻击。例如，内部网络用户如果同时采用拨号上网的接入方式（如 ADSL），则绕过了防火墙提供的保护，从而造成了潜在的后门攻击渠道。

（2）防火墙不能防范网络内部的攻击，例如，防火墙无法禁止内部间谍将敏感数据拷贝到 U 盘上。

（3）防火墙不能防止受病毒感染的软件或木马文件的传输。由于病毒、木马、文件加密、文件压缩的种类太多，而且更新很快，所以不能期望防火墙对每一个文件进行扫描，查出潜在的计算机病毒。

（4）防火墙不检测数据包的内容，因此防火墙不能防止数据驱动式的攻击。例如，攻击者修改主机系统中与安全有关的配置文件，就会使入侵者下次更容易攻击这个系统。

（5）不安全的防火墙设备、配置不合理的防火墙、防火墙在网络中的位置不当等，都会使防火墙形同虚设。

7.2.2　DMZ 基本功能

1．DMZ（隔离区/非军事区）的基本结构和功能

DMZ 是设立在非安全系统与安全系统之间的缓冲区。

【例 7-5】如图 7-4 所示，DMZ 位于企业内部网络和外部网络之间的一个区域内，在 DMZ 内可以放置一些对外的服务器设备，如企业 Web 服务器、FTP 服务器和论坛等。DMZ 的目的是将敏感的内部网络和提供外部访问服务的网络分离开，为网络提供深度防御。在防火墙的安全策略设计中，定义和限制了外部访问只能在 DMZ 区域中进行。相反，在内部网络访问 DMZ 区域和 Internet 则不受限制。

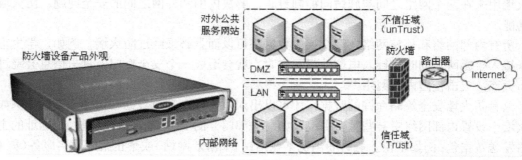

图 7-4　最简单的 DMZ 网络安全结构

来自外网的访问者可以访问 DMZ 中的服务，但不可能接触到存放在内网中的企业机密信息，即使 DMZ 中服务器受到破坏，也不会对内网中的机密信息造成影响。

2．防火墙的接口

硬件防火墙最少有三个接口：内网接口，用于连接内部网络设备；外网接口，相当于主机接口，用于连接边界路由器等外部网关设备；DMZ 接口，用于连接 DMZ 区的网络设备。很多防火墙扩展了接口的数量。硬件防火墙中的网卡一般都设置为混杂模式，这样可以监测到通过防火墙的数据包。

3．DMZ 访问安全策略

DMZ 的设计需要掌握几个基本原则，一是设计**最小权限**，例如定义允许访问的网络资源和网络的安全级别；二是确定可信用户和**可信任区域**；三是明确各个网络之间的访问关系，制定以下**访问安全策略**。

（1）内网可以访问外网。内网用户可以自由地访问外网，防火墙需要进行源地址转换。

（2）内网可以访问 DMZ。这个策略是为了方便内网用户使用和管理 DMZ 中的服务器。

（3）外网不能访问内网。不允许未经授权的外部用户访问内部网络中的数据。

（4）外网可以访问 DMZ。DMZ 中的服务器主要是提供外部网络服务，因此外网用户必须可以访问 DMZ。外网访问 DMZ 时，需要由防火墙完成外网地址到服务器实际地址的转换。

（5）DMZ 不能访问内网。如果违背这个安全策略，当入侵者攻陷 DMZ 时，就可以进一步攻击内网的重要数据。

（6）DMZ 不能访问外网。这条策略也有例外，如在 DMZ 中放置邮件服务器时，就需要访问外网，否则将不能正常工作。

DMZ 是为不信任系统提供服务的独立网段，（白网）其目的是把敏感的内部网络和提供对外服务的网络分开，阻止内网和外网直接通信，保证内网安全。

7.2.3　DMZ 结构设计

1．单防火墙 DMZ 网络结构

如图 7-4 所示，单防火墙 DMZ 结构将网络划分为三个区域，内网（LAN）、外网（Internet）和 DMZ。DMZ 是外网与内网之间附加的一个安全层，这个安全区域也称为屏蔽子网、过滤子网等。这种网络结构的构建成本低，多用于小型企业网络设计。

2．双防火墙 DMZ 网络结构

防火墙通常与网络中的边界路由器一起协同工作，边界路由器是网络安全的第一道屏障。通常的做法是在路由器中设置数据包过滤和 NAT 功能，让防火墙完成特定的端口阻塞和数据包检查，这样在整体上提高了网络性能。

【例 7-6】如图 7-5 所示的网络结构中，有 2 台防火墙连接到 DMZ，一台位于 DMZ 子网与内部网络之间，而另一台防火墙位于外部网络与 DMZ 之间。这样，入侵者必须通过 2 台路由器和 2 台防火墙的安全控制，才能抵达网络内部。这种网络结构大大增强了网络的安全性，并且由于路由器控制数据包的流向，所以提高了网络的吞吐能力，缺点是系统设置较为复杂。

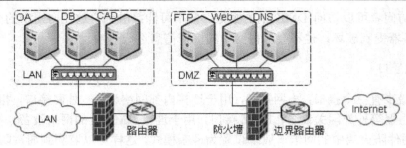

图 7-5　双防火墙单 DMZ 网络结构

【例 7-7】另外一种双 DMZ 网络结构设计方案如图 7-6 所示。将 Web 服务器放在 DMZ 中，必须保证 Web 服务器与内部网络处于不同的子网。这样当网络流量进入路由器时，连接到 Internet 上的路由器和防火墙就能对网络流量进行筛选和检查。除 Web 服务器外，还应该把 E-mail 服务器和 FTP 服务器也一同放在 DMZ 中。

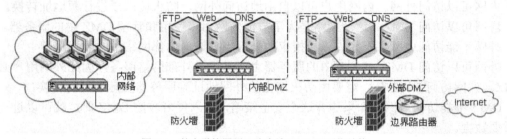

图 7-6　某大学校园网双防火墙双 DMZ 网络结构

7.2.4　PIX 防火墙命令

PIX 是 Cisco 公司的硬件防火墙设备，它的基本功可以通过以下命令进行配置。

1. 接口配置命令 interface

Interface 的功能是开启或关闭接口、配置接口的速度、对接口进行命名等。新防火墙的各个端口都是关闭的，如果不进行任何配置，则防火墙无法工作。

（1）配置接口速度

防火墙接口速度可以手工配置或自动配置。手工配置命令如下。

命令格式：interface ethernet0 auto　　//对 e0 接口设置为自动设置连接速度//

命令格式：interface ethernet2 100ful　　//为接口 2 手工指定连接速度为 100M//

手工指定接口速度时，指定的速度必须与所连接设备的速度相同。如在防火墙上连接了交换机，则交换机的端口速度必须跟防火墙的速度匹配。自动配置接口速度会影响防火墙的性能。而且，有时会判断失误，建议采用手工配置接口速度。

（2）关闭与开启接口

防火墙有多个接口，打开的接口不用时要及时关闭。打开的接口越多，越会影响防火墙的运行效率，而且对网络安全也会有影响。可用不带参数的 shutdown 命令关闭防火墙接口。与 Cisco IOS 不同，打开接口不采用 no shutdown 命令。

2．别名配置命令 nameif

防火墙设备出厂时，厂商会为防火墙接口配置默认名，如 ethernet0 等。网络工程师应当用更加直观的名字来描述接口的用途。如用 outside 命令说明这个接口用来连接外部网络；用 inside 命令说明这个接口用来连接内部网络。nameif 命令基本如下。

命令格式：nameif <接口名> <接口别名> <安全级别>

<接口名>说明防火墙接口的具体位置，如 ethernet0 或者 ethernet1 等。如果没有对接口进行重新命名一个别名时，只能通过<接口名>来配置对应的接口参数。

<接口别名>是网络工程师为这个接口指定的具体名字。<接口别名>应当能够反映出这个接口的实际用途。<接口别名>中间不能用空格、不能超过 48 个字符。如用 inside 或者 outside 表示连接内网与外网的接口别名。忘记接口名时，可用 show nameif 命令查看。

<安全等级>：安全级别为 1~99，数字越大安全级别越高。可以把企业内部接口的安全等级设置高一点，企业外部接口的安全等级则设置低一点。根据防火墙访问规则，安全级别高的接口可以访问安全级别低的接口。不需要设置复杂的安全等级。安全要求不高的网络，可以将安全等级分为两级（一般只用两个接口，一个连接外部网络，另一个连接内部网络），这样防火墙安全级别管理时更加方便。

3．地址配置命令 IP address

防火墙的 IP 地址可以通过 DHCP 自动获得；也可以通过手工设置 IP 地址。如果网络规模较大，安全级别较高，则建议不要采用 DHCP 方式。手工配置 IP 地址命令为

ip adress <接口别名> <IP 地址> [<网络掩码>]

防火墙接口的<别名>配置好后，后续命令中就不需要采用<接口名>了，可以利用<别名>为具体的接口设置相关参数。

手工设置 IP 地址时要注意：一是如果网络中有 DHCP 服务器，要注意网络地址冲突问题。防火墙上的接口 IP 地址，在整个内部网络中必须保持唯一，否则会造成 IP 地址冲突。为了管理上的方便，最好能够指定连续的 IP 地址。因此在 IP 地址规划中，应当为防火墙接口预留出足够多的 IP 地址，避免以后用到时，IP 地址不连续。

网络掩码不是必需的。没有配置网络掩码时，防火墙会自动根据内部网络的结构，自动设置一个网络掩码。在一般情况下，网络掩码可以不用设置。

4．地址转换配置命令 NAT、Global、Static

NAT（网络地址转换）命令可以将内部的一组 IP 地址转换成为外部的公网地址；global 命令用于定义用网络地址转换命令 NAT 转换成的地址或者地址的范围。简单的说，利用 NAT 与 Global 命令，能够实现 IP 地址之间的转换，还可以实现 IP 地址到端口的映射。

当企业只有一个公有 IP 地址时，可以利用 static 命令实现端口的重定向配置。

5．测试命令 ICMP

Ping 与 Debug 是常用的测试命令，但是防火墙在默认情况下会拒绝所有来自外部接口的 ICMP 数据包流量，这主要是出于安全方面的考虑。如果需要防火墙接收来自外部的 ICMP 流量，就需要利用 permit 命令来允许防火墙通过 ICMP 流量，命令为

icmp permit any any outside

测试完后，最好让防火墙拒绝接收外部接口的 ICMP 流量，这可以防止 DOS 等攻击。

6. 配置保存命令 write memory

对防火墙配置所进行的更改，不会直接写入防火墙闪存中。没有将配置写入到闪存中时，防火墙先把它存放在 RAM 中，防火墙重启后，更改的配置就会丢失。当配置测试无误后可以用 write memory 命令将更改的配置写入到闪存中。

7.2.5　PIX 防火墙配置

1. 企业网络结构与地址分配

【例 7-8】某企业从 ISP 获得 12 个有效 IP 地址：202.103.100.21~202.103.100.32。通过一台 PIX525 防火墙接入 Internet，企业内部有若干子网，对外提供 Web 和 E-mail 服务。如图 7-6 所示，企业用户访问 Internet 采用 NAT。IP 地址规划如表 7-3 所示。

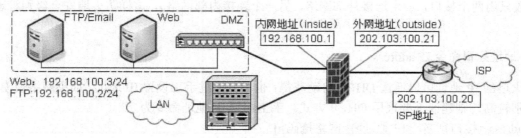

图 7-7　某企业网络结构图

表 7-3　　某企业网络 IP 地址规划表

地址对象	内网地址（inside）	外网地址（outside）
防火墙外网接口	—	202.103.100.21/28
防火墙内网接口	192.168.100.1	—
ISP 接入端口	—	202.103.100.20/28
FTP/Email 服务器	192.168.100.2	202.103.100.31/28
Web 服务器	192.168.100.3	202.103.100.32/28
用户上网	192.168.100.4~254	202.103.100.22~30

2. 防火墙接口属性和安全级别配置

PIX525(config)# nameif ethernet0 outside security 1
//缺省配置下，e0 为外网接口（outside），安全级别为 1//
PIX525(config)# nameif ethernet1 inside security100
//设置以太网口 e1 别名为 inside（内网接口），安全级别为 100//
PIX525(config)# nameif dmz security50//设置 DMZ，安全级别 50//

3. 网络服务端口启用配置

PIX525(config)# fixup protocol ftp 21　　//启用 FTP 服务，端口号为 21//
PIX525(config)# fixup protocol http 80　　//启用 HTTP 服务，端口号为 80//

PIX525(config)# fixup protocol h323 1720   //启用 H.323 服务，端口号为 1720//
PIX525(config)# fixup protocol smtp 25   //启用 SMTP 服务，端口号为 25//
PIX525(config)# fixup protocol sqlnet 1521   //启用 SQLNET 服务，端口号为 1521//
PIX525(config)# fixup protocol sip 5060   //启用 SIP，端口号为 5060//

4．防火墙接口参数配置

PIX525(config)# interface ethernet0 auto   //auto 为接口深度自适应//
PIX525(config)# mtu outside 1500   //设置外部网络 MTU 长度为 1500 字节//
PIX525(config)# mtu inside 1500   //设置内网 MTU 长度为 1500 字节//
PIX525(config)# interface ethernet1 100 full//接口深度为 100M，全双工通信//
PIX525(config)# interface ethernet1 100 full shutdown
//shutdown 表示关闭这个接口，若启用接口，去掉 shutdown 即可//

5．内网和外网的 IP 地址配置

PIX525(config)# ip address outside 202.103.100.21   255.255.255.240
//配置外网网卡 IP 地址为 202.103.100.21，子网掩码为 255.255.255.240//
PIX525(config)# ip address inside 192.168.100.1   255.255.255.0
//配置内网网卡 IP 地址为 192.168.100.1，子网掩码为 255.255.255.0//

6．内部地址转换配置（NAT）

NAT 命令总是与 Global 命令一起使用，因为 NAT 命令可以指定一台主机或一段范围的地址空间；访问外网时需要利用 global 指定的地址池进行对外访问。
PIX525(config)# global outside 1   202.103.100.20-202.103.100.32 netmask 255.255.255.240
//设置 NAT 地址池为：202.103.100.20-202.103.100.32//
PIX525(config)# nat inside 1   0.0.0.0   0.0.0.0//内网所有 IP 地址转换成外部 IP 地址//
PIX525(config)# static outside 202.103.100.31 192.168.100.2 netmask 255.255.255.255
//内网 DNS 服务器地址 192.168.100.2 转换成外部地址 202.103.100.31//
PIX525(config)# static outside202.103.100.32   192.168.100.3 netmask 255.255.255.255
//内网 Web 服务器地址 192.168.100.3 转换成外部地址 202.103.100.32//

7．访问控制列表配置（ACL）

PIX525(config)# access-group acl_out in interface outside
//在外部接口设置访问控制列表 acl_out //
PIX525(config)# conduit permit tcp host 202.103.100.32 eq www any
//只允许外网访问 80 端口//
PIX525(config)# conduit permit tcp host 202.103.100.31 eq smtp any
//只允许外网访问 25 端口//
PIX525(config)# conduit permit tcp host 202.103.100.31 eq pop3 any
//只允许外网访问 110 端口//

8. 外网静态路由配置

PIX525(config)# route outside 0.0.0.0   0.0.0.0   202.103.100.20

//设置 ISP 静态路由地址为 202.103.100.20//

9. AAA 服务设置

PIX525(config)# aaa-server TACACS+ protocol tacacs+

//对 AAA 服务器设置 TACACS+协议//

PIX525(config)# aaa-server RADIUS protocol radius

//对 AAA 服务器设置 RADIUS 协议//

10. 其他设置

PIX525(config)# no snmp-server location   //启用本地 SNMP 工作站//

PIX525(config)# no snmp-server contact

PIX525(config)# snmp-server community public//启用 SNMP 工作站的位置//

PIX525(config)# no snmp-server enable traps   //启用 SNMP 陷阱事件//

PIX525(config)# floodguard enable

//防止有人伪造大量认证请求，将防火墙的 AAA 资源用完//

PIX525(config)# telnet 10.10.1.0   255.255.255.0 inside

//只允许内部 10.10.1.0 网段的主机，利用 Telnet 登录到防火墙//

PIX525(config)# telnet timeout 5   //设置使用 Telnet 访问防火墙的超时时间//

PIX525(config)# ssh timeout 5   //设置使用 SSH 访问防火墙的超时时间//

7.3   网络安全设计技术

7.3.1   IDS 网络安全设计

1. 入侵检测系统

IDS（入侵检测系统）通过抓取网络上的所有报文，分析处理后，报告异常和重要的数据模式和行为模式，使网络安全管理员清楚地了解网络上发生的事件，并能够采取行动阻止可能的破坏。形象地说，它就是网络摄象机，能够捕获并记录网络上的所有数据，同时能够分析网络数据并提炼出可疑的、异常的网络数据，它还能对入侵行为自动地进行反击：阻断连接、关闭道路（与防火墙联动）。

入侵检测分为实时入侵检测和事后入侵检测。实时入侵检测在网络连接过程中进行，IDS 根据用户的历史行为模型、专家知识以及神经网络模型对用户当前的操作进行判断，一旦发现入侵迹象立即断开入侵者与主机的连接，并收集证据，实施数据恢复。事后入侵检测由网络管理人员定期或不定期地进行，根据计算机系统对用户操作所做的历史审计记录判断用户是否具有入侵行为，如果有入侵行为就断开网络连接，记录入侵证据，进行数据恢复。

入侵检测系统本质上是一种"嗅探设备"，入侵检测系统与嗅探器的不同之处在于，嗅探器根据攻击特征数据库来扫描系统漏洞，它更关注系统中的漏洞，而不是当前进出主机的流量。

2. IDS 常用入侵检测方法

IDS 常用检测方法有特征检测、统计检测与专家系统。

据公安部计算机信息安全产品质量检验中心的统计，国内 90% 的 IDS 使用特征检测方法。特征检测与计算机病毒检测方式类似，主要是对数据包进行特征模式匹配，这种方法预报的准确率较高，但对于采用新技术和新方法的入侵与攻击行为则无能为力。

统计检测常用于异常检测，在统计模型中常用的测量参数包括审计事件的数量、间隔时间、资源消耗情况等。

3. IDS 网络安全设计

【例 7-9】如图 7-8 所示，IDS 可以串联或并联地部署在网络中各个关键位置，它们的工作效果大不相同。当然，网络中并不需要这么多 IDS，这里主要是为了方便分析。

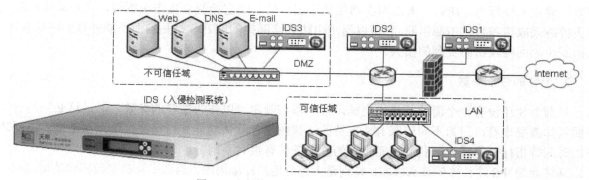

图 7-8 入侵检测系统在网络中部署的位置

（1）IDS 系统安装在网络边界区域。IDS 非常适合于安装在网络边界处，如防火墙的两端以及到其他网络的连接处。如图 7-8 所示，IDS1 安装在防火墙前面的网络边界处，可以检测出各种入侵企图，但这将产生许多不必要的报警。如果 IDS2 与路由器并联安装，可以实时监测进入到内部网络的数据包，但是这个位置的带宽很高，IDS 的性能必须跟上通信流的速度。

（2）IDS 系统安装在服务器群区域。服务器类型不同，通信速度也不同。对于流量速度不是很高的应用服务器，安装 IDS 是非常好的选择；对于流量速度高，而且特别重要的服务器，可以考虑安装专用 IDS 进行监测。如 IDS3 部署在防火墙 DMZ 区域，DMZ 是内部网络对外提供各种网络服务的区域，如 Web 服务、E-mail 服务、FTP 服务等。由于 DMZ 往往是遭受攻击最多的区域，在此部署一台 IDS 非常必要。

（3）IDS 系统安装在网络主机区域。可以将 IDS 安装在主机区域，从而监测位于同一交换机上的其他主机是否存在攻击现象。如 IDS4 部署在内部各个网段，可以监测来自内部的网络攻击行为。

（4）网络核心层。由于网络核心层带宽非常高，因此不适宜布置 IDS。如果必须使用 IDS，那么不能对 IDS 设置太多策略，能够达到检测简单攻击的目的即可。

4. IDS 存在的问题

（1）误报/漏报率高。IDS 较高的漏报率和误报率已经成为一个难题。IDS 常用的检测方法都存在缺陷。如统计检测方法中的阈值难以确定，阈值太小会产生大量的误报，阈值太大又会产生大量的漏报。在协议分析检测方式中，IDS 只是简单地检测了 HTTP、FTP、SMTP 等协议的数据包，其他协议数据包可能造成 IDS 漏报，如果支持尽量多的协议类型分析，则 IDS 成本将无法承受。IDS 中大量的异常报告，绝大多数属于非攻击行为。

（2）没有主动防御能力。IDS 技术采用预设置、特征分析等工作方式，因此检测规则的更新总是滞后于攻击手段的更新。

（3）缺乏准确定位和处理机制。IDS 仅能识别 IP 地址，无法定位 IP 地址，不能识别数据包的来源。IDS 发现攻击事件时，只能关闭网络出口和服务器端口，但关闭端口的同时会影响其他正常用户的使用。

7.3.2　IPS 网络安全设计

1. IPS 的功能

IPS（入侵防御系统）是一种主动的、积极的入侵防御系统，IPS 不但能检测入侵的发生，而且能实时终止入侵行为。IPS 一般部署在网络的进出口处，当它检测到攻击企图后，会自动地将攻击包丢掉或采取措施将攻击源阻断。它可以阻击由防火墙漏掉的或 IDS 检测到而不能处理的网络攻击，从而减少因网络攻击而受到的损失。

2. IPS 的性能参数

目前 IPS 还没有一个简单的量化指标，吞吐率与延时可以作为简单的参数。但是这必须结合用户的具体需要来看，因为不同厂家 IPS 支持的协议数量、默认功能开启程度、检测精细度、承受攻击的时间等指标差异极大，获取性能指标的前提条件有很大不同。

高性能的 IPS 往往伴随着高成本，特别是大部分用户在应用中，遇到多种类型数据包的情况极为少见，通常情况是：对于纯 HTTP 服务，一般每秒最多 100 条 TCP 连接，每秒 25 位新用户，平均包长 1 000Byte，每秒最多 110 000 个包；对于多种协议，一般是 540Byte 的 HTTP 与 256Byte 的 UDP，每秒最多 550 条 TCP 连接，平均包长 900Byte，每秒最多 130 000 个包，最多 11 000 条开放连接。

3. IPS 在网络中的部署

IPS 设备的部署方式和 IDS 有所不同。IDS 设备在网络中采用旁路式连接，而 IPS 设备在网络中采用串接式连接。串接工作模式保证所有网络数据都必须经过 IPS 设备，IPS 检测数据流中的恶意代码、核对策略，在未转发到服务器之前，将信息包或数据流阻截。IPS 在网络结构中的部署如图 7-9 所示。

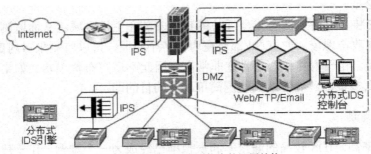

图 7-9　IDS 和 IPS 在网络中的混用结构

注意，图 7-9 仅仅是一个图示，在网络设计中，在什么位置布置 IPS、布置多少个 IPS、它们的效果如何，都需要根据工程实际情况而定。IPS 是网关型设备，最好串接在网络出口处，IPS 经常部署在网关出口的防火墙和路由器之间，监控和保护内部网络。

4．IPS 存在的问题

（1）单点故障。IPS 必须串接在网络主干链路中，这可能造成网络瓶颈或单点故障。在 IDS 网络结构中，如果 IDS 设备出现故障，最坏的情况是造成某些攻击无法被检测到。而在 IPS 网络安全结构中，如果 IPS 设备出现故障而关闭，则所有用户都将无法访问网络提供的服务。

（2）性能瓶颈。IDS 采用旁路工作，因此对实时性要求不高。而 IPS 串接在网络上，要求必须像网络设备一样对数据包进行快速转发。IPS 分析得越清晰准确，计算复杂度越高，传输延迟就会越大。

（3）误报和漏报。IDS 是被动防御，产生误报后只要没有联动措施，就不会影响网络正常工作。而 IPS 是串接在网络中的主动防御，产生误报后将直接影响网络的正常工作，这样，安全产品就变成网络的故障点了。

（4）规则动态更新。IPS 设备集成了庞大的攻击特征库，因此长期更新的支持势在必行。IDS 对规则库的更新周期以周为单位，反病毒产品对规则库的更新周期以天为单位。

（5）总体拥有成本。高可用性（HA）的实时计算需求，决定了 IPS 必须选用高端的专用设备，因此 IPS 总体拥有成本（TOC）较高。

7.3.3 ACL 网络安全技术

1．ACL 基本工作原理

ACL（访问控制列表）是网络设备处理数据包转发的一组规则。路由器根据 ACL 决定数据包是允许转发，还是拒绝转发。早期仅路由器和防火墙等设备支持 ACL，近些年来三层交换机和部分二层交换机（如 Cisco 2950）也开始支持 ACL。

ACL 采用包过滤技术，在路由器中读取第三层和第四层数据包头中的信息，如源地址、目的地址、源端口、目的端口等，然后根据网络工程师预先定义好的 ACL 规则，对数据包进行过滤，从而达到访问控制的目的。ACL 可以阻止外部网络非法用户对本地网络的访问，也可以限制内部网络用户的某些访问权限。由于 ACL 仅仅根据第三层和第四层包头中的部分信息进行控制，因此具有一定的局限性。

2．ACL 配置的基本原则

ACL 在概念上并不复杂，复杂的是它的配置和使用。ACL 配置遵循如下原则。

（1）最小权限原则。只给受控对象完成任务所必需的最小权限。也就是说只满足 ACL 部分条件的数据包是不允许通过路由器的。

（2）最靠近受控对象原则。标准 ACL 要尽可能放置在靠近目的地址的地方，扩展 ACL 要尽量放置在靠近源地址的地方。

（3）立即终止原则。ACL 中的表项是顺序执行的，即数据包到来时，首先看它是否是受第一条表项的约束，如果不是，再顺序向下执行；如果它与第一条表项匹配，无论第一条表项规则的约束条件是允许还是禁止，都不再执行下面的 ACL 语句了。

（4）默认丢弃原则。在 Cisco 路由和交换设备中，每个 ACL 的最后一行隐含了 deny any（丢弃任何包）语句，即如果数据包与所有 ACL 行都不匹配，将被丢弃，这点要特别注意。

（5）单一性原则。ACL 可以用在路由器接口的出口方向，也可以用在入口方向，但是一个接口在一个方向上只能有一个 ACL。路由器上每个接口的每一种协议只能有一个 ACL；路由器一个接口上的不同网络协议，需要配置不同的 ACL。

（6）默认设置原则。路由器或三层交换机在没有配置 ACL 的情况下，默认允许所有数据包通过。防火墙在没有配置 ACL 的情况下，默认不允许所有数据包通过，可以对提供的服务逐项开放。

3. 标准 ACL 配置

ACL 的配置分为：创建 ACL 和应用 ACL 两个步骤。

（1）创建 ACL

命令格式：Router (config)# access-list <ACL 表号> {permit | deny } {<源 IP 地址| host ><通配符掩码>|any }。

<ACL 表号>参数：1~99 为标准 ACL；100~199 为扩展 ACL。

{permit | deny }参数：Permit 是允许数据包通过，deny 是拒绝数据包通过（丢包）。

{<源 IP 地址><通配符掩码>|any }参数：<源 IP 地址>是一组地址。<通配符掩码>与子网掩码工作原理完全不同，在子网掩码中，二进制数 1 和 0 用来决定是网络号还是主机号，如 172.16.0.0 这个网段，子网掩码为 255.255.0.0；而通配符掩码为 0.0.255.255。host 表示所有 IP 地址（或 255.255.255.255）。any 表示所有通配符掩码（或 0.0.0.0）都要进行匹配。

（2）将 ACL 应用到某一接口

命令格式：Router (config-if)# {protocol} access-group <ACL 表号> {in| out }

{protocol}参数：通信协议，如 ip、tcp、udp、icmp、ospf 等。

{in| out}参数：路由器接口中不同传输方向的数据包，缺省为 out。

【例 7-10】创建一个标准 ACL，ACL 名称为 1，规则为丢弃 192.5.5.10 主机的数据包。

Router(config)#access-list 1 deny 192.5.5.10 0.0.0.0

//1 是 ACL 表号，丢弃 192.5.5.10 的数据包//

Router(config)#access-list 1 permit any   //允许转发其他任何数据包//

Router(config)# interface s0/0   //选择路由器 s0/0 接口//

Router(config-if)#ip access-group 101 in   //输入方向应用访问列表组 101//

Router(config-if)#ip access-group 1 out   //输出方向应用访问列表组 1//

4. 扩展 ACL 配置

标准 ACL 只能控制源 IP 地址，不能控制到端口。要控制到第四层的端口，就需要使用扩展 ACL 配置。扩展 ACL 不仅读取 IP 包头的源地址或目的地址，还要读取第四层包头中的源端口和目的端口，如果路由器没有硬件 ACL 加速功能，它会消耗路由器大量的 CPU 资源，因此扩展 ACL 要尽量放置在靠近源地址的地方。创建扩展 ACL 命令如下。

命令格式：Router(config)# access-list <ACL 表号> {permit|deny} {<协议名称>|<端口号> }{<源 IP 地址><通配符掩码>} {<目的 IP 地址><通配符掩码>} [<关系><协议名称>] [log]

{<协议名称>|<端口号> }参数：<协议名称>可以是 IP、TCP、UDP 等。<端口号>为数字 1~65 535，如 23 为 telnet 服务，不定义时表示所有端口。

<关系>参数：可以是 eq（等于）、neq（不等于）、lt（大于）、range（范围）等。

log 参数：日志记录。

将扩展 ACL 应用到接口中的方法与标准 ACL 的语法一样。

【例 7-11】建立一个扩展 ACL。

Router(config)#access-list 110 deny tcp 172.16.0.0 0.0.255.255 host 192.168.1.1 eq telnet

Router(config)#access-list 102 permit ip any any //允许转发其他任何数据包//

Router(config)# interface s0/0 //选择路由器 s0/0 接口//

Router(config-if)#ip access-group 110 in //输入方向应用访问列表组 110//

5. ACL 单向访问控制

在网络中经常遇到这样的问题：一个重要部门（如财务部）的主机不允许其他部门访问，而这个部门却可以访问其他部门（如市场部）的主机。这个需求可以利用访问控制列表实现单向访问功能。单向访问控制列表命令格式如下。

Router(config)#access-list <ACL 表号> {permit|deny} <协议名称><源 IP 地址><源通配符掩码> [operator port] <目标 IP 地址><目标通配符掩码> [operator port] [established] [log]

【例 7-12】某企业局部网络结构如图 7-10 所示，路由器 R1、R2 分别属于两个部门。希望通过 ACL 实现 B 部门到 A 部门的单向访问。即 A 部门可以访问 B 部门的网络主机或服务器，而 B 部门的主机无法访问 A 部门的主机和服务器。

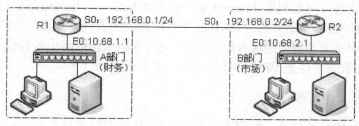

图 7-10 企业网络局部结构图

（1）路由器 R1 配置

Router(config)#interface eth0 //选择路由器接口 e0//

Router(config-if)#ip add 10.68.1.1 255.255.0.0 //定义接口 IP 地址//

Router(config-if)# exit

Router(config)#interface s0 //选择路由器接口 s0//

Router(config-if)#ip add 192.168.0.1 255.255.255.0 //定义接口 IP 地址//

Router(config-if)#ip access-group 100 in //在接口输入方向定义 100 号列表//

Router(config)#ip route 10.68.1.1255.255.0.0 s0 //启用静态路由//

Router(config)# exit

Router(config)#access-list 100 permit tcp any host 10.68.1.1 established

//只允许 10.68.1.1 主动访问外网时的数据包能返回，外网访问内网的数据包不能通过//

Router(config-if)access-list 100 deny ip any any

（2）路由器 R2 配置

Router(config)#interface eth0

Router(config-if)#ip add 10.68.1.1 255.255.0.0

Router(config-if)# exit

```
Router(config)#inter s0
Router(config-if)#ip add 192.168.0.2 255.255.255.0
Router(config-if)# exit
Router(config)#ip route 10.68.1.1 255.255.0.0 s0   //启用静态路由//
```

7.3.4　VPN 网络安全设计

1. 专线网络

Internet 上的信息都是公开的，可以通过 ChinaNET（中国公用 Internet）等网络进行访问。如果用户希望访问企业内部网络信息时，就必须通过远程拨号、专线接入或 VPN（虚拟专用网）等技术进行访问。远程拨号方式是用户通过 Modem 拨号，进入企业远程网络，通过企业网络认证后，进入远程局域网中。但是这种方法的电话费用太高，传输性能也非常低。

2. VPN 的概念

IETF（Internet 工程任务组）对 VPN 的定义是"使用 IP 机制仿真出一个私有的广域网"。VPN 是通过私有的隧道技术在公共数据网络上仿真一条点到点的专线技术。这里的虚拟是指用户不需要拥有实际的长途数据线路，而是利用 Internet 的数据传输线路；专用网络是指用户可以为自己制定一个最符合自己需求的网络。VPN 是在 Internet 上临时建立的安全、专用的虚拟网络，用户节省了租用专线的费用，企业甚至不需要购置 VPN 设备，通过在防火墙或路由器等设备中进行 VPN 设置后，就可以提供 VPN 服务，这是 VPN 价格低廉的主要原因。

3. VPN 隧道技术工作原理

隧道是一种数据加密传输技术。如图 7-11 所示，VPN 隧道技术是在 Internet 上建立一条数据通道（隧道），让数据包通过这条隧道进行安全传输。被封装的数据包在隧道的两个端点之间通过 Internet 进行路由。被封装的数据包在公共互联网上传递时所经过的逻辑路径称为隧道。数据包一旦到达隧道终点，将被解包并转发到最终目的主机。

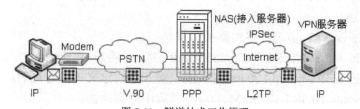

图 7-11　隧道技术工作原理

在数据传输过程中，用户和 VPN 服务器之间可以协商数据加密传输。加密之后，即使是 ISP 也无法了解数据包的内容。即使用户不对数据加密，NAS 和 VPN 服务器建立的隧道两侧也可以协商加密传输，这使得 Internet 上的其他用户无法识别隧道中传输的数据信息。因此 VPN 服务的安全性是有保证的。

4. VPN 工作协议

VPN 有两种隧道协议：PPTP（点到点隧道协议）和 L2TP（第二层隧道协议）。

PPTP 是 PPP 的扩展，它增加了一个新的安全等级，并且可以通过 Internet 进行多协议通信，PPTP 可以建立隧道或将 IP、IPX 或 NetBEUI 协议封装在 PPP 数据包内，因此允许用户远程运行依赖特定网络协议的应用程序。

L2TP 是 IETF 推荐的网络隧道协议，它融合了 PPTP（微软、3COM 等）和 L2F（2 层转发协议，Cisco 等）的特点，与 PPTP 功能大致相同。与 PPTP 不同的是，L2TP 使用 IPSec（网际协议安全）机制进行身份验证和数据加密。L2TP 只支持通过 IP 网络建立的隧道，不支持通过 X.25、FR 或 ATM 网络的本地隧道。

5. VPN 网络设计

构建 VPN 网络所需的设备很少，只需在资源共享处放置一台 VPN 服务器（如一台 Windows Server 主机或支持 VPN 的路由器或防火墙）即可。VPN 的建设有以下形式。

（1）自建 VPN 网络。如图 7-12 所示，企业可以自建 VPN 网络，在企业总部和分支机构中安装专用 VPN 设备，或在路由器、防火墙等设备中配置 VPN 协议（必须保证都采用相同的 VPN 协议），就可以将各个外地机构与企业总部安全地连接在一起了。自建 VPN 最大的优势在于可控制性强，还可以满足企业的某些特殊业务要求。

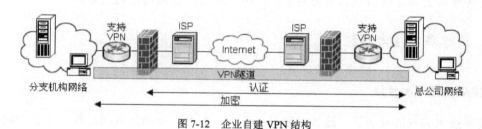

图 7-12　企业自建 VPN 结构

（2）外包 VPN 网络。如图 7-13 所示，电信企业、ISP 目前都提供 VPN 外包服务。VPN 外包虽然能避免技术过时，但企业要为产品支付高额费用，以作为使用新技术的代价。VPN 外包可以简化企业网络部署，但降低了企业对网络的控制权。网络越大，企业越依赖于外包 VPN 供应商。

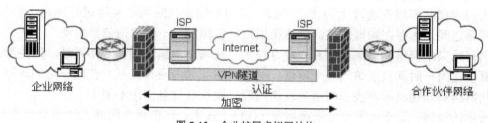

图 7-13　企业扩展虚拟网结构

6. VPN 网络设计案例

【例 7-13】北京某公司主要从事一些国际日用品的代理、分销、仓储、运输等业务。公司总部设在北京，在全国多个城市设立了分公司和分销中心。由于没有自己的全国专网，因此企业的数据库服务器非常不安全。为了加强网络安全管理，同时方便出差人员接入企业总部的内部网络，总公司决定建设 VPN 网络。

总公司下属企业都有局域网，可以通过以太网或 ADSL 上网，在总公司数据库系统中，每个分公司有 5~10 台计算机需要访问总部数据库，但各个分公司之间并不需要互相访问，网络结构如图 7-14 所示。

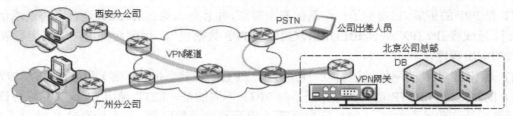

图 7-14　某企业 VPN 网络结构

各个分公司采用 Cisco 路由器作为网间互连设备，统一采用 L2TP 协议，并且在各个公司路由器上分别进行 VPN 配置。由于 VPN 网络可以建立在以太网或 ADSL 之上，因此无论在设备投入，还是线路费用上，各个公司资金投入都不大。

7.4　网络物理隔离设计

我国《计算机信息系统国际联网保密管理规定》指出："涉及国家秘密的计算机信息系统，不得直接或间接地与国际互联网或其他公共信息网络相连接，必须实行物理隔离。"

7.4.1　网络隔离技术特征

1. 网络隔离技术的发展

网络隔离技术的发展经历了"连接—断开—连接—断开"不断反复的过程。主要的隔离技术为物理隔离（物理隔离卡或物理隔离交换机）和协议隔离（安全网闸）。

早期网络采用防火墙、杀毒软件等技术保障网络安全，但网络还是不断受到攻击。于是一些专用涉密网络采用了断开网络物理连接，构建内部专用网络的方法。这些网络虽然在物理上已经完全断开，但造成了信息交流不便、系统成本过高等缺点。

后来人们尝试将网络在物理上连接在一起，采用专用协议对两个网络进行隔离（协议隔离）。由于两个网络之间仍然存在物理连接，仍然采用数据包转发，一些攻击依然出现。

人们由开始采用网络物理隔离卡和双硬盘技术，从物理上断开两套网络系统。**网络物理隔离卡确保了计算机在同一时间只能访问一个网络**，两个网络（如内网与外网）在同一时间内不会有任何连接。因此网络物理隔离卡解决了网络的攻击问题，缺点是信息交流不便。

随着技术的发展，又推出了安全隔离网闸（GAP）技术，它在两个网络之间使用一条物理线路，通过纯数据交换对两个网络进行逻辑连接，有效地杜绝了网络攻击行为。然而 GAP 毕竟是一种逻辑隔离技术，也存在一些不足。

2. 网络隔离的安全要求

网络隔离在安全上必须达到以下要求。

（1）在物理传输上使内网与外网彻底隔断，确保外网不能通过网络连接侵入内网，同时防止内网信息通过网络连接泄露到外网。

（2）在电磁辐射上隔断内网与外网，确保内网信息不会通过电磁辐射方式泄露到外网。

（3）在存储上隔断两个网络环境，断电后需要清除残留信息，如内存、CPU 寄存器等。在内外网络转换时需要进行清除处理，防止残留信息流出网络。对于数据非遗失性设备（如硬盘等），内网与外网的信息要分开存储（不能使用同一硬盘）。

（4）网络隔离产品要保证自身具有高度的安全性，至少在理论和实践上要比防火墙高一个安全级别。除了对操作系统进行加固优化外，关键在于将外网接口与内网接口从一套操作系统中分离出来。也就是说，至少要由两套操作系统组成，一套控制外网接口，另一套控制内网接口，然后在两套操作系统之间通过不可路由的协议进行数据交换。这样，即使黑客进入了内网系统，仍然无法控制内网系统。

（5）确保数据包不能路由到对方网络，无论中间采用何种转换方法，只要最终使得一方的数据包能够进入到对方网络中，都无法称之为物理隔离。显然，允许建立端到端连接的防火墙没有任何物理隔离效果。

（6）要对网间的访问进行严格控制和检查，确保每次数据交换都是可信和可控制的。必须严格防止非法通道的出现，以确保数据的安全和访问的可审计性。

（7）要保证网络畅通和应用透明。由于隔离产品部署在复杂的网络环境中，因此产品要具有很高的处理性能，不能成为网络交换的瓶颈。

7.4.2　物理隔离工作原理

1．单主板安全隔离计算机

这种技术采用双硬盘，将内网与外网的转换功能嵌入主板 BIOS 中，并将主板网卡插槽也分为内网和外网。这种技术使用方便，也更安全，价格介于双主机和网络物理隔离卡之间。

单主板安全隔离计算机的成本增加了 25%左右。由于这种安全技术是在较低层的 BIOS 上开发的，因此 CPU、内存、显卡等设备的升级，不会给计算机带来不兼容的影响。

安全隔离计算机在主板结构上形成了两个网络物理隔离环境，它们分别对应于 Internet 和内部局域网，因此构成了网络接入和信息存储环境的各自独立。计算机每次启动后，只能工作在一种网络环境下。BIOS 还可以对所有输入/输出设备进行控制，例如，对 U 盘、光驱提供限制功能，在系统引导时不允许驱动器中有移动存储介质。对于 BIOS 自身的安全，则采用硬件防写入跳线，这样可以防止病毒破坏、非法刷新或破坏 BIOS 的攻击行为。

2．双主板安全隔离计算机

【例 7-14】双主板安全隔离计算机如图 7-15 所示，其中存储介质（如硬盘）使用双端口 RAM，主要用于内网与外网数据的存储与转发。每台计算机有两块主板，每块主板一个网卡，分别连接内网和外网。每块主板有一个串行口，双端口 RAM 是连接两块主板的唯一通道。

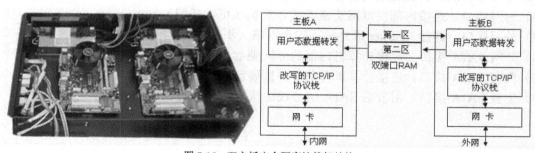

图 7-15　双主板安全隔离计算机结构

两块主板之间通过非网络方式的一个双端口 RAM 进行数据传输。双端口 RAM 分为两个区，第一区是内网客户端向外网服务器单向传输数据的通道；第二区是外网客户端向内网服务器单向传输数据时的通道。平时内网与外网之间是断开的，双端口 RAM 处于断开状态，当有数据要传输时，内网与外网才通过双端口 RAM 进行数据传输。

3. 物理隔离卡技术

物理隔离卡也称为物理隔离网卡、硬盘隔离卡、网络隔离卡、网络安全隔离卡等，如图 7-16 所示，它采用 PCI 或 PCI-E 总线，分为单网口卡和双网口卡。

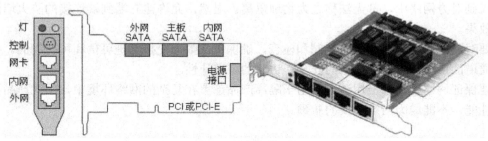

图 7-16　物理隔离卡结构

采用物理隔离卡实现网络隔离时，需要在主板 BIOS 中进行一些定制和修改，将内网与外网的转换功能嵌入 BIOS 中，这样主板 BIOS 就可以控制内网和外网的转换了。

物理隔离卡采用双硬盘，启动外网时关闭内网硬盘，启动内网时关闭外网硬盘，对两个网络和硬盘进行物理隔离。它不仅适用于两个网络物理隔离的要求，也可用于既需要资料保密，又需要接入 Internet 的个人计算机。这种技术的优点是价格低，但使用稍为麻烦，因为在进行内网与外网转换时，需要重新启动计算机。

物理隔离卡的功能是以物理方式将一台计算机机虚拟为两台计算机，实现计算机的双重状态，既可在内部安全状态，又可在公共外部状态，两种状态是完全隔离的。

物理隔离卡与操作系统无关，兼容所有操作系统，可以应用于所有 SATA 或 IDE 接口硬盘。物理隔离卡对网络技术和协议完全透明，支持单或双布线的隔离网络。

4. 物理隔离卡的连接

如图 7-16 所示，物理隔离卡上一般有 3 个网络接口、1 个控制接口和 3 个硬盘接口。

（1）控制接口。用于连接专用的手动切换开关，进行内网与外网的切换。也有采用串行接口连接到主板串口（COM 或 USB）进行软件内网与外网切换控制的方案。

（2）网卡接口。计算机主板都带有 RJ45 网卡接口，这是一个非常不安全的因素，必须使用厂商提供的专用短接线，将物理隔离卡上的网卡接口与 PC 的 RJ45 接口进行短接。

（3）内网接口。连接内部局域网交换机或计算机（可信任域）。

（4）外网接口。连接 Internet 或外部不安全网络（不信任域）。

（5）外网 SATA 接口。连接计算机内部的外网硬盘。

（6）内网 SATA 接口。连接计算机内部的内网硬盘。

（7）主板 SATA 接口。用普通 SATA 信号线连接到主板上的 SATA 接口。

5. 物理隔离卡工作原理

【例 7-15】如图 7-17 所示，物理隔离卡一般采用 2 个硬盘。在安全状态时，PC 只能使用内网硬盘与内网连接，这时与外部 Internet 的连接是断开的。当 PC 处于外网状态时，PC 只能使用外网硬盘，这时内网是断开的。

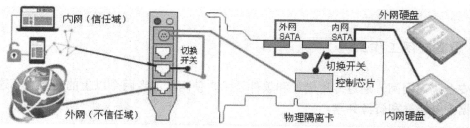

图 7-17　双硬盘型物理隔离卡工作原理

当需要进行内网与外网转换时，可以通过鼠标单击操作系统上的切换图标，这时计算机进入热启动过程。重新启动系统，可以将内存中的所有数据清除。由于两个状态有分别独立的操作系统，因此引导时两个硬盘不会同时激活。

为了保证安全，两个硬盘不能直接交换数据，但是用户可以通过一个独特的设计来安全地实现数据交换。即在两个硬盘外，物理隔离卡在硬盘上另外设置了一个公共区，在内网或外网两种状态下，公共区均表现为硬盘的 D 分区，可以将公共区作为一个过渡区来交换数据。但是数据只能从公共区向安全区转移，而不能逆向转移，从而保证数据的安全。

6. 隔离交换机

隔离交换机（或隔离集线器）是一种专用的网络隔离配套设备（如图 7-18 所示），它简化了用户 PC 到隔离交换机之间的布线，使得用户端不需要布放双网线。隔离交换机根据数据包头的标记信息来决定数据包是通过内网还是通过外网。

利用物理隔离卡、计算机和隔离交换机组成的网络，是彻底的物理隔离网络，两个网络之间没有信息交流，因此可以抵御所有的网络攻击。

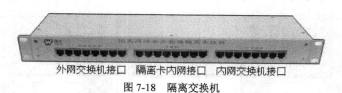

外网交换机接口　隔离卡内网接口　内网交换机接口

图 7-18　隔离交换机

7. 物理隔离卡产品的技术性能

（1）兼容性。物理隔离卡应兼容各种网络环境、操作系统、硬盘规格等。

（2）网络环境。有些隔离卡只支持双布线结构，当网络扩展时，用户可能需要升级为单布线结构。如果隔离卡无法同时兼容这些网络环境，将给用户的升级造成不便。

（3）操作系统。隔离卡大多需要安装驱动程序，因此对操作系统的兼容性较差。有些隔离卡不需要任何驱动程序，因此不会受到操作系统的限制。

（4）硬盘规格。硬盘规格型号较多，更新换代较快，少数隔离卡要求内网和外网的 2 块硬盘的技术规格完全一致，这无疑给用户出了一道难题。

（5）安装简单。对于税务、银行以及政府机关等一些涉密单位的计算机，不允许外单位人员接触，只能由内部人员进行安装，因此要求隔离卡的安装要尽量简单。

（6）维护简单。由于许多隔离卡安装了驱动程序，或在硬盘引导区写入了引导信息，因此，一旦感染引导区病毒，计算机便无法选择进入内网和外网，维护起来比较麻烦，往往需要两套系统都重装。而有些隔离卡不需要驱动程序，引导程序固化在隔离卡上，因此不受病毒影响，维护也十分方便。

7.4.3 隔离网闸工作原理

GAP（安全隔离网闸）通过专用硬件和软件技术，使两个或者两个以上的网络在不连通的情况下，实现数据安全传输和资源共享。

1．GAP 技术的特点

GAP 由固态读写开关和存储介质系统组成，其中固态开关的转换效率达到了纳秒级，存储介质通常采用 SCSI 硬盘，因此 GAP 的性能得到了保证。

GAP 连接在两个独立的网络系统中间，其中内网与外网永不同时连接，在同一时刻只有一个网络与安全隔离网闸建立无协议的数据连接。由于 GAP 没有网络连接，并将通信协议全部剥离，因此两个网络系统之间不存在通信连接、没有协议、没有 TCP/IP 连接、没有包转发等。只有数据文件以原始数据的方式进行"摆渡"，因此，它能够抵御互联网的绝大部分攻击。

2．GAP 数据交换过程

【例7-16】如图 7-19 所示，当内网与外网（注意，不是 Internet）之间无数据交换时，GAP 与内网和外网之间是完全断开的，即三者之间不存在物理连接和逻辑连接。

当内网数据需要传输到外网时，GAP 向内网服务器发起非 TCP/IP 的数据连接请求，并发出"写"命令，将 GAP 写入控制开关合上，并把所有协议剥离，将原始数据写入存储介质。在写入之前，根据不同的应用，还要对数据进行必要的完整性和安全性检查，如病毒和恶意代码检查等。在此过程中，外网服务器与 GAP 始终处于断开状态。

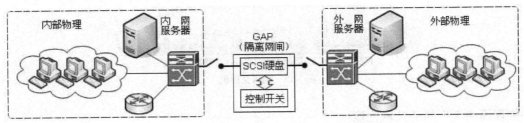

图 7-19　安全管理网闸（GAP）无数据交换时的状态

一旦数据完全写入 GAP 存储介质中，GAP 与内网服务器之间的控制开关立即断开。接下来 GAP 与外网服务器之间的控制开关接通，GAP 发起对外网非 TCP/IP 的数据连接请求，外网服务器收到请求后，发出"读"命令，将 GAP 存储介质内的数据传输到外网服务器。外网服务器收到数据后，按 TCP/IP 协议要求重新封装接收到的数据，交给应用系统。

3. GAP 系统的逻辑隔离属性

GAP 提取数据的整个过程由软件自动完成。由于整个交换过程是持续不断进行的，其实质是在内网与外网之间形成了一个稳定的数据流，这意味着内网与外网之间存在逻辑上的连接。尽管 GAP 有安全审查过程，但仍然不能彻底保证交换数据的安全性。

GAP 经有关部门鉴定，仍然属于逻辑隔离产品，不能直接用于内部网与 Internet 之间的隔离。但是 GAP 可以用于涉密网与涉密网之间、涉密网不同信任域之间、非涉密网与互联网之间，它仍然是一种具有很高安全级别的产品。**GAP 的安全性高于防火墙，数据交换性能远优于物理隔离卡，但是隔离效果低于物理隔离卡。**

4. GAP 主要产品

国外 GAP 产品主要有美国 Whalecommunications 公司 e-GAP 系统、美国 Spearhead 公司的 NetGAP 等。国内 GAP 产品有天行网安公司的"安全隔离网闸"、联想公司的"联想网御安全隔离网闸"、中网公司的"中网隔离网闸"以及伟思公司的"伟思网络安全隔离网闸"等。

7.4.4　物理隔离设计案例

1. GAP 安全隔离网络结构设计

【例 7-17】 如图 7-20 所示，GAP 可以部署在外网与内网之间。

有些局域网，特别是政府办公网络，涉及政府敏感信息。由于政府办公信息与政府机要数据的敏感程度不同，因此在网络设计中，对政府内网（如办公网）与外网（如公开信息网站）之间采用安全隔离网闸进行分离。将外网放在 DMZ（隔离区），而政府内网（如机要数据库）与外网之间采用 GAP 实现网络的安全隔离。

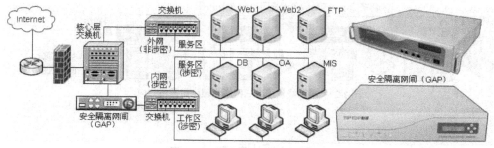

图 7-20　利用 GAP 构建网络结构

2. 物理隔离网络结构设计

使用物理隔离卡时，内网和外网最好分别使用两个 IP 地址，也可以根据企业自身的安全要求，将网关、DNS 和其他设置分开。当然，客户端主机也可以使用一个 IP 地址。

采用物理隔离技术后仍然需要使用防火墙设备，因为防火墙可以保护内网输出的信息和外网数据的安全，达到网络资源的全面保护。

（1）双网线物理隔离网络结构

【例 7-18】 双网线物理隔离卡的网络结构适用于一些小规模政府部门。例如，一个政府部门的信息中心向分布在城市各处的分支机构查询数据，或分支机构向信息中心汇总数据时，需要有非常安全的措施，保障内部网络不受非法侵犯。由于这类网络功能比较单一，没有必要划分成几个网络。同时，为了节约网络建设成本，往往只设置了一台有物理隔离卡的安全主机，这台主机实际上充当了内网与外网转换的网关。其他工作站都通过内网交换机连接到物理隔离主机上，网络结构如图7-21所示。

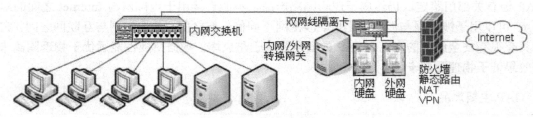

图 7-21 双网线物理隔离网结构

（2）单网线物理隔离网络结构

【例7-19】单网线双硬盘三网络（涉密网络、专用网络、公共网络）隔离设计如图7-22所示，内部涉密网络客户端装有两块硬盘和单网线物理隔离卡一块，采用三网物理隔离交换机，两块硬盘分别用于内外网环境。进入内网时，断开外网连接，启动内网操作系统，使用内网硬盘；进入外网时，断开内网连接，启动外网操作系统，使用外网硬盘。

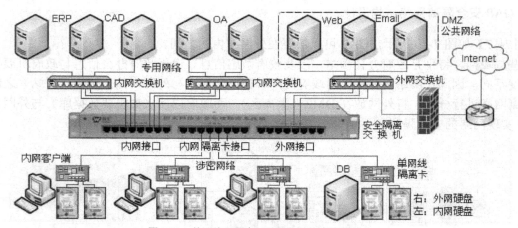

图 7-22 单网线双硬盘三网络物理隔离网络结构

习题 7

7.1 简要说明 IATF（信息保障技术框架）标准。

7.2 有哪些类型的黑客攻击方法？

7.3 防火墙技术有哪些不足？

7.3 简要说明 DMZ 设计基本原则。

7.4 简要说明 VPN 技术工作原理。

7.5 简要说明物理隔离技术。

7.6 有人提出"网络安全永远没有止境"，你如何看待这个问题？

7.7　安全性与易用性往往是相互矛盾的，你有哪些折中的解决方案。

7.8　有人提出"计算机病毒不能破坏计算机硬件设备"，你如何看待这个问题？

7.9　写一篇课程论文，讨论网络安全技术在企业或政府网络中的应用。

7.10　进行 ACL 配置；PIX 防火墙配置；ISA 防火墙配置；VPN 配置等实验。

第8章 光纤通信工程

光纤通信是以光波作为载波，以光纤作为传输介质的通信方式。光纤可以传输数字信号，也可以传输模拟信号。光纤在通信网络、广播电视网络与计算机网络，以及其他数据传输系统中，都得到了广泛应用。

8.1 光纤与光缆

8.1.1 光纤通信的特征

1. 光纤通信系统概述

光纤通信的原理非常简单，如果光纤中无光信号为 0 码，有光信号则为 1 码，可以利用这种光脉冲信号进行通信，也可以利用光纤的其他特性进行通信。光纤通信的优点是通信容量大（单根光纤理论容量可达 20Tbit/s 以上）、保密好（不易窃听）、抗电磁波辐射干扰、防雷击、传输距离长（不中继可达 600km）。缺点是光纤连接困难，成本较高。光纤通信主要用于电信网络、计算机网络、有线电视、视频监控等行业。

光纤通信系统有数字通信系统和模拟通信系统。模拟光纤通信系统目前主要用于模拟电视信号传输、模拟视频监控系统等。通信网络和计算机网络都采用数字通信系统，因此以下仅讨论光纤数字通信系统。

光纤能不能进行双向和多波长传输，取决于采用的传输技术和光源技术。以太网目前采用**单光纤下的单波长和单向传输**，如需进行双向通信（双工）时，需要使用两条光纤，一条用于发送光信号，另一条用于接收光信号。采用 WDM（波分复用）光通信技术，可以实现**单根光纤下的多波长同时传输**，甚至**单根光纤下的双向多波长信号传输**。WDM 实现成本很高，目前主要用于城域网和广域网的骨干传输线路。

2. 光纤通信系统的基本组成

如图 8-1 所示，广义信道的单向传输数字光纤通信系统的基本组成包括：光发射机、光缆、光中继器、光接收机。

（1）光发射机。**光发射机的功能是实现电-光转换**。它由光源、驱动电路和调制器等组成。它的功能是将电信号调制成光信号，然后将光信号耦合到光缆中进行传输。发射机的核心是光源，光源可采用发光二极管（LED）或激光二极管（LD）。

图 8-1　广义信道的单向数字光纤通信系统基本组成示意图

（2）光接收机。**光接收机的功能是实现光-电转换。**它由光检测器和信号放大器等组成。它的功能是将光缆传输来的光信号，经光检测器转变为电信号，然后，将微弱的电信号放大到足够的电平，再输出到接收端的网络设备。光纤通信系统中的光信号检测器往往采用半导体光电二极管（PD）。

（3）光纤或光缆。光纤或光缆的功能是构成光传输通道，完成光信号的传送任务。

（4）中继器。中继器由光检测器、光源和判决再生电路等组成。它的功能有两个：一是补偿光信号在光纤中传输时受到的衰减；二是对波形失真的光脉冲进行整形放大。

8.1.2　光纤结构和特征

1. 光纤的基本结构

光纤是光导纤维的简称，如图 8-2 所示，光纤外观呈圆柱形，由纤芯、包层、涂层、表皮等部分组成，多条光纤制作在一起时称为光缆。纤芯主要采用高纯度的 SiO_2（石英玻璃），并掺有少量的掺杂剂（如二氧化锗），以提高纤芯的光折射率。包层也是高纯度的二氧化硅，也掺杂了一些掺杂剂（如三氧化二硼），主要是降低包层的光折射率。光纤中涂层的作用是保护光纤不受水汽侵蚀和机械擦伤，同时又增加了光纤的机械强度与可弯曲性，涂覆后的光纤其外径约 Φ0.5mm。在光纤中还加入了芳纶纱等抗拉材料，增加光纤的机械强度。

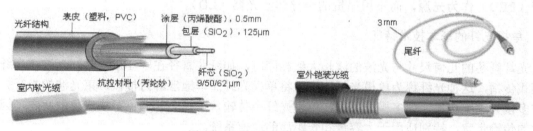

图 8-2　光纤和光缆的结构与类型

2. 光信号在光纤中的传输

光纤中纤芯与包层的折射率不同，光源通过特定角度射入光纤后，光纤的包层像一面镜子，使光在纤芯内不断折射前进。只有包层的折射率小于纤芯的折射率，才能满足光的全反射原理，这时光线将在交界面发生全反射。如果纤芯与包层的折射率小于 1%，则所有角度小于或等于 8° 且射到包层上的光，都将继续在纤芯中不断向前折射传输。

如图 8-3 所示，当光纤纤芯的几何尺寸（如 50μm）远大于光波波长（小于 1nm）时，**光在光纤中会以几十种传播模式进行传输。**光在光纤中的传输路径称为"模"，传输多路径光波的光纤称为多模光纤（MMF），可以将多模光纤简单理解为传输多束光波的光纤。注意，多模光纤只能单向传输，并且不能同时传输多个光波信号。

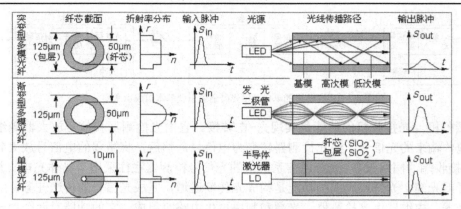

图 8-3   光纤结构与光信号在光纤中的传输过程

3．多模光纤的基本技术特征

按光波在光纤中的传输模式可分为：突变型多模光纤（SIF）、渐变型多模光纤（GIF）、单模光纤（SMF）等。**突变型多模光纤只能用于小容量、短距离的网络系统，渐变型多模光纤适用于中等容量和中等距离的网络系统，单模光纤用于大容量、长距离的网络系统中。**

突变型多模光纤的纤芯直径为 50μm 或 62.5μm（如图 8-3 所示），由于模间色散较大，限制了传输数字信号的频率，而且光信号随距离的增加会严重衰减。

渐变型光纤的纤芯直径为 50μm，高模光按正弦形式传播（如图 8-3 所示），这能减少模间色散、提高光纤带宽、增加传输距离，多模光纤多为渐变型光纤。

多模光纤主要应用于局域网。多模光纤由于纤芯直径较大，具有较强的集光能力和抗弯曲能力，特别适合于多接头的短距离应用。为了降低局域网成本，**多模光纤普遍采用价格低廉的发光二极管（LED）作为光源**，而不用昂贵的半导体激光器（LD）。

4．单模光纤的基本技术特征

当光纤纤芯的几何尺寸与光波的波长大致相同时，如纤芯直径在 5~10μm 时，光波在光纤中以一种模式传播，这种光纤称为单模光纤，可以将单模光纤简单地理解为传输一束光波的光纤。单模光可在多模光纤中传输，但多模光不能在单模光纤中传输。单模光纤避免了模式色散问题，因此具有极大的传输带宽，特别适用于大容量和长距离的通信系统。

对常规单模光纤进行改进，产生了一些特种单模光纤，如双包层单模光纤、三角芯单模光纤、椭圆芯单模光纤等。

5．光纤的技术标准

多模光纤的国际标准有 ITU-T G.651-1998；单模光纤的国际标准有：ITU-T G.652-2000、ITU-T G.653-2000、ITU-T G.654-2000、ITU-T G.655-2000、ITU-T G.656-2004 等。ITU-T 规定的光纤主要技术参数如表 8-1 所示。

表 8-1   **ITU-T 关于光纤的主要技术参数**

技术指标	技术参数			
光纤标准与类型	G.651	G.652	G.655	大有效面积光纤
模场直径（μm）	50/62.5	8.6-9.5	8-11	9.5

续表

技术指标	技术参数			
包层直径（μm）	125	125	125	125
零色散波长（nm）	—	1 300~1 324	—	—
最大色散（ps/nm·km）	—	3.8	18	1~6.0
工作窗口范围（nm）	770~910	1 525~1 575	1 530~1 565	1 530~1 565
包层直径（μm）	125±2	125±2	125±2	125±2
典型衰减（dB/km）	3.5	0.17~0.25	0.19~0.25	0.19~0.25
1550nm 的宏弯损耗（dB）	—	≤1	≤0.5	≤0.5
光源波长工作窗口（nm）	850/1 310	1 310/1 550	1 550	1 550

　　我国大部分城域网采用 G.652.a 和 G.652.b 类光纤，这类光纤占总光纤用量的 70％左右。G.652.c 和 G.655 光纤主要用于构建大城市的城域网和省际骨干传输网。

　　计算机局域网大量使用 G.651 多模光纤。随着接入网向用户侧的推进，接入网的引入光缆和室内光缆也会用到 G.651 多模光纤。塑料光纤也是一种多模光纤，可用于光纤到桌面（FTTD）。G.653 和 G.654 类光纤在国内很少使用。

　　表 8-1 中的大有效面积光纤是一种改进型的 G.655 光纤。其模场直径比一般的 G.655 光纤大，光有效面积达 $72\mu m^2$ 以上，可承受更高的入射光功率。这种光纤可以更有效地克服光纤的非线性效应；同时，光纤的色散系数也大为改进。这种光纤非常适合高速率的 WDM 系统，大有效面积 G.655 光纤将成为今后长途骨干传输网的首选光纤。

8.1.3　光纤的传输特性

1. 光纤的波段与工作窗口

　　光纤理论上的带宽非常高，是一种几乎完美的信号传输介质。在目前的应用中，光纤的传输能力与理论值相差较远。光纤的传输能力仅仅是打开了几个窗口而已。如表 8-2 所示，2002 年，ITU-T 将光纤通信系统的光波段划分为 O、E、S、C、L、U　6 个波段。

表 8-2　　　　　　　　　　　ITU-T 规定的光纤工作频率窗口

频带名称	窗口名称	波长范围（nm）	频率范围（THz）
—	第 1 窗口	850（770~910）	
O 带（原始波段）	第 2 窗口	1 260~1 360	237.9~220.4
E 带（扩展波段）	第 5 窗口	1 360~1 460	220.4~205.3
S 带（短波长波段）	—	1 460~1 530	205.3~195.9
C 带（常规波段）	第 3 窗口	1 530~1 565	195.9~191.6
L 带（长波长波段）	第 4 窗口	1 565~1 625	191.6~184.5
U 带（超长波长波段）	—	1 625-1 675	184.5-179.0

说明：频率范围是指光源的频率，根据"速度=波长×频率"的公式，可计算出光信号的速度。

　　如图 8-4 所示，光纤通信工作在近红外波段（波长范围为 850~1 550nm，频率范围为 180~300THz），除离子吸收峰（OH^-）处外，光纤的损耗随波长的增加而减小，在波长为 850nm、1 310nm 和 1 550nm 处，有 3 个损耗很小的波长"窗口"。

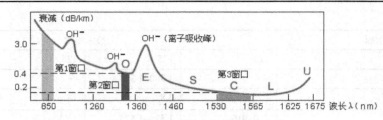

图 8-4　普通光纤的传输损耗特性曲线

由于 LED 光源价格较低，因此在建筑物内部布线时，大量使用 850nm 或 1 300nm 波长的多模光缆。对于距离较长（2km 以上）的建筑群系统布线，或城域接入网布线，往往采用单模光缆搭配能发射 1 310nm 或 1 550nm 波长的光纤收发器（或光端机），构成大型局域网或城域网的主干传输线路。目前大部分光纤仅仅使用了 1 个传输窗口，如果采用波分复用技术（WDM），可以在一根光纤上同时传输多个波长的光信号，实现网络信号的超高速传输。

2．光纤通信的最大理论容量

从单模光纤损耗特性曲线（见图 8-5）可以看出，在 1 380nm 附近有一个 OH⁻离子吸收峰。研究表明，除该吸收峰导致的光能损耗较大外，其他区域的光能损耗都小于 0.5dB/km。目前利用的只是光纤低损耗频谱中极少的一部分，以 2.5G 的城域网 SDH 系统为例，光信号在光纤频谱中只占用了很小一部分，单波光信号占用的频谱宽度大约为 0.02nm 左右。

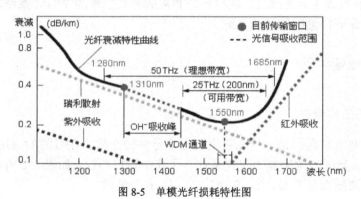

图 8-5　单模光纤损耗特性图

如图 8-5 所示，目前单模光纤的可利用频谱宽度（波长范围）为 200nm 左右，即 25THz（125GHz/nm），如果按照波长间隔为 0.8nm（100GHz）计算，理论上可以同时开通 250 多个波长的 DWDM 系统。如果采用 0.4nm（50GHz）的波长间隔进行 DWDM 通信，大约能安排 500 个波长，如果每个波长最大传输速率为 40Gbit/s，则单根光纤的通信容量理论上可以达到 20Tbit/s（500×40）左右。目前商业化的单光纤传输速率达到了 6.4Tbit/s 以上；2014 年，丹麦科技大学的研究团队，在实验室条件下成功地在单光纤上实现了 43Tbit/s 的网络传输速度。如果在传输损耗方面打通 1 310nm、1 550nm 两个传输窗口（全波光纤消除了 1 383nm 处的吸收峰），使低损耗窗口扩展至 1 280~1 685nm（大约50THz），则光纤通信可以得到更大的传输容量。可见目前光纤通信的带宽远远没有得到充分利用。

3．光纤的技术参数

光纤的技术参数可以分为几何特性参数、光学特性参数与传输特性参数。传输特性参数包括衰减系数、色散、非线性特性等。光纤通信系统中，信号产生畸变的主要原因是光纤中存在损耗和色散，**损耗限制了传输距离，色散则限制了传输容量。**

（1）信道容量。信道容量是指单根光纤的最大通信容量，用传输速率×通信距离表示，单位（Mbit/s）·km 或（Gbit/s）·km。光纤带宽越大，信道容量越大；带宽取决于光纤的载波频率，载波频率越高，带宽越大。目前商用光纤的单波长信道容量已达 40Gbit/s，实验室光纤信道总容量已达到 5Tbit/s（Alcatel 公司，128 个波长×40Gbit/s，传输距离为 3 中继×100km）。

（2）衰减特性。当光源从光纤一端射入、另一端射出时，光的能量会减弱。这说明光纤中有某些物质或由于某种原因阻挡光信号的通过，这就是光纤的**衰减特性（传输损耗）**。衰减特性在很大程度上决定了光纤通信的中继距离。衰减系数为：每公里光纤对光信号功率的衰减值（dB/km）。损耗直接影响光纤的中继距离，多模光纤在 900nm 波长处的损耗为 3dB/km，这表示传输 1km 后，信号光功率将损失 50%；2km 后损失达 75%（损失 6dB）。例如，波长为 1 550nm 的单模光纤通信系统，如果传输速率为 2.5Gbit/s，则中继距离为 150km；如果传输速率提高到 10Gbit/s，则中继距离会降低到 100km。

光纤损耗包括光纤固有损耗和环境损耗。光纤材料中的杂质，如氢氧根离子、金属离子对光的吸收能力极强，它们是光纤的固有损耗。环境损耗有：活动接头损耗、光纤熔接损耗、光纤宏弯曲损耗。光纤受到挤压时，产生微弯曲也会造成损耗等。

（3）色散特性。光纤中的光信号由不同的频率成分和不同的模式成分组成，这些不同的频率成分和不同的模式成分的传输速度不同，从而引起光纤的色散。光纤中的光信号经过长距离传输后会产生时延，导致光脉冲信号变宽，这种现象称为光纤的**模式色散**。模式色散可以简单地理解为光信号随传输距离增大时的光线扩散。色散会限制光纤的传输容量，同时也限制了光信号的传输距离。色散分为三部分：**模式色散、材料色散和波导色散**。

模式色散主要是对多模光纤而言，**单模光纤只有一种传播模式，不存在模式色散**。材料色散是指组成光纤的材料（二氧化硅）本身产生的色散。波导色散是指由光纤的波导结构引起的色散。多模光纤主要考虑模式色散。单模光纤主要考虑材料色散和波导色散。随着传输速率的不断提高，色散成了制约高速光纤通信系统的主要因素之一。

色散单位为 ps/nm·km，它会引起光脉冲展宽和码间串扰，影响通信距离和信道容量。

（4）数值孔径（NA）。入射到光纤端面的光能，并不能全部被光纤所传输，只是在某个角度范围内的入射光才可以传输，这个角度就称为光纤的**数值孔径**。NA 值反映了光纤导光的性能，NA 越大，光纤接收光的能力越强，从光源到光纤的耦合效率越高；NA 越大，纤芯对光能量的束缚越强，光纤抗弯曲性能越好；但 NA 越大时，经光纤传输后产生的信号畸变越大，因而限制了光纤传输容量。因此要根据实际使用情况，选择适当的 NA 值。ITU-T 规定：多模渐变型光纤的 NA=0.18~0.24，单模光纤的 NA≈0.11。

（5）啁啾。啁啾（zhōu jiū，周纠）是指对脉冲进行编码时，其载频在脉冲持续时间内线性地增加，当将脉冲变化到音频区段时，会发出一种声音，听起来像鸟叫的啁啾声。后来将脉冲传输时，中心波长发生偏移的现象称为"啁啾"。例如在光纤通信中，由于激光二极管本身不稳定而使传输单个脉冲时中心波长瞬时偏移的现象也称为"啁啾"。

（6）四波混频（FWM）效应。指多个光信号之间相互作用产生新的频率干扰。

8.1.4 光缆结构和类型

1. 光缆的类型与结构

光缆是将多根光纤制作在一起，使光纤具有一定的机械强度和保护措施，方便网络工程使用。

光缆按安装方式有：管道光缆、架空光缆、直埋光缆和海底光缆。如图 8-6 所示，光缆的结构有：层绞式、骨架式、中心管式（束管式）和带状式等。

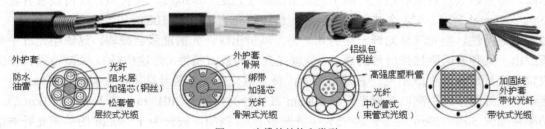

图 8-6　光缆的结构和类型

光缆一般由缆芯和护套两部分组成，护套有松套管和紧套管两种类型。

缆芯通常包括被覆光纤（或称芯线）和加强件两部分。被覆光纤是光缆的核心，决定光缆的传输特性。加强件起着承受光缆拉力的作用，通常在光缆中心，有时配置在护套中。

护套起着对缆芯的机械保护和环境保护作用。要求具有良好的抗侧压力性能，以及密封防潮和耐腐蚀的功能。

2．光缆的材料与质量

（1）外护套。室内光缆一般采用聚氯乙烯或阻燃聚氯乙烯，外表光滑明亮，柔韧性较好，易剥离。质量不好的光缆外皮光洁度不好，容易与光缆中的紧套、芳纶纱粘连。

室外光缆的外护套一般采用优质黑色聚乙烯，成缆后平整光亮，没有气泡。劣质光缆外皮一般用回收材料生产，因此光缆外皮有很多极细的小坑洼，时间长了容易开裂进水。

（2）光纤。正规光缆企业一般采用 A 级纤芯，一些低价劣质光缆通常使用 C 级、D 级纤芯。这些光纤来源复杂，出厂时间较长，往往已经发潮变色，而且多模光纤里还经常混着单模光纤。如果施工中遇到：带宽很窄、传输距离短、粗细不均匀、不能和尾纤对接、光纤缺乏柔韧性、盘纤时容易折断等现象，都说明光纤质量不好。

（3）加强钢丝。室外光缆的钢丝一般经过磷化处理，钢丝不易生锈，强度高。劣质光缆一般用细铁丝代替，如果钢丝可以随意弯曲，这样的钢丝时间长了就会生锈断裂。

（4）金属铠装。正规企业采用双面刷防锈涂料的纵包扎钢带，劣质光缆采用普通铁皮，通常只有一面进行过防锈处理。

（5）防水油膏。**光纤对水和潮气非常敏感**，水或潮气渗透到光纤中时，会导致光纤表面的微裂纹迅速扩张而致使光纤断裂。同时，水与光纤中金属材料发生化学反应产生的氢，会引起光纤的氢损。因此，**光缆中的防水油膏可以防止光纤氧化**。劣质光缆中用的油膏很少，这会严重影响光纤的使用寿命。

（6）抗拉材料。室内光缆一般用芳纶纱作为抗拉材料，芳纶纱是一种高强度的化学纤维，价格昂贵。因为芳纶纱成本较高，劣质室内光缆一般把外径做得很细，这样可以少用芳纶纱来节约成本。这样的光缆在穿管时容易被拉断。

3．光纤跳线（尾纤）

由于光缆有较厚的保护层、弯曲性能不好、不能直接连接到网络设备中，因此，往往利用光纤跳线（也称为尾纤）来连接网络设备与光缆链路。光纤跳线如图 8-7 所示。

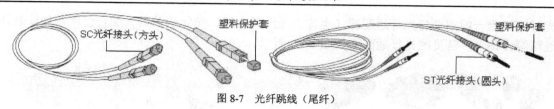

图 8-7　光纤跳线（尾纤）

尾纤有单模和多模两种类型。单模光纤跳线一般用黄色表示，接头和塑料保护套为蓝色，传输距离较长。多模光纤跳线一般用橙色表示，也有用灰色表示的，接头和保护套用米色或者黑色，传输距离较短。

尾纤的纤芯直径必须与主干光缆相同。当一条 62.5μm 的尾纤与一条 50μm 的主干光缆连接时，信号会发生较大衰减。

尾纤两端光模块的收发波长必须一致，以保证数据传输的准确性。

尾纤的最小弯曲半径因纤芯直径而异，对于 1.6mm 和 3.0mm 尾纤，最小无负载弯曲半径为 3.5cm，超过弯曲半径可能导致更多的信号衰减。

尾纤不使用时，一定要用保护套将光纤接头保护起来，避免灰尘损害光纤的耦合性能。

光纤中的激光会对人的视网膜造成不可救治的损害，因此不要直视通电中的光纤。

8.1.5　光纤连接器类型

光纤链路分为永久性和活动性接续。永久性接续大多采用熔接法实现；活动性接续一般采用活动连接器实现。

1. 光纤连接器的结构

如图 8-8 所示，各种光纤连接器的结构基本相同，大多数光纤连接器采用高精密组件（2 个插针和 1 个套管）实现光纤的对准连接。

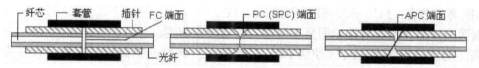

图 8-8　光纤连接器结构和对接端面研磨工艺

光纤连接器中的插针与套管均采用氧化锆陶瓷，插针的对接端面必须进行研磨工艺处理，套管一般采用陶瓷或铜等材料制造。光纤连接器大多有金属或塑料的法兰盘，以便于连接器的安装固定。网络工程中常用的连接器如图 8-9 所示。

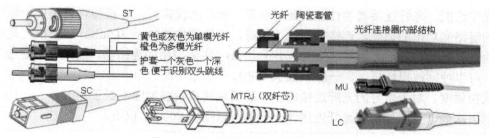

图 8-9　网络工程常用的光纤连接器类型

光纤连接器一般需要与光纤适配器（也称为光纤耦合器、光纤法兰盘）配合使用，如安装在光纤配线箱等设备上，常见的光纤适配器如图 8-10 所示。

图 8-10　常用光纤适配器类型

2. 常见光纤连接器类型

（1）ST 型连接器。连接方式为卡口锁紧方式，外观为金属圆形。ST 连接器适用于现场装配，特点是光纤对齐准确、体积小、重量轻，广泛应用于通信网和局域网。

（2）SC 型光纤连接器。连接方式为插拔式，外观为塑料矩形，端面处理采用 PC 或 APC 研磨工艺。具有优良的性能和可靠性，连接损耗小，插拔操作方便，价格低廉，适用于密集状态下使用。多用于光纤配线架、路由器、交换机、光端机等网络设备。

（3）FC 型光纤连接器。与设备的连接方式为螺丝紧固，外观为金属圆形。FC 连接器的结构简单、制作容易，但光纤端面对微尘较为敏感，容易产生菲涅尔反射。

（4）LC 型连接器。LC 连接器采用模块化插孔（RJ）闩锁结构。插针和套筒的尺寸是普通 SC、FC 所用尺寸的一半，为 1.25mm。这样可以提高光配线架中光纤连接器的密度。目前在单模 SFF 方面，LC 类型的连接器实际已经占据了主导地位。

（5）MTRJ 型连接器。连接方式为插拔式，外观为塑料矩形。连接器端面光纤为双芯（间隔 0.75mm）排列，双纤收发一体，在华为网络设备中常用。

（6）MU 型连接器。MU 连接器是 SC 连接器的改进设计，它的优点是能实现高密度安装。

3. 光纤连接器端面研磨工艺

在尾纤接头标注中，经常采用"连接器类型/端面研磨工艺"的标注方法，如 LC/PC 等。光纤接头的端面研磨工艺有：FC、PC、SPC、APC、UPC。

FC（端面为平面）接头对接端面呈平面型，目前较少应用。

PC（端面物理接触）和 SPC（超级 PC）对接端面呈圆形凸拱结构，在电信设备中应用最为广泛。

APC（角度 PC）接头端面呈 8 度角并做微球面研磨抛光，主要用于早期 CATV 系统。

UPC（超级 PC）接头端面的衰耗比 PC 小，有特殊需求的设备其珐琅盘为 FC/UPC。

4. 光纤连接器的性能

（1）光学性能。光纤连接器的性能主要是连接损耗和回波损耗，连接损耗是指由于连接器的导入而引起的链路光功率的损耗。连接损耗越小越好，一般要求不大于 0.5dB。回波损耗是指连接器对链路光功率反射的抑制能力，典型值应不小于 25dB。实际应用的连接器，插针表面经过了专门的抛光处理，可以使回波损耗更大，一般不低于 45dB。

（2）抗拉强度。对于做好的光纤连接器，一般要求其抗拉强度应不低于 90N。

（3）插拔次数。目前使用的光纤连接器一般都可以插拔 1 000 次以上。

8.2　光纤通信工程设备

光纤通信器件可以分为有源器件和无源器件。有源器件包括：光端机、光纤收发器、光纤放大器等。无源器件主要有连接器、耦合器、波分复用器、光开关和隔离器等。

8.2.1　光端机

光端机是一种将光发射机和光接收机制作在一起的设备，网络工程中常用的光纤收发器、光模块、光纤中继器（光纤放大器）、光纤 Modem 等，都是一种简化的光端机。

模拟光端机的功能是将模拟电信号与光信号进行转换。模拟光端机主要用于模拟电视传输系统、模拟音频传输系统、模拟视频监控系统。

数字光端机较复杂，它使用的模数和数模转换芯片、复接和分接芯片的价格都比较高。数字光端机传输信号质量高，没有模拟光端机多路信号同传时的干扰，工作稳定性较好。网络通信传输系统普遍采用数字光端机。下面我们仅讨论数字光端机。

1. 光发射机

数字光发射机的功能是将输入的基带电信号转换为光信号，用耦合技术将光信号注入到光纤线路中。数字光发射机的结构如图 8-11 所示。

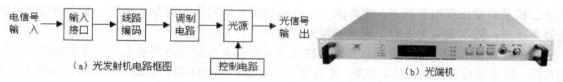

图 8-11　数字光发射机结构框图和光端机

光发射机的基本要求是：发射（入纤）光功率要大，以利于增加传输距离。在光纤损耗和接收灵敏度一定的条件下，传输距离与发射光功率成正比。发射光功率取决于光源，LD（半导体激光器）要优于 LED（发光二极管），LD 的非线性失真也要优于 LED。

（1）线路编码

在光纤通信系统中，从接口电路输入的是适合于电缆传输的双极性码（正或负信号）。**光源不可能发射负光脉冲，因此必须进行码型变换**。数字光纤通信系统普遍采用二进制二电平码，即有光脉冲表示"1"码，无光脉冲表示"0"码。

但是简单的二电平码会带来以下问题：一是码流中"1"码和"0"码的出现是随机变化的，因此直流分量也会发生随机波动（基线漂移），这给光接收机的判决带来困难；二是在随机码流中，容易出现长串连"1"码或长串连"0"码，这会造成位同步信息丢失，给时钟信号提取造成困难，或产生较大的定时误差；三是不利于信号校验。光发射机为了解决以上问题，采用了扰码和 $mBnB$ 编码方法。

扰码器是将原始的二进制码序列加以变换，使其接近于随机序列。相应地，在光接收机的判决器之后，附加一个解扰器，以恢复原始序列。扰码改变了"1"码与"0"码的分布，从而改善了码流的一些特性。例如 SDH 的线路码型为加扰的 NRZ（非归零码），其扰码采用 x^7+x^6+1 多项式生成的 7 级扰码器。由于扰码不能完全满足光纤通信对线路码型的要求，所以许多光纤通信设备除采用扰码外，还采用其他类型的线路编码。如 *m*B*n*B 码。

*m*B*n*B 码是将输入的二进制原始码流进行分组，每组有 *m* 个二进制码，记为 *m*B，称为一个码字，然后把一个码字变换为 *n* 个二进制码，记为 *n*B，并在同一个时隙内输出。这种码型是**将 mB 变换为 nB**，所以称为 *m*B*n*B 码，其中 *m* 和 *n* 都是正整数，*n*>*m*，一般选取 *n*=*m*+1。*m*B*n*B 码有：1B2B（曼彻斯特码，10Base-T 采用）、4B5B（100Base-T 采用）、5B6B（3 次群和 4 次群采用）、8B10B（1000Base-T 等采用）、62B64B（10GBase 采用）等。

（2）调制电路

调制电路的功能是将电信号调制成为光信号。如图 8-12 所示，大部分调制电路利用了线性电光效应，即**光折射率随外加电场而变化，从而实现入射光的相位改变和输出光功率**。

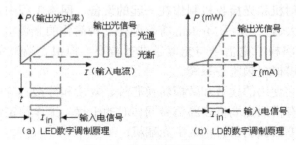

图 8-12　数字信号调制原理

调制电路有直接调节和外调制两种方式。直接调制是用电信号直接调制半导体激光器或发光二极管的驱动电流，使输出的光功率随输入电信号而变化。这种方案技术简单、成本较低，但调制速率受激光器频率特性的限制。数字信号调制一般采用差分电流开关电路，数字信号的 0 码和 1 码，对应于三极管的截止和饱和状态，电流的大小根据输出光信号幅度的要求确定。**数字信号为 0 时，激光器不发光；数字信号为 1 时，激光器发光**。

外调制是将激光的产生和调制分开，用独立的调制器调制激光器的输出光。外调制的优点是调制速率高，缺点是技术复杂、成本较高，主要用于大容量的 WDM 通信系统。外调制有电吸收法（用于 10Gbit/s 以下的 WDM）、马赫-曾德尔（Mach-Zehnder）法（用于 10Gbit/s 以上的 DWDM）。**马赫-曾德尔法是使光的折射率随输入电信号的变化而发生改变，导致通过波导的光的强度相应发生变化，从而实现输出光幅度的变化**。

（3）光源

光源与调制电路关系密切，它们的功能都是将电信号转换为光信号。光纤通信中广泛使用的光源有半导体激光二极管（LD）和发光二极管（LED）。

LD 发射的是受激辐射光，LED 发射的是自发辐射光。LED 常用于多模光纤耦合，用于 1 310nm（或 850nm）波长的小容量、短距离传输系统。因为 LED 发光面积和光束辐射角较大，而多模光纤具有较大的芯径和数值孔径（NA），有利于提高耦合效率，增加入纤功率。LD 通常用于 G.652 或 G.655 规范的单模光纤，用于 1 310nm 或 1 550nm 大容量、长距离传输系统。

2．光接收机

光接收机的功能是将从光纤线路中输出的、产生畸变和衰减的微弱光信号转换为电信号，经过放大和处理后恢复成发射前的电信号。数字光接收机结构如图 8-13 所示。

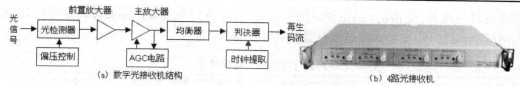

图 8-13　数字光接收机结构框图和光接收机

（1）光检测器

光检测器是光接收机实现光/电转换的关键器件，对光检测器的要求如下。

波长响应要与光纤低损耗窗口（850nm、1 310nm 和 1 550nm）兼容。

响应度要高，在一定的接收光功率下，能产生最大的光电流。

噪声要尽可能低，能接收极微弱的光信号。

性能稳定、可靠性高、寿命长、功耗和体积小。

适合于光纤通信的光检测器有 PIN 光电二极管和雪崩光电二极管（APD）。

（2）放大器

前置放大器的噪声对光接收机的灵敏度影响很大。它的作用是提供足够的增益，并通过它实现自动增益控制（AGC），使输入光信号在一定范围内变化时，输出的电信号保持恒定。

（3）均衡和再生

均衡的目的是对产生失真的电信号进行补偿，使输出的信号波形适合于判决，以消除码间干扰、减小误码率。再生电路包括判决电路和时钟提取电路。

3．光端机在网络中的应用

【例 8-1】多业务数字光端机可以传输音频、电话语音、视频和以太网信号，组网方式如图 8-14 所示。

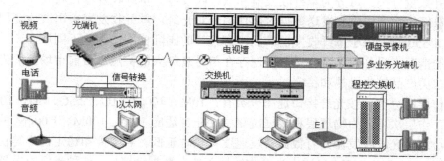

图 8-14　多业务光端机在网络中的应用

8.2.2　光纤收发器

1．光纤收发器的基本功能

光纤收发器（也称为光电转换器）是一种电信号和光信号进行相互转换的网络设备，它是一种简化的光端机。光纤收发器在**物理层的功能**有：提供 RJ45 电信号输入接口、SC 或 ST 光纤信号输出接口；实现信号的"电-光、光-电"转换；实现物理层的各种编码。光纤收发器在**数据链路层的功能**为：数据包的打包与解包，数据包 MAC 格式化，初步差错检测（CRC），重定向等功能。为了保证光纤收发器与网卡、交换机、路由器等网络设备兼容，光纤收发器产品必须严格符合 IEEE 802.3 系列以太网标准。光纤收发器典型技术参数如表 8-3 所示。

表 8-3　　　　　　　　　F-NET 系列光纤收发器光传输特性

产品型号	光接口	波长 nm	发射功率 dBm	收灵敏度 dBm	光损耗 dBm/km	传输距离 km	自适应
FCC100	多模 SC	850	−14~18.5	31	3	0~2	是
FEC100	单模 SC	1 300	−8~15	31	0.5	0~25	是
FCC200	单模 SC	1 300	−5~0	35	0.5	10~6	是
FEC200	单模 SC	1 550	5~0	35	0.25	15~120	是

2．光纤收发器的类型

（1）按光纤的性质分类。光纤收发器如图 8-15 所示。光纤收发器可分为多模和单模光纤收发器。多模收发器传输距离为 2~5km，单模收发器的覆盖范围为 20~120km。由于传输距离不同，光纤收发器的发射功率、接收灵敏度和使用波长也不相同。例如，5km 光纤收发器的发射功率为−20~−14dB，接收灵敏度为−30dB 左右，使用 1 310nm 波长光源；而 120km 的光纤收发器发射功率为−5~0dB，接收灵敏度为−38dB 左右，使用 1 550nm 波长光源。

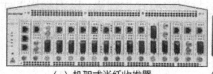

（a）机架式光纤收发器　　（b）机架光纤模块　　（c）独立式光纤收发器　　（d）光口与电口

图 8-15　光纤收发器类型

（2）按光纤数量分类。可分为单纤收发器和双纤收发器。单纤收发器接收和发送数据时，只使用一根光纤；双纤收发器接收和发送数据时，使用一对光纤。单纤收发器采用波分复用技术，波长为 1 310nm 或 1 550nm。由于单纤收发器产品没有统一的国际标准，因此不同厂商产品在互连时可能存在不兼容的情况。另外，单纤收发器普遍存在信号衰耗大的特点。目前市场上的光纤收发器多为双纤产品，这类产品较为成熟和稳定。

（3）按工作层次分类。按光纤接口速率分类有：10M、100M、1G、2.5G、4G、10G 等产品。按光纤收发器工作层次可分为物理层和数据链路层。非自适应 10M、100M、1 000M 的光纤收发器工作在物理层，这种光纤收发器具有数据转发速度快、时延低、兼容性和稳定性好等优点，适用于速率固定的链路。10/100/1 000M 自适应光纤收发器工作在数据链路层，这种光纤收发器采用存储转发机制，它对接收的每一个数据包都要读取它的源 MAC 地址、目的 MAC 地址和数据净荷，并在完成 CRC（循环冗余校验）后才将该数据包转发出去。存储转发的优点是可以防止一些错误的数据包在网络中传播，占用宝贵的网络资源。当网络链路饱和时，可以将无法转发的数据包暂时存放在收发器缓存中，等待网络空闲时再进行转发。这样既减少了数据冲突，又保证了数据传输的可靠性，因此 10/100/1 000M 自适应光纤收发器适合工作在速率不固定的链路上。

（4）按结构分类。按结构可分为独立式光纤收发器和机架式光纤收发器。独立式光纤收发器适用于接入层中单台交换机使用，如一个建筑物中单台交换机的上联。机架式（模块化）光纤收发器适用于多用户的汇聚，如校园网的网络中心机房、小区中心机房等。机架式收发器便于对所有光纤模块统一供电和统一管理。机架式光纤收发器多为 16 槽产品，即一个机架中最多可插入 16 个光纤收发模块。

（5）按管理类型分类。有非网管型和网管型光纤收发器。非网管型以太网光纤收发器可以即插即用，通过硬件拨码开关来设置电口工作模式。网管型光纤收发器还可以分为局端网管和用户端网管。局端网管光纤收发器主要是机架式产品，多采用主从式管理结构，即一个主网管模块可串联 N 个从网管模块。如烽火网络的 OL200 网管型光纤收发器支持 1（主）+9（从）的网管结构，一次性最多可管理 150 个光纤收发器。网管型产品价格较高。

3．光纤收发器在网络中的应用

光纤收发器在网络中有以下应用。

（1）网络设备互连。例如：交换机与交换机之间的互连，交换机与计算机之间的互连，计算机与计算机之间的互连等。

（2）波分复用传输。当长距离光缆资源不足时，为了提高光缆使用率、降低造价，可将光纤收发器与波分复用器配合使用，让两路信息在同一对光纤上传输。

【例8-2】光纤收发器通常用于校园网、园区网的主干传输网络，以及宽带城域网的接入层。光纤收发器与网络的连接如图 8-16 所示。

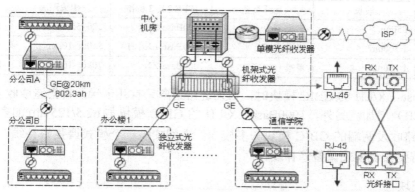

图 8-16 光纤收发器与网络的连接

4．光纤收发器使用注意事项

（1）光纤收发器有 SC、ST、FC 等光纤接头形式，使用时必须注意接头的匹配。

（2）光纤收发器与交换机等设备连接时，要确认双绞线长度不超过 100m。双绞线一端接入到光纤收发器的 RJ45 口（Uplink 口），另一端接入到交换机的 RJ45 普通端口。

（3）光纤收发器与 100Base-FX 设备连接时，确认光纤长度没有超出设备提供的距离。光纤一端接入到光纤收发器的 SC/ST 接头，另一端连接到100Base-FX 设备的 SC/ST 接头。

（4）当网络设备工作在半双工状态时，光纤收发器的传输距离有一定的限制。

8.2.3　光模块

光模块也称为光纤模块或光电收发一体化模块，它是一个简化的光端机。如图 8-17 所示，目前网络中使用的光模块有 SPF 和 XFP 等类型。

SPF封装1000M光纤模块　　　　XFP封装10G光纤模块　　　　XENPAK封装 10G光纤模块　　　　GBIC封装1000M光纤模块

图 8-17　不同类型的光模块

1. GBIC 光模块

GBIC（吉比特接口转换器）是一种符合国际标准的可互换产品，它可以将吉比特电信号转换为光信号，GBIC 支持热插拔使用。

GBIC 模块可以插入吉比特以太网端口的插槽内，将端口与光纤网络连接在一起。如表 8-4 所示，Cisco 的 GBIC 模块可以在各种 Cisco 产品上使用和互换，并且可与遵循 IEEE 802.3z 的 1000Base-SX、1000Base-LX/LH 或 1000Base-ZX 接口混用。

表 8-4　　　　　　　　　　　　　　Cisco GBIC 光模块技术规格

规格	波长	光纤类型	IEEE 802.3 标准	传输距离	接口类型
WS-G5484 SX	850nm	多模	1000Base-SX	220~550m	SC
WS-G5486 LX/LH	1 300nm	多模/单模	1000Base-LX/LH	550m~10km	SC
WS-G5484 ZX	1 550nm	单模	1000Base-ZX	70km~100km	SC

使用 1000Base-LX/LH 的 GBIC 模块时，如果链路距离只有几十米，将会造成收发端信号饱和，导致误码率（BER）增加。另外，1000Base-LX/LH 的 GBIC 模块与 62.5/125 μm 的多模光纤配合使用时，必须在链路收发两端的 GBIC 模块与多模光纤之间安装一个模式调整修补线。如果链路距离超过 300m，也需要安装模式调整修补线。

2. SFP 光模块

GBIC 模块由于体积较大，目前已经很少使用了。而 SFP（小封装可插拔收发器）为 GBIC 的升级版本，模块体积比 GBIC 模块减少一半，可以在相同的面板上配置更多的端口数量。SFP 模块的光纤接口类型大多为 LC，其他功能基本与 GBIC 相同。

3. 10G 光模块

存储网、RAID 系统、高端服务器和城域网中的路由器，广泛采用 10Gbit/s 光通信模块。10G 光模块的标准有：XFP（10 G 以太网接口小封装可插拔收发器）、XENPAK（10 G 以太网接口收发器集合封装）、X2、Xpak 等。XENPAK 开发较早、体积较大。XFP 是目前主流 10G 光模块。Xpak 和 X2 是一种过渡产品。XFP 模块的尺寸大约是 SFP 模块的 150%。

8.2.4　光纤放大器

光放大器有半导体光放大器和光纤放大器两种类型。半导体光放大器的优点是小型化、容易与其他半导体器件集成；缺点是性能与光偏振方向有关、器件与光纤的耦合损耗大。光纤放大器的性能与光偏振方向无关，器件与光纤的耦合损耗很小，因而得到了广泛应用。"波分复用+光纤放大器"被认为是充分利用光纤带宽、增加传输容量最有效的方法。

掺铒光纤放大器（EDFA）用在光发射机中，可以提高发送功率、延长传输距离；用在光纤传输链路中，可以补偿光能量的损失、增加传输距离；用在光接收机前，可以对光信号进行放大、提高光接收机灵敏度。光纤放大器如图 8-18 所示。

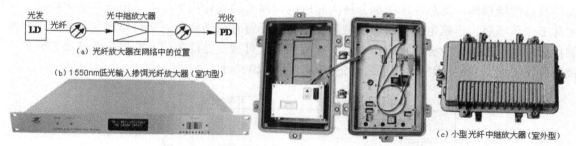

图 8-18　掺铒光纤放大器（EDFA）和小型光纤中继站

采用饱和功率为 18dBm 的光纤放大器，可实现 160~200km 的无中继通信。

在用户光纤网络中，虽然用户系统之间的距离较短，但是用户的分支网络太多，光纤干线中的光信号功率要进行众多的分配。这样分配到每个分支的光信号就相当弱，不能保证用户终端设备的接收质量。为此，需要将光信号进行放大，这就需要光纤放大器产品。

由于 EDFA 具有 30nm 的工作带宽，它可以同时放大多个波长不同的光信号，因此它可以十分方便地应用于 DWDM 系统中，补偿各种光衰耗。

8.3　光纤通信工程设计

8.3.1　通信系统参考模型

1．数字通信系统参考模型

网络通信系统的技术指标有：性能指标、设计指标、交付指标、维护指标和限值。性能指标是通信网络的总目标，其他各类指标都由它导出。为了对网络通信系统性能进行研究，ITU-T G.821 建议提出了一系列的数字传输参考模型，如：HRX（假设参考连接）、HRP（假设参考通道）、HRDL（假设参考数字链路）、HRDS（假设参考数字段）等。

HRX 是根据综合业务数字网（ISDN）的性能要求和 64kbit/s 信号的全数字连接考虑建立的。在 HRX 模型中，两个通道端点之间的国际最长距离为 27 500km，它由各级交换中心和许多假设参考数字链路（HRDL）组成。标准数字 HRX 的总性能指标按比例分配给 HRDL，这大大地简化了通信系统链路的设计工作。我国标准最大 HRP（假设参考通道）长度为 6 900km，分为长途、中继和接入三个部分，各部分距离分配如图 8-19 所示。

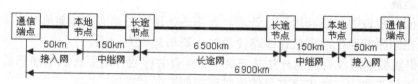

图 8-19　我国数字通信系统假设参考通道（HRP）分配图

假设参考通道经常用于将通信系统技术指标（如误码率）按一定比例分配到各个段中。

2. 网络通信系统性能指标分配

在网络工程设计中，首先根据网络通信质量评定出各个网络需要的性能指标，然后确定假设参考模型及总性能指标，将总性能指标分解为相应构成网络的设计指标，再导出设备需求指标。考虑到实际工作环境后，再确定交付指标，应保证交付指标留有适当余量。交付指标应略优于用户网络性能指标，然后再确定业务维护指标、维护提醒限值（可接受性能限值）和停止业务维护限值（不可接受性能限值）。各类指标及限值之间的关系如图 8-20 所示。

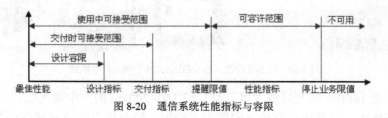

图 8-20　通信系统性能指标与容限

要使网络经济合理地运行，交付指标应比设计指标低。如果考虑到环境条件（气候、电源干扰等）等因素的影响，维护限值更低一些。但网络在以上条件下运行时，仍要求达到用户原定的性能指标，这就要求各类网络设备的设计指标应大大优于用户指定的性能指标。

8.3.2　光纤通信现场勘查

现场勘查是光纤通信工程设计的依据。设计能否指导施工，直接取决于勘查所确定的方案是否合理。多数光纤通信工程设计的问题，都是因为勘查不细致而导致的。

（1）勘查前应与建设方讨论和明确弱电工程（电话、网络、电视、监控、广播等）的整体路由方案，以及线路敷设方式（管道、直埋、架空、无线等）。明确网络中心机房位置，明确网络汇聚点所在建筑物。

（2）勘查必须有建设方工程负责人随同进行，应当核查建设方今后的园区规划、交通情况、沟通勘查路线等。

（3）勘查应携带园区建设规划平面图，以及需要的测量和记录工具。

（4）在勘查草图上，除标明光缆位置外，还要画出线路两侧各 20m 范围内的障碍物，对于光缆穿越的障碍物，尤其要画详细，避免失真。要记录清楚需要保护地段的起止位置。光缆路由图纸要达到指导施工的目的。

（5）应记录所有勘查过程中接触的相关部门的负责人员，以备后查。

（6）勘查中形成的文字性书面材料和建设单位提供的相关资料，需要装订在设计文件中，作为设计的一部分。

（7）光纤线路沿道路设计时，要询问清楚该道路是否有扩建计划，如果有扩建计划，要尽量避开或留有足够的距离。

（8）光缆在园区敷设时，要利用原有管道，要明确管道中是否有空闲管孔，并在平面图上标明管孔占用情况。在园区需要挖沟和敷设线路管道时，要与建设方沟通。

（9）光缆如果需要利用原有的电杆加挂安装，应调查并标明杆路原有的电缆形式、位置和数量，并标明需要新增的吊线位置（利用原有吊线也需要标明）。

（10）光缆穿越障碍物（如沟渠、道路、原有光电缆等）时，要记录障碍物名称和穿越位置，应尽量垂直穿越。

（11）直埋光缆在坡地敷设时，当坡度在 20°~30° 时，光缆要"S"形敷设；当坡度大于 30° 时，要采用钢丝铠装加强光缆，并且进行"S"形敷设。

（12）直埋光缆与高压电力线交越时，要求记录高压线容量和交越位置，并对光缆采取塑料管保护措施。光缆与 10kV 电力线交越时，塑料管保护长度一般为 20m。

【例 8-3】某大学校园网光缆主干线路勘查结果如图 8-21 所示。

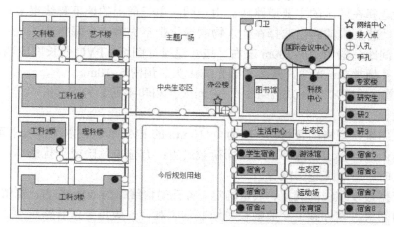

图 8-21 某大学校园网光缆主干线路勘查示意图

8.3.3 光纤通信路由设计

1. 光缆路由设计

光缆路由设计必须在现场勘查资料的基础上进行。室外光缆路由设计应当按弱电工程的原则统一考虑、统一设计施工。应当画出：室外光缆线路规划图，在园区平面图上标明光缆线路走向、园区光缆路由及长度。

（1）人孔井与手孔井的设计

人孔井（一般简称人孔或手孔）是人能进去操作的工作坑，手孔井不能进人，只能伸手进去操作。人孔一般 1 000m 左右一个，布置过密时会增加施工成本，布置过稀时穿越光缆困难。**人孔或手孔的设计可以按 YD5062 国家建筑标准设计图集选用。**

园区网的光缆外径不大，而且无需在手孔内接续或分支，为了降低投资，应当尽量使用手孔。如选用 1、2、3 号手孔（SKI、SK2、SK3）。手孔如图 8-22 所示。

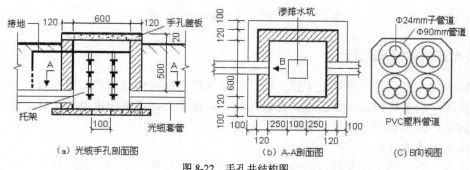

图 8-22 手孔井结构图

在以下位置应设置手孔：管道分支点、交叉路口、道路坡度较大的转折处等。一些重要部位，如中心机房前的人孔、电缆量大的干线转弯处，或三通、四通处，应当选用人孔，不得降低规格。为了让管道内的水能够流到手孔内，**管道必须要有一定的坡度**。

光缆管道材料有：PVC 管、焊接钢管、水泥管、玻璃钢管和碳纤螺纹管。碳纤螺纹管（CFRP 管）强度高、柔韧性强、抗老化、施工方便等，使用寿命可达 100 年以上。

（2）管道路由设计

管道路由一般选择在园区的主要道路边。由于园区主干道上的地下管线很多，如下水管、供水管、煤气管等，因此将光缆的路由选择在建筑物的绿化带不失为一个好办法。

管道手孔最大间距一般为 100-300m 左右，按管道设计图纸，PVC 管长度应当增加 0.5%~1%的余量，以及每个人孔增加 1m 光缆，同时考虑光缆接头盒预留 5~10m。

光缆长度=管道总长度×（1+0.5%~1%）+中间人孔和和手孔数×10（m）   （8-1）

（3）管道容量设计

光缆路由应采用统一规格的管材，一般为 Φ110mm 的 PVC 管。在以下情况下可以采用 Φ40mm 的钢管：车辆的出入口；管道埋深不够或路面荷载过重；有强电危险或干扰影响；引入建筑物时；引至墙面或电杆上时；管道跨越沟渠等。

管道容量要依据敷设缆线的类型、数量确定。**管孔的含线率为 50% 左右**，要留有 50%左右的余量，以满足施工的需求。室外施工穿放敷设缆线非常困难，一般每一条管路只穿 1 根光缆，也有穿 2~3 根的。

【例 8-4】某大学校园网光缆路由设计如图 8-23 所示。光缆路由目前采用星型结构，光缆主干路由由教学楼线路（J*n#*）、科技中心线路（K*n#*）、学生宿舍线路（S*n#*）3 大主干组成，网络中心机房设置在办公楼，全部弱电布线统一考虑。考虑到今后 RPR（弹性分组环）和 DWDM 技术的发展，可以将光缆线路方便地修改为 J、K 和 S 三个环网组成的环型路由结构。

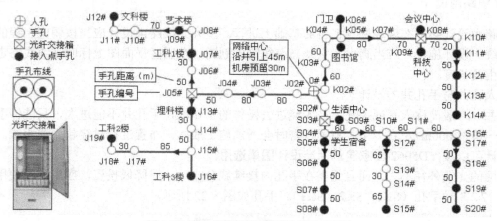

图 8-23　某大学校园网光缆路由设计示意图

2. 室外光缆线路的防护设计

光缆传输的优点之一是不受电磁干扰影响，但这仅指光缆内传输的光信号而言。对于内含金属元件的室外光缆，仍要防护雷击和强电。在目前的传输速率下，强电和雷电对光纤的传输性能不会造成干扰和影响，但是会对光缆造成影响甚至危害。

（1）强电对光缆的危害

室外光缆内一般有两个相互绝缘的金属部件，通常是外层的环形钢带感应较高，中心的金属加强芯感应较低。当两者之间的电位差足够大，并积累了足够的能量后，将造成光缆内部击穿，严重时会烧断光纤。

当金属外层感应的电动势足够大时，将击穿外护套，并且向大地（直埋光缆）或接地线（架空光缆）放电。放电形成的电弧往往伴有高温，严重时将灼伤光纤，形成的孔洞使光缆的阻水性能失效。

（2）雷电对光缆的危害

雷电对光缆线路的影响很大，雷击有直击雷、感应雷和反击雷三类。直击雷的强度很大、危害最大，相对发生的次数较少。感应雷强度较弱、危害相对较小，但发生的次数较多。因大地电位升高，反向对通信线路的袭击称为反击雷。

对架空线路造成严重危害的多为直击雷。直击雷由于电流很大，并产生很大热量，可烧毁光缆或融化相关部件（如接头盒），还可能引起爆炸。

雷击电流进入光缆（包括附件如接头盒）中的金属部件时，光缆内的金属部件将出现冲击电压，由此产生的电弧会使金属构件和外护层瞬间被击穿及融化。

雷电会使大地的地电位升高，使光缆塑料外护套发生针孔击穿，形成孔洞，土壤中的潮气和水分会通过针孔侵蚀光缆的金属护套，降低光缆使用寿命。

（3）防护措施

强电影响的允许值由光缆外护层（PE 层）的绝缘强度确定。光缆 PE 层的厚度一般为 2mm，工频绝缘强度大于 20kV。按 ITU-T 相关规定，光缆金属护套上短期危险的纵电动势不得超过其直流试验电压的 60%，即 20 000×60%=12kV。光缆金属构件上长期影响的纵电动势允许值，按国家标准“GB6830-86”中关于人身安全的规定，为 60V 以下。

光缆路由应当尽量远离高压线及高压接地装置。当必须穿越时，应尽可能垂直于高压线，如受到限制时，最小交越角不得小于 45°。

光缆线路及其设备距变电站和高压杆塔的接地装置，应分别大于 200m 和 50m。

光缆内的金属线是引雷入机房的主要危害之一，它可能从 1 公里之外的 110kV 输电线路感应出高达 1 000V 的纵向电动势。因此，不要用光缆内的金属线进行通信和远程供电。光缆中的金属保护层和金属中心加强件，在接头处不要进行电气上的连通。

在雷击多发区和强电线路地段采用非金属光缆。

8.3.4　光缆中继计算方法

1. 中继距离受损耗限制时的计算方法

数字光纤通信线路计算模型如图 8-24 所示。

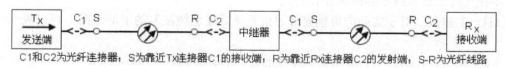

Tx
发送端
C1 S
R C2
中继器
C1 S
R C2
Rx
接收端
C1和C2为光纤连接器；S为靠近Tx连接器C1的接收端；R为靠近Rx连接器C2的发射端；S-R为光纤线路

图 8-24　数字光纤通信线路计算模型

如果系统传输速率较低（2.5Gbit/s 及其以下），光纤损耗系数较大，中继距离主要受光纤线路损耗的限制。在这种情况下，要求 S（接收点）和 R（发送点）之间光纤线路总损耗不能超过系统的允许损耗范围。即最大中继距离为

$$L \leqslant \frac{p_t - p_r - 2\alpha_c - M_e}{\alpha_f + \alpha_s + \alpha_m}$$

$$(8-2)$$

式中，L 为中继距离（km）；P_t 为平均发送光功率（dBm）；P_r 为接收灵敏度（dBm）；α_c 为连接器损耗（dB/对），如果没有光纤分配架此项为 0；M_e 为系统余量（dB）；α_f 为光纤损耗系数（dB/km）；α_s 为光纤平均接头损耗（dB/km）；α_m 为每光纤线路损耗余量（dB/km）。

平均发射光功率 P_t 取决于所用光源，对单模光纤通信系统，LD 的平均发射光功率一般为 $-3 \sim -9$dBm，LED 平均发射光功率一般为 $-20 \sim -25$dBm。

光接收机灵敏度 P_r 取决于光检测器和前置放大器的类型，并受误码率的限制，随传输速率而变化。表 8-5 给出了光纤通信系统的接收灵敏度 P_r。

表 8-5　　　　光纤通信系统误码率小于 BERav$\leqslant 1 \times 10^{-19}$ 时的接收灵敏度 P_r

传输速率（Mbit/s）	标称波长（nm）	光检测器	灵敏度 P_r（dBm）
8.448	1 310	PIN	-49
34.368	1 310	PIN-FET	-41
139.264	1 310	PIN-FET APD	-37、-42
4×139.264	1 310	PIN-FET APD	-30、-33

连接器损耗 α_c 一般为 0.3~1dB/对。设备余量 M_e 包括由于时间和环境的变化而引起的发射光功率和接收灵敏度下降，以及设备内光纤连接器性能的劣化，M_e 一般不小于 3dB。

光纤损耗系数 α_f 取决于光纤类型和工作波长，例如单模光纤在 1 310nm 时，α_f 为 0.4~0.45dB/km，在 1 550nm 时，α_f 为 0.22~0.25 dB/km。

光纤损耗余量 α_m 一般为 0.1~0.2dB/km，但一个中继段总余量不超过 5dB。平均接头损耗可取 0.05dB/个，每千米光纤平均接头损耗 α_s 可根据光缆长度计算得到。

2. 中继距离受色散限制时的计算方法

如果光纤数字通信系统的传输速率较高（2.5Gbit/s 以上），光纤线路的色散较大，中继距离主要受色散（带宽）的限制。为了使光接收机灵敏度不受损伤，保证系统正常工作，必须对光纤线路的总色散（总带宽）进行规范。光纤中继距离受色散限制时，由式（8-3）和式（8-4）确定。

（1）多模光纤通信系统中继距离计算公式

对于多模光纤系统，中继距离的简明计算公式为

$$L = \left[(1.21 \sim 1.78) B1/f_b \right] / \gamma$$

$$(8-3)$$

式中，L 为中继距离（km）；$B1$ 为 1km 光纤的带宽，通常由测试确定；f_b 为系统传输速率（Mbit/s）；γ 称为串接因子，取决于系统工作波长，光纤类型和线路长度，一般 $\gamma = 0.5 \sim 1$。

（2）单模光纤通信系统中继距离计算公式

根据 ITU-T 建议，对于实际的单模光纤通信系统，受色散限制的中继距离 L 可以表示为：

$$L = \frac{\varepsilon \times 10^6}{F_b |C_0| \sigma_\lambda}$$

$$(8-4)$$

式中，F_b 是线路码速率（Mbit/s），与系统比特速率不同，它要随线路编码类型不同而有所变化；C_0 是光纤色散系数（ps/nm·km），它取决于工作波长附近的光纤色散特性；σ_λ 为光源谱线宽度（nm），对多纵模激光器（MLM-LD），为均方根（rms）脉冲宽度；对单纵模激光器（SLM-LD），为峰值

下降 20dB 的宽度；ε 是与功率代价和光源特性有关的参数，对于 MLMLD，ε=0.115，对于 SLM-LD，ε=0.306。

对于 G.652 单模光纤，波长为 1 285~1 330nm 时，色散系数 C_0 不得超过±3.5ps/nm·km，波长为 1 270~1 340nm 时，C_0 不得超过 6ps/nm·km。

根据 ITU–T G.955 建议，用 LD 作光源的常规单模光纤（G.652）系统，在 S 和 R 之间数字光纤线路的总损耗容限如表 8–6 所示。

表 8-6　　　　　　　　　　数字光纤通信线路 S 和 R 之间总损耗容限

标称速率 （Mbit/s）	标称波长 （nm）	BER≤1×10⁻¹⁰ 时 最大损耗（dB）	S 和 R 之间的损耗容限	
			最大色散（ps/nm·km）
8.448	1 310	40	不要求
34.368	1 310	35	不要求
139.264	1 310/1 550	28	300（多纵模）
4×139.264	1 310/1 550	24	120（多纵模）

由表 8-6 可知，在 140Mbit/s 以上的单模光纤通信系统中，色散的限制不可忽视。

3．光缆中继距离计算案例

光纤通信系统的中继距离受损耗限制时由式（8-2）确定；中继距离受色散限制时由式（8-3）（多模光纤）和式（8-4）（单模光纤）确定。从损耗限制和色散限制两个计算结果中，选取较短的距离，作为中继距离计算的最终结果。

【例 8-5】以 140Mbit/s 单模光纤通信系统为例，计算中继距离。

设系统平均发射功率 P_t=−3dBm，接收灵敏度 P_r=−42dBm，设备余量 M_e=3dB，连接器损耗 α_c=0.3dB/对，光纤损耗系数 α_f=0.35dB/km，光纤余量 α_m=0.1dB/km，每 km 光纤平均接头损耗 α_s=0.03dB/km。将这些数据代入式（8-2），得到中继距离为

$$L = \frac{-3-(-42)-3-2\times0.3}{0.35+0.03+0.1} \approx 74(\text{km})$$

假设线路编码类型为 5B6B，ε=0.115，线路码速率 F_b=140×(6/5)=168Mbit/s，|C_0|=3.0 ps/(nm·km)，σ_λ=2.5nm。把这些数据代入式（8-4），得到中继距离为

$$L = \frac{0.115\times10^6}{168\times3.0\times2.5} \approx 91(\text{km})$$

在工程设计中，中继距离应取 74km。

如果假设|C_0|=3.5ps/nm·km，σ_λ=3nm，其他参数不变，根据式（8-4），计算得到的中继距离 L≈65km，这时中继距离主要受色散限制，中继距离应确定为 65km。

8.4　光纤通信工程施工

8.4.1　光缆线路连接方法

如图 8-25 所示，光缆线路的施工以光纤配线架（ODF）为分界，光连接器外侧为线路部分，光

纤线路部分由不同形式的光缆、光缆连接件以及连接器等组成。

图 8-25　光缆线路工程施工范围示意图

1. 光缆线路施工线范围

光缆的标准制造长度为 2km，有时可根据用户要求定制。一般光缆的抗张力为 100~300kg，直埋光缆为 600~800kg。光缆重量较轻，如单模 10 芯以下的光缆，直径在 11mm 以内，单位长度重量在 90kg/km 以下。

光纤的连接技术要求较高，光纤接续需要在高温下，将光纤端面熔化后，靠石英玻璃的粘度粘合在一起。

2. 光缆线路施工步骤

光缆线路的施工一般需要经过以下过程：单盘检验→路由实测→光缆配盘→路由准备→敷设布放→接续安装→中继测量→竣工验收。

3. 光缆线路的连接

光缆线路和设备的典型连接如图 8-26 所示，4 芯电缆所需材料如表 8-7 所示。

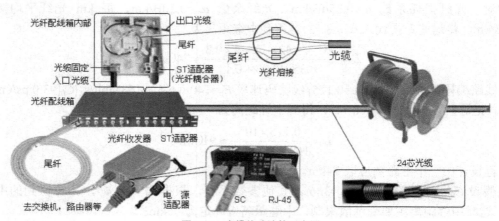

图 8-26　光缆线路连接示意图

表 8-7　　　　　　　　　　　　**简单 4 芯光缆线路所需材料一览表**

产品名称	数量	说明
光缆	N 米	注意单模与多模、室内与室外的区别，多模光缆长度不能大于 2km，单模光缆的长度取决于光纤收发器的传输距离
光纤收发器	2 台	注意单模与多模、单纤与双纤的区别，单纤一般用于城域接入网
光纤耦合器	8 个	有单模与多模之分，常用规格有 SC、ST、FC、LC、MTRJ 等
光纤跳线	4 根/2 根	有单模与多模之分，双纤光纤收发器用 4 根，单纤光纤收发器用 2 根，一端的接头与光纤耦合器配套，另外一端的接头与光纤收发器配套

续表

产品名称	数量	说明
光纤尾纤	8 根	有单模与多模之分，数量是光缆芯数的 2 倍
8 口光纤配线盒	2 个	用来固定光纤耦合器和光纤尾纤，保护光纤熔接点，接口有 SC、ST、FC 等规格，需要与与耦合器配套
光纤熔接	8 点	光纤熔接

说明：如果光缆采用单模，则所有产品都应采用单模规格，否则无法使用，多模也是如此。

8.4.2　室外光缆线路施工

1. 网络工程中光缆的选用

（1）骨干传输网光缆选用

我国在骨干线路（包括国家干线、省内干线和市内干线）上全部采用单模光缆，干线光缆一般采用分立光缆，不采用带状式光缆。干线光缆曾经使用过的紧套层绞式光缆和骨架式光缆结构，目前已停止使用。目前广泛使用的干线光缆有**松套层绞式**和**中心管式**两种结构，并且优先采用前者。松套层绞式光缆的生产效率高，便于中间分线，同时光缆有良好的拉伸性能和衰减温度特性，目前已经获得广泛应用。全国主干光缆如图 8-27 所示。

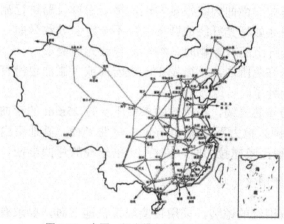

图 8-27　全国一级光缆主干网结构示意图

骨架式光缆目前的实际工艺技术难以实现，光缆的拉伸性能难于达到规定要求。为此，我国干线网已不再使用骨架式光缆。

（2）城域接入网光缆选用

城域接入网中的光缆距离短、分支多、分插频繁，为了增加网络容量，通常采用增加光纤芯数量的方法。特别是在市内管道中，由于管道内径有限，在增加光纤芯数的同时增加光缆的光纤集装密度、减小光缆直径和重量，都是很重要的技术。

城域接入网中广泛采用带状式光缆，它可以实现光缆芯数多和光纤集装密度高的要求，而且可以通过光纤整带接续的方式提高光缆接续效率。但是，在小芯数光缆情况下，也直接采用分立光纤。

由于带状式光缆的集装密度大，可能会损害光缆的拉伸性能和衰减温度特性，以及有可能损害光纤的传输衰减特性。因此，大芯数、小外径的带状式光缆还有许多问题需要解决。

（3）建筑物内网络光缆选用

建筑物内光缆往往用于计算机网络、电话、视频监控、遥测与传感器等用途。建筑物内光缆包括机房光缆和用户光缆两部分，机房光缆布放在网络机房内，布放紧密有序和位置相对固定。用户光缆布放在用户端的室内，主要由用户使用，因此易损性要有更加严格的考虑。

建筑物内光缆选用时应注意阻燃、无毒（燃烧时）和烟的特性。一般在管道中或强制通风处，可选用阻燃但有烟型光缆，暴露环境中应选用阻燃、无毒和无烟型光缆。

楼内垂直布缆时，可选用层绞式光缆；水平布线时，可选用可分支型光缆。

多模光纤虽然不再用于城域核心网和接入网，但是随着智能大厦的建设，越来越多的室内光缆投入应用。目前所用的建筑物内光缆芯数较少、缆芯不填充油膏、防火性能要求只限于阻燃或不延燃，这些光缆在品种、结构和性能等方面，还需进一步开发、完善和提高。

随着计算机网络的急剧增加，建筑物内光缆布线的芯数将增加数倍，因此减小尾纤直径，在有限的机房空间内布放更多的终端模块，就显得很重要。

2. 避免光纤的宏曲和微曲

光纤被拉伸或者弯曲较厉害时，有可能会引起纤芯裂开，产生小裂缝，导致光线散射、信号衰减。如果光纤弯曲角度太小，会改变光纤中"纤芯-包层"交界处的入射角，使得入射角小于全反射角，导致某些光信号不能被反射，而是折射到了包层直接损失掉了。因此在部署光纤时，需要尽量避免光纤的宏曲和微曲现象。

宏曲是指肉眼可见的弯曲。微曲肉眼很难发现，需要通过仪器进行测试，检查光纤的衰减性能是否合格。一般的光纤弯曲（如将光纤绕成圆形）并不一定会导致微曲。只有在特定情况下的弯曲才有可能导致微曲。如在光纤上压有重物时，很容易导致光纤变形。

如果光纤信号衰减在允许范围内，稍微发生一点宏曲或者微曲也没有问题，如果已经严重影响到性能的话，就需要更换光纤了。

用于水平或集中布线的 4 芯光缆，在空载的条件下支持 25mm 的弯曲半径。在 4 芯光缆安装至水平管路时，在 222N（牛顿）拉力下支持 50mm 的弯曲半径。其他室内光缆在不考虑拉力时，支持 10 倍光缆外径的弯曲半径；考虑拉力时，支持 15 倍外径的弯曲半径。

3. 室外光缆线路的直埋施工

室外光缆外部有钢带或钢丝的铠装，采用直接埋设在地下时，要求有抵抗外界机械损伤的性能和防止土壤腐蚀的性能。要根据不同的使用环境选用不同的保护层结构，例如在有虫鼠害的地区，要选用防虫鼠咬啮护层的光缆。

根据土质和环境的不同，光缆埋入地下的深度一般在 0.8～1.2m 之间。在敷设时，必须注意保持光纤应变要在允许限度内。

4. 室外光缆线路的架空施工

如图 8-28 所示，架空光缆是架挂在电杆上使用的光缆。这种敷设方式可以利用原有的架空明线杆路，节省建设费用、缩短建设周期。架空光缆挂设在电杆上，要求能适应各种自然环境。架空光缆易受台风、冰凌、洪水等自然灾害的威胁，也容易受到外力影响和本身机械强度减弱等影响，因此架空光缆的故障率高于直埋和管道敷设方式。

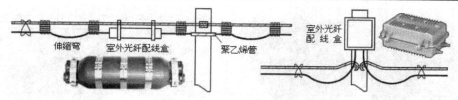

图 8-28 架空光缆安装固定方式

5. 建筑物进线室内光缆的施工

建筑物内光缆一般从人孔经过地下进线室引至网络中心。

进入建筑物网络中心的光缆都应作标志，以便识别。

光缆引入进线室后，按规定预留在设备侧的光缆，可以预留在进线室。如图 8-29 所示，进线室光缆应布放整齐，沿弱电井布放的光缆应绑扎在弱电井加固横铁上。

光缆引入进线室后，应堵塞进线管孔，不得渗水、漏水。

光缆经由走线架、拐弯点时应予绑扎。上下走道或爬墙的绑扎部位，应垫胶管，避免光缆受侧压。

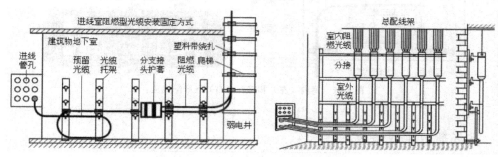

图 8-29 建筑物进线室光缆安装固定方式

8.4.3 光缆的接续与安装

光缆的连接是光缆工程中直接影响线路传输质量和使用寿命的关键技术，按光纤的连接方式，可分为活动连接和固定连接两大类。

光纤的活动连接方式由光纤连接器实现，光纤连接器由插头和插座组成，插头和插座是工厂生产时，根据用途制成带不同长度的连接插件，一端连接线路，另一端连接设备的尾纤。光纤连接器分为多模和单模，目前多模光纤连接器插入损耗，包括互换性、重复性要求小于 1dB，单模光纤连接器的插入损耗一般为 0.5 和 1dB 两个规格。

固定连接为永久性连接。固定连接分为熔接法和机械连接法，光纤固定接头的损耗，由于受被连接光纤的参数，以及外部工艺等因素的影响，因此光纤连接损耗的一致性受到一定的限制。工程中以平均连接损耗来衡量。从实用化观点来看，0.5dB 的连接损耗已经可以满足基本要求了，随着光纤生产工艺和连接技术的不断成熟，光纤连接损耗已经在不断降低。

如图 8-30 所示，光纤连接技术中广泛采用熔接法，这种方法可以做到平均连接损耗小于 0.1dB，该方法是借助光纤熔接机的电极尖端放电，电弧产生的高温使被连接的光纤熔为一体。为了不损伤光纤，光纤切割需要使用专用的切割刀，熔接法需要专用的熔接机和专业人员进行操作，而且连接点需要专用容器（如光纤配线箱）进行保护。

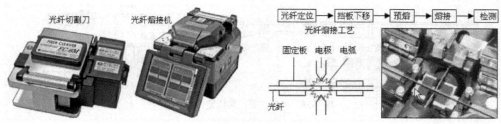

图 8-30　光纤熔接机和熔接工艺

如图 8-31 所示，光纤熔接后必须安装在专用的光纤配线盒中，以保护光纤不受到损害。

应急连接是采用机械和化学的方法，将两根光纤固定并粘接在一起。这种方法的特点是连接迅速可靠，连接典型衰减为 0.1~0.3dB/点。但连接点长期使用会不稳定，衰减也会大幅度增加，所以只能短时间内应急用。

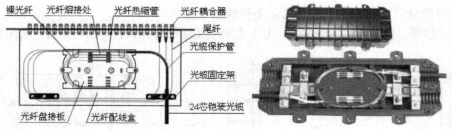

图 8-31　室内（左）和室外（右）光纤配线盒

8.4.4　光纤通信工程验收

光纤通信工程的验收工作包括：文档验收、现场抽检、工程评估三个方面的工作。

（1）文档验收

技术文件是竣工验收的重要内容和依据。也是网络建设方以后运行维护的重要技术档案。竣工技术文件内容包括以下几个方面。

光纤通信工程设计方案及相关批复文件；设计施工图纸及审定意见；主要设备产品合格证明文件；系统试运行报告书等。

应当有工程质量监理方提供的文档包括：工程质量总体评估报告；工程质量中间检查、检测记录表；隐蔽工程验收记录签证单及图像资料；工程质量问题处理表；工程变更表；单项工程竣工"工程质量合格证"等。

（2）现场抽检复测

工程项目的复测应当依据国家或行业相关标准进行，光纤通信工程的现场抽检，可以根据表 8-8 所列内容进行抽检。

表 8-8　　　　　　　　　　　　　　　光纤通信工程竣工验收抽检项目

测试项目	内容与要求
安装工艺	（1）光纤路由走向及敷设位置，光缆的各种预留数量及安装质量 （2）管道光缆抽查的人孔数应不少于人孔总数的 10%，检查光缆及接头的安装质量、保护措施、预留光缆的盘放以及管口堵塞、光缆及子管标志 （3）架空光缆抽查的长度应不少于光缆全长的 10%，沿线检查线路与其他设施的间距（含垂直与水平）、光缆与接头的安装质量、预留光缆盘放、与其他线路交越、靠近地段的防护措施

续表

测试项目	内容与要求
安装工艺	（4）埋式光缆应沿线检查其路由及标识的位置、规格、数量、埋深、面向 （5）建筑内部光缆应检查全部传输路由、预留长度、盘放位置、保护措施、识别标记
传输特性	（1）光缆规格型号、产品厂商、技术参数 （2）光纤平均接头损耗及接头最大损耗值，验收时抽验不少于光纤芯数的 25% （3）中继段光纤背向散射信号曲线，验收时抽查应不少于光纤芯数的 25% （4）多模光缆的带宽及单模光缆的色散，验收测试按工程要求确定 （5）光纤接头损耗的核实，应根据测试结果结合光纤衰减检验
铜导线电特性	（1）直流电阻、不平衡电阻、绝缘电阻，竣工时应对每对铜导线都进行测试；验收时抽测应不少于铜导线对数的 50% （2）竣工时应测试每对铜导线的绝缘强度，验收时根据具体情况抽测
护层对地绝缘	直埋光缆竣工及验收时，应测试并做记录
接地电阻	接地电阻竣工时每组都应测试，验收时抽测数应不少于总数的 15%

（3）工程质量评估

验收小组应当对工程质量进行评估，衡量施工质量等级如下。

优良：主要工程项目全部达到规定要求，单项工程优良比例在 80%以上。

合格：主要工程项目基本达到规定要求，有少量偏差，但经返修后不降低主要指标，不影响使用寿命。

不合格：主要工程项目达不到规定要求。

习题 8

8.1　简要说明光纤通信的基本原理。

8.2　简要说明光纤通信的优点和缺点。

8.3　简要说明光纤通信的波长范围和工作窗口。

8.4　简要说明光纤通信有哪些器件。

8.5　简要说明光纤通信的最大理论容量。

8.6　讨论多模光纤与单模光纤的差别。

8.7　讨论光纤通信与无线通信会形成技术竞争局面吗？

8.8　将图 8-22 的光纤路由改造为环形结构，画出环形网络拓扑和环形路由图。

8.9　写一篇课程论文，讨论光纤通信技术在网络中的应用。

8.10　进行光纤通断测试；光纤衰减测试；光纤熔接等实验。

第9章　综合布线设计

网络设备选型和综合布线是实现网络设计工作的具体实现。综合布线的目的是实现各个物理节点之间的电路连通，它通过传输介质将网络设备连接在一起。

9.1　网络设备选型

网络技术的发展过程中，应用层软件化，其他各层硬件化的趋势越来越明显。将先进的网络技术集成到硬件芯片中，网络性能会得到显著增加。

9.1.1　交换设备

1. 交换机的主要功能

最基本的交换是物理层的交换，其他层的交换实际上是一种软交换或虚拟交换，可由软件和固件实现。以太网交换机从网桥发展而来，以太网交换机实质上是支持以太网接口的多端口网桥。**交换机通常使用硬件实现过滤、学习和转发数据包。**

交换机产品有以太网交换机、FC光通道交换机、工业以太交换机、电话程控交换机等。计算机网络主要采用以太网交换机，本书在没有特殊说明的情况下，都是指以太网交换机。

2. 数据交换模式

交换机对数据包的交换方式有直通式和存储转发式两种，它们各有优点和缺点。

（1）直通式。直通式交换机在输入端口检测到一个数据包时，只检查数据包的包头，获取包的目的地址，然后根据交换机内部的 MAC 地址表查找，将数据包发送到相应的端口。直通式交换机不需要存储数据包，延迟非常小，交换速度非常快。这种交换机没有缓冲存储区或缓冲区很小。直通式交换机不检查传送的数据包是否有错误，如小于 64 字节（最小以太帧长）的残帧，或大于 1 518 字节（最大以太网帧长）的巨帧。当网段发生故障出现错帧时，直通式交换机会将这些错帧传播到与它相连的网段上，从而大大降低了网络性能。

（2）存储转发式。存储转发式交换机将输入的数据包先存储在交换机缓冲区，然后用 CRC 校验检测数据包是否正确，如果数据包正确，再取出数据包的目的地址，通过查表将数据包发送到相应的输出端口；如果数据包错误，则丢弃该数据包，处理下一个数据包。存储转发式交换机的缺点是数据处理时延大；它的优点是可以对数据包进行错误检测，提高网络链路的利用率。存储转发交换机需要较大的缓存空间来保存帧，缓存空间越大，处理网络拥塞的能力越强。一些智能化较高的交换机，可以监测网络中错帧的数量，自动改变转发模式。如错帧小于 20 个/秒时，交换机采用直通交换模式；错帧大于 20 个/秒时，交换机采用存储转发交换模式。目前大部分交换机均采用存储转发交换模式。网络中常用的交换机如图 9-1 所示。

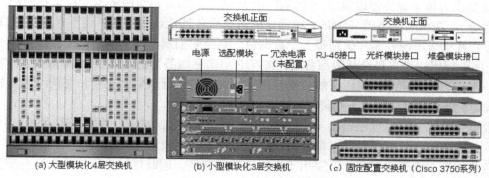

图 9-1　模块化交换机和固定配置交换机

3．第 2 层交换机

工作在 OSI/RM 中数据链路层的交换机称为 2 层交换机，**2 层交换机对数据包的转发建立在 MAC 物理地址基础之上**。2 层交换机转发数据包时，不知道也无需知道信源主机和信宿主机的 IP 地址，只需知道 MAC 地址即可。交换机在工作过程中会不断收集信息去建立一个 MAC 地址表，这个表相当简单，它说明某个 MAC 地址在交换机哪个端口上被发现。当交换机收到一个 IP 数据包时，就会检查该数据包的目的 MAC 地址，查对交换机地址表，确认应从哪个端口把数据包转发出去。由于这个过程比较简单，而且这个功能由交换机中的 ASIC 硬件芯片进行处理，因此速度相当高，一般只需几十μs，交换机便可决定一个 IP 数据包传送到哪里。如果交换机收到一个不认识的数据包，也就是说目的主机的 MAC 地址没有在地址表中找到，交换机会把数据包向交换机的每一个端口广播。接收端口回应后，交换机就会"学习"新的地址，并把它添加到内部 MAC 地址表中。

由于 2 层交换机功能单一、价格便宜，在网络中往往用作接入层交换机。

4．第 3 层交换机

工作在 OSI/RM 模型中数据链路层和网络层的交换机称为 3 层交换机。

假设主机 A 与主机 B 以前曾经通过 3 层交换机通信，交换机就会把 A 和 B 主机的 IP 地址和它们的 MAC 地址记录下来。当主机 C 要与主机 A 或 B 通信时，3 层交换机对主机 C 发出一个回复包，告诉它主机 A 或 B 的 MAC 地址，以后主机 C 就会用主机 A 或 B 的 MAC 地址直接与它们通信，这个过程称为**"一次路由，多次交换"**。因为通信双方没有通过路由器，所以即使主机 A、B、C 属于不同子网，它们之间仍然可以利用对方的 MAC 地址通信。更重要的是第 3 层交换机可以隔离广播数据包。

3 层交换机大大减少了"拆包/打包"的工作，因此 3 层交换机的速度大大高于路由器，但它的功能（如网络协议转换、安全控制等）也受到了一定的限制。3 层交换机适用于有多个子网，且不同子网之间需要互通的网络，如大型企业网或校园网的汇聚层交换机。

5．第 4 层交换机

IP 网络中，服务类型（如 Web、FTP、E-mail 等）可以由 TCP 或 UDP 的端口号来决定，而端口号提供的附加信息可以为交换机所利用，这是第 4 层交换的基础。**4 层交换机进行数据包转发时，**

不仅依据 MAC 地址（第2层）或源/目标主机 IP 地址（第3层），而且依据 TCP/UDP（第4层）端口号。

第4层交换为每个服务器组设立一个虚拟 IP 地址（VIP），每组服务器支持某种应用（如 Web 组、FTP 组等）。在域名服务器（DNS）中存储的每个服务器地址是 VIP，而不是服务器真实的 IP 地址。4 层交换机采用硬件芯片识别每一个数据包，判断它们属于哪一种网络服务或哪一个应用程序。然后在服务器组中选取最合适的服务器，将 VIP 用实际服务器的真实 IP 地址取代，并将数据包传输给服务器。这样，同一区间所有的数据包由4层交换机进行映射，在用户与同一服务器之间进行数据传输。4 层交换机具有以下功能。

（1）数据包过滤。它可以根据第4层的端口号定义访问控制列表，并用高速 ASIC（专用集成电路）芯片实现数据包过滤，因此它可以防止对服务器的非授权访问。

（2）负载均衡。由于4层交换机采用了虚拟连接的交换，因此可以为用户动态地分配服务器，当其中一台服务器出现故障时，交换机可以将流量动态地分配到其他服务器上。

（3）服务质量。借助于第4层的端口号（对应于网络服务），交换机可以为传输的数据包分配优先级，例如优先的 Web 和 VoIP 流量得到最快的处理。

（4）高可靠。4 层交换机可以采用主备冗余连接方式（参见第6章，HSRP 热备份路由器设计）。主机和备机采用相同的配置参数，同时进行工作。由于交换机共享相同的 MAC 地址，备机接收与主机相同的数据。这使得备机能够监视主机服务的通信内容。主机持续地通知备机第4层的有关数据、MAC 地址以及主机电源状况。当主机发生故障时，备机就会自动接管运行，不会中断网络连接和网络服务。

第3层、第4层交换机综合了交换机的速度和路由器的效率，逐步取代了速度较慢、价格较昂贵的传统路由器。近年来，大部分公司推出了线速路由交换机。线速路由交换机由 I/O 线路卡、交换引擎和路由处理机组成。每个端口接一块 I/O 线路卡，I/O 线路卡由专用硬件构成，负责数据包的进出排队和路由识别；交换引擎负责数据包的转发；路由处理机负责路由计算、服务质量（QoS）等。这些技术的出现使交换机和路由器之间的差别逐步淡化。

6. 模块化交换机与固定配置交换机

如图9-1所示，交换机有两种产品形式，一种是模块化交换机（也称为机箱式交换机），另一种是固定配置交换机。模块化交换机有很强的可扩展性，它提供了一系列的扩展模块，如 100M/1 000M/10G 以太网模块、VoIP 语音模块、流量控制模块等。模块化交换机大部分为3层或4层交换机，因此能够将不同协议、不同结构的网络连接起来。模块化交换机一般作为网络汇聚层、核心层的骨干交换机使用。固定配置交换机有固定的端口配置，可扩充性比模块化交换机差，但成本要低得多，一般用于网络接入层。

7. 交换机技术参数

交换机的技术参数有：端口数量（8、16、24、48 口等）；端口类型（电口、光口）；端口传输速率（10/100/1 000M、10GE）；背板带宽；包转发速率；MAC 地址表大小；工作层（2、3、4 层）；数据转发模式（直通、存储转发）；连接方式（堆叠或级联）；网络管理等。

（1）背板带宽。交换机将每一个端口都挂在一条带宽很高的背板总线上，背板总线的传输速率即背板带宽。背板带宽标志着交换机总的数据交换能力，单位 Gbit/s，一般交换机的背板带宽从几 Gbit/s 到几百 Gbit/s 不等。交换机背板带宽越高，处理数据的能力越强，交换机背板带宽计算如下。

$$背板带宽=单个端口速率×端口数×2（全双工）\tag{9-1}$$

【例 9-1】一台 24 端口的 1 000M 交换机，背板带宽应当达到 1 000×24×2=48Gbit/s，才能保证所有端口达到全双工线速工作。

（2）包转发速率。交换机往往采用包转发速率（也称为吞吐量）衡量其性能，包转发速率单位为 pps（packet/s，包/秒），交换机单个端口包转发速率如表 9-1 所示。

表 9-1　　　　　　　　　　　　　交换机单个端口的包转发率

交换机类型	交换机单端口传输速率	交换机单端口包转发速率
100M	100Mbit/s	0.148 8Mpps
1 000M	1 000Mbit/s	1.488Mpps
10G	10Gbit/s	14.88Mpps

【例 9-2】一台 24 端口的 1 000M 交换机，满配置时包转发速率应当达到 24×1.488=35.7Mpps，才能保证所有端口达到线速工作，实现无阻塞的包交换。

8．交换机产品

中低端交换机生产厂商很多，高端交换机生产厂商主要有：Cisco（思科）、Juniper（杰科）、H3C（华为 3COM）、中兴通信等公司。如 Cisco 公司的交换机产品分为：2900、3500、2950、3550、3750、4500、6500、7600 等系列。交换机主要产品技术参数如表 9-2 所示。

表 9-2　　　　　　　　　　　　　交换机设备主要类型与技术参数

设备名称	设备型号	技术参数	产品报价
2 层交换机	华为 S5700-28P-LI-AC（非模块化）	传输速率：10/100/1 000M；端口数量：24；模块插槽：4；包转发率：78Mpps；可堆叠；功率：小于 792W	￥4300
3 层交换机	H3C LS-7506E（模块化）	传输速率：10/100/1 000M；背板带宽：2 560Gbit/s；包转发率：1 920Mpps；模块插槽：6；可堆叠，功率：1 400/2 800W	￥3.9 万
4 层交换机	Cisco WS-C6509-NEB-A（模块化）	传输速率：10/100/1 000M；背板带宽：720Gbit/s；包转发率：387Mpps；模块插槽：9；电源：4 000W	￥3.8 万
工业以太交换机	Moxa PT-7728（非模块化）	端口类型：100/1 000Base-TX/FX；端口数量：24 电口+4 光口；支持冗余环网	￥2.5 万
光纤通道交换机	BROCADE SilkWorm 5040	传输速率：4Gbit/s；接口类型：FL_Port、F_Port 和 E_Port，根据交换机类型自发现；端口数量：32 口；功率：240W；其他：10/100M 以太网端口，串口（RS-232）	￥8.8 万
交换机扩展板	Cisco WS-X4148-RJ（RJ45 端口扩展板）	模块性能：10/100M；端口数：48（RJ45）；用于 Catalyst 4 000 系列交换机扩展	￥2.1 万
交换机扩展板	Cisco WS-X4306-GB（光纤模块扩展板）	模块性能：1 000M（需 GBIC 光纤模块）；GBIC 光纤模块插槽数：6；用于 Catalyst 4 000/4500 系列交换机扩展	￥1 万

说明：产品价格为 2015 年 8 月网站报价。以上产品的交换方式为：存储-转发，支持 VLAN，可网管。

9．在网络设计中布置交换机的基本原则

随着网络节点的增多和信息传送量的增大，网络会变得拥挤不堪。这时可以增加交换机引擎（对模块化交换机而言）来提升交换机处理速度；或采用链路聚合技术，提升链路带宽。此外，也可以安装新的交换机，并对现有网络进行重新优化。

使用交换机或路由器对网络进行合理分段，是解决网络过分拥挤的最好方法。测试表明，当数据包 10 分钟内平均碰撞率超过 37%时，网络性能会急剧下降。但是一个不发生数据包碰撞的以太网是不存在的，一般来说，**小于 10%的数据包碰撞率是可以接受的**。

网络带宽利用率是衡量网络是否正常运行的标志。一般来说，50%的网络带宽利用率是较为优化的网络环境。如果带宽利用率超过90%或低于10%，则网络极有可能存在某些问题。

9.1.2 路由设备

1. 路由器的主要功能

路由器工作在 OSI/RM 的第 3 层，是网络层的数据包转发设备。虽然路由器支持多种网络协议（如 TCP/IP、IPX/SPX、AppleTalk 等），但是大多数路由器运行 TCP/IP 协议。路由器最主要的技术文档是 RFC 1812《IPv4 路由器技术要求》。

路由器的主要功能是网络协议转换和数据包路由。网络协议转换的方法是进行数据包格式转换，由于数据格式转换可以在网络层进行，也可以在应用层进行（如邮件网关），可见路由功能也可以由软件完成。路由器通过最佳路径选择，将数据包传输到目的主机。

2. 路由器的硬件组成

虽然路由功能可以由"服务器+路由软件"实现，但是运行效率很低。硬件路由器是一台专用计算机，它由 CPU、内存、闪存（相当于硬盘）、主板等部件组成。

路由器可分为模块化结构与非模块化结构，中高端路由器为模块化结构，低端路由器为非模块化结构。Cisco 公司的常用路由器如图 9-2 所示。

图 9-2 Cisco 系列路由器产品

3. 路由器性能指标

（1）吞吐量。吞吐量是衡量路由器包转发能力的重要技术指标，它与路由器端口数量、端口速率、数据包长度、数据包类型、路由计算模式（分布或集中）、测试方法等有关。**吞吐量是指在不丢包的情况下单位时间内通过路由器的数据包数量。**如果路由器吞吐量太小，就容易成为网络瓶颈，给整个网络的传输效率带来负面影响。

（2）丢包率。丢包率是传输中丢失数据包数量占发送数据包数量的比率，丢包率与数据包长度以及数据包发送频率相关。路由器在轻负载条件下（吞吐量 10%时），丢包率一般小于 0.1%；在重负载条件下（吞吐量 80%时），丢包率一般小于 0.3%。

（3）时延。时延是指数据包第 1 个比特位进入路由器，到最后 1 比特位从路由器输出的时间间隔。时延由两大因素造成，传输信道造成的链路传输时延和网络设备中的队列时延。链路传输时延取决于传输信道采用的物理介质（如光纤或无线传输等），该时延是固定不变的；而队列时延在很大程度上取决于网络设备的处理速度，即取决于路由器 CPU 的计算和处理能力。

数据业务对时延抖动不敏感，如果路由器需要支持语音、视频等业务，这个指标才有测试的必要性。IP 包时延一般应当达到如下指标：64Byte 的 IP 包时延小于 1ms；512Byte 的 IP 包时延小于 15ms；1 518Byte 的 IP 包时延小于 350ms。

（4）路由表容量。路由表容量是指路由器运行中，可以容纳的路由条目数量。例如，城域网 BGP 协议的路由条目通常有数十万条，因此这个指标是路由器能力的重要体现。

（5）其他指标。路由器应当支持 PPP 等协议的连接认证技术，认证的平均响应时间应小于 3s。路由器通常还具有以下功能：VPN、QoS、IP 语音、语音压缩、冗余协议、网管、冗余电源、热插拔组件等。

4. 路由器的接口

路由器的硬件连接由各种类型的接口实现。可以选配安装一些特定功能的网络接口卡或网络模块，以增强路由器的功能和性能。早期 Cisco 路由器的接口采用固定设计，从 Cisco 2600 系列开始采用模块化设计，部分接口卡和网络模块由用户根据自己的需要选购，Cisco2600 系列与 Cisco1600、1700 和 3600 系列共享模块化接口，这使得路由器具有很好的升级和扩展能力。Cisco 2600 系列路由器的接口如图 9-3 所示。

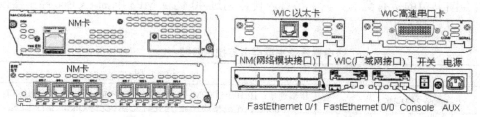

图 9-3　Cisco 2600 系列路由器（背面）主要接口

Cisco 2600 系列路由器中，主要有以下接口和网络模块。

（1）Ethernet（以太网）接口。Ethernet 接口可以连接内部局域网，也可以接入电信运营商的城域网。路由器上的 Ethernet 接口一般通过直通双绞线连接到交换机。Ethernet 接口有 10/100/1 000M 等形式，分别命名为：Ethernet 0、FastEthernet 0/1、GigabitEthernet 1 等。随着以太网技术的高速发展，其他早期接口（如 PSTN、ISDN、X.25、V.35、FR 等）由于速度太低、接口复杂，正在淡出市场，这导致了路由器接口的 Ethernet 化，简化了网络接口形式。

（2）Console（控制）接口。Console 接口用于调试和配置路由器。从路由器控制口（Console）到计算机的 COM 串口（DB9）用交叉线进行连接，中间有一个 RJ45 转 DB9 的接口适配器。

（3）AUX（辅助）接口。AUX 接口用于路由器远程 Modem 拨号连接，它极少使用。

（4）WIC（广域网接口卡）接口。WIC 与 VWIC（语音/广域网接口）是路由器连接广域网的主要接口。WIC 支持的广域网接入方式有：ADSL 卡（如 WIC-ADSL）；模拟 Modem 接口卡（如 WIC-1AM）；E1 数据服务单元接口卡（如 VWIC-1MFT-E1）等。VWIC 卡可以仅用于数据传输，也可以用于语音和数据综合应用。VWIC 卡可用来连接 PBX（专用分组程控交换机）或 PSTN（公共电话网）。

（5）NM（网络模块）接口。Cisco 路由器可以安装各种网络模块，这些模块可用于局域网或广域网，它们有：以太网模块（如 NM-4E，4 接口以太网模块）；以太网交换模块（如 NM-16ESW，16 端口

10/100 以太网交换模块）；广域网接口模块（如 NM-2W，有 2 个广域网接口卡插槽的网络模块）；语音和数据综合服务模块（如 NM-HDV-1E1-12，12 信道 E1 语音/传真网络模块）；模拟拨号模块（如 NM-8AM，8 路模拟 Modem 网络模块）；入侵检测模块（如 NM-CIDS-K9）；报警接口控制器网络模块（如 NM-AIC-64）等。在这些网络模块中，有些上面就集成有接口，可直接使用；有些没有接口，只有插槽，需要安装接口卡才能使用；有些既有接口又有插槽，可根据情况不用或选用接口卡。

（6）AIM（高级集成模块）接口。所有 Cisco 2600 系列路由器的机箱内部还有 1~2 个 AIM 插槽，它可以用来安装 1~2 个高级集成模块。高级集成模块用硬件制作而成，它不占用路由器的 CPU 资源，从而提高了路由器性能。高级集成模块的功能包括：硬件辅助数据压缩模块（如 AIM-COMPR2）；数据加密模块（如 AIM-VPN/BP）；数字语音模块（如 AIM-VOICE-30，30 信道 E1/T1 数字语音）等。

5. Cisco 路由器产品系列

低端路由器生产厂商较多，高端路由器生产厂商主要有：Cisco（思科）、Juniper（杰科）、华为 3COM 等公司。Cisco 公司是路由器产品的主导厂商，它的产品系列齐全，适用不同的网络要求和解决方案。Cisco 路由器有：1800、2600、2800、3600、2800、3700、3800、7500、12000、CRS 等系列，2800 系列、3800 系列为目前市场主流产品。2010 年思科推出的大规模核心路由器 CRS-3，处理能力达到了 322Tbit/s，如果形象地描述这款产品的速度优势，我们可以做这样的类比：它可以在 1 秒钟内下载整个美国国会图书馆的所有藏书；在 1 秒钟内传输超过 40 亿首 MP3 歌曲。Cisco 路由器技术参数如表 9-3 所示。

表 9-3 　　　　　　　　　　　　　　　路由器设备主要类型与技术参数

设备名称	设备型号	技术说明	价格
Cisco 路由器	Cisco 2821-DC 多业务路由器（模块化）	传输速率：10/100/1 000M；包转发率：0.04Mpps；固定局域网接口：2 个 1 000M；扩展模块：4；内置防火墙，支持 QoS，支持 VPN；Flash：64MB；DRAM：256MB（最大 1GB）；功耗：105W	￥1.1 万
Cisco 路由器	Cisco 3845-HSEC/K9 多业务路由器（模块化）	传输速率：10/100/1 000M；包转发率：1 000M 时 1.488Mpps；固定局域网接口：2 个 1 000M；固定广域网接口：可选；内置防火墙，支持 QoS，支持 VPN；扩展插槽：8；Flash：256MB；DRAM：1GB；功耗：435W	￥3.9 万
Cisco 路由器	GSR12416 （模块化）	传输速率：10G；包转发率：375Mpps；交换容量：320G；交换模块：5 个；业务槽数：15 个；路由表容量：100 万；10GE：15；OC192 POS：15；内置防火墙，支持 QoS，支持 VPN；扩展插槽：8，Flash：256MB；DRAM：512MB；CPU：200MHz	—
WIC 模块	Cisco WIC-1T	广域网串行接口卡，适用于 Cisco 2600 系列路由器	￥1 800
NM 模块	Cisco NM-16ESW	模块类型：局域网；接口数：16 个；模块性能：10/100M 以太交换模块；应用：Cisco 2600/3600/3700 系列路由器	￥4 800
VWIC 模块	VWIC-1MFT-G703	模块类型：语音模块；模块性能：2.048 M；端口数：4；适用 Cisco 1700、2600、3600、3700 系列路由器	￥3 900

说明：产品价格为 2015 年 8 月网站报价，实际价格取决于网络集成商与设备供应商之间的折扣率，以下均同。

6. 路由器应用

第 3 层交换技术的出现，使得局域网中的路由器正逐渐被 3 层交换机取代。路由器技术复杂、价格昂贵。不仅如此，路由器的带宽小，很容易造成网络性能瓶颈。

在网络流量很大的情况下，如果 3 层交换机既进行网内交换，又进行网间路由，就会加重它的负担，影响交换速度。这时可由 3 层交换机进行网内交换，由路由器专门负责网间路由，这样就可以充分发挥不同设备的优势。

9.1.3　安全设备

1. 防火墙设备

硬件防火墙是一台专用计算机，如图 9-4 所示，它包括 CPU、内存、硬盘等部件，主板上有南、北桥芯片，一般采用机架式结构。防火墙集成了 2 个以上的网卡，因为它需要连接一个以上的内网和外网。防火墙中安装有网络操作系统和专业防火墙程序，一些防火墙安装通用的网络操作系统（如 FreeBSD），也有一些防火墙采用专用操作系统（如 Screen OS）。防火墙程序主要有包过滤程序、代理服务器程序、路由程序等。防火墙的稳定性要求非常高，并且具备较大的系统吞吐性能。

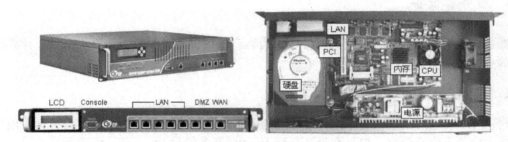

图 9-4　硬件防火墙外观与内部结构

企业级软件防火墙主要有以色列 Check Point 公司的软件防火墙产品和微软公司的 ISA Server 软件防火墙产品。国外硬件防火墙主要有：Juniper（杰科）公司的 NetScreen，LinkTust（安氏）公司的 FireWall，Cisco 公司的 ASA、PIX 等产品；国内的主要防火墙厂商有：天融信公司、深信服、华为 3COM 公司等。

Juniper 公司的 NetScreen-5000 防火墙是一个多功能产品，它集成了防火墙、DoS、VPN 和流量管理等功能。NetScreen-5000 系列防火墙采用 ASIC 技术，利用交换光纤进行数据交换，具有极高的性能，一般为大型企业、电信运营商等用户选用。

2. 网络工程常用安全设备

网络工程常用的安全设备技术参数如表 9-4 所示。

表 9-4　　　　　　　　　　　　安全设备主要类型与技术参数

设备名称	设备型号	技术说明	价格
Cisco 防火墙	ASA5580-20-8GE-K9 企业级防火墙	最大吞吐量：5 000Mbit/s；安全过滤带宽：1 000Mbit/s；并发连接数：1 000k；固定接口：4×10/100/1 000M；支持 VPN	￥25 万
飞塔防火墙	FG-110C	最大吞吐量：500Mbit/s；固定接口：2 个吉比特电口+8 个百兆 WAN/LAN 电口或 DMZ，2 个 USB；每秒连接数：10k；并发连接数：400k；策略数：4k 个；VPN 吞吐：100Mbit/s，VPN 隧道数：1 500；入侵检测吞吐：200Mbit/s；防病毒吞吐：65Mbit/s	￥2.3 万
思科 IDS	IDS-4250-SX-K9	监控接口：10/100/1 000Base-TX，可选接口：1 000Base-SX	￥21 万
安氏领信 UTM	LinkTrust UTM X5500	接口类型：GTX 口；主要接口：4 个；其他接口：4 个 SFP 插槽；支持 SNMP 管理，支持 VPN，内置防火墙	￥4.8 万

续表

设备名称	设备型号	技术说明	价格
深信服 VPV	M5100-S VPN 防火墙二合一网关	加密速度（AES 128bits）：54.4Mbit/s；VPN 隧道数：1 500 条；SSL VPN 加密速度（RC4 128bit/s）：70Mbit/s；SSL VPN 并发会话数：2 000； 并发 SSL 用户数：200；接口：2 个 LAN，2 个 WAN，1 个 DMZ	￥2.1 万
伟思物理 隔离卡	双硬盘网络安全隔离卡 （1.00M+）	类别：物理隔离；接口类型：RJ45；用户端口：3；切换方式：硬件 切换；内网屏蔽 Modem 功能：有	￥790
伟思隔离 集线器	网络安全隔离集线器 （2.00）	隔离类型：物理隔离；接口类型：RJ45；用户端口：16；切换方式： 开关切换；内网屏蔽 Modem 功能：无；切断硬盘电源：否	￥1 800
联想安全网闸	网御星云 SIS-3000-FE11	隔离类型：物理隔离网闸；接口类型：RJ45；切换方式：自动切换； 内网屏蔽 Modem 功能：无；切断硬盘电源：否	￥29.8 万

说明：产品价格为 2015 年 8 月网站报价。

9.1.4 服务器设备

服务器主机是运行服务软件、在网络环境中为客户机提供各种服务的计算机系统。计算机集群技术是目前高性能服务器的发展主流。

1. PC 服务器的类型

PC 服务器从 PC 发展而来，它们在计算机体系结构、设备兼容性、制造工艺等方面，没有太大差别，两者在软件上完全兼容。但是在设计目标上，PC 服务器与 PC 不同，它更加注重对数据的高性能处理能力（如采用多 CPU、大容量内存等）；对 I/O 设备的吞吐量有更高的要求（如采用 SAS接口、RAID 技术等）；要求设备有很好的可靠性（如支持连续运行、热插拔等）。PC 服务器一般运行 Linux、FreeBSD、Windows Server 等操作系统。

PC 服务器国外厂商有 IBM、HP、Dell 等公司，国内主要生产厂商有浪潮、曙光、联想等。如图 9-5 所示，PC 服务器的类型有：机箱式、机架式和刀片式等。

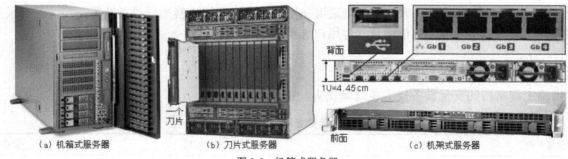

图 9-5　机箱式服务器

（1）机箱式服务器。机箱式服务器在外观和内部组成上，与 PC 没有太大差别，只是性能和可靠性要高于 PC。机箱式服务器主要用于小型企业网络，或用于网络接入层和汇聚层。

（2）机架式服务器。机架式服务器在网络中使用较多，它的外形与桌面计算机有很大差别，它的外观像交换机，这主要是为了便于在机架中与其他网络设备一起安装。机架式 PC 服务器硬件上与桌面 PC 基本相同，它由 CPU、主板、内存、硬盘、电源、机箱等设备组成。在软件上，PC 服务器与桌面 PC 完全兼容。机架式 PC 服务器一般不带显示器和键盘鼠标，它的软件安装与系统管理，一般采用服务器专用的 KVM（键盘显示器鼠标）设备进行管理。

（3）刀片式服务器。如图 9-5 所示，刀片式服务器由多个"刀片"单元与一个机架式机箱组成。刀片式服务器中的每一块"刀片"实际上类似于一个独立的服务器。每个刀片单元都包含有独立的 CPU、硬盘、内存、网络接口等器件，而机箱为多个刀片单元提供共享的基础设施，如背板、电源等。在刀片式服务器中，每个刀片单元运行自己的系统，服务于不同的用户群，相互之间没有关联。不过可以通过集群软件将这些刀片单元集合成一个服务器集群系统。

刀片式服务器依靠机架提供的网络交换机与外部互连，减少了因为增加主机而铺设网线的需要。刀片服务器共享机架电源，因此可减少电源线的连接。刀片式服务器也存在一些问题。例如，每个厂商的刀片服务器使用自己的设计标准，刀片的尺寸、配件类型完全不同，相互之间不兼容，导致刀片服务器的配件不能通用。而且刀片式服务器散热困难。

2．计算机集群系统

根据 2015 年统计数据，世界 500 强计算机中，95%的超级计算机采用集群结构，集群结构以压倒性的优势成为了目前超级计算机的主流体系结构。

集群技术是将多台**独立计算机**（大多为 PC 服务器），通过**高速网络**组成一个服务器系统，并以**单一系统的模式**加以管理，使多台服务器像一台机器一样**并行**工作。集群系统中运行的服务器并不一定是高档服务器产品，但集群却可以提供高性能的不停机服务。这种使用多台 PC 服务器组合成一台超级计算机的设计方案，比设计一台专用超级计算机便宜很多。

如图 9-6 所示，我国国防科技大学研制的"天河 2 号"（Tianhe-2）超级计算机，2015 年连续 4 次蝉联世界 500 强计算机第 1 名。天河 2 号峰值计算速度为每秒 274PetaFLOPS（千万亿次浮点运算/秒），持续计算速度为每秒 33.86 PetaFLOPS。天河 2 号造价达 1 亿美元，整个系统占地面积达 $720m^2$，整机功耗 17.8MW。

图 9-6　"天河 2 号"超级计算机集群系统

天河 2 号共有 16 000 个计算节点，安装在 125 个机柜内；每个机柜容纳 4 个机框，每个机框容纳 16 块主板，每个主板有 2 个计算节点；每个计算节点配备 2 颗 Intel Xeon E5 12 核心 CPU，3 个 Xeon Phi 57 核心协处理器（运算加速卡）。累计 3.2 万颗 Xeon E5 主处理器（CPU）和 4.8 万个 Xeon Phi 协处理器，共 312 万个计算核心。

天河 2 号每个计算节点有 64GB 主存，每个协处理器板有 8GB 内存，因此每节点共有 88GB 内存，整体内存总计为 1 375TB。硬盘阵列容量为 12.4PB。天河 2 号使用光电混合网络传输技术，由 13 个大型路由器通过 576 个连接端口与各个计算节点互联。天河 2 号采用麒麟操作系统（基于 Linux）。

3．服务器性能指标

网络工程师希望有一种简单高效的度量标准，来量化、评价服务器系统性能，作为设备选型的依据。但实际上，服务器的系统性能很难用一两种指标来简单衡量。虽然有 TPC、SPEC、Linpack 和 HPCC 等评测体系，遗憾的是它们都不能给出一个实用的选型依据。

服务器的重要性能指标是系统**响应速度**和**作业吞吐量**。响应速度是指从输入信息到服务器完成任务的响应时间。作业吞吐量是服务器在单位时间内完成的任务量。服务器的其他性能指标有：并发访问处理能力、CPU 占用比例、可用内存数、磁盘读写时间等。

普通 PC 服务器的并发访问处理能力大约为 300~1 000 个，单台高端服务器支持 5 000~10 万个并发访问，这样的处理能力很难满足负载大型网站的要求。例如，Google 每天会收到上亿次的访问请求，这就需要采用负载均衡，或采用集群服务器系统。

4. 服务器选型分析

一个网络中需要配置多少台服务器，这个看似简单的问题一直困扰着网络工程师。因为它与以下问题相关：一是服务器的选型与业务类型相关，如文件读写服务、数据库操作服务、Web 访问服务、邮件服务业务、安全控制服务等，不同业务的开销不同，对服务器性能的要求也就不同，尤其是在服务器中同时运行多业务时，问题变得更加复杂。二是服务器选型与服务器配置相关，如 CPU 核心数、CPU 主频、内存大小等，不同配置的服务器处理业务的能力不同，而厂商和专业媒体并没有提供这方面的参数。三是用户操作的不确定性，在线用户数、用户并发会话数、会话连接数、用户会话等待时间、用户连接的突发性等，目前尚不能给出一个合理的模型。其他方面的影响有：操作系统开销、网络协议开销、服务器软件开销、网络链路性能等，都是影响服务器性能的因素。

【例 9-3】一个 Web 网站设计最大接受 1 万个用户在线访问，如果按照最大并发会话连接数来选择服务器，需要多少台服务器可以满足以上需求呢？

（1）并发会话。服务器工作时，打开一个窗口或一个 Web 页面，都会产生一个或多个会话连接。服务器在同一时间内所能处理的最大会话数量，就是"并发会话连接数"。并发会话连接是衡量服务器性能的一个重要指标。

（2）1 个用户的并发连接数。1 个在线用户可能会连续打开 30 个网页，然后再进行网页内容浏览。虽然用户发起了 30 个会话连接，但是 1 个用户在同一时间内只能发起 1 个并发会话。那么 1 个会话产生多少个并发连接呢？这与网络协议、服务器软件、操作系统等因素有关。通常采用一个简单的经验估算：**1 个在线用户产生 1 个并发会话连接。**

（3）大量用户的并发连接数。1 万个用户同时在线并不意味会产生 1 万个并发连接。一些服务器软件提供了最大并发访问数统计值；如果没有这个数据，可以利用系统日志查看并进行统计；新系统可以根据应用的情况进行评估确定。根据经验统计，**并发访问数为在线用户的 20%~30%**。如邮件服务器的典型并发连接一般是登录用户的 20%~30% 左右。假设邮件服务器有 5 000 个登录用户，则并发会话数大致为：5 000×25%=1 250。

（4）服务器处理并发连接数。服务器能处理的并发连接数与服务器配置（如 CPU 和内存）以及服务类型（如 Web、E-mail、防火墙等）有关。对 Web 网站，根据经验，1 台双核单 CPU（2GHz）、4GB 内存的服务器，可正常使用（用户等待时间不超过 20s）的最大并发连接数为 300 个左右。如果 1 万个用户在线，假设并发连接比例为 25%；则 1 万个在线用户的并发数为：10 000×0.25=2 500 个，最少需要以上配置的服务器为：2 500÷300=8 台。

仅根据以上计算选择服务器显然过于草率，还需要进行实际测试，因为系统压力和用户数量不是线性变化的。如果采用多台服务器的集群系统，可以通过 1 台服务器的测试结果，来评估多台服务器集群后的负载能力。另外还需要额外考虑负载均衡和路由上的压力，如带宽、速度、延迟等技术指标。

（5）服务器选型注意事项。最大在线用户、最大并发连接数等指标，在实际工作过程中，常常会出现因为时间不同，或者发生突发事件导致整体用户操作上的变化。一些厂商将系统安装在一个极端的环境中，做一些没有实际意义的测试，得出一个用户永远都不可能达到的性能指标，这些测试参数是不能作为选型依据的。

5. 服务器类型与技术参数

网络工程常用的服务器设备技术参数如表 9-5 所示。

表 9-5　　　　　　　　　　　　服务器设备主要类型与技术参数

设备名称	设备型号	技术说明	价格
机箱式	IBM System x3300 M4（4U）	CPU：Intel Xeon 1.8GHz（4 核），实配 1 个，最大 2 个；实配内存：4GB；最大内存容量：128GB；实配硬盘：无，硬盘接口：SAS；磁盘阵列：Raid 0/1/10；机箱托架：8 个硬盘槽；最大功率：460W	￥1.1 万
机架式	IBM System x3650 M4（2U）	CPU：Intel Xeon E5-2600 2.5GHz（8 核），实配 1 个，最大 2 个；标配内存：8GB；标配硬盘：无；网卡：4x1 000M 以太网卡；最大功率：750W	￥2.3 万
	IBM System x3850 X5（4U）	CPU：Xeon E7-4830@2.1GHz（8 核），实配 2 个，最大 4 个；内存：ECC DDR3@16GB；标配硬盘：无；硬盘接口：SAS；RAID 卡：集成 RAID0/1/5；网卡：2×1 000M+双口 10 吉比特；管理接口：RJ45；最大功率：3 950W	￥11 万
刀片式	惠普 ProLiant BL685c G7（1U）	CPU：AMD Opteron 6238@2.6GHz（12 核），标配 4 个，最大 4 个；内存：DDR3，64GB；硬盘：标配不提供；硬盘接口：SAS；RAID 卡：0/1；网卡：双端口 10 吉比特	￥5 万

说明：产品价格为 2015 年 8 月网站报价。标准机柜宽度为 19 英寸（48.26cm），高度通常用"U"衡量，1U=4.45cm。

6. 其他设备

网络工程中常用的其他设备如表 9-6、表 9-7 所示。

表 9-6　　　　　　　　　　　　光通信设备主要类型与技术参数

设备名称	技术说明	价格
电话光端机	产品型号：天为 GD8-12F；提供 1~16 路电话；2 路以太网；4 路 E1 数据接口传输	￥5 000
视频光端机	康卡斯特视频光端机；可将 8 路视频及多路音频、数据、电话、以太网等信号在光纤上传输，采用 CWDM 波分复用技术，提供 3 路反向数据传输；主要应用：有线电视、HFC、视频监控等	￥3 800
独立式光纤收发器	产品型号：康卡斯特 CKSM20-1；传输速率：10/100/1 000M 自适应；光纤传输距离：10km；双绞线传输距离：100m；接口：1 个 RJ45 电口和 1 个 SC 光口；光纤类型：单模；支持光纤断线侦测	￥1 260
机箱式光纤收发器	（1）机箱型号：瑞斯康达 RC002-16DC；插槽数：16 槽（模块需要另配）； （2）网管模块型号：RC001-NMS1，插入 RC002-16 机箱内； （3）收发模块型号：RC512-FE-SS15；传输速率：10/100M 自适应；光纤类型：单模单纤；端口类型：SC-PC/RJ45；传输距离：0~25km	￥1 600 ￥1 350 ￥1 800
单/多模转换器	产品型号：VBEL VB-D2100MS/GE/S20；传输速率：1 000M；转换规格：多模 850nm 转换到单模 1 310nm；光纤接口：SC；传输距离：550m~20km	￥3 150
GBIC 模块	产品型号：Cisco WS-G5486；模块性能：1000Base-LX/LH；光纤链路：多模	￥3 500
SFP 光纤模块	产品型号：思科 GLC-LH-SM；模块类型：SFP；传输速率：1 000M；接口：LC	￥2 950
光纤 Modem	产品型号：DH2 000；接口类型：10/100M、E1 接口、V.35 接口、RS232 接口；转换模式：全部或部分 E1 时隙转换为 V.35 或者 RS-232 异步数据	￥670
光中继器盒	挂墙式多功能全密封防水光纤盒	￥1 200

说明：产品价格为 2015 年 8 月网站报价。

表 9-7 网络工程常用设备类型与技术参数

类型	设备名称	技术说明	价格
服务器配件	服务器光纤网卡	产品型号：英特尔 PXLA8591LR；产品类型：10GE 服务器网卡；传输介质：光纤；端口类型：SC；传输速率：10Gbit/s；最大传输距离：10km	￥2.5 万
	服务器网卡	产品型号：英特尔 PWLA8492MT；总线类型：64 位 PCI-X，133MHz；端口类型：RJ45；传输速率：1 000Mbit/s	￥1 500
	RAID 卡	产品型号：ADAPTEC RAID 5805；阵列卡芯片：1.2GHz 双核；板载内存：512MB@DDR2 写缓存；连接硬盘数量：8 端口，使用 SAS 扩展器可支持最多 256 台；硬盘接口：SATA 或 SAS；总线：PCI-E；数据传输率：3Gbit/s；RAID 功能：0、1、5、10、50 等	￥4 600
	HBA 光纤通道卡	产品型号：惠普 4GB HBA 卡；网络端口：1 个；传输速率：4Gbit/s	￥5 400
存储设备	NAS 网络存储器（RAID 阵列）	产品型号：IBM TotalStorage DS4700；外接主机通道：4 个（1Gbit/s/2Gbit/s/4Gbit/s）；内置硬盘接口：4 个（FC/SATA）；最大盘位数：18 个；最大存储容量：33TB（硬盘另配）；均传输率 400MB/s；RAID 支持：RAID 0/1/3/5/6/10	￥15 万
	SAN 存储网络（光纤通道交换机）	产品型号：博科 SilkWorm 4100；光纤端口数量：24 口；传输速率：4Gbit/s；网络端口类型：FL_Port、F_Port 和 E_Port，根据交换机类型自发现；硬件规格：10/100 以太网端口（RJ45），串口（RS-232）；功耗：最大 120W	￥12 万
	IPSAN/NAS 一体化存	产品型号：鑫威 KW9000WT；接口：1×10Gbit/s+2×1Gbit/s；硬盘盘位：24；硬盘容量：2TB（另购）；最大存储容量：48TB；网络传输协议：CIFS、NFS（UDP 或 TCP）、HTTP/WebDAV、FTP；IP SAN：支持；NAS：支持；处理器：2×多核；内存：4GB ECC；电源冗余：900W；4U；RAID：0/1/10/5/6/50/60	￥5 万
其他设备	负载均衡器	产品型号：F5 BIG-IP LTM 1600；处理器：单 CPU；内存：4GB；硬盘：500GB；端口：4 个吉比特电口，2 个吉比特光纤端口；尺寸：1U，标准 19″机柜，17″（宽）	￥15 万
	网络延长器	产品型号：ACORID ExtSwitch ES4205+；功能：即插即用，无需配置，使用标准 5 类双绞线时，10Mbit/s 下可达 300m；支持远端供电；网络端口：5 个（1 进 4 出）	￥760
	KVM 切换器	产品型号：TANTO KVM NCL-1732；输入接口：32 路；LCD 屏幕：17 寸；1 280×1 024；KVM 连接端口：RJ45；切换方式：热键/OSD/按钮	￥2.7 万

说明：产品价格为 2015 年 8 月网站报价。

9.2 网络设备互连

网络互连主要包括：网络设备互连、网络链路互连、网络系统互连（如以太网、因特网、存储网络等）、网络服务互连（如邮件服务器与数据库）等。

9.2.1 交换机的级联

1. 交换机之间的级联

级联是多台交换机之间的连接方式，一般采用双绞线或光纤，通过交换机的 RJ45 端口或光纤模块端口实现交换机之间的连接。不同品牌的交换机之间，也可以通过级联方式扩展网络，**交换机级联的主要目的是延长网络传输距离**。交换机之间的级联有两种连接方式，一种是**星形级联**模式，另一种是**总线级联**模式。交换机之间的级联可以使用 RJ45 上联端口进行级联。早期的交换机需要使用专门的交叉电缆进行交换机之间的连接，目前的交换机端口具有自动识别功能，可以使用直通电缆或交叉电缆进行连接。交换机的级联模式如图 9-7 所示。

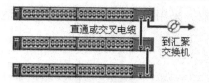 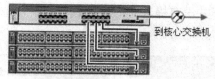

图 9-7　交换机总线级联模式（左）和星形级联模式（右）

总线级联与星形级联各有优缺点，总线级联的优点是可以延长网络传输距离，但是级联层次越深，最后一级交换机到达中心交换机的信号延迟越大。星形级联的优点是可以保证网络带宽，但是网络传输距离受到了限制。在局域网中两种级联模式经常混合使用。

2. 光纤端口的级联

光纤主要用于汇聚层交换机与接入层交换机之间的连接，也可用于接入层交换机之间的级联。由于光纤模块没有堆叠能力，因此光纤只能采用级联模式。光纤的级联模式同样有总线级联与星形级联模式。

交换机中的光纤模块通常有 2 个接口，分别为光信号"发"接口（Tx）和光信号"收"接口（Rx）。当交换机通过光纤端口进行级联时，必须将光纤跳线的收发信号线对调，即光纤跳线一端接"光收"时，另一端接"光发"，连接方式如图 9-8（c）所示。同样，多台交换机之间进行连接时，光纤收发端口也必须采用交叉连接，如图 9-8（b）所示。

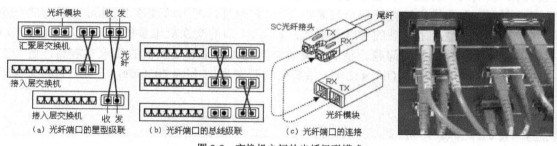

（a）光纤端口的星型级联　　（b）光纤端口的总线级联　　（c）光纤端口的连接

图 9-8　交换机之间的光纤级联模式

9.2.2　交换机的堆叠

交换机的级联模式满足了网络多端口和传输距离的需要，但整体性能不高。利用交换机的堆叠模式实现网络端口和容量的扩展，可以满足大量数据交换的需要。但不是所有交换机都支持堆叠，堆叠不仅需要专门的堆叠电缆，而且需要专门的堆叠模块。有些交换机本身带有堆叠模块和堆叠接口，而有些交换机虽然支持堆叠，但必须单独购买堆叠模块。同一叠堆中的交换机必须是同一品牌，否则没有办法进行堆叠互连。不同厂商的交换机支持堆叠的层数有所不同，一般情况下，最多可堆叠至 8 层。交换机的堆叠模式有两种：菊花链堆叠模式和星形堆叠模式。

1. 菊花链堆叠模式

菊花链堆叠模式是利用专用的堆叠电缆，将多台交换机以环路方式串接起来，组建成一个交换机堆叠组，如图 9-9 所示。菊花链堆叠模式中的冗余链路主要用于备份，也可以不连接。采用菊花链堆叠模式，从主交换机到最后一台从交换机之间，数据包要历经中间所有交换机，传输效率较低，因此堆叠层数不宜太多。菊花链堆叠模式虽然保证了每个交换机端口的带宽，但是对多交换机之间数据的转发效率并没有提升，而且堆叠电缆往往距离较短。采用菊花链堆叠模式，主要适用于有大量计算机的机房。

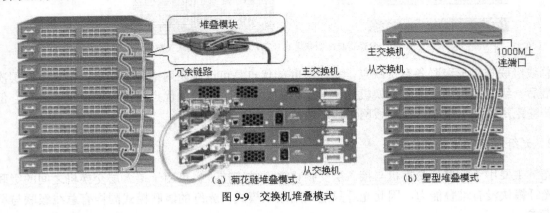

图 9-9　交换机堆叠模式

2. 星形堆叠模式

星形堆叠要求主交换机有足够的背板带宽，并且有多个堆叠模块，然后使用高速堆叠电缆将交换机的内部总线连接成为一条高速链路，如图 9-9 所示。星形堆叠的优点是传输速度要远远超过交换机的级联模式，而且可以显著地提高堆叠交换机之间数据的转发速率。一个叠堆的若干台交换机可以视为一台交换机进行管理，只需要 1 个 IP 地址，即可通过该 IP 地址对所有的交换机进行管理，从而大大减少了管理的难度。例如，2 台 24 口的交换机堆叠的效果如同一台 48 口的交换机，不会产生传输瓶颈的问题。星形堆叠的缺点是对主堆叠交换机的要求非常高，通常主交换机的背板带宽在 10Gbit/s~30Gbit/s 之间，堆叠电缆带宽为 1Gbit/s~3Gbit/s，不同厂商的交换机不能相互连接。

9.2.3　KVM 连接方法

KVM（键盘、显示器和鼠标切换器）由控制器、接口电缆、显示器、键盘、鼠标等组成，KVM 的功能是利用一套键盘、鼠标、显示器，让 1 个或多个网管人员访问和控制多台服务器。KVM 大大减少了机柜安装空间，方便了网络工程师对设备的管理。

【例 9-4】KVM 的组成与网络结构如图 9-10 所示。

KVM 不仅降低了硬件成本，还节省更多的空间。在一个机柜上只需安装一台 KVM 切换器设备，而 KVM 切换器通常只有 1U 高度。此外，KVM 还能降低对电力功耗的需求，如采用抽屉式 LCD KVM 切换器，仅占用 1U 空间和 20W 功耗。

目前的数字式 KVM 具有以下特点：采用 RJ45 网络接口设计、不再需要厂商提供专用的 KVM 线缆、布线方便；长传输距离（支持 33m 或更远距离）；支持热插拔、无需机器重启；支持 USB、PS/2 接口的服务器；支持数字远程 IP 控制；支持多用户同时控制等。

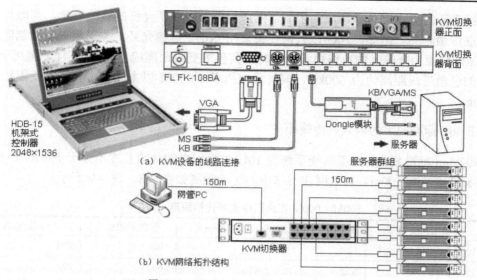

图 9-10　KVM 切换器与服务器的连接

　　KVM 切换器可以在不同的硬件环境运行，适用于不同的设备制造厂商的硬件平台或操作系统。KVM 切换器允许以"独立于网络外"的方式访问公司的服务器及其他网络设备，切换器本身并不依赖企业的网络。因此，即使企业网络本身故障，网络工程师仍然能够访问、控制及管理公司的服务器。甚至可以利用 KVM 切换器从远程进行完整的系统重新开机。如果采用 IP KVM，则可以管理和控制网络内的所有设备。

　　KVM 的应用已经扩展到了串口设备，如交换机、路由器、储存设备及 UPS 等。高端 KVM 解决方案可以实现数百台网络设备的管理，而且具有：事件记录、远程电源管理、使用权限管理、环境警示等功能。

9.2.4　传输距离扩展

1. 影响以太网传输距离的关键因素

　　影响以太网传输距离的因素很多，如噪声、串扰等，其中较关键的因素主要有媒体访问控制方法（CSMA/CD）、信号传输的**衰减**和信号传输的**色散**。

　　（1）CSMA/CD 对以太网传输距离的限制。以太网采用的 CSMA/CD（载波监听多路访问/冲突检测）媒体访问控制方法是制约传输距离的最基本因素，并随着传输速率的提高而使传输距离更短。以太网为了保证冲突能即时、有效地检测，信号的往返距离（单工，在同一传输介质上）必须足够小。按信号传送速度为 20 万 km/s 计算，10M、100M、1 000M 以太网信号的往返距离分别为 10 240m、1 024m 和 102.4m。考虑到连接器件等带来的信号延迟，从而大大缩短了冲突域的直径，网段长度变成了几十米。而全双工通信则不存在以上问题。

　　（2）信号衰减对以太网传输距离的限制。信号在传输介质中传播时，其能量会逐渐损耗，这决定了信号在无中继时的最大传输距离。以太网信号的传输损耗包括：光纤损耗、插入损耗、光通道代价、发送功率、接收灵敏度、富裕度等。在 IEEE 802.3 标准中，基于最坏条件考虑，给出了在最大传输距离。但是标准对传输距离的扩展留有"后门"，如果符合其他规范条件，超出距离范围是可以接受的。

（3）光纤色散对以太网传输距离的限制。光纤的色散限制了光纤的传输容量，同时也限制了光信号的无中继传输距离。例如，10G 以太网如果采用 G.652 单模光纤，并采用 EA 调制器，工作波长为 1 550nm，光源为带啁啾的单纵模激光源时，其色散受限距离约 34km；同样环境用于 2.5 G 系统时，相应的色散受限距离约为 600km；同样环境用于 1 000M 以太网时，其色散受限距离理论上可达 3 000km。

2. IEEE 802 标准规定的以太网传输距离

IEEE 802.3an 标准规定，6 类布线系统在 10G 以太网中的传输长度不大于 55m，但 6A 类和 7 类布线系统长度可达到 100m。以太网在网络中的传输距离如表 9-8、表 9-9 所示。

表 9-8　　　　　　　　100M/1 000M 以太网中光纤传输距离

光纤类型	以太网类型	纤芯直径（μm）	波长（nm）	带宽（MHz）	传输距离（m）
多模	100Base—FX	62.5	850	100	220
	1000BASB—SX	62.5	850	160	220
	1000Base LX	62.5	850	200	275
		62.5	850	500	550
	1000Base-SX	50	850	400	500
		50	850	500	550
	1000Base-LX	50	1 300	400	550
		50	1 300	500	550
单模	1000Base-LX	<10	1 310	—	5 000

说明：上述数据参见 IEEE 802.3-2002。

表 9-9　　　　　　　　10G 以太网中光纤传输距离

光纤类型	以太网类型	纤芯直径（μm）	波长（nm）	模式带宽（MHz·km）	传输距离（m）
多模	10GBase-S	62.5	850	160 / 150	26
		62.5	850	200 / 500	33
		62.5	850	400 / 400	66
		50	850	500 / 500	82
		50	850	2000	300
	10GBASB-LX4	62.5	1 300	500 / 500	300
		50	1 300	400 / 400	240
		50	1 300	500 / 500	300
单模	10GBase-L	<10	1 310	—	1 000
	10GBase-E	<10	1 550	—	30 000~40 000
	10GBase-LX4	<10	1 300	—	1 000

说明：上述数据参见 IEEE 802.3ac-2002。

3. 基于以太网技术进行传输距离扩展

（1）以太网采用全双工工作模式时，传输距离不受 CSMA/CD 的制约。

（2）以太网标准中的技术指标较保守，如果实测发现有较大的光功率富裕，则可适当超过标准规定的传输距离。

（3）采用单模光纤进行传输时，传输带宽更大，色散影响更小。

（4）加大光源发送光功率，采用接收灵敏度更好的设备，如 Cisco 的 1000Base-LH 接口支持最大距离为 10km，1000Base-ZX 接口支持最大距离为 70 km。

（5）必要时可增加中继设备（如光纤收发器），从而延伸传输距离。

4. 基于城域网传输技术进行传输距离扩展

（1）利用 SDH 传输平台对以太网进行透明传输，即将以太网数据帧映射为 SDH 帧，然后按 SDH 信号在 SDH 传输平台上传送，由于 SDH 技术非常成熟，并被各大电信运营商广泛采用，因此 SDH 是构建城域以太网的一种理想承载平台。

（2）DWDM 为以太网在城域网中的应用提供了一种节省光纤资源的解决方案。

（3）RPR（弹性分组环）也提供了城域以太网接口，并且具有动态带宽分配等特点。

5. 以太网传输距离扩展设计

当网络节点之间的距离增加不大（小于 90m），而且在室内时，可以利用交换机等设备进行信号中继，扩大节点的传输距离。由于交换机的广播会增加数据包的冲突，因此增加的交换机数不允许超过 2 个，否则会因为信号冲突太大，导致网络性能急剧下降而无法使用。当用户线路需要延长的传输距离超过标准距离时，有以下一些处理方法。

（1）长距离交换机

【例 9-5】Cisco 公司提供的长距离以太网（LRE）技术，可以利用双绞线将以太网传输距离增加到 1 500m，传输速率为每端口全双工 5~15M。它需要 Cisco Catalyst 2924 LRE XL 交换机和 Cisco 575 LRE 客户端设备（CPE）的支持，如图 9-11（a）所示。

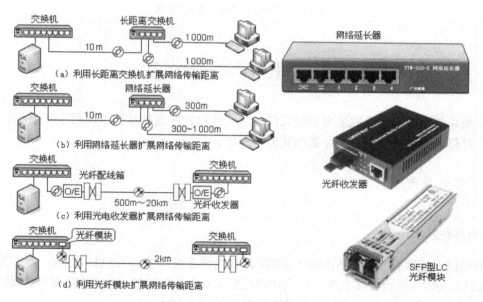

图 9-11 扩展网络传输距离的方法

（2）网络延长器

【例 9-6】当用户只是增加 1~8 个远距离端节点时，可利用网络延长器增加双绞线的传输距离，如图 9-11（b）所示。在 10M 带宽下，以太网延长器（LRE，Long Reach Ethernet）端口的传输距离可达到 1 000m；在 100M 速率下的传输距离可达 300m。以太网延长器对传输介质并没有特殊的要求，使用普通的五类非屏蔽双绞线（5UTP）即可，甚至 2 对双绞电话线也可以延长传输距离。延长线缆一般工作在室外，因此网络延长器需要有防雷击功能。

（3）光纤收发器

【例9-7】当用户增加的端节点较多时，传输距离在 500m~20km 以内，网络带宽为 100~1000Mbit/s 时，可以利用光纤收发器延长传输距离，如图 9-11（c）所示。

（4）光纤模块

【例9-8】当用户需要增加一个或多个子网，而且传输距离在 300m 以上，网络主干带宽为 1 000M 时，可以采用光纤模块进行网络线路延长。但是，互连的两台交换机必须具有光纤模块接口，如图 9-11（d）所示。

（5）裸光纤

【例9-9】链路传输超出单位的范围时，往往需要租用电信运营商的网络带宽。但是网络带宽租金较高，而租用电信运营商的裸光纤业务，则价格较为低廉。裸光纤业务是电信运营商提供 A-B 两地（同城）的一条光纤线路，电信运营商仅提供线路，不提供信号传输、中继、路由等设备。由于光纤收发器传输距离可以达到 120km，因此用户并不需要使用电信运营商的传输设备。裸光纤的传输带宽取决于用户设备，能够承载 10M~10G 的高速宽带。如图 9-12 所示，裸光纤适用于集团用户构建城域骨干网，如在同一城市中分隔两地的校园网等。

图 9-12 利用裸光纤扩展网络传输距离

9.3 综合布线系统设计

综合布线系统（GCS）一般采用开放式星形网络结构，在这种结构下，每个子系统都是相对独立的单元，对每个子系统的改动不会影响其他子系统。

9.3.1 布线系统设计规范

1. 布线系统基本结构

综合布线国际标准有 TIA/EIA-568-A《商用建筑电信布线标准》、ISO/IEC11801 标准等，我国标准有 GB 50311-2007《综合布线系统工程设计规范》、GB 50312-2007《综合布线系统工程验收规范》等。GB 50311-2007 规定的综合布线系统的基本结构如图 9-13 所示。

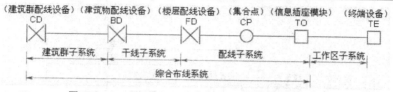

图 9-13　GB 50311-2007 定义的综合布线系统基本结构

如图 9-14 所示，**综合布线系统由建筑群子系统、干线子系统、配线子系统组成，工作区子系统由用户建立**。综合布线系统采用**星形网络结构**。综合布线工程包括以下部分。

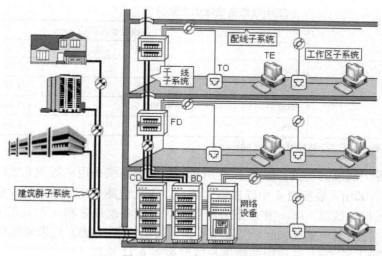

图 9-14　综合布线系统示意图

（1）工作区。工作区由终端设备（TE）和连接线缆及适配器组成。

（2）配线子系统。配线子系统由工作区信息插座模块（TO）、信息插座模块至楼层配线设备之间的电缆或光缆、配线设备（FD）、设备线缆和跳线等组成。配线子系统中可以设置集合点（CP），也可以不设置。FD 也称为电信间、楼层配线间。

（3）干线子系统。干线子系统由楼层设备间至建筑物配线设备之间的干线光缆和电缆、安装在设备间的建筑物配线设备（BD）及设备线缆和跳线组成。BD 也称为设备间、机房。

（4）建筑群子系统。建筑群子系统由连接多个建筑物之间的主干光缆和电缆、建筑群配线设备（CD）及设备线缆和跳线组成。CD 也称为进线间，一般在地下层。

（5）设备间。设备间是每幢建筑物进行网络管理和信息交换的场地。对于综合布线系统工程设计，设备间主要安装建筑物配线设备。计算机网络设备、通信设备、有线电视设备，及综合布线入口设施也可与配线设备安装在一起。

2．布线系统线缆长度划分

综合布线系统设计时，应充分考虑用户近期与远期的实际需要与发展。一般来说，布线系统的**水平配线应以远期需要为主，垂直干线应以近期实用为主**。

布线系统线缆长度定义如图 9-15 所示，建筑物或建筑群配线设备之间（FD-BD、FD-CD、BD-BD、BD-CD）组成的信道出现 4 个连接器件时，线缆的长度应不小于 15m。

（1）主干线路各个线段的长度。ISO/IEC 11801 2002-09 和 TIA/EIA 568 B.1 标准，对水平线缆与主干线缆之和的长度进行了规定。如图 9-15 和表 9-10 所示，标准规定了主干线路各部分线缆长度的关系和要求。

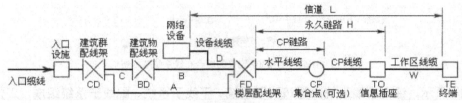

图9-15　主干系统和配线系统的线缆长度划分

表9-10　　　　　　　　　主干线路各线段长度划分

线缆类型	各线段长度限值（m）		
	A	B	C
100Ω 对绞电缆（语音）	800	300	500
62.5μm 多模光缆	2000	300	1 700
50μm 多模光缆	2000	300	1 700
10μm 单模光缆	3000	300	2 700

说明：单模光纤的传输距离，用于主干链路时允许达60km。

（2）配线系统各个线段的长度。如图9-15所示，配线子系统采用双绞线布线时，**配线系统信道的最大长度（L）为100m，最多由4个连接器件组成**，永久链路（H）则由90m水平线缆及3个连接器件组成。工作区设备线缆（W）、楼层设备线缆（D）、设备跳线之和应不大于10m。当大于10m时，永久链路（H）的线缆长度（90m）应适当减少。楼层设备（FD）线缆和跳线，及工作区线缆（W）各自的长度不应大于5m。各线段的线缆长度可按表9-11选用。

表9-11　　　　　　　　配线子系统（双绞线）各段线缆长度限值

电缆总长度 L（m）	水平布线电缆 H（m）	工作区电缆 W（m）	电信间跳线与设备电缆 D（m）
100	90	5	5
99	85	9	5
98	80	13	5
97	25	17	5
97	70	22	5

（3）光纤线段的选择。楼内宜采用多模光缆，建筑物之间宜采用多模或单模光缆，需直接与电信服务商相连时，应当采用单模光缆。

3. 布线系统的机械性能规范

在综合布线系统工程中，线缆的机械性能指标和使用环境有以下要求。

（1）电缆弯曲半径。电缆过度弯曲会改变电缆中线对的绞距。如果弯曲过度，线对可能会散开，导致阻抗不匹配及回波损耗过大。电缆弯曲半径不得低于电缆直径的8倍。对6类电缆弯曲半径应大于 50mm。配线柜中有大量的电缆引入配线架，为保持布线整洁，可能会导致某些电缆压得过紧或弯曲过度。在布线工程中，配线盒中线缆的弯曲半径以大于50mm为宜，进线电缆管道的最小弯曲半径应大于100mm。

（2）电缆重量。采用 AWG 23 线规（线径0.6mm）时，6类电缆的重量大约是5类电缆的2倍。1m 长的24 条6类电缆的重量接近1kg，而相同数量的5类或超5类电缆的重量仅0.6kg。采用架空或悬挂线支撑电缆时，应当考虑电缆的重量和下垂力。

（3）环境温度。线缆中的信号衰减受温度的影响很大。温度每升高 10℃，线缆中信号衰减就增大 0.4%，温度对信号衰减的影响要远远大于其他因素。线缆通常被安装在吊顶、金属管道、线槽等环境温度较高的地方。许多钢混结构大厦的管道温度在夏季可达 49℃。尤其是布放在金属管道中的线缆，应当注意金属管道的导热。

（4）应用环境。不要将无紫外线防护的电缆用于阳光直射环境，应选择黑色聚乙烯或 PVC 外皮的电缆。采用地下电缆沟铺设时，双绞线电缆内的水分会增加电缆的电容，从而降低阻抗并引起近端串扰。

4. 布线系统的电气性能规范

布线系统的电气性能指标应当符合国家标准 GB 50311-2007 的要求，包括以下内容。

（1）3 类、5 类布线系统，主要考虑的电气性能指标为衰减和近端串扰（NEXT）。

（2）5e 类、6 类、7 类布线系统，应考虑的电气性能指标为：插入损耗、近端串扰、衰减串扰比（ACR）、回波损耗（RL）、时延等。

（3）屏蔽布线系统还应当考虑非平衡衰减、传输阻抗、耦合衰减及屏蔽衰减等。

5. 布线系统的管理规范

布线系统管理内容包括：链路管理、线缆标识和文档管理等。

布线系统中的电缆、光缆、配线设备、端接点、接地装置、敷设管线等组成部分，均应给定唯一的标识符，并设置标签。标识符可采用字母和数字标明。

对中心机房、设备间、进线间和工作区的配线设备、线缆、信息点等设施，应按规定格式进行标识和记录，并采用计算机进行文档记录与保存，规模较小的综合布线工程可按图纸资料等纸质文档进行管理。

9.3.2　综合布线材料预算

1. 综合布线系统常用材料

综合布线系统常用的器材和设备如表 9-12 所示。

表 9-12　　　　　　　　　　　综合布线常用材料类型与技术说明

材料类型	技术说明
超 5 类双绞线	安普超 5 类非屏蔽双绞线：￥790/箱；TCL 超 5 类非屏蔽双绞线：￥540/箱（305m）
6 类双绞线	安普 6 类非屏蔽双绞线：￥920/箱；TCL 6 类非屏蔽双绞线缆：￥820/箱（305m）
室内多模光缆	大唐电信紧套式 8 芯多模室内软光缆（波长：1 300nm，850nm）：￥16/m
室外多模光缆	安普 6 芯铠装光缆（规格：50/125；波长：1 300nm，850nm）：￥25/m 安普 4 芯室外光缆（规格：50/125；波长：1 300/850nm）：￥5 000/轴（1 000m）
室外单模光缆	大唐电信中心束管式 12 芯单模室外光缆（波长：1 310nm，1 550nm）：￥10/m 大唐电信层绞式 48 芯单模室外光缆（波长：1 310nm，1 550nm）：￥30/m
光纤跳线（尾纤）	安普 50/125 多模尾纤（ST-ST）：￥180/根（单芯 3m）清华同方多模尾纤（ST-ST）：￥155/根（双芯 3m）
光纤耦合器	清华同方单模/多模 ST 光纤耦合器（FA810SM）：￥28/个；FIBERNET FC 光纤耦合器：￥8/个

续表

材料类型	技术说明
双绞线跳线	安普6类跳线：￥38/根（3m）；安普超5类跳线：￥20/根（3m）
大对数电缆	TCL 3类25对非屏蔽双绞线：￥3400/箱；TCL 3类50对非屏蔽双绞线：￥5 000/箱（305m）
水晶接头 信息模块	安普RJ45水晶头（4-0554720-3）：￥2/个；TCL RJ45水晶头：￥1/个 安普超5类信息模块插座（8-406372-1）：￥20/个；TCL超5类信息模块插座：￥15/个 安普6类模块插座（0-1375055-6）：￥48/个；普天6类RJ45模块插座：￥50/个 TCL 3类语音模块插座（RJ11）：￥12/个；安普双口面板：￥7/个；TCL双口面板：￥5/个
布线器材	安普超5类24口RJ45配线架：￥620/个；TCL超5类24口RJ45模块式配线架：￥400/个 安普6类非屏蔽24口RJ45配线架：￥1 120/个；TCL 6类24口RJ45模块式配线架：￥252/个 TCL 2U宽度200对110配线架组件：￥120/个；安普理线架：￥140/个； 安普墙挂式光纤配线箱：￥800/个；安普机架式24口光纤配线箱：￥490/个； 康普光纤配线架：￥9 400/个；CommScope 24芯室外光纤接续盒：￥5 800/个 普天19"壁挂式机柜：￥740/个；普天配线机柜（宽19英寸，高40U）：￥4 650/个 奥科OKE288R室外光缆交接箱（288芯，780×350×1 400 mm）：￥5 800/个
施工费用	安普光纤熔接：￥30/点；安普光纤认证测试：￥20/点；安普双绞线认证测试：￥10/点；安普光缆敷设（穿管，不含光缆保护材料）￥3/m；安普光缆敷设（架空，不含钢绞线及配件）：￥4/m；标准电话布线（含施工PVC线槽等，不含电话线及配件）：￥100/m
其他	康普防静电地板：￥210/m²；PVC管道、PVC槽板、桥架、绑带、标签等

说明：产品价格为2015年8月网站报价。

2. 管道和线槽布放线缆的数量计算

在管道、线槽、桥架中布放线缆时，截面积利用率按式（9-2）计算。

截面积利用率=管道（或线槽、桥架）截面积/线缆截面积　　　　　　　　　　　　　　（9-2）

管道内布放线缆的数量可按式（9-3）计算。

$$n = \text{INT}\left[\frac{\text{管道内截面积}}{\text{缆线面积}} \times K\right] \qquad (9\text{-}3)$$

式中，n 为管道、线槽或桥架中允许布放线缆的根数；INT为取整函数；K 为截面积利用率。GB50312-2007标准规定：在管道内布放大对数电缆或4芯以上的光缆时，直线管路的利用率为 $K=30\%\sim50\%$；弯曲管路的利用率为 $K=30\%\sim40\%$。管道内布放双绞线电缆或4芯光缆时，利用率为 $K=25\%\sim30\%$。在线槽内布放线缆时，利用率为 $K=30\%\sim50\%$。在桥架内布放线缆时，利用率为 $K=50\%$。

GB50312-2007规定的截面积利用率不应超过50%，事实上这个数据对于电源电缆是适合的，而对综合布线系统显得小了一些。这一数值如果直接作为管道、线槽、桥架的设计依据，在实际工程中容易出现穿线困难的现象。因为，为了保证水平双绞线的高频传输性能，双绞线通常不进行绑扎，而是顺其自然地将双绞线放在管道、线槽或桥架中。**大量工程实践证明，截面积利用率为30%较好**。采用该数值进行线缆敷设时，能够确保施工效率高、线缆传输性能较好。常见线槽和管道容纳双绞线的数量如表9-13、表9-14所示。

表9-13　　　　　　　　　　　　　**PVC线槽容纳双绞线数量**

线槽（mm）	5类线（条）	线槽（mm）	5类线（条）	线槽（mm）	5类线（条）
20×10	2	39×19	9	99×27	32
24×14	4	59×22	16	100×100	48

表 9-14　　　　　　　　　　　　　　　　　　　**管道容纳双绞线数量**

线缆类型	线缆外径 mm	截面积 mm²	利用率 %	管道外径/管道壁厚（mm）					
				Φ16/1.6	Φ20/1.6	Φ25/1.6	Φ32/1.6	Φ40/1.6	Φ50/1.6
5e UTP	5.2	21	30	2	3	5	9	14	24
			25	1	2	4	7	12	20
6 UTP	6.1	28	30	1	2	4	6	11	17
			25	1	2	3	5	9	14

【例 9-10】6 类双绞线外径截面积为 28mm² 左右，4 根 6 类双绞线可以布放在内径为 22mm 的管道内吗？

22mm 管道的截面积约为 380mm²，管道截面积利用率=（28×4）/380=29.5%，截面积利用率处于边缘，如果线缆距离短，且管路弯头较少时，可以布放。不过施工时敷管一般都不太规范，而且弯头多，且不用专用弯管，因此 22mm 的管径穿 4 根 6 类网线比较困难。

3. 双绞线材料用量预算

（1）楼层双绞线平均长度预算

在综合布线系统中，双绞线电缆量的预算非常重要。一般先计算出每个楼层的用线箱数，然后将所有楼层的用线箱数相加，就可以得出某一栋建筑物的用线量。

楼层线缆的平均长度计算方法如式（9-4）。

$$L = \left[\left(\frac{A+B}{2} \right) + 6 \right] \times 1.1 \tag{9-4}$$

式中，L 为楼层线缆的平均长度（m）；A 为离楼层配线架最远插座的布线长度（m），这个长度含楼层高度；B 为离楼层配线架最近插座的布线长度（m）；6 为端接余量（m）；1.1 为预留 10%的布线长度。

（2）楼层双绞线箱数

双绞线的订货以"箱"为单位，每箱双绞线总长度为 305m（1000 英尺）。因此，布线工程需要的双绞线数量按式（9-5）计算。

$$K = \text{INT} \left[\frac{n \times L}{305} \right] + 1 \tag{9-5}$$

式中，K 为楼层线缆总数（箱）；INT 为取整函数；n 为楼层信息点总数；L 为线缆平均长度（m）；305 为 1 箱线缆的总长度（m）；1 为备用线缆箱数，数量可根据布线工程情况而定。

以上计算有些复杂，工程估算方法为：1 箱双绞线大约可布 6~8 个信息点。

4. 水晶接头用量预算

如图 9-15 所示，在信息插座（TO）与建筑物配线架（BD）之间有 2 根跳线，它们分别为楼层配线间设备线缆 D（接入层交换机）和建筑物配线架间设备线缆（汇聚层交换机，图中未画出），每条跳线需要 2 个水晶接头，因此 RJ45 水晶接头的需求量可按式（9-6）估算。

$$m = n \times 4 + n \times 4 \times 0.15 \tag{9-6}$$

式中，m 为 RJ45 水晶接头总需求量；n 为信息点总数；0.15 为 15%的工程裕量。

5. 信息模块用量预算

工作区信息模块的需求量按式（9-7）估算。

$$m=n+n\times0.03 \tag{9-7}$$

式中，m 为信息模块总需求量；n 为信息点总数；0.03 为 3%的工程裕量。

根市场报价，目前超 5 类布线大约为¥400 元/点，6 类布线大约为¥700 元/点。

9.3.3 建筑群子系统设计

建筑群子系统一般采用光纤通信方式，光纤工程的设计和施工参见第 8 章内容。

1. 建筑群子系统设计步骤

连接各建筑物之间的传输介质和各种支持设备组成一个建筑群子系统。AT&T 公司推荐的建筑群子系统设计步骤如下。

（1）确定布线现场的特点。施工工地的大小；施工工地的地界；共有多少座建筑物。

（2）确定光缆或电缆的布线参数。起点位置；端接点位置；涉及的建筑物和每座建筑物的层数；每个端接点所需的双绞线对数；有多少个端接点；每座建筑物所需的双绞线总对数。

（3）确定建筑物的电缆入口。现有建筑物各个入口管道的位置；每座建筑物有多少入口管道可供使用；入口管道数目是否满足需要。如果入口管道不够用，在移走或重新布置某些光缆或电缆时，是否能腾出某些入口管道；需要另外安装多少入口管道。如果建筑物尚未建设，则要根据选定的光缆路由完善布线系统设计，并标出入口管道位置；选定入口管理的规格、长度和材料；在建筑物施工过程中安装好入口管道。

（4）确定明显障碍物的位置。土壤的类型（砂质土、粘土、砾土等）；光缆的布线方法；地下公用管道的位置；光缆路由沿线障碍物的位置或地理条件；光缆对管道的要求。

（5）确定主干光缆和备用光缆路由。设计光缆的敷设方法（管道、直埋、架空）；对所有建筑物进行分组，每组单独分配一根光缆；每座建筑物单用一根光缆；在光缆路由中，哪些地方需要获准后才能通过；比较每个路由的优缺点，选定最佳路由方案。

（6）选择所需光缆或电缆的类型和规格。确定光缆长度；画出最终路由结构图；画出所选定路由的位置和挖沟详图，包括公用道路图或任何需要经审批才能动用的地区草图；确定入口管道的规格；选择每种设计方案所需的光缆；应保证光缆可进入口管道；如果采用管道敷设，应选择其规格和材料；如果用钢管敷设，应选择其规格、长度和类型。

（7）确定每种方案所需的劳务成本。布线需要的时间（包括迁移或改变道路、草坪、树木等所花的时间）；如果使用管道敷设，应包括敷设管道和穿越光缆的时间；光缆的熔接时间；其他时间。计算每种设计方案的成本；总时间乘以当地的工时费。

（8）确定每种方案所需的材料成本。光缆和电缆的成本（每米的成本，参考有关厂商布线材料价格表）；确定所有布线材料成本。

（9）选择最经济、最实用的设计方案。比较各种方案的总成本，选择成本较低者。确定方案是否有重大缺点，以致抵消了经济上的优点。如果发生这种情况，应取消此方案，考虑经济性较好的其他设计方案。

2. 建筑群子系统设计要点

为了进行远距离通信（大于 100m），以及防止雷击对网络设备造成的损坏，应当采用光缆作为室外主干传输介质。

主干光缆设计时，遵循 2 用 2 备 2 扩的布线原则。

建筑群主干线缆与电信公用网连接时，应采用单模光缆。光缆芯数、波长应根据电信公司的规格确定。

室外敷设光缆有三种方法：地下管道、直埋和架空，具体敷设应根据现场环境来决定。在有条件的情况下，应优先采用地下管道敷设方式。管道内敷设的铜缆或光缆应遵循电话管道布线的各项设计规定。安装时至少应预留 2~4 个备用管孔，以供扩充之用。

建筑群子系统采用直埋敷设时，如果在同一个沟内埋入了其他电缆（如电话、有线电视等），应设立明显的共用标志。

GB 50311-2007 标准中第 7.0.9 条强制性规定：**当电缆从建筑物外面进入建筑物时，应选用适配的信号线路浪涌保护器，信号线路浪涌保护器应符合设计要求。**

室外光缆或电缆进入室内时，通常在建筑物入口处经过一次转接进入室内。在转接处应加装电气保护装置，这些装置通常安装在建筑物入口的墙面上，大型建筑物可设专用房间。

9.3.4　干线子系统的设计

如图 9-16 所示，干线子系统由建筑物配线设备、楼层配线间、干线光缆和干线电缆等组成。它必须满足当前的需要，又要适应今后的发展。

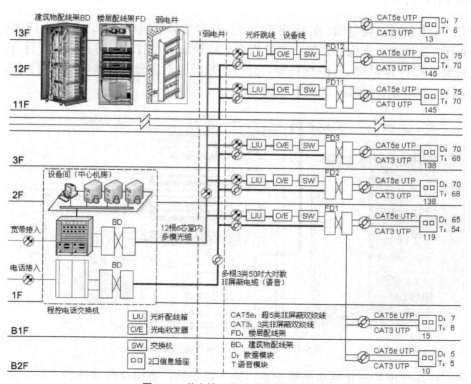

图 9-16　某大楼干线子系统布线设计图

干线子系统设计原则为：干线子系统一般采用星形结构，汇聚点在建筑物配线间（设备间，中心机房），由光缆和电缆将各个楼层的干线连接到建筑物配线间。

干线传输介质推荐采用光纤，电话干线推荐采用大对数电缆，短距离网络也可以采用双绞线电缆。

干线光缆可以沿建筑物竖井（弱电井）布线，通过各楼层敷设光缆；也可以采用吹光纤技术，利用空塑料管（微管）建造一个低成本的网络布线系统。

干线线缆不应布放在电梯、供水、供气、供暖、强电等竖井中。

9.3.5 配线子系统的设计

1. 配线子系统

配线子系统包括楼层水平电缆或光缆、桥架、预埋管道、交换机等，水平电缆采用星形结构布线，每个信息点均需连接到楼层配线间。配线子系统如图 9-17 所示。

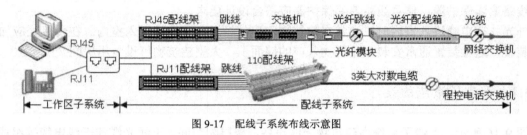

图 9-17 配线子系统布线示意图

2. 楼层配线间（FD）

楼层配线间（电信间、弱电间、管理间）的位置应尽量靠近弱电井旁。如图 9-18 所示，楼层配线间主要设备有：交换机、光电收发器（交换机带光纤模块时可省略）等；布线器材有：楼层配线箱、RJ45 配线架、RJ11 配线架、110 配线架、光纤配线箱、电源分配器（电源插座）等；线缆材料有：光缆、尾纤、双绞线、跳线、大对数电缆等。

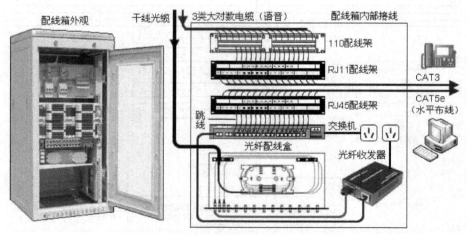

图 9-18 楼层配线间设备接线示意图

楼层配线间在场地面积满足要求的情况下，也可以安装：等电位接地体、安防、消防、视频监控、无线信号覆盖设备等系统的功能模块或设备。

3. 配线子系统设计要点

主干电缆和光缆所需的容量及配置应符合以下规定。

对语音业务，主干大对数电缆的对数，应按每一个电话模块插座配置 1 个线对，并在总需求线对的基础上至少预留 10% 的备用线对。

对于数据业务，应以交换机群（4 台交换机组成 1 群）或每台交换机配置 1 个主干光缆端口。每 1 群网络设备或每 4 个网络设备考虑 1 个备份端口。

某大楼水平电缆布线设计如图 9-19 所示。

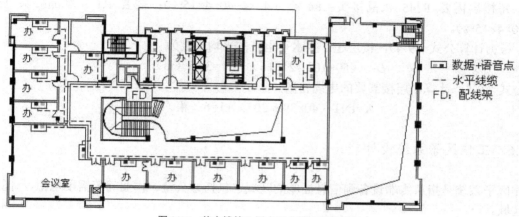

图 9-19　某大楼第 2 层水平电缆布线设计图

4. 水平布线方式

（1）桥架水平布线。如图 9-20 所示，水平电缆或光缆往往采用桥架进行敷设。由于桥架多安装在走廊吊顶上，出于隐蔽空间的考虑，桥架的可利用空间往往很小。因此，桥架穿线是消耗人力最大、与其他工种交叉面最多的一个环节。

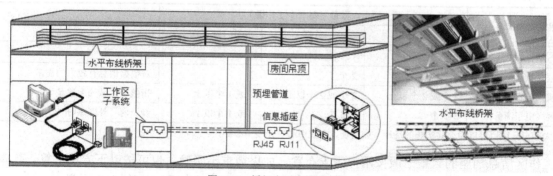

图 9-20　桥架水平布线示意图

（2）地面线槽水平布线。水平布线采用地面线槽方式时，地面线槽每 4~8m 接一个分线盒或出线盒。强电与弱电可以在同一个地面线槽内，当然线槽必须接地屏蔽，产品质量也要过关。地面线槽布线方式不适合楼层中信息点特别多的场合。信息点超过 300 个时，应同时用地面线槽与吊顶内线槽两种方式，以减轻地面线槽的压力。

5. 水平电缆计算案例

【例 9-11】用户需求是平均每层楼布数据点 40 个和语音点 40 个；水平线缆从楼道吊顶的天花板上利用桥架走线；每楼层设管理间一个，靠近建筑弱电井；各信息点到楼层管理间子系统水平线缆最长为 50m，最短为 10m；数据系统和语音系统均采用超 5 类铜缆。根据以上要求，计算：每楼层需要的超信息模块数，每楼层需要的 RJ45 水晶接头数，每楼层需要的超 5 类电缆箱数。

（1）每楼层需要超 5 类信息模块 41 个（40+40×3%）；3 类语音模块 41 个（40+40×3%）；2 口墙上型信息面板为 41 个（40+40×3%）。

（2）每楼层需要 RJ45 水晶接头 184 个（40×4+40×4×15%）；需要 RJ11 水晶接头 184 个（40×4+40×4×15%）。

（3）根据计算公式（9-4），楼层超 5 类水平电缆的平均长度为

$$L=（（50+10）/2）+6）×1.1=39.6（m）$$

按公式（9-5）计算 1 层楼需要的电缆箱数。

$$K=INT（40×39.6/305）+1=6（箱）$$

9.3.6 工作区子系统设计

工作区子系统是指从终端设备到信息插座的区域，包括办公室、作业间等需要电话、计算机等设备的区域。

1. 工作区信息点配置

每个工作区信息点数量的范围较大，设置 1~10 个信息点的现象都存在，并预留了电缆和光缆的备份信息插座模块。由于用户性质不同，功能要求和实际需求不一样，信息点布放数量不能仅按办公楼的模式确定，尤其对于专用建筑（如电信、金融、体育场馆、博物馆、机房等），要进行需求分析，做出合理的配置。表 9-15 进行了一些分类，作为设计参考。

表 9-15　　　　　　　　　　　　工作区信息点数量配置

建筑物功能区	信息点数量（每一个工作区）			说明
	电话	数据	光纤（双工端口）	
办公区（一般）	1 个	1 个		
办公区（重要）	1 个	2 个	1 个	对数据信息有较大的需求
出租或大客户区域	2 个或 2 个以上	2 个或 2 个以上	1 或 1 个以上	指整个区域的配置量
办公区（电子商务）	2~5 个	2~5 个	1 或 1 个以上	涉及内、外网络时

说明：大客户区域也可以为公共实施的场地，如商场、会议中心、会展中心等。

工作区信息插座的数量一般按用户需求布置，如果需求不明确，也可按以下方法估算。基本型配置为：10m² 工作区为 1 数据+1 语音；增强型配置为：10m² 工作区为 2 数据+1 语音。

2. 工作区子系统设计要点

低速数据和语音信号一般采用 3 类线；高速数据信号采用 5 类线或以上线缆。

双绞线走暗线时，线路从房间天花板吊顶沿房间墙壁而下，线路埋装在墙壁内。

双绞线走明线时，线路从房间天花板吊顶沿房间墙壁而下，线路必须安装在线槽内。

工作区布线不提倡敷设地面线槽。

管理间配线架上的信息模块与工作区信息模块的线缆制作要采用同一标准，如 568A 或 568B，不可接错。工作区信息模块插座如图 9-21 所示。

（a）信息插座接线　（b）信息插座面板　（c）信息模块　（d）信息插座安装盒　（e）信息插座安装规范

图 9-21　信息插座、信息模块与安装规范

3. 综合布线施工中的不规范现象

在综合布线工程中，细节往往是决定线缆性能的关键。施工中应当遵循相关的国家标准，然而部分工程人员在施工中往往容易忽略标准的规定，存在以下不规范现象。

（1）线缆弯曲半径过小。在布线施工中，由于线槽的空间有限，过小的弯曲半径很容易发生。GB50311、GB50312、EIA/TIA 568B、ISO/IEC 等标准中，对双绞线的折弯度有严格要求：线缆的弯曲半径不得超过线缆本身线径的 8 倍。长时间的过度弯曲，会破坏线缆的电气性能。由于气候和温度的变化，会使线缆外护套寿命大大缩短，影响线缆的使用年限。

（2）强电和弱电线缆一起敷设。国标 GB/T50311-2007 标准中有详细的规定，电力电缆产生的电磁波，会影响通信线缆的通信性能，导致数据混乱等现象。

（3）机柜地板下留有太多的冗余线缆。在布线管理间，机柜非常整洁，线缆也横平竖直，但是在机柜地板下，有太多的线缆没有剪断，全部预留在下边。太多的线缆堆在一起，不仅仅影响布线的美观，受到温度的影响后，线缆的通信性能会大大下降。

（4）成束的线缆捆扎过紧。通信线缆的芯线比较细，多股线缆一起敷设时，如果捆扎过紧，容易产生串扰；另外长时间过紧地扎线，容易造成线缆外护套破裂。

9.4　网络中心机房设计

9.4.1　数据中心基本设计

1. 传统数据中心机房设计

机房设计应符合 GB 50174-2008《电子信息系统机房设计规范》标准的有关规定。机房分为 A、B、C 三级，A 级如国家信息中心机房、大中城市的电信机房等；B 级如大学校园网机房、电力调度中心机房、省部级政府办公楼机房等；其他为 C 级机房。据专家估计，目前国内 A 级数据中心机房造价，大约为一平方米 14 万元左右。

【例 9-12】图 9-22 所示是一个 B 级中心机房的平面设计图。

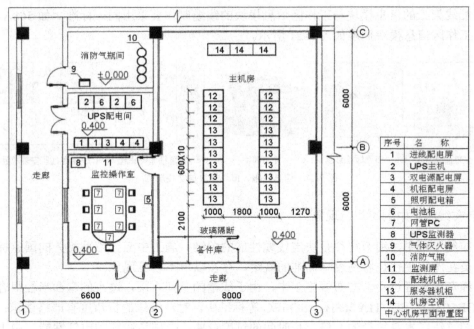

图 9-22　B 级中心机房平面布置设计图

（1）机房布置

大型机房如图 9-23 所示，主机房一般属于无人操作区，辅助区一般含有测试机房、监控中心、备件库、打印室、维修室、工作室等，属于有人操作区。设计规划时，应当将有人操作区和无人操作区分开布置，减少人员将灰尘带入无人操作区的机会。

常用的工程塑料、聚酯包装材料、高分子聚合物涂料都是高分子绝缘材料。这类绝缘材料易聚集静电，因此在未经表面改性处理时，不得用于机房的表面装饰工程。如果表面经过改性处理，如掺入碳粉等，使其表面不容易积聚静电，则可用于机房的表面装饰工程。

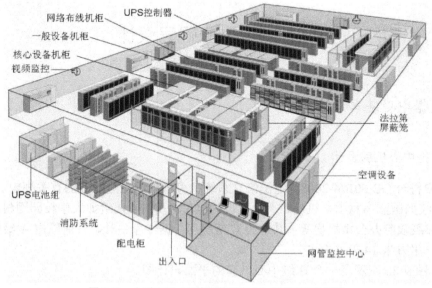

图 9-23　大型 IDC（因特网数据中心）机房布置效果图

图 9-23　大型 IDC（因特网数据中心）机房布置效果图（续）

（2）消防安全

主机房的顶棚、壁板、隔断（包括壁板和隔断的夹芯材料）应采用不燃烧材料。

机房内设置有火灾自动报警系统，可及时通知机房内的工作人员疏散。

（3）机房电源

调查资料表明，机房内空调系统的用电量约占机房总用电量的 20%~50%，因此空调系统的节能措施是机房节能设计中的重要环节。

为保证电源质量，主要网络设备应由 UPS 供电。辅助区宜单独设置 UPS 系统，以避免辅助区的人员误操作而影响主机房网络设备的正常运行。

（4）机房接地

零线与 PE 线之间的电位差称为"零地电压"，当零地电压高于网络设备的允许值时，将引起硬件故障、烧毁设备。因此，零地电压应小于 2V。

设备的保护地线应从机房内的地线排引接到大楼的总地线排。

2. 集装箱式数据中心机房

绿色机房的概念包括节能和环保两部分，其中节能包括：节电、节省制冷设备消耗以及设备备份和冗余，包括机房空间的节约和所有资源的节约。传统数据中心（IDC）能源的巨大消耗急需新一代绿色数据中心的出现。Sun 公司 2007 年推出的集装箱式数据中心 BlackBox，在空间、能源和部署方面都带来了机房设计的新观念。

如图 9-24 所示，在 Sun BlackBox 中，部署了 250 台服务器，提供 7TB 内存，超过 2PB 的磁盘空间。相对于建设一个同样的传统数据中心机房，BlackBox 只需要 1/10 的时间，以及 1/100 的建设成本。BlackBox 只需要一根电力线、一个 Internet 接入、一根供水管和一个外部冷却器，就可以快速部署。它极其灵活，可通过汽车装运方式进行运送，可在任何地方部署，这与传统数据中心形成了鲜明对比。每台 BlackBox 售价大约 35~50 万美元。

谷歌公司从 2005 年开始，数据中心就采用了标准的集装箱式设计：每个集装箱拥有 1 160 台服务器，能耗为 250kW，每个数据中心拥有多个集装箱。

图 9-24　集装箱式 IDC（因特网数据中心）机房外观与结构

9.4.2 机房布线系统设计

大型设备间也称为中心机房或 IDC（因特网数据中心）。中心机房主要用于安装网络设备、电信设备、有线电视设备、安全监控设备、综合布线设备等，设备间的建设标准应按机房建设国家标准建设。中心机房常见设备的连接如图 9-25 所示。

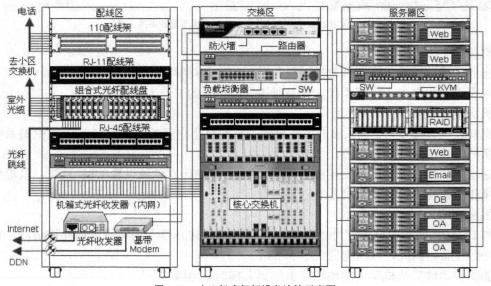

图 9-25　中心机房机柜设备连接示意图

GB 50174-2008《电子信息系统机房设计规范》提出，机房应满足以下要求。

（1）承担信息业务的传输介质应采用光缆或 6 类及以上等级的双绞线电缆，传输介质的组成部分和等级应保持一致，并应采用冗余配置。

（2）A 级机房应当采用电子配线设备，对布线系统进行实时智能管理。

（3）机房有安全保密要求，若场地不能满足布线系统要求时，机房应采用光缆布线系统，或屏蔽布线系统等其他防护措施。

（4）机房网络布线系统设计应符合 GB 50174-2008 和 GB50311-2007 标准规定。

9.4.3 机房电源系统设计

大型 IDC（互联网数据中心）的运转要消耗大量的电能，电力成本已经占到 IDC 运营成本 50%以上。而电网存在以下问题：断电、尖峰电压、浪涌电流、频率振荡、电压突变、电压波动、频率漂移、电压跌落、脉冲干扰等。因此，为了改善电源质量，网络机房必须配备 UPS（不间断电源系统）。机房配电间和 UPS 如图 9-26 所示。

图 9-26 配电屏（左）、大型在线式 UPS（中）和小型 UPS（右）

1. UPS 的类型

UPS 的功能是确保负载供电的不间断，并将市电中的各种干扰与负载彻底隔离，保证在任何情况下都能供给负载稳定可靠的交流电源。

UPS 分为在线式 UPS（IEC62040-3 标准名称为：双变换 UPS）和后备式 UPS。不同 UPS 系统各有优缺点，其中在线式 UPS 性能最好，可靠性最高，也是应用最广泛的一种 UPS，网络中心机房的大中型 UPS 几乎全部是在线式 UPS。为了进一步提高 UPS 系统的可用度，可以采用多个单机 UPS 构成各种类型的冗余 UPS 系统，确保在一个单机 UPS 发生故障或进行维护保养时，UPS 仍能不间断地为负载供电。高端 UPS 可以通过网络端口进行监控管理。

2. UPS 的工作原理

（1）后备式 UPS。后备式 UPS 中的逆变器（交流/直流变换器）只在市电中断或欠压失常状态（欠压值约在 170V）下才工作，向负载供电；平时逆变器不工作，处于备用状态。

市电供电正常时，市电一方面直接通过交流旁路转换开关，经过滤波后输出至负载；另一方面通过电源变压器，经整流后变成直流电，再经充电回路向蓄电池组充电。当市电供电中断时，蓄电池储存的电能通过逆变器变成交流电，经滤波后向负载供电。

（2）在线式 UPS。市电供电正常时，市电经过电源变压器、整流器后，一路经逆变器、滤波器输出至负载；另一路经充电回路向蓄电池组充电。当市电中断、蓄电池组端电压低于设定值或逆变器故障时，供电通过旁路支路，经转换开关、滤波器向负载供电。由此可见，不管市电正常或中断，在线式 UPS 的逆变器总是在工作。

3. UPS 负载功率计算

网络设备的功率一般是指最大负载功率，实际工作要小于这个标称值，一般以最大负载功率为基准计算 UPS 负载。网络设备标示的负载功率往往以 W（瓦）或 A（安）为单位，而 UPS 一般采用 VA 为功率单位，网络设备功率单位转换方法如下。

$$网络设备功率值（VA）=网络设备最大功率值（W）/0.8 \qquad (9\text{-}8)$$

如果网络设备标注为电流，则功率值为

$$网络设备功率（VA）=网络设备最大工作电流（A）\times 220V \qquad (9\text{-}9)$$

$$UPS 负载功率（VA）=所有接入 UPS 设备的 VA 值之和+20\%负载余量$$

4. UPS 电池容量的计算

UPS 一般规定了单个电池的标称电压和 1 组电池的直流输入电压。例如，10kVA 的 UPS，APC 公司某产品规定采用 12V 电池，电池组直流输入电压为 48V（4 个电池串联为 1 组）；山特公司某产品规定采用 12V 电池，电池组直流输入电压为 240V（20 个电池串联为 1 组）。主流 UPS 电池的标称电压为 12V，电池容量有不同的"安时（Ah）"数，一般根据 UPS 后备供电（市电中断后的供电）时间选择。UPS 的后备供电时间受负载大小、电池容量、环境温度、电池放电截止电压等因素影响，其中电池容量是主要决定因素。精确计算电池容量没有太大的工程意义，UPS 电池容量的简单估算方法如下。

$$电池容量（Ah）=\frac{UPS最大负载功率（VA）×电池后备时间（h）}{UPS电池组直流输入电压（V）×电池组数} \quad (9\text{-}10)$$

【例 9-13】一台 20kVA 的 UPS，直流输入电压为 240V，如果采用 2 组 12V 的电池并联连接，电池后备供电时间要求为 60min，估算 UPS 最大负载时需要的电池容量和数量。

$$电池容量=（20\,000×1）/（240×2）=41.6（Ah）$$

通过产品检索，没有 41Ah 的电池，选择相近规格的 12V65Ah 的 UPS 电池。

$$电池数量=（UPS 直流输入电压/电池电压）×电池组数=（240/12）×2=40 个$$

5. UPS 应用注意事项

UPS 不要无负载或满载使用，UPS 电源最好的负载功率是标准负载的 70%~80%。UPS 的设计以计算机设备供电为主，并非所有负载都适用。尤其是感性负载，如电风扇、空调等家电均不适用。因为这些感性负载会产生反电动势，对 UPS 造成伤害。此外如复印机、激光打印机等激活电流较大的设备，也不宜采用 UPS，因为这些设备的瞬间启动电流过大，UPS 容量不足时，容易造成瞬间超载。UPS 长期处于超载状态时，将缩短 UPS 的使用寿命。

表 9-16 所示是机房常用电源设备的技术参数。

表 9-16　　　　　　　　　　**机房常用电源和其他设备技术参数**

设备名称	技术说明	价格
净化电源	产品型号：全力 JJW-20kVA；额定负载：20kVA；稳压范围：180~260V±3%；输出电压：220V±0.5%；体积：600×280×520mm；重量：90kg	￥5 800
在线式 UPS	产品型号：APC SURT10000UXICH；UPS 类型：在线式；额定容量：10kVA；后备时间：依外接电池容量而定；直流输入电压：48V；交流输出电压：230V；交流输入电压：160~280V	￥2 万
后备式 UPS	产品型号：APC BR1000-CH；UPS 类型：后备式；额定容量：1kVA；转换时间：5ms；满载备用时间：6 分钟（1 980W），半载备用时间：26 分钟（990W）；工作噪音：53dB；充电时间：3 小时	￥500
UPS 电池	产品型号：山特 12V100AH；额定电压：12V；电池容量：100AH	￥650
防雷器	网络设备防雷器 Canvy CS-RJ45-8S（最大放电 10kA，连接方式 RJ45）：￥230/个 电话线路防雷器 Canvy CS-RJ11-TELE/2S（最大放电 10kA，连接方式 RJ11）：￥160/个 网络交换机防雷器 Canvy CS-RJ45-24E（最大放电 10kA，24 个 RJ45 接口）：￥3 080/个 电源防雷器 Canvy CS-D4-220（最大放电 10kA，终端用，3 插口电源插座）：￥340/个 电源防雷器 OBO V20-C/2（最大放电 20kA）：￥1 000/个 电源防雷器 OBO V25-B/3+NPE（最大放电 100kA）：￥4 000/个	
精密空调	艾默生-力博特 DataMate3000（制冷量：7kW；室外环境：-34℃~+49℃）	￥5 万

说明：产品价格为 2015 年 8 月网站报价。

9.4.4　机房接地系统设计

随着各种电子信息设备在建筑物内的大量设置，各种干扰源将会影响到综合布线电缆的传输质量与安全。

1. 机房保护接地

人从沙发上起来时，人体静电高达 1 万多伏，脱化纤衣服时的静电电压高达数万伏。当看到静电放电火花，听到放电的"啪啪"声音时，静电电压已高达 7 000~8 000 伏。静电电压虽然很大，但是电流相当微小。**静电易发生在干燥环境**，因此，GB2887 标准规定，机房温度应控制在 18~28℃，相对湿度应控制在 40%~70% 范围内。

静电荷的积聚和放电会对网络设备造成很大的影响和破坏。机房是静电控制的重点部位，机房的桌椅垫套、工作台面应采用防静电材料制成，并正确接地。在机房防静电工作区，可通过人员佩带防静电腕带、穿防静电工作服、防静电工作鞋等来防止人体带电。机房地板或地面应选择导静电或静电耗散材料，并做好接地。**机房防静电和电磁干扰，国家标准规定采用等电位连接网格接地形式**，如图 9-27 所示。

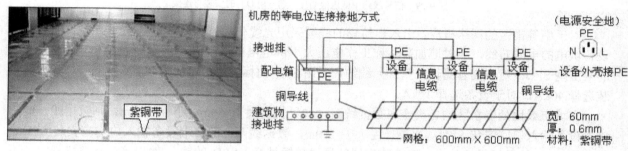

图 9-27　等电位连接施工现场与等电位连接网格

等电位连接网格的尺寸取决于电子设备的摆放密度，机柜等设备布置密集时（如成行布置），网格尺寸取小值（600mm×600mm）；设备布置宽松时，网格尺寸可视具体情况加大，目的是节省铜材。

机房的保护性接地有：防雷接地、防电击接地、防静电接地、电磁屏蔽接地等；功能性接地有：交流工作接地、直流工作接地、信号接地等。

除特殊情况外，**一个建筑物的电气装设备内，只允许存在一个共用接地装置，并实施等电位连接**，这样才能消除电位差。安全保护接地和信号接地只能共用一个接地装置，不能分接不同的接地装置。**设备外壳的保护接地和信号接地通过连接 PE 线实现接地。**

2. 机房的防雷保护

机房防雷保护的基本原则是：**防雷器安装位置与被保护的设备越近越好。** 低压浪涌保护器（SPD）可以对网络设备提供最大的保护，电源线路中 SPD 防雷保护如图 9-28 所示，信号线路中 SPD 防雷保护如图 9-29 所示。

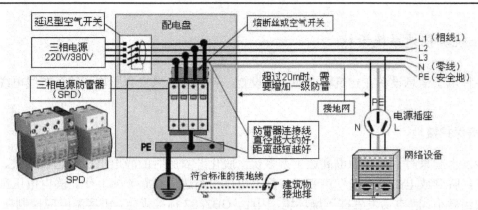

图 9-28　三相电源线路中防雷浪涌保护器的安装与连接

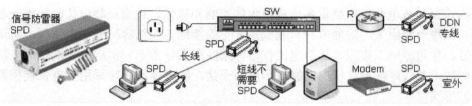

图 9-29　信号线路中低压浪涌保护器（SPD）的安装与连接

对于中等雷区的网络机房，出入建筑物的线缆采用光缆传输时，无需采用 SPD 保护；但为两端设备供电的电源芯线，应对地加装标称工作电压大于供电电压最大值 20%、标称放电电流为 10kA 的限压型 SPD。对于高暴露性（室外）线缆，采用 SPD 的标称放电电流为 70kA 以上，对于标准安装选择 40kA，对于设备选择 10kA。

在城市或地处多雷区的各类金属数据线路，如果长度大于 50m，小于 100m，则数据线一侧的终端设备输入口应安装 SPD；如果长度大于 100m，数据线两侧的终端设备输入口均应安装 SPD。为发挥 SPD 的最好保护效果，连接防雷器的导线越短越好。SPD 的输入/输出接口有严格规定，不可接反，并且 PE 线必须接地。

习题 9

9.1　简要说明交换机的主要技术参数。

9.2　简要说明什么是计算机集群系统。

9.3　网络互连主要包括哪些工作？

9.4　办公楼的某一层布置数据点 80 个、语音点 60 个；各数据点到楼层管理间子系统水平线缆最长为 40m、最短为 10m。试计算：这个楼层需要的信息模块数、楼层需要的 RJ45 水晶接头数、楼层数据点需要的电缆箱数。

9.5　某网络机房有 3 台服务器，每台最大功率为 800W；有 2 台核心交换机，每台最大功率为 1 200W，这 5 台设备计划采用 UPS 供电，试计算 UPS 需要的最大负载功率。

9.6　讨论"软件与硬件之间不存在一个明确的界限"这一观点。

9.7　讨论"传输介质既可以传输基带信号，也可以传输频带信号"这一观点。

9.8　讨论综合布线今后有可能成为数据、语音、视频三网合一的布线方式吗？

9.9　写一篇课程论文，讨论校园网或园区网的综合布线。

9.10　测绘校园网主干线路综合布线图；测绘校园网中心机房主机柜线路连接图；进行服务器性能测试；进行布线系统测试；进行接地系统测试等实验。

第 10 章 城域接入网设计

城域接入网的目的是实现用户与用户之间、用户与 Internet 之间的连接，以及通信保障。目前主要有 ADSL、HFC、EPON 等城域接入网方案，它们各有特点。

10.1 城域接入网结构

10.1.1 城域网层次模型

城域网是一个电信运营级网络，因此要求在业务类型（CoS）、服务质量（QoS）、可靠性、安全性等方面有较高的保证。如图 10-1 所示，可以将城域网结构划分为核心层、汇聚层和接入层 3 个层次。

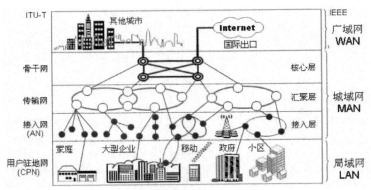

图 10-1　网络分层结构示意图

城域网的核心层负责数据快速转发，并且实现广域骨干网之间的互连，提供城域网的高速数据出口。核心层节点一般设置在省会城市的中心交换局内，核心节点位置的选择应根据网络业务的分布、机房条件、光纤布放、城市规划等情况综合考虑。大城市的核心节点一般控制在 3~6 个左右，普通城市一般在 2~4 个之内。核心节点一般采用全网状或半网状结构。为保证网络的冗余性和安全性，一般选择 2 个核心节点与广域骨干网相连。

城域网汇聚层负责汇聚分散的接入点，同时具有数据交换、流量控制和用户管理等功能。汇聚层节点的数量和位置与城市光纤分布和业务开展有关，汇聚层节点一般设置在中心城市和县市一级。城域网汇聚层节点之间一般采用环形结构（如 SDH）。

城域网接入层的功能是为不同用户提供各种类型的接入方案，而且在必要时进行用户流量控制。接入层是城域网中非常重要的组成部分，它往往有多种接入方式和不同的接入地点，为不同地理位置的用户提供接入服务，接入点一般根据用户的业务需求、地理位置、用户数量、用户分布密度等因素进行设置。提供用户窄带接入的技术方案有 PSTN、X.25、FR、DDN 等；提供用户宽带接入的技术方案有 ADSL、Ethernet、HFC 等。接入层一般采用树形或环形网络结构。在城域网中，由于用户业务的多样性、用户地理位置的分散、通信设备和链路规格不一、接入技术的限制、投资成本高等原因，城域网接入层是否成功，在很大程度上决定了城域网设计的成败。

10.1.2　接入网基本结构

ITU-T Y.1231 标准对 IP 接入网的定义是："在 IP 用户与 IP 服务者之间提供 IP 业务，提供接入到 IP 业务的网络实体。IP 用户和 IP 服务者是终结 IP 层或 IP 相关功能的逻辑实体，并且可能包括较低层的功能"。从定义中可以看出，IP 接入网可以包括交换或选路功能，这与传统接入网的内涵有很大的不同。

ITU-T Y.1231 定义的 IP 接入网总体结构如图 10-2 所示，IP 接入网总体结构包括：CPN（用户驻地网）、RP（参考点）、TE（终端设备）、IP 核心网等。用户驻地网（CPN）位于用户本地，它可以是企业小型局域网，也可以是家庭网络，接入网统一由 RP 进行定界。在 IP 核心网中包括多个 ISP（因特网服务提供者），这些实体（如城域传输网）提供承载 IP 业务的能力。IP 核心网通常包括城域交换网、传输网和管理网。

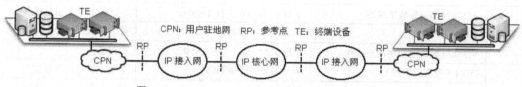

图 10-2　ITU-T Y.1231 定义的 IP 接入网总体结构模型

在 ITU-T Y.1231 标准中，"IP 用户"和"IP 服务者"都是逻辑实体，IP 服务者也称为 ISP（Internet 服务提供者），在 IP 网络中，可以有一个或多个 ISP。在定义中，ISP 是一个逻辑实体，它可能是一个服务器集群，也可能是一台服务器主机，甚至可能是一个提供 IP 服务的系统进程，IP 用户可以动态选择不同的 ISP。IP 接入网的功能模型如图 10-3 所示，模型描述了 IP 接入网的三大功能：**传输功能、接入功能和系统管理功能**。

（1）传输功能。IP 接入网的传输功能在 Y.1001 标准中进行定义。对于不同的传输系统，IP 接入网具有不同的 IP 映射机制。在接入网中，典型的 IP 映射机制有 IPoE（IP over Ethernet）、IPoDWDM（IP over DWDM）、IPoSDH（IP over SDH）等。

（2）接入功能。接入模块具有交换功能，提供用户信令解释，用户可以通过呼叫选择不同的 ISP。接入模块可以为用户动态分配 IP 地址，实现网络地址转换（NAT）。

（3）管理功能。管理模块功能有：AAA 系统（认证、授权、计费）、接入认证协议选择、数据加密等。认证是对接入用户的身份鉴别，如通过口令和用户名实施身份认证。授权是根据认证结果，允许或拒绝为用户提供相应的网络服务和网络资源。计费是记录用户对网络资源的使用情况，如记录用户的上网时间、流量等。AAA 功能可由 ISP 提供，也可由接入网提供。

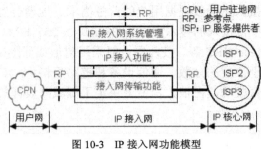

图 10-3　IP 接入网功能模型

10.1.3　接入网常见类型

接入网可以采用铜缆线路、光缆线路、无线等传输介质。在接入网建设中，线路架设需要占用 50%左右的资金投入，如何利用现有传输线路资源，是必须认真考虑的问题。

接入网中"**光进铜退**"的发展趋势，得到业界的广泛认同，光接入将成为下一代接入网采用的主要技术。ITU-T 没有对接入网进行分类，常见的接入网类型如表 10-1 所示。

表 10-1　　　　　　　　　　　　　　　**接入网类型与技术性能**

类型	介质	接入技术	最大理论传输速率	市场应用
有线接入	铜缆	ADSL（非对称数字线路）	下行 8Mbit/s，上行 1Mbit/s	广泛用于个人用户接入
		FR（帧中继）	19.2kbit/s~2Mbit/s	部分企业应用
		VDSL（超高速数字用户线路）	下行 52Mbit/s，上行 16Mbit/s	应用较少
	光纤	DDN（数字数据网）	$N\times64$kbit/s~155Mbit/s	主要用于企业专线接入
		EPON（以太无源光网络）	10Gbit/s	城域网应用，发展迅速
		SDH（同步光纤网络）	51.84Mbit/s~2.5Gbit/s	接入网应用较少，用于传输网
	混合	HFC（混合光纤同轴电缆）	下行 36Mbit/s，上行 10Mbit/s	部分城市应用，三网合一竞争中
		PLC（电力线路通信网络）	2~100Mbit/s	应用较少，趋于淘汰
无线接入	固定微波	LMDS（本地多点分配业务）	$N\times64$kbit/s~155Mbit/s	微波，趋于淘汰
		DBS（直播卫星系统）	下行 108Mbit/s，上行 6Mbit/s	用于特殊领域，如股票、电视等
	移动微波	WLAN（无线局域网）	300Mbit/s	微波，应用较多
		GMS（全球通）	11.4kbit/s	手机应用，2G 通信技术
		GPRS（无线分组数据系统）	171kbit/s	手机应用，2.5G 通信技术
		3G（第 3 代无线移动通信）	下行 14.4Mbit/s，上行 5.7Mbit/s	手机应用，逐步演进为 4G
		4G（第 4 代无线移动通信）	下行 100Mbit/s，上行 50Mbit/s	智能移动终端应用

10.1.4　接入网技术特征

城域接入网的特点主要表现在以下几个方面。

（1）业务量密度低。城域骨干网是高度互联的网络，运行的业务量非常大，统计表明，骨干网中继电路的使用率在 50%以上。而接入网的业务量密度较低，如小区用户接入链路的平均使用率在 20%以下，这会导致接入网的投资回收周期较长。

（2）业务量分布为集中型。城域骨干网（尤其是长途骨干网）的业务量分布一般为均匀型，各节点之间业务量相差不多。而接入网的业务量分布为集中型，业务量一般都是由靠近用户端的节点集中到位于端局的节点。如果端局为主节点，用户端为从节点，**接入网具有明显的"主从"结构，适用于采用集中控制。**

（3）成本必须低廉。城域骨干网由上万个用户使用，平均使用率非常高，每个用户分担的成本较低。而接入网由个别或少数用户专用，平均使用率低，成本直接由用户承担。这就要求接入网总成本（投资成本和运维成本）必须低廉。

（4）成本差异大。接入网要覆盖各种类型的用户，不同类型用户的需求不同、建设条件不同，导致成本差异较大。如偏远地区用户的成本可能要比市区用户成本高出 10 倍以上。核心网则不同，不同交换区之间的成本最多相差 3~4 倍。

（5）成本与业务量无关。核心网的总成本对业务量很敏感，可以基于对业务量的预测，对网络进行最佳配置。而用户接入网业务量密度低，尽管业务量变化较大，但对成本没有明显影响，其成本与业务量基本无关。

（6）用户需求多样化。接入网直接连接用户，而不同的用户在业务容量、业务性能、可靠性等多方面都有不同的要求。例如，大企业用户业务量大、要求 QoS 保证、要求有安全保护功能等。而小企业用户和居民用户则业务量小、对 QoS 要求不高或者不要求、成本承受能力差。用户需求的多样化决定了接入网技术的多样化。

（7）运行维护量大。核心网所用设备一般在机房内，而接入网设备一般安装在室外或建筑物楼道中，工作环境恶劣，这对器件和设备提出了更高的要求。接入网涉及众多用户、规模巨大，加上运行环境恶劣，因此故障率相对较高，运行维护工作量十分庞大。

（8）覆盖半径较小。接入网的覆盖半径较小，据统计，10km 能覆盖 95%以上的用户。

（9）接入设备多样化。企业网络常用的边界接入设备有：L3/L4 交换机、路由器、防火墙、光纤 Modem、DDN 专线设备等；个人用户的接入设备有：各种 Modem、AP 等。

10.2 窄带城域接入网技术

10.2.1 E1/T1 数字化链路

1. 语音采样频率

研究表明，人类的听觉频率范围在 20Hz~20kHz 之间，人耳在感觉 4kHz 的语音时较舒适，超过 4kHz 时，声音小了听不清，声音大了感到不舒服。因此，**国内外电话都采用 4kHz 作为语音频率区**。按照耐奎斯特（Nyquist）采样定理，要达到 4kHz 的语音频带，采样频率应当达到语音频带的 2 倍，即 8kHz。也就是说，每秒必须采样 8 000 次，如果采样量化范围在 0~255（8bit）之间，则数据采样速率为：8bit×8 000 次/秒＝64kbit/s。这说明电话语音的数据采样速率如果不低于 64kbit/s，就可以得到很好得语音效果。由于信号传输过程中的衰减，去除残余边带后，实际听到的电话语音频率为 3.4kHz 左右。

2. E1 与 T1 标准

ITU-T G.703 标准中推荐的 E1 接口是城域传输网和接入网中最常用的接口标准，无论是 PSTN、DDN、SDH 等通信网络，绝大部分城域网通信设备都提供 E1 接口。

E1 和 T1 是两个不同的标准，E1 是欧洲标准（世界大部分国家采用），T1 是北美标准（主要用于美国、加拿大、日本等），中国采用 E1 标准。E1 和 T1 的区别在于时隙（信道）数量不同，**E1有 32 路时隙，其中 30 路为可用时隙**；T1 有 24 路时隙，可用时隙为 24 路。

如图 10-4 所示，8bit 语音编码或数据组成一个时隙（TS），32 个时隙（TS0~TS31）组成一个 E1 帧，一个 E1 帧的长度为 256bit（8bit×32 时隙）。

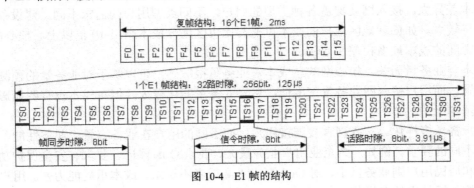

图 10-4   E1 帧的结构

E1 有成帧、成复帧和不成帧三种形式。在成帧的 E1 中，TS0 时隙用于帧同步、告警等信号，其余 31 个时隙可用于传输数据或话音编码信号。

在成复帧的 E1 中，TS0 时隙用于传输帧同步、告警等信号，TS16 时隙用于传送随路控制信令（CAS）等信号，TS1~TS15 和 TS17~TS31 共 30 路时隙，用于传送话音编码或数据。通常称 TS1~TS15 和 TS17~TS31 为"净荷"，TS0 和 TS16 为"开销"。PSTN 往往使用成复帧的 E1 格式，这样**一条 E1 链路可以满足 30 路电话同时进行通话**。

在不成帧的 E1 中，所有 32 路时隙都可用于传输有效数据。

3．E1 链路传输速率

E1 链路采用 PCM（脉冲编码调制）信号，规定每秒有 8 000 个 E1 帧通过 E1 链路，因此 E1 链路的数据传输速率为：8 000×256bit=2.048Mbit/s。1 个 E1 帧有 32 个时隙，因此一条 E1 链路中有 32 个 64kbit/s（2.048Mbit÷32）的话音或数据信道。

E1 帧的周期为：$T = 1/f = 1/8\ 000 = 125\mu s$

4．CE1 链路

E1 链路不但租金昂贵，而且容易造成资源和资金的浪费。**CE1 是将 E1 的 2M 带宽划分为 N 个 64kbit/s 的信道**（写为 $N×64$），用户仅使用其中的几个信道，如 128kbit/s、256kbit/s 等，CE1 最多可有 31 个信道承载数据。

电信运营商提供 E1 和 CE1 两种链路，通信量不大的用户大都采用 CE1 链路。CE1 与 E1 可以互连，但 CE1 必须当 E1 使用（即不可再分时隙使用）。

也可以通过多个 E1 链路，达到提供 $N×E1$ 的目的，但是 $N×E1$ 没有行业标准，E1 链路之间也没有同步信号，因此 $N×E1$ 的方案一般比较复杂。

E1 链路的传输介质可以是电话线、双绞线、同轴电缆、光纤、微波和红外线。通常 128kbit/s 以下的链路采用电话线，256kbit/s 以上的链路采用光纤。

5. E1 接口的连接

E1 链路上连接的设备有基带 Modem、光纤收发器、光端机、路由器等。E1 接口一般使用 G.703 规定的非平衡 75Ω 的 BNC 接口，或平衡 120Ω 的 BNC 接口。

电信运营商开通 E1 或 CE1 链路后，**E1 链路两侧的设备由用户进行控制**。在使用 E1 接口进行路由器配置时，网络两端的路由器在 E1 接口参数配置上必须完全一致。当双方接口参数配置不一致时，会造成数据链路不通、误码、失步等现象。这些特性参数有：阻抗、帧结构、CRC4 校验等。接口阻抗有 75Ω 和 120Ω 两种。帧结构有 PCM31、PCM30 和不成帧三种类型。是否进行 CRC 校验，用户可以灵活选择。

6. 数字复用系列

电信交换局之间往往采用数字多路复用方式承载多路信道。数字链路规定的传输速度等级如表 10-2 所示，工程实际中常用速率为 E1 和 E3。

表 10-2　　　　　　　　　　　　　　**E1 数字链路传输速率等级**

速率等级	链路	传输速率（Mbit/s）	复用方式	语音信道（路）
1 次群	E1	2.048		30
2 次群	E2	8.448	E1×4	120
3 次群	E3	34.368	E2×4	480
4 次群	E4	139.264	E3×4	1 920

说明：E2 的传输速率≈4×E1，多出部分为传输维护开销，其他链路也是如此。

7. E1 在网络设计中的应用

【例 10-1】E1 链路在网络中的不同应用方案如图 10-5 所示。

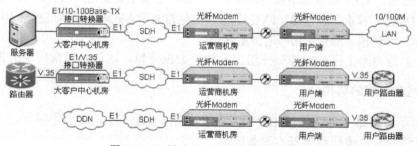

图 10-5　E1 链路在网络中的不同应用方案

10.2.2　PSTN 接入网技术

PSTN（公用电话交换网）是以程控交换机为主体构成的电路交换网络，它的主要承载业务是模拟电话和传真。**PSTN 在主干传输线路和信号处理中都实现了数字化**，但是接入网中，用户至局端的线路仍然为模拟信号传输（称为最后一公里）。

PSTN 拨号接入网的基本结构如图 10-6 所示。PSTN 的传输速率最大可达 56kbit/s，能满足低速数据传输的需要。PSTN 支持单机拨号入网（PC+Modem+电话线）；也支持汇聚连接，即同时用多条线路来支持一个大用户所需求的带宽，在这种情况下，用户端需要用到 Modem 池（多个 Modem

组合）等设备。

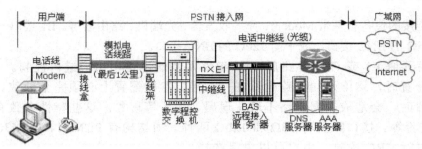

图 10-6　PSTN 接入网基本结构

ITU-T 制定了一系列的 Modem 数据传输标准，最新的标准为 V.92。符合 V.92 标准的 Modem 采用非对称工作方式，用户端 Modem 以 56kbit/s 的速率接收（下行）数据，Modem 上行线路遵循 V.34 标准，传输速率为 33.6kbit/s。由于 PSTN 接入速率太低，目前已被淘汰。

10.2.3　X.25 接入网技术

X.25（分组交换业务）是原 CCITT 在 1976 年制定的一个数据通信标准，它的数据传输速率低于 64kbit/s。X.25 在推动分组交换网的发展中做出了很大的贡献，由于现在已经有了性能更好的网络来代替它，所以目前应用很少。

1. X.25 分组交换数据网工作原理

X.25 基于存储转发原理，将用户终端发来的数据包按一定长度划分成若干个分组，并在每个分组前加一个分组头，用以指明该分组发往的地址，然后由 X.25 分组交换机按每个分组的地址标志，将它们转发至目的地。X.25 协议采用虚电路服务，因此，它要求数据链路层提供无差错的传输。X.25 支持交换虚电路（SVC）和永久虚电路（PVC）。采用虚电路通信方式时，通信过程分为呼叫建立、数据传送和虚电路释放三个阶段，通信费用与通信量有关。

X.25 在同一条虚电路上既传输控制分组，又传输数据分组，这就是通常所说的带内信令。

2. X.25 分组交换网的结构

如图 10-7 所示，X.25 分组交换网由分组交换机、网络管理中心、远程集中器、分组装拆设备、分组终端/非分组终端和传输线路等基本设备组成。

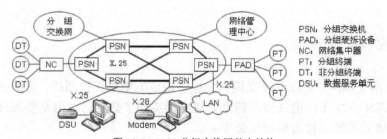

图 10-7　X.25 分组交换网基本结构

（1）分组交换机（PSN）。提供交换虚电路和永久虚电路，提供用户识别、路由选择以及流量控制等功能。

（2）网络管理中心（NMC）。网络配置管理与用户管理。

（3）网络集中器（NC）。允许字符型终端和非分组终端接入，有协议转换功能，可以将多个终端集中起来，接入至分组交换机的高速线路上。

（4）分组装拆设备（PAD）。将来自异步终端（非分组终端）的字符信息，去掉起止比特后组装成分组，再送入分组交换网。随着技术的发展，NC 与 PAD 在功能上已没有差别。

（5）分组终端/非分组终端（PT/DT）。PT 是具有 X.25 协议接口、能直接接入 X.25 网络的数据通信设备。它可通过一条物理线路与网络连接，并可建立多条虚电路，同时与网上的多个用户进行对话。对于执行非 X.25 协议的终端，需经过 PAD 设备才能连到交换机端口。

X.25 分组交换网支持星形、树形、网状等网络结构。

专线用户可租用市话模拟线或数字数据专线，采用 X.28（模拟电话）或 X.25（数字专线）规程进入 X.25 分组网络。如果用户使用数字线路，可以经数据服务单元（DSU）或基带 Modem（同步数字调制解调器）进入 X.25 网络。

10.2.4　DDN 接入网技术

1. DDN 的基本特性

DDN（数字数据网）是利用光纤、数字微波或卫星等数字信道，提供永久或半永久性电路，以传输数据为主的网络。电信运营商将 DDN 链路出租给用户进行数据传输后，DDN 链路就成为了**用户数字专线**。DDN 电路采用固定连接方式，不需经过交换设备（需要通过传输设备），所以也称为 DDN 专线。

DDN 采用点对点传输模式，仅用于数据传输服务，电信运营商只提供相应的连接线路，常用传输速率为 9.6kbit/s~2Mbit/s（E1）。DDN 通常在 128kbit/s 以下提供铜质线路，256kbit/s 以上提供光纤链路，平均时延小于 450μs。

DDN 主干为光纤传输，采用数字信道直接传送数据，传输质量高。**专线连接方式不必选择路由，直接进入主干网络，因此时延小**，**速度快**，适用于业务量大、实时性强的用户。

2. DDN 网络结构

DDN 由数字传输电路和相应的数字交叉复用设备组成。数字连接设备对数字电路进行半固定交叉连接和子速率的复用。DDN 的网络结构图如图 10-8 所示。

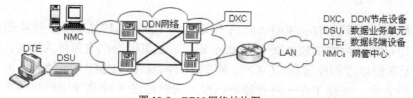

图 10-8　DDN 网络结构图

（1）DXC（DDN 节点设备）。DXC 是一种具有交换功能的 DDN 节点传输设备。DXC 遵循 G.703 和 G.707 建议，可对任何端口或子速率进行控制。DXC 设备还提供多种类型的接入卡，可以实现不同距离、接口、速率的多种接入方式。接入卡有：路由交换卡、频带 Modem 卡、基带 Modem 卡、串口卡、时隙交换卡、PCM 语音卡、网桥卡、X.21 接入卡、1 号信令卡等。其中语音卡用于 DDN

接入系统，实现电话语音的接入，并通过 DDN 网来传送语音信号，作用相当于程控电话交换机。

（2）DSU（数据业务单元）。DSU 可以是频带 Modem 或基带 Modem，以及时分复用、语音、数字复用等设备。DSU 和 DTE 的主要功能是信号的输入/输出。

（3）DTE（数据终端设备）。DTE 是接入 DDN 的用户端设备，它可以是局域网中的路由器或计算机，也可以是异步终端设备，以及传真机、电传机、电话机等。

（4）NMC（网管中心）。NMC 进行网络结构和业务的配置，实时管理网络运行情况。

3．DDN 用户接入方式

（1）NTU/DSU 接入。NTU（局端网络终端单元）一般集成在 DXC 上，它通常与 DSU（用户数据业务单元，如基带 Modem）配套使用，这是一种常用的接入方式，支持 128kbit/s 及以下所有速率，可提供 V.24 或 V.35 接口，如图 10-9 所示。

图 10-9　DDN 网络用户 Modem 接入结构图

（2）低速接入。支持 64kbit/s 以下的速率，采用 V.24 接口，如图 10-9(a)所示。

（3）高速接入。支持 CE1 的 $N\times64$kbit/s（$2<N<32$），采用 V.35 接口，如图 10-9(b)所示。

（4）用户网络接入。将小容量 DDN 节点机直接放到用户机房内，提供多个 V.24/V.35 连接。用户节点与网络节点之间采用光端机和光纤，提供 1 个或多个 E1 连接。

10.3　宽带城域接入网设计

10.3.1　电话线路接入 ADSL

ADSL（非对称数字用户环路）是以电话线为传输介质的一种宽带接入技术，由于构建城域接入网的成本低，国内拥有电话线路的运营商大都采用了 ADSL 接入技术。

1．xDSL 技术的类型

ADSL 的典型上行速率为 16~640kbit/s，下行速率为 1.544~8.192Mbit/s，传输距离为 3~5km。网络运营商只要在电话线路两端加装 ADSL Modem 设备，就可以提供宽带接入服务。ADSL 采用正交调幅（QAM）、无载波幅度相位调制（CAP）、离散多音频调制（DMT）等调制技术，通过对上下行信号采用频分复用方式，实现了在一对普通电话线上同时传送 1 路高速下行单向数据、1 路双向较低速率的数据以及 1 路模拟电话信号。ADSL 标准有 ANSI 的 T1E1.4、ITU-T G.922.2、G.992.1 等。

以 ADSL 技术为主的 xDSL 接入技术有：VDSL（甚高速数字用户环路）、HDSL（高速数字用户环路）、RADSL（自适应速率数字用户环路）、IDSL（ISDN 数字用户环路）、SDSL（单线对数字用户环路）等。这些 xDSL 技术之间的区别主要在于传输速率、传输方向性、传输距离以及电话线的类型。

2．DSLAM 接入网结构模型

ADSL 接入网早期采用 ATM 工作模式，目前普遍采用 IP 传输模式。ADSL 的 IP 接入称为 DSLAM（DSL 接入复用器），DSLAM 接入网模型如图 10-10 所示。

DSLAM 接入网主要由局端模块和远端模块组成。远端模块由用户 ADSL Modem 和语音分离器（滤波器）组成，用户端通常称为 ATU-R（ADSL Transmission Unit-Remote）。

局端模块包括 ADSL Modem 群和多路复用系统，通常将 ADSL Modem 群和多路复用系统组合成一个接入设备，称为 DSLAM（DSL 接入复用器）。ADSL 的局端称为 ATU-C（ADSLTransmission Unit-Central）。

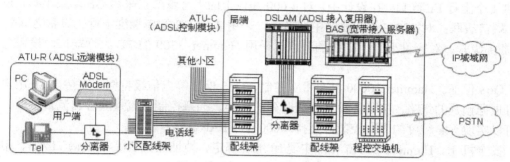

图 10-10　IP-DSLAM 接入网模型

DSLAM 是一种信号接入复用设备，主要功能是对来自用户端的比特流进行分离或复合，并将这些数据转发到上连的 IP 城域网中。

BAS（宽带接入服务器）是 IP 城域网用户管理设备，位于网络汇聚层，功能包括用户识别、认证、计费、IP 地址管理、流量汇聚、安全管理等。

3．DSLAM 城域接入网设计

【例 10-2】某电信运营商在全省范围内建设了宽带 IP 城域网，计划对全省 ADSL 接入网进行扩容，扩容总量达 27 万线，本期工程为 4.6 万线。工程节点较多，仅 HZ 市就有 300 多个节点，最小节点只有 30 线，最大节点达 4 000 线。

DSLAM 城域接入网设计结构如图 10-11 所示。

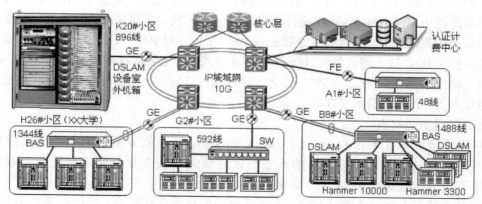

图 10-11　ZJ-HZ 市 DSLAM 城域接入网结构图

（1）兼容性设计。由于 ZJ 省早期 ADSL 接入网采用 ATM-DSLAM 工作模式，因此扩容工程采用 ATM 和 IP 两种组网方式。新建节点均采用 IP 方式进行组网，ATM 方式仅用于旧节点扩容。

（2）设备选型。在 ADSL 扩容项目中，采用港湾公司的 Hammer 10000 和 Hammer 3300 的 IP-DSLAM 接入设备。Hammer 10000 采用纯 IP 结构，交换背板容量达 30Gbit/s，单机框可实现 448 线的 ADSL 或 336 线的 VDSL 接入，提供全线速 L2/L3 交换能力。Hammer 3300 支持 48 线的 ADSL 接入，支持最多 4 台级联。

（3）网络结构设计。在 IP-DSLAM 接入网设计中，根据用户分布情况，容量大于 100 线的节点，采用 Hammer 10000 级联方式，提供 GE 带宽上行；小容量节点采用单台 Hammer 3300 或 Hammer 3300 级联方式，提供 FE 上行。

Hammer 10000 最大支持 4 个 GE 光口、16 个 FE 光口和端口，并可实现端口的捆绑上行。Hammer 3300 提供 1 个上行 FE 光口。在设计中，对 1 000 线以上的大容量节点采用 GE 端口上行，设备之间采用 GE 端口级联；对 300~1 000 线的中型节点，采用 4 个 FE 端口捆绑上行，设备之间采用 2 个 FE 端口捆绑级联；对容量小于 300 线的节点，采用 Hammer 3300 的 FE 上行端口，设备之间采用 FE 级联。

（4）QoS 保证。Hammer 10000 具有带宽控制、QoS 保证等电信级特性。支持 128k 用户数据流识别，可根据预置的策略，实现各种优先级队列的分类、拥塞控制、流量监管和流量整形、调度策略等。可以实现 64k 粒度的带宽控制，支持 4 000 个 VLAN。

（5）安全机制。Hammer 10000 可以实现 IP 地址绑定、地址黑白名单、SuperVLAN、用户接入控制、多域认证、非法流量限制、ACL 策略等安全功能。

（6）网络管理。Hammer 10000 内置 PPPoE、IEEE 802.1x 认证系统，可以灵活部署在有 BAS 或没有 BAS 的网络环境中。Hammer 10000 支持 SNMP、Telnet、RMON、TFTP、BOOTP 等远程管理控制技术，方便网络远程维护和升级。提供的 HammerView 网管软件，能与 EasyTouch、OpenView 和 NetView 等网管平台无缝配合。

10.3.2 有线电视接入 HFC

1. HFC 接入网概述

（1）双向 HFC 的市场应用

传统 CATV（有线电视）网络为单向树形结构，电视信号采用广播方式向用户终端传输。为了将 CATV 网络改造为双向 HFC（同轴电缆光纤混合网）接入网，必须对传统的 CATV 网络进行双向化、数字化和多业务化改造。美国有线电视业从 1996 年开始对 HFC 网络进行改造，目前升级为具有双向传输功能的 HFC 接入网。截至 2006 年 6 月底的统计，全美接入网络市场中，双向 HFC 占市场份额最高（44%）、ADSL 次之（35%）、光纤接入仅占 1%。其他部分包括卫星、地面无线、电力线及其他技术所占的市场份额（20%）。

（2）HFC 的优点与缺点

HFC 网络不像纯以太网那样，会因为通信量的增加而导致数据包之间的碰撞增加；也不像 ADSL 网络那样，会因为通信距离的远近而使通信速率发生显著变化。而且，HFC 通信质量的稳定性不会因电视频道数的增加而变化。

HFC 的缺点是采用树形结构，在同一个小区内的用户共享有限的上行信道带宽和下行信道带宽，**当用户增多时，在低频段的回传噪声积累相应变大**（漏斗效应）。另外，树形结构本质是总线共享型，因此当用户增多时，分配给用户的带宽就会变窄。为了保证用户接入速度，一个小区内的用户数不能太多。国家广电总局规定，**一个光节点最多覆盖 500 个用户。**

2. HFC 接入网技术性能分析

（1）HFC 工作频段

HFC 网络采用频分复用技术，将 5~1 000MHz 的频段分割为上行和下行通道。频谱安排目前尚无国际标准，图 10-12 是一种典型的常用频谱安排，其中 50~550MHz 用来传输模拟电视信号，**每一个频道带宽为 6~8MHz，可以安排 90~60 路模拟电视信号。**

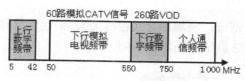

图 10-12　HFC 典型频谱安排

（2）HFC 工作原理

HFC 的基本工作原理是将要传输的信号（电视、话音、数据等）先调制为 QAM（正交幅度调制）射频波，不同的信号通过调制得到不同的 QAM 射频波，从而实现频分多路。然后将这些调制好的射频波合路后再调制成光波，用光纤传输这种载有多路射频信号的光信号。在接收端用光接收机得到多路射频信号，再通过射频滤波器和解调器恢复出所传送的基带信号。频分复用方式可以灵活地增加模拟电视节目的频道数；给数字信号和模拟信号分配不同的频段，并且同时传输；给上行和下行信号分配不同的频段，实现双向传输；给不同的用户分配不同的频段，用于复用寻址。

HFC 下行信号采用 QAM 调制，传输采用 TDMA（时分多址）等技术；上行信号采用 QPSK（正交相移键控）调制技术，传输采用 FDMA（频分多址）与 TDMA 组合的方式。

双向 HFC 网络一般采用 DOCSIS（有线电缆数据服务接口）标准（ITU-J.112），最新版本为 DOCSIS v3.0。**DOCSIS 标准是基于 IP 的数据传输系统，**侧重于对系统接口的规范。

（3）视频节目需要的带宽

在线播放 RM 格式压缩的视频时，当网络码流速率达到 500kbit/s 时，视频清晰度已经超过了普通的电视信号；以 MPEG-4 格式压缩的视频信号，当网络码流速率达到 700kbit/s 时，视频清晰度可以达到普通 DVD 盘片的效果。根据目前的视频压缩技术，一路满足 MPEG-2 标准的标清视频节目，需要 3~4Mbit/s 的带宽；一路满足 H.264 标准的标清视频节目，需要 1~1.5Mbit/s 的带宽；一路 H.264 标准的高清视频节目，至少需要 4~6Mbit/s 的带宽。

（4）HFC 能提供的带宽分析

HFC 网络带宽也是有限的，假设某个 VOD 运营商采用 550~750MHz 作为数字化频段，开展交互式视频点播业务时，如果 550~750MHz 之间频段采用 8MHz 的带宽分割时，共可分割 25 个模拟频道；信号采用 64QAM 调制时，每个载波可携带 6bit 信息，1 个频道的数据传输速率为：8MHz×6bit=48Mbit/s（含纠错等开销）；如果信号采用 256QAM 调制，每个载波可携带 8bit 信息，数据传输速率为 64Mbit/s。25 个频道的总计数据传输速率为 1 200/1 600Mbit/s。如果所有频道都用来做 VOD 应用，每个用户占用 2Mbit/s 的带宽，那么只能供 600/800 个用户同时获得服务。假设接入比为 1：5（见第 5 章爱尔兰话务理论模型分析），即同时点播的人数为总用户数的 20%，则最多能组建一个总用户数为 3 000/4 000 的 VOD 系统。如果整个城市的用户（几十万到上百万户）都想获得 VOD 服务，那么网络远远不能满足用户需求。如果采用频率资源复用技术，可以缓解以上问题。例如，将一个城市的 HFC 网络进行分区，整个城市的 HFC 网络成为 n 个独立的子网络，这样总用户数就可以达到原来的 n 倍。

（5）HFC 的线路共享

HFC 与 ADSL 每户独占一条接入线不同，在一个光节点内的小区用户共享 27Mbit/s 或 40Mbit/s 的下行通道。为了保证接入速度，一个光节点小区内覆盖用户数目不能太多。我国广电总局要求 HFC 网络的光节点小区覆盖用户在 500 户以内。限制小区用户在 500 户之内的另一个目的是控制上行噪声在允许范围之内。

3．双向 HFC 城域接入网设计

双向 HFC 网络通常分为 4 部分：前端部分（也称为头端）、光缆传输部分、同轴电缆传输部分和用户分配部分。双向 HFC 网络典型结构如图 10-13 所示。

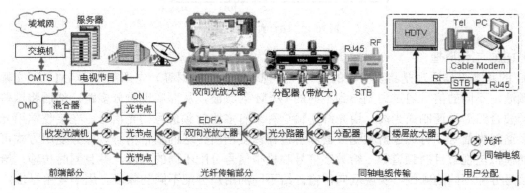

图 10-13　双向 HFC 城域接入网的典型结构

（1）前端接入部分

前端部分是双向 HFC 网络的核心部分，一般设置在中心机房。在城域接入网中，会存在多个分前端系统和一个总前端系统。

CMTS（电缆调制解调器终端系统）是双向 HFC 网络的核心设备，它的主要功能是接收 5MHz~42MHz 的上行射频信号，并把信号解调为核心交换机能理解的信号格式，它还可把下行信号经 QAM 调制后输出，CMTS 的功能相当于一台大型 Cable Modem 机群。

在信号上行方向，信道被分割成连续的时间片断，CMTS 在下行信道中通知所有 Cable Modem，哪个上行信道的时间片断可以由哪个用户 Cable Modem 发送数据包，于是 Cable Modem 就按照 CMTS 的规定在可用的时间段发送数据包。CMTS 将接收到的 QPSK 信号进行解调，并转换成以太帧格式，然后传输给交换机或路由器。

在下行方向，交换机或路由器发送的数据包，在 CMTS 中被封装成 MPEG-2 帧的格式，经过 64QAM 调制后，通过 HFC 网络传输给各个 Cable Modem。CMTS 发送含有特定标识的信息给 Cable Modem，只有符合标识的 Cable Modem 会处理该数据包，其他 Cable Modem 则丢失该数据包。

CMTS 设备有 Cisco uBR7200 系列、华为 SmartAX MA5800 系列等产品。

服务器。根据 DOCSIS 标准，用户 Cable Modem 进入正常运行状态以前，必须先获得 IP 地址、配置文件（也称为启动文件）和时间信息。DHCP 服务器的功能是接收每个 Cable Modem 发出的 DHCP 请求信息，通过 DHCP 数据包，向相应的用户 Cable Modem 传递以下信息：Cable Modem 的 IP 地址、Cable Modem 的配置文件名、TFTP（简单文件传输协议）服务器的 IP 地址、ToD（时间服务器）的 IP 地址等。

混合器的功能是：将下行的 QAM 信号转变为 CATV 频段输出的射频信号，提供光发射机所需的下行传输信号。混合器还具有双向分路和混合功能,它一方面为前端多个下行信号进行混合输出,另一方面又为多路上传信号进行分路。

双向光端机是有源设备,它的主要功能是:接收下行光信号,并转换成多路射频信号。光端机还为上行信号提供足够的光功率,并将信号传输到前端机房的 CMTS 设备中。双向光端机对上行和下行信号均设置有衰减和均衡功能,以便调整过高或过低的信号。

(2)光缆传输部分

光节点是 HFC 接入网的小区设备,一般由双向光端机等设备组成,它是一个有源设备。光节点配有光接收和发射模块(波长 1 310nm),完成 5~860MHz 带宽光电信号的转换传输。光节点设备具有:网管控制单元、CMTS 接口电路等,能实现 HFC 网络的监测和管理。

双向光放大器用于补偿同轴电缆对射频信号的衰减。放大器具有双向放大和滤波功能,上下行通道有各自的可调衰减器和均衡器。为了增加传输距离,往往要在干线上串接多个光放大器。放大器的选择应根据系统的要求而定,±0.5dB 的放大器可用于中距离传输;±0.25dB 的放大器可用于长距离传输,如主干放大器。

(3)同轴电缆传输部分

分配器的功能是将一路输入信号平均分成几路输出,通常有 2、3、4、6、8、16 等分配形式。分配器可以将高清视频信号通过普通同轴电缆线延长到 200m 左右。CATV 中各种接口阻抗均为 75Ω,因此分配器输入端及输出端阻抗均为 75Ω。在系统中,总希望分配器损耗越小越好。分配损失 Ls 的多少与分配路数 n 的多少有关,在理想情况下:$Ls=10\lg n$,当 $n=2$ 时,分配损失为 3dB。

HFC 使用的同轴电缆阻抗为 75 欧姆,如图 10-14 所示,有室外和室内两种类型。

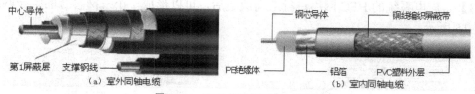

图 10-14　HFC 使用的同轴电缆结构

(4)用户分配部分

终端用户盒(STB)一般有 4 个接口,第 1 个是信号输入接口;第 2 个是 TV 接口,与电视机相连,它可接收 168~750MHz 范围内的全部电视节目;第 3 个是 FM 接口,供调频收音机接收信号用,频率范围为 87~108MHz;第 4 个是数据接口,它与 Cable Modem 设备相连,工作频率在 5~165MHz 范围内,可以连接计算机、数字电视、电话、机顶盒等。终端用户盒是无源设备,它有较好的屏蔽作用,能隔离终端设备的干扰,保证上行信号质量。

Cable Modem 用于连接 PC 和 HFC 网络,它的功能是:接收从 CMTS 发送来的 QAM 信号并解调,然后转换成 MPEG-2 数据包形式,再还原为以太帧。在信号上行方向,从 PC 发送的以太帧,由 Cable Modem 封装在时隙中,经过 QPSK 调制后,通过 HFC 网络传输给 CMTS 设备。Cable Modem 还有加密/解密、桥接、网卡、SNMP 代理、集线器等功能。

4. 关于三网融合的讨论

三网融合是将电视、电话和数据,通过一个网络开展服务。双向 HFC 接入网的改造引入了网络格局的竞争机制,避免了电信运营商低效率、高收费的 ADSL 一网独大的局面。其次,电信运营商 IPTV 业务的开展,也打破了广电网络对用户的垄断地位。

广电系统建立一个三网融合的数据网络,在骨干网上业界的意见趋向一致,但是在接入网上争论很多，主要争论是：采用双向 HFC 接入网，还是以太接入网（EPON+LAN）。在美国和国内的上海、深圳、福州、青岛、大连、大同等地，都有双向 HFC 的成功应用范例。而以太网是一种非常成熟的技术，城域以太接入网在日本、韩国等国家有成功的应用经验；而且 EPON 符合当前"光进铜退"的发展趋势。

双向 HFC 的缺点是采用树形/总线形网络结构，一个光节点下面带 500 个左右用户，上行信道是 500~2 000 个用户共享，存在**汇聚噪声**的问题。一个节点出现高电平上行噪声时，可能会影响网络内的其他用户。其次，HFC 双向网络改造需要增加反向光发射机、反向光接收机、反向放大器、CMTS 等设备。为保证上行信号质量，需要改造终端用户盒，加装滤波器。为了确保上行信号质量，必须保证各个光接收机输出信号电平的平衡，调试工作比较复杂，施工难度和工程量比较大。另外，模拟信号、铜缆传输终究是一种逐步衰落的技术。

以太接入网方式（EPON+LAN）在网络中传送的是数字基带信号，不存在汇聚噪声问题，也不会因为一点故障影响网络内的其他用户。但是**以太网中有源器件过多**，交换机、光纤收发器等，都需要单独供电、防尘、防雷等，并且需要在室外工作，这些有源设备对网络的可靠性影响较大。其次，以太接入网需要使用大量的交换机、光纤收发器等设备，并重新铺设光纤和网线，一次性设备投资和施工费用很高。如果用户开通率不高，则每个开通用户分摊到的投资份额将非常高。以太接入网相当于新架设一个网，原有的 HFC 网络资源没有充分利用。这对电信运营商来说是一个好消息，而对广电网络运营商来说是一个坏消息。

5．双向 HFC 网络改造设计方案

【例 10-3】　广电系统的 HFC 网络进行双向改造后，可以形成一个三网融合的统一网络，设计结构如图 10-15 所示。

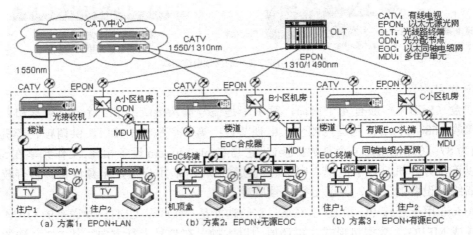

图 10-15　双向 HFC 网络改造设计（广电系统三网融合方案）

10.3.3　以太光网接入 EPON

局域网与城域网都采用以太技术时，可以采用统一的以太帧格式，网络之间不需要任何数据格式转换，这大大提高了网络运行效率，方便了网络管理，降低了运营成本。

1. EPON 技术特征

EPON（以太无源光网络）遵循 IEEE 802.3ah 标准，EPON 定义了一种新的物理层（主要是光接口）规范，扩展了以太网数据链路层协议，以实现点到多点以太帧的 TDM（时分复用）接入。EPON 还定义了 OAM（运行、维护和管理）机制。

在物理层，**EPON 采用波分复用（WDM）技术，可以实现单纤双向传输**。EPON 在一根光纤中采用两种传输技术，下行波长为 1 490nm，信号采用广播传输方式；上行波长为 1 310nm，信号采用 TDMA（时分多址）传输方式。EPON 是以太网光纤化的实现形式。

EPON 定义了 1000Base-PX-10 U/D 和 1000 Base-PX-20 U/D 两种 PON（无源光网络）光接口，分别**支持 10km 和 20km 的最大传输距离**。在物理编码子层，EPON 继承了吉比特以太网的原有标准，采用 8B/10B 编码，上下行对称传输速率为 1Gbit/s（目前技术达到了 100Gbit/s），网络结构支持树形（应用较多）、环形和混合形。EPON 提供的 OAM 功能有：远端故障指示、远端环回控制等，用于管理、测试和诊断链路。

在数据链路层，EPON 新增加了多点 MAC 控制协议（MPCP），它的功能是在 EPON 系统中实现点到点的仿真，支持点到多点网络中多个 MAC 客户层实体。MPCP 协议的其他功能有：处理 ONU（光网络单元）的发现和注册，多个 ONU 之间上行传输资源的分配、动态带宽分配，本地拥塞状态汇报等。

EPON 协议比 GPON（吉比特无源光网）相对简单，对光收发模块的技术要求低，因此系统成本较低。同时支持高速 Internet、语音、IPTV、TDM 专线、CATV 等多种综合业务接入。具有很好的 QoS 保证和组播业务支持能力。

2. EPON 工作原理

（1）下行传输。EPON 采用以太技术，因此不需复杂的协议转换。EPON 信号下行传输原理如图 10-16(a)所示，**在下行方向上，光线路终端（OLT）通过 1:N（N=4~64）的无源光分路器（OBD），将以太帧广播给每个光网络单元（ONU）**，每个数据包的信头唯一地标识了数据包要到达的特定 ONU。有些数据包发送给所有 ONU（广播包）；还有一些数据包发送给一组 ONU（多播包）。数据流通过 OBD 后，分为几路独立信号，每路信号都含有发给特定的 ONU 数据包。当 ONU 接收到数据流时，只提取发给自己的数据包，将发给其他 ONU 的数据包丢弃。因此当所有数据包耦合在一根光纤中时，不同 ONU 的数据包之间不会产生干扰。

（2）上行传输。EPON 信号上行传输如图 10-16(b)所示，**数据上行时采用了时分复用方式**，每个 ONU 都分配到一个传输时隙，OUN 将数据包按时隙进行封装，然后发送到 OBD，OBD 在指定的时隙上传数据包给 OLT，上行信号采用时分复用方式避免了数据传输的冲突。

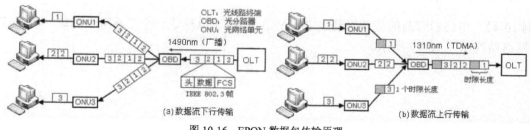

图 10-16　EPON 数据包传输原理

3．EPON 关键技术

EPON 的关键技术在物理层和 MAC 层上完成，即 PON 的传输层。它包括如下技术。

（1）测距。EPON 为点对多点结构，各个 ONU 与 OLT 之间的逻辑距离是不相等的，OLT 需要测试每一个 ONU 与 OLT 之间的逻辑距离，并据此来控制 ONU 信号发送延时，使不同距离的 ONU 所发送的信号能在 OLT 处准确地复用。目前采用带内开窗测距法。

（2）带宽分配。EPON 上行信号采用时分复用共享接入方式，各个 ONU 收集来自用户的信息，并向 OLT 发送数据，不同 ONU 发送数据占用不同的时隙。如何根据用户业务类型与业务特点合理分配信道带宽，是决定 EPON 系统性能的关键技术之一。

（3）时钟同步。EPON 是一个时钟同步系统，需要实现 OLT 与 ONU 之间的快速同步。如果 ONU 与 OLT 之间时钟不同步，就会发生比特错位或相位突变等问题。这会导致数据接收错误，使数据产生不断重传，严重时可能导致网络拥塞。ONU 与 OLT 之间的时钟同步，目前采用锁相环（PLL）技术，从下行信号中提取时钟，然后利用帧同步字检测来实现同步。

4．EPON 网络结构

EPON 由 OLT（光纤线路终端）、ODN（光分配节点）、ONU（光网络单元）等组成。

（1）OLT。**OLT 是一台交换机或路由器**，也是一个多业务提供平台，提供面向无源光网络的光纤接口。OLT 放在前端机房或分前端机房，负责数据业务的接入，将来自各路的数据流（如 IPTV、Internet 等）经过适配后，导入 EPON 传输网络。OLT 提供多个 1/10/100G 的以太接口，支持 WDM 传输，OLT 还支持 SDH、ATM、FR 连接。如果需要支持传统的 TDM（时分多路复用）话音，或其他类型的 TDM 通信（如 E1），信号也可以复用到附带的接口。OLT 除了提供接入功能外，还可以对用户进行带宽分配、网络安全和管理配置。

（2）ODN。**ODN 由光纤、光分路器（OBD）、光放大器（EDFA）、光纤接头（AF）等组成**，可以用一个或数个 ODN 连接 OLT 与 ONU。ODN 的功能是分发下行数据，并且集中上行数据。OBD 是一个简单无源设备，它不需要电源，可以置于全天候室外环境中，一般一个 OBD 的分线比为 1:1/2/4/8/16/32，并可以采用多个 OBD 进行级连。

（3）ONU。ONU 的功能是：接收光信号、转换用户帧格式（以太网、电话、E1 等），ONU 还提供 L2/L3 层交换功能，ONU 一般为带光纤模块的交换机。ONU 和 AF（接入适配器）也可以集成在一个简单设备中（如光纤收发器）。ONU 一般安装在小区机房、小区楼房或用户室内，主要负责用户端的宽带接入。具有 L2 或 L3 层交换功能的 ONU，可以通过堆叠的形式为多个用户提供相当高的共享带宽，ONU 也可以不需要交换功能，从而降低成本。

5．EPON 网络设计方案

【例 10-4】 电信运营商的城域网经过 EPON 改造后，可以形成一个三网融合的统一网络，EPON 的典型网络结构如图 10-17 所示。

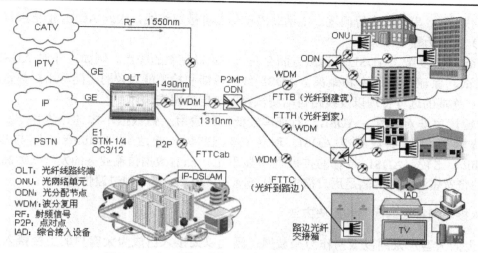

图 10-17　EPON 接入网结构（电信运营商三网融合方案）

　　EPON 城域接入网中，光分配器（ODM）的布放位置与网络性能无关，与网络成本相关。如图 10-18 所示，ODM 可以布放在小区绿化带室外机柜、小区机房或小区楼内。

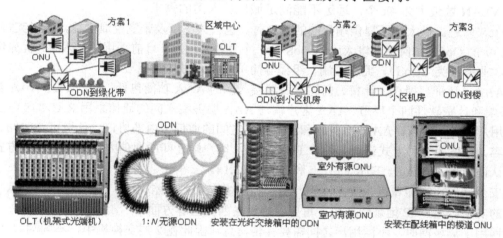

图 10-18　EPON 接入网中 ODM 布放方案

10.3.4　接入技术分析

　　网络运营商的竞争大都体现在接入网上，各个 ISP 都有自己的主推接入网。如中国电信拥有覆盖面极广的电话网（PSTN），而广电部门则拥有密集的有线电视网（CATV）。这就形成了目前国内几大接入方式：中国电信主推 ADSL 接入方式，广电系统则主推 HFC（同轴电缆光纤混合）接入方式，其他运营商倡导 EPON（以太无源光网）等接入方式。

　　1. ADSL 接入技术存在的问题

　　（1）传输距离有限。**ADSL 传输速率会随距离的增加而下降**，例如，距离在 2km 以内时，传输速率为 7~8Mbit/s；3km 时约为 5Mbit/s；5km 左右为 2Mbit/s；而距离 8km 时，信号已不可测。因此 ADSL 传输距离一般不超过 3km，这制约了远距离用户的接入。

　　（2）对线路质量要求较高。一些线路存在质量问题，如转接头过多、线径不一致等，这造成了线路阻抗不匹配、串音过大等问题。电话线路使用非屏蔽双绞线，因此 ADSL 抵抗天气干扰（如打雷、下雨）的能力较差。

（3）安装维护复杂。ADSL 在运维方面存在一些难以克服的弱点。例如，开通 ADSL 之前要进行线路测试，保证开通速率和距离。ADSL 线路诊断和检测能力较弱，随着用户数量的不断增加，实现用户终端的远程管理以及线路自动测试存在一定的困难。

（4）传输速率非对称性。ADSL 上行速率较低，只适用上传数据不多的个人用户。

（5）传输速率受到限制。ADSL 理论传输速率只能达到 8Mbit/s，这与以太网的 10~1 000Mbit/s 比较，ADSL 带宽的扩展性明显不足。随着数据传输业务的发展（如高清数字电视），有限的带宽资源将不能满足用户需求。从长远看，**ADSL 是一种过渡性技术**。

2. 以太接入网存在的问题和解决方法

95%以上的大客户采用以太网作为局域网，因此**以太接入已成为大客户的主要接入方式**。然而以太网本质上是一种局域网技术，如果应用到城域接入网中，需要解决以下问题。

（1）大量用户的接入问题。需要考虑城域范围内，几十万用户的服务问题，解决可服务的用户数、可提供的服务类型，以及可提供服务的距离。如接入网广泛采用 VLAN 进行用户隔离，而交换机的 VLAN 数最大为 4k 个，远远不能满足城域接入网的需求。

（2）QoS 问题。以太网不提供端到端的包延时、包丢失率以及带宽控制功能，难以支持实时业务（如电话）的 QoS。如何保证以太网的 QoS 是一个复杂的问题，目前采用的技术有：优先级控制、流量控制、业务分类（CoS）、拥塞控制、组播等简单的 QoS 机制。

（3）AAA（认证、授权、计费）问题。城域接入网的 AAA 功能包括：用户 PC、AAA 客户端、AAA 服务端和计费软件四个环节。AAA 客户端与 AAA 服务端之间的通信采用 RADIUS（远程认证拨号接入用户服务）协议。AAA 服务器和计费软件之间的通信为内部协议。计费可按时间、流量、次数、内容、带宽等多种方式进行。用户 PC 与 AAA 客户端之间的通信方式称为"认证方式"，目前有三种认证技术：PPPoE、DHCP+Web 和 IEEE 802.1x。

（4）安全问题。在城域以太接入网中，用户和网络安全主要体现在：用户信息的保密、用户账号和密码的安全、用户 IP 地址防盗用、重要网络设备的安全等方面。

以太网用于局域网时，不同用户之间需要互传信息，因此在 2 层交换机中，不同端口之间能够相互通信。当以太技术用于城域接入网时，需要保证用户的私有性，避免用户之间直接进行数据传输，因此需要进行用户隔离。一般采用交换机端口的 VLAN 划分来隔离用户，或采用有端口隔离芯片的交换机实现用户隔离。

用户 IP 地址防盗用可通过绑定机制实现，如 IP 地址与 MAC 地址的绑定。地址绑定会使用户可使用的网络设备数量受到限制，而且用户如果更换网卡，需要网管部门重新开通。

（5）OAM（操作、管理、维护）问题。以太网的网管功能较弱，为了满足城域接入网的 OAM 需求，以太接入网中的网络设备应支持基于 SNMP v2 的网元级管理，提供故障定位等方面的功能，否则很难进行网络管理。

3. 其他接入技术存在的问题

光纤接入目前仍然存在技术复杂、成本高昂等制约因素，短期内只能以骨干网的型态出现，实现光纤到户的广泛应用尚需时日。

宽带无线接入目前有多种实现方法和技术，但是多数还处于试用阶段，达到大规模商用的程度还很低。

HFC 网络面临着双向传输线路和设备的改造。国内密集的居住人口及电缆老化等问题，使双向改造不易实行，用户群只能局限于小范围内。

10.4　无线通信网络技术

无线网络的最大优点是让人们摆脱了有线网络的束缚，可以自由地进行移动通信和移动计算。无线网络的数据传输速率目前达到了数百 Mbit/s，有线网络传输速率达到了数 Tbit/s，两者相差了 3~4 个数量级。因此，**无线网络作为有线网络的补充**，将与有线网络长期并存，最终实现无线网络覆盖的区域连接至主干有线网络。

10.4.1　无线通信的特征

1. 无线局域网的发展

无线通信的历史起源于二次世界大战，当时美军利用无线电信号结合高强度加密技术，实现了文件资料的传输，并在军事领域广泛应用。

1971 年，夏威夷大学的研究人员设计了第一个基于数据包技术的无线通信网络 ALOHANET，它包括 7 台计算机，采用双向星型网络结构，横跨 4 座夏威夷岛屿，中心计算机放置在瓦胡岛上，它标志着无线局域网（WLAN）的诞生。

1990 年，IEEE 启动了无线网络标准 IEEE 802.11 项目的研究和标准制定，提出了 802.11a、802.11b、802.11g、802.11n 等 WLAN 标准。1999 年，无线以太网兼容性联盟（WECA）成立，后来更名为 Wi-Fi（无线保真，读为：wai fai）联盟，Wi-Fi 联盟建立了用于验证 IEEE 802.11 产品兼容性的一套测试程序。2004 年起，经过 Wi-Fi 联盟认证的 IEEE 802.11 系列产品使用 Wi-Fi 这个名称。

2. 无线网络的类型

如图 10-19 所示，IEEE 按网络的覆盖范围，将无线网络分为：无线广域网/城域网、无线局域网、无线个域网等。

（1）无线广域网（WWAN）和无线城域网（WMAN）目前在技术上并无太大区别，只是信号覆盖范围不同而已，因此往往将 WMAN 与 WWAN 放在一起讨论。无线广域网也称为宽带移动通信网络，它是一种提供 Internet 接入的高速数字通信的蜂窝网络。WWAN 需要使用移动通信服务商（如中国电信）提供的通信网络（如 3G、4G 网络）。计算机只要处于移动通信网络服务区内，就能保持移动宽带网络接入。

图 10-19　IEEE 定义的无线网络类型

（2）无线局域网（WLAN）可以在单位或个人用户家中自由创建。这种无线网络通常用于接入 Internet。WLAN 的传输距离最远可达 100m，无线信号覆盖范围视用户数量、干扰和传输障碍（如墙体和建筑材料）等因素而定。在公共区域中提供 WLAN 的位置称为接入**热点**，热点的范围和速度视环境和其他因素而定。

（3）无线个域网（WPAN）是指通过短距离无线电波，将计算机与周边设备连接起来的网络。如 WUSB（无线 USB）、UWB（超宽带无线技术）、Bluetooth（蓝牙）、Zigbee（紫蜂）、RFID（射频识别）、IrDA（红外数据组织）等网络。

无线网络的主要技术参数如表 10-3 所示。

表 10-3 无线网络的主要技术参数

网络类型	网络技术	通信标准	工作频率	传输速率	覆盖半径	应用领域
4G	LTE –TDD/FDD	ITU	1.8~2.6GHz	100Mbit/s	2~3km	移动通信，移动互联网
3G	CDMA2000	ITU	1.9~2.1GHz	3.1Mbit/s	2~3km	移动通信，移动互联网
2.5G	GPRS	ITU	800/1 800MHz	115 kbit/s	2km	移动通信，移动互联网
2G	GSM	ITU	800/1 800MHz	9.6kbit/s	35km	移动通信，移动互联网
1G	AMPS	ITU	450/800MHz	—	50km	移动通信（模拟信号）
WLAN	Wi-Fi	IEEE802.11n	2.4/5GHz	270Mbit/s	150m	无线局域网
WPAN	WUSB	IEEE802.15.3	2.5GHz	110Mbit/s	10m	无线 USB，数字家庭网络
WPAN	Bluetooth	IEEE802.15.1	2.4GHz	1Mbit/s	10m	蓝牙，语音和数据传输
WPAN	Zigbee	IEEE802.15.4	0.9/2.4GHz	250kbit/s	75m	紫蜂，无线传感网络
WWAN	WiMax2	IEEE802.16m	10~66GHz	300Mbit/s	50km	无线 Mesh 网络，4G 标准
WWAN	LTE-Advanced	IEEE802.20	<3.5GHz	1Gbit/s	2~5km	高速移动接入，4G 标准

说明：传输速率指用户在静止或步行移动状态下的数据下行最大传输速率。覆盖半径指基站或无线接入点（AP）与终端设备之间的最大直线传输距离。

3. 4G 无线网络技术的竞争

4G（第四代移动通信技术）采用宽带**全 IP 网络结构，4G 是集 3G 与 WLAN 于一体的无线通信技术**。4G 通信系统能够以 100Mbit/s 的速度下载，上传速度也达到了 50Mbit/s，能够满足几乎所有用户对于无线服务的要求。LTE 和 WiMAX 是 4G 通信技术的两个主要竞争标准。LTE 的设计思想是**移动网络宽带化**，即在原来移动通信网的基础上提高带宽（如采用 WLAN 技术）；WiMAX 的设计思想是**宽带网络无线化**，即在原来 WLAN 的基础上增强移动功能（如 50km 超远距离传输）。它们分别获得了不同厂商和阵营的支持。

（1）LTE（长期演进）技术

LTE 技术是 3G 的演进，LTE 按照信号双工传输方式可分为频分双工（FDD）和时分双工（TDD）；按照无线信号调制（将低频语音信号调制为高频载波，以减小天线尺寸）方式可分为码分多址（CDMA）和正交频分多址（OFDMA）。LET 包括 LTE-TDD（长期演进-时分双工）和 LTE-FDD（长期演进-频分双工）两种通信技术。简单地说，LTE-TDD 是**用户占用不同的时间间隙**进行通信，而 LTE-FDD 是不同的**用户占用不同的频率**进行通信。

LTE-FDD 技术由欧美主导，LTE-FDD 的标准化与产业发展领先于 LTE-TDD。LTE-FDD 是目前世界上采用国家和地区最广泛的 4G 通信标准。

LTE-TDD（也称为 TD-LTE）技术由上海贝尔、诺基亚-西门子、大唐电信、华为、中兴通讯、中国移动、高通等企业共同开发，中国政府和企业是 LTE-TDD 的主要推动者。

LTE-TDD 的主要性能为：在 20MHz 带宽时能提供下行 100Mbit/s、上行 50Mbit/s 的峰值传输速率；提高了蜂窝小区的通信容量；用户单向传输时延低于 5ms，从睡眠状态到激活状态迁移时间低于 50ms；支持 5km 半径的小区覆盖；为 350km/h 高速移动用户提供大于 100kbit/s 的移动接入服务等。

LTE-Advanced（长期演进技术升级版）是 LTE 的升级版，它完全兼容 LTE，通常在 LTE 上通过软件升级即可。一般来说，现在的 4G 网络都是指 LTE 网络。

（2）WiMAX （全球微波互联接入）技术

WiMAX 技术以 IEEE 802.16 系列标准为基础，它主要用于无线城域网（WMAN）。WiMAX 的前身是 Wi-Fi，但信号覆盖范围比 Wi-Fi 大得多。IEEE 802.11 标准的无线传输半径约为 100m 左右，而 WiMAX 信号传输距离最远可达 50km。使用 WiMAX 技术在大学校园内部署无线网络时，只需要很少的基站就可达到整个校园无线信号的无缝连接。

IEEE 802.16 工作在无需授权的频段，范围在 2GHz~66GHz 之间。如 IEEE 802.16a 是采用 2G~11GHz 无需授权频段的宽带无线接入系统，频道带宽可根据需求在 1.5~20MHz 范围进行调整。因此，IEEE 802.16 使用的频谱比其他无线技术更丰富。

WiMAX 最高接入速率为 70Mbit/s，并且具有 QoS 保障、传输速率高、业务丰富多样等优点。WiMAX 在北美、欧洲发展迅速。

WiMAX-Advanced（全球微波互联接入升级版）采用 IEEE 802.16m 标准，它是 WiMAX 技术的升级版，由美国 Intel 公司主导。随着 Intel 公司 2010 年退出 WiMAX 阵营，WiMAX 技术也逐渐被运营商放弃，并开始将设备升级为 LTE。

4. 4G 网络的关键技术

（1）OFDM（正交频分复用）技术。美国高通公司在 3G 时代占据了大量 CDMA 技术的核心专利，因此 LTE 阵营处心积虑地采用 OFDM 技术绕开高通公司的专利技术。OFDM 技术实际上是 MCM 多载波调制的一种，主要思想是：将信道分解成若干个正交子信道，将高速数据信号转换成并行的低速子数据流，调制在每个子信道上进行传输。

（2）软件无线电（SDR）。软件无线电是采用**数字信号**处理技术，在可编程控制的**通用硬件平台**上，利用**软件技术**来实现无线通信的各部分功能。软件无线电的核心设计思想是：在尽可能靠近天线的地方使用宽带数字/模拟转换器，尽早完成信号的数字化，使得无线通信的功能尽可能地用软件来定义和实现。总之，软件无线电是一种基于数字信号处理（DSP）芯片、以软件为核心的新的无线通信体系。

（3）智能天线。智能天线是多波束或自适应阵列天线。智能天线具有抑制信号干扰、自动跟踪以及数字波束调节等功能。智能天线可以提高信噪比，提升系统通信质量，缓解无线通信频谱资源不足的矛盾，降低系统整体造价。

（4）MIMO（多输入多输出）技术。MIMO 技术即在基站端放置多个天线，在移动台（如手机）也设置多个天线，基站和移动台之间形成 MIMO 通信链路。MIMO 可以简单直接地用于传统蜂窝移动通信系统，将基站的单天线转换为多个天线构成的天线阵列。MIMO 技术将用户数据分解为多个并行的数据流，在指定的带宽内由多个发射天线同时发射；经过无线信道后，由移动台的多天线接收，并利用解调技术，最终恢复出源数据流。

10.4.2 无线局域网设计

1. WLAN 标准

WLAN（无线局域网）基本采用 IEEE 802.11 系列标准。IEEE 802.11 标准采用微蜂窝网络结构，标准推荐采用 ISM（工业、科学、医学）无线网络频段，这个频段在国际上基本上是自由频段，但各国和地区有所不同。ISM 有以下 3 个频段：902~928MHz，2.400~2.483 5GHz，5.725~5.850GHz。IEEE 802.11 标准系列技术参数如表 10-4 所示。

表 10-4　　　　　　　　　　IEEE 802.11 标准系列技术参数

技术指标	IEEE 802.11	IEEE 802.11a	IEEE 802.11b	IEEE 802.11g	IEEE 802.11n
工作频段	2.4GHz	5GHz	2.4GHz	2.4GHz	2.4/5GHz
物理层速率	2Mbit/s	54Mbit/s	11Mbit/s	54Mbit/s	300Mbit/s
最大传输半径	100m	5km~10km	3m~400m	25km	室外 500m/室内 70m
信号调制	BPSK/QPSK	OFDM/QPSK	QPSK/CCK	OFDM/CCK	MIMO-OFDM
扩频方式	跳频或直扩	单频	DSSS 直扩	直接序列扩频	直接序列扩频

2. 无线局域网模型

IEEE 802.11 标准定义的 WLAN 基本模型如图 10-20 所示。WLAN 的最小组成单元是 BSS（基本服务集），它包括使用相同协议的无线站点。一个 BSS 可以是独立的，也可以通过一个 AP（接入点，市场称为无线路由器）连接到主干网上。AP 的功能相当于局域网中的交换机和路由器，它是一个无线网桥。**AP 也是 WLAN 中的小型无线基站**，负责信号的调制与收发。AP 覆盖半径为 20~100m。

如图 10-20 所示，扩展服务区（ESS）由多个 BSS 单元以及连接它们的分布式系统（DS）组成。所有 ESS 中的 AP 共享同一个 ESSID（扩展服务区标志码），DS 结构在 IEEE 802.11 标准中没有定义，DS 可以是 LAN，也可以是 WLAN，DS 起到连接骨干网络的作用。扩展服务区只包含物理层和数据链路层，不包含网络层及其以上各层，因此，对于高层协议（如 IP）来说，一个 ESS 是一个 IP 子网。

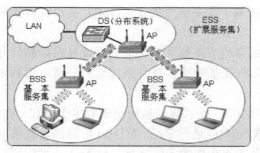

图 10-20　IEEE 无线局域网模型

3. WLAN 网络结构

WLAN 的网络结构主要有三种类型：无中心网络、有中心网络和多中心网络。

（1）无中心 WLAN 结构。无中心无线网络也称为 Ad-Hoc 网络，它不需要 AP。如图 10-21 所示，这种 WLAN 由一组有无线网卡的主机组成，主要用于无线主机之间的直接通信，这种网络与局域网不兼容，只能独立使用。它的特点是：稳定性好，但容量有限，只适用于个人用户之间互连通信，并且距离必须足够近。

（2）单中心 WLAN 结构。单中心是 WLAN 的基本结构，如图 10-22 所示，它由无线接入点（AP）、无线主机和分布系统（DS）组成。AP 用于无线主机与有线网络之间的信号接收、缓存和数据转发。AP 能覆盖几十至几百个用户，覆盖半径达上百米。有中心 WLAN 的特点是：扩容方便，但网络稳定性较差，一旦 AP 出现故障，网络将陷入瘫痪。

图 10-21　无中心无线网络结构

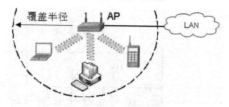

图 10-22　单中心 WLAN 结构

（3）多中心 WLAN 结构。如图 10-23 所示，多中心结构解决了单点故障问题。但是多中心容易引起 AP 之间的同频干扰问题，因此在布置 AP 时，应当选择支持多信道的 AP，同时 AP 的信道必须交叉布置，并且可调整天线角度，或采用定向天线。主机移动到暗区时，由于 AP 信号太弱，容易导致网络中断；主机移动到信号重叠区时，容易引起信号干扰或信号振荡。图 10-23(a)的 AP 采用全向天线，适宜布置在开阔处，如大会议室、建筑物顶部，或家庭和办公室等；图 10-23(b)的 AP 采用定向天线，适宜布置在场地复杂的大型公共场所，如机场、大学校园等；图 10-23(c)的 AP 采用定向天线，主要用于加强某个方向的无线信号覆盖。

IEEE 802.11 定义了 14 个信道，每个信道间隔 5MHz，每个信道占 22MHz 的带宽。在多个信道同时工作的情况下，为保证信道之间不相互干扰，要求两个信道的中心频率间隔不低于 25MHz。因此，在一个微蜂窝区内，直序扩频技术最多可以提供 3 个不重叠的信道同时工作，提供高达 33Mbit/s 的吞吐量。

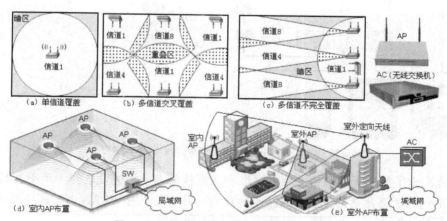

图 10-23　WLAN 信道交叉布置与 AP 安装位置

4. WLAN 网络设计案例

【例 10-5】　WLAN 小热点区域的覆盖，如办公室、小型会议厅、网吧等，WLAN 设计时往往采用一个 AP 覆盖一个区域的方法，提供上网或移动办公服务。图 10-24、图 10-25 所示是建筑物大楼中一个楼层的 WLAN 设计平面图。

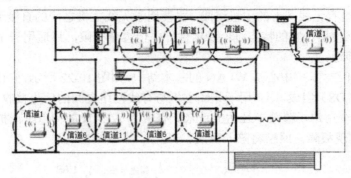

图 10-24　商务办公楼层平面 WLAN 设计

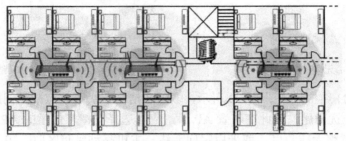

图 10-25　酒店楼层平面 WLAN 设计

5. 无线局域网组建方法

建立 WLAN 需要一台 AP，它提供多台计算机同时接入 WLAN 的功能。无线网络中的计算机需要安装无线网卡，台式计算机一般不带无线网卡，笔记本计算机、智能手机和平板计算机通常自带了无线网络模块。无线网络设备的连接方法如图 10-26 所示。

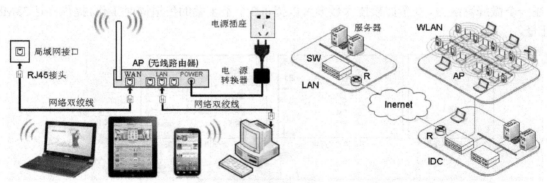

图 10-26　个人 WLAN（左）和企业 WLAN（右）构建方法

AP 的位置决定了整个无线网络的信号强度和数据传输速率。建议选择一个不容易被阻挡，并且信号能覆盖房间内所有角落的位置。线路连接好后，第一次使用 WLAN 时，需要对 AP 进行初始设置。不同厂商的 AP 设置方法不同，但是基本流程大同小异。

10.4.3　无线传感器网络

1. 无线传感器网络概述

无线传感器网络（WSN）综合了传感器技术、嵌入式技术、无线通信技术、分布式信息处理技术。WSN 能够通过各类集成化微型**传感器**协作地实时监测、感知和采集各种环境信息，这些信息通过**无线方式**发送，并以**自组多跳**的网络方式传送到用户终端。实现物理世界、计算世界和人类社会的连通。

传感器、感知对象和观察者是无线传感器网络的三个要素。无线传感器可探测：地震、电磁场、温度、湿度、噪声、光照、压力、土壤成分等环境信息，以及移动物体的大小、速度和方向等。WSN 广泛用于军事、智能交通、智能家居、环境监控、医疗卫生、精细农业、工业自动化等领域。

2. 无线传感器网络的特征

（1）大规模

在监测区域内，为了获取精确信息，WSN 通常部署了数量庞大的传感器节点。大规模包括两方面的含义：一是传感器节点分布在很大的地理区域内，如在原始大森林采用 WSN 进行森林防火和环境监测，需要部署大量的传感器节点；二是传感器节点部署很密集，在面积较小的空间内，密集部署了大量的传感器节点。

传感器的大规模部署有如下优点、通过不同空间视角获得的信息具有更大的可信度；通过大量采集的信息能够提高监测的精确度、降低对单个传感器的精度要求；大量冗余节点的存在，使系统具有很强的容错性能；大量节点能够增加覆盖的监测区域，减少监测盲区；适当将其中某些节点进行休眠调整，可以延长网络的使用寿命。

（2）自组织

在传感器网络应用中，传感器节点的位置不能预先精确设定，节点之间的相互邻居关系预先也不知道。例如，通过飞机播撒大量传感器节点到面积广阔的原始森林中，或随意放置到人们不可到达或危险的区域。这就要求传感器节点能够自动进行配置和管理，通过拓扑发现机制和相关网络协议，自动形成多跳的无线网络系统。

在 WSN 应用中，部分传感器节点会由于能量耗尽或环境因素失效，也有一些节点为了弥补失效节点，或增加监测精度而补充到网络中，这样在 WSN 中的节点数就会动态地增加或减少，从而使网络拓扑结构随之动态变化。传感器网络的自组织特性要能够适应这种网络拓扑结构的动态变化。

（3）动态性

WSN 的拓扑结构可能会因为下列因素而改变：一是环境因素或电能耗尽造成的传感器节点故障或失效；二是环境条件变化（如雷雨天气）造成无线通信链路带宽变化，甚至时断时通；三是传感器、感知对象和观察者三个要素都可能具有移动性；四是新节点的加入。这就要求 WSN 要能够适应这些变化，具有动态系统的可重构性。

（4）可靠性

WSN 特别适合部署在恶劣环境或人类不宜到达的区域，节点可能工作在露天环境中，遭受日晒、风吹、雨淋，甚至遭到人或动物的破坏。传感器节点往往采用随机部署，这要求传感器节点不易损坏，适应各种恶劣环境条件。由于监测区域环境的限制，以及传感器节点数量巨大，不可能由人工照顾每个传感器节点，网络维护十分困难甚至不可维护。因此，传感器网络的软件和硬件必须具有良好的健壮性和容错性。

（5）以数据为中心

由于传感器节点的随机部署，构成的传感器网络与节点编号之间的关系是完全动态的，因此节点编号与节点位置没有必然的联系。用户使用传感器网络查询某个事件时（如查询气温），直接将所关心的事件广播给网络，而不是通告给某个指定编号的节点，网络在获得指定事件信息后汇报给用户。所以传感器网络是一个以数据为中心的任务型网络。

例如，用于目标跟踪的传感器网络中，跟踪目标可能出现在任何地方，用户一般只关心目标出现的位置和时间，并不关心是哪个节点监测到了目标。

（6）协作方式执行任务

通过协作方式，传感器的节点可以共同实现对对象的感知，得到完整的信息。这种方式可以克服处理和存储能力不足的缺点，共同完成复杂的任务。在协作方式下，传感器之间的远距离通信可以通过多跳中继转发，也可以通过多节点协作发射的方式进行。

3. 无线传感器网络结构

不同的应用对传感器网络的要求不同，其硬件平台、软件系统和网络协议必然会有很大差别。所以传感器网络不可能像因特网一样，有统一的通信协议平台。针对每一个具体应用来研究传感器网络技术，是传感器网络设计不同于传统网络的显著特征。

传感器网络的拓扑结构有：星形、网格、P2P，或综合以上形态的网络结构。传感器网络通常包括：传感器节点、汇聚节点和管理节点。

（1）传感器节点的处理能力、存储能力和通信能力相对较弱，通过小容量电池供电。从网络功能上看，每个传感器节点除了进行本地信息收集和数据处理外，还要对其他节点转发来的数据进行存储、管理和融合，并与其他节点协作完成一些特定任务。

（2）汇聚节点的处理能力、存储能力和通信能力相对较强，它是连接传感器网络与 Internet 等外部网络的网关。汇聚节点需要实现两种协议之间的转换，同时向传感器节点发送来自管理节点的监测任务，并把传感器节点收集到的数据转发到外部网络。汇聚节点也可以是一个具有增强功能的传感器节点。

（3）管理节点用于动态地管理整个无线传感器网络。

4. 无线传感器网络协议栈

经过多年的发展，市场出现了大量的 WSN 协议。如：MAC 层的 S-MAC、T-MAC、BMAC、XMAC、ContikiMAC 等；路由层的 AODV、LEACH、DYMO、HiLOW、GPSR 等。不过这些协议均属于私有协议，适用范围较窄、推广困难。

（1）IPv6/6Lowpan 标准

以前许多标准化组织认为 IP 技术过于复杂，不适合低功耗和资源受限的 WSN，因此都采用非 IP 技术。Cisco 公司的工程师基于开源的 uIP 协议，实现了轻量级的 IPv6 协议，证明了 IPv6 不仅可以运行在低功耗和资源受限的设备中，而且比 Zigbee（紫蜂）协议更简单。这彻底改变了大家的偏见，之后基于 IPv6 的 WSN 技术得到了迅速发展。IETF 目前已经制定了核心的标准规范，如：IPv6 数据报文和帧头压缩规范 IPv6/6Lowpan；面向低功耗、低速率、链路动态变化的 WSN 路由协议 RPL；面向 WSN 的应用层标准 CoAP 等。

IPv6/6Lowpan 有很多优势：一是可以运行在多种传输介质上，如低功耗无线微波、电力线载波、Wi-Fi 和以太网等，有利于实现统一通信；二是 IPv6 可以实现端到端的通信，无需网关，降低了通信成本；三是 6Lowpan 采用 RPL 路由协议，路由器可以休眠，也可以采用电池供电，应用范围广，而 Zigbee 技术的路由器不能休眠；四是 6Lowpan 已经有了大量开源软件实现，如 Contiki（小型开源嵌入式操作系统，运行只需要几 KB 内存，内建 TCP/IP）、TinyOS（加州大学伯克利分校开发的开源嵌入式操作系统）等，已经实现了完整的协议栈，而且全部开源免费。IPv6/6Lowpan 很可能成为 WSN 的事实标准。

（2）IEEE 802.15.4（Zigbee）标准

IEEE 802.15.4 制定了 WSN 的物理层和 MAC 层标准。此外，Zigbee 联盟还制定了针对具体行业应用的规范，如智能家居、智能电网、消费类电子等，使得不同厂家生产的设备相互之间能够通信。Zigbee 标准与 IPv6/6Lowpan 标准之间存在技术竞争。

5.无线传感器网络设计

【例 10-6】矿井安全监测无线传感器网络设计。

（1）需求分析。煤矿企业需要对生产环境中的瓦斯气体浓度、矿井温度和湿度、矿井粉尘浓度等参数进行监测。传统的信号传送采用有线传输方式，即采用光缆、电力线缆或信号线缆等。有线传输存在以下缺陷：布线繁琐、线路依赖性强、安装维护成本较大等。矿井一旦出现事故，特别是发生爆炸事件时，传感器设备及线缆往往会受到致命的破坏，不能为搜救工作提供信息。而采用无线传感器网络时，由部署在监测区域内大量的廉价传感器组成，通过无线通信方式形成一个多跳的自组织网络系统，传感器能够协作地感知、采集和处理网络覆盖区域中感知对象的信息，并发送给观察者。

（2）WSN 系统结构。矿井环境监测的无线传感器网络由传感器节点和中心节点组成，不同的监测区域均有中心节点。每个中心节点负责处理本区域内传感器节点传送过来的数据，而基站模块负责接收来自各个监测区域内中心节点发送的无线信号，基站模块可接入互联网，使得无线传感器网络的信息能够被远程终端访问，矿井 WSN 的结构如图 10-27 所示。

图 10-27　矿井无线传感器网络系统结构

（3）传感器节点。矿井的物理环境可以由瓦斯传感器、温湿度传感器、粉尘传感器等进行感知，这些传感器的输出信号由单片机接收，经过单片机的 CPU 处理后，利用 RF 收发模块将信息进行无线发送。传感器节点的硬件结构如图 10-28 所示。

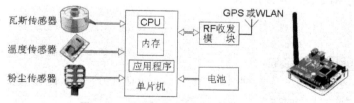

图 10-28　传感器节点的硬件结构和实物图

（4）软件设计

软件系统的主要功能包括：传感器数据采集与处理、信号无线收发、节点定位等。数据采集与处理模块主要对瓦斯传感器、温度湿度传感器的信号进行数据采集；无线收发模块主要对命令或数据进行接收和发送；节点定位模块主要对传感器节点进行实时定位。节点均采用 TinyOS 操作系统，它是专门为嵌入式无线传感器网络设计的操作系统，特点是体积小、结构高度模块化、低功耗等，可快速实现各种应用的需求。

6. 无线传感器网络存在的问题

目前，无线传感器网络杀手级应用所需的几项关键性技术还难于突破，**微型化、可靠性、能源供给**是制约应用的最大问题。另外，这些技术之间还彼此制约。一是微型化使节点通信距离变短、路径长度增加、数据时延难以预期；二是能源获取和存储容量与设备的体积成正比，充足的能源和微型化设计之间的矛盾难以调和；三是现有电子技术还很难做到可降解的绿色设计，微型化给回收带来困难，从而威胁到环境健康。

目前大多数无线传感器网络只连接了 100 个以下的节点，更多的节点以及通信线路，会使网络变得十分复杂而无法正常工作。另外，无线传感器网络接收的数据量将会越来越大，目前的技术对庞大数据量的管理能力非常有限。如何进一步加快数据处理和管理能力，将是需要研究的问题。

无线传感器网络需要数量众多的传感器，而且传感器类型多样化，它们相互链接时会导致耗电量加大。目前电池使用寿命在最好情况下也只能维持几个月，难以维持传感器的长时间室外监测。因此，利用太阳能、风能、机械振动发电等技术，正在研究之中；传感器节点的低功耗和休眠技术也是提高传感器使用时间的重要技术。

无线传感器网络的安全问题有：保密性、点对点消息认证、完整性鉴别、时效性、组播和广播的安全管理等。WSN 有限的计算能力和存储空间，对于密钥过长、时间和空间复杂度较大的安全算法不太适合。而 RC4/6 等算法对 WSN 比较适合。

市场不会向技术妥协，如果一项技术不能在方方面面做到完美就很难被市场接受。无线传感器网络技术要想在未来有所发展，一方面要在关键支撑技术上有所突破；另一方面，要在成熟的市场中寻找应用，构思更有趣、更高效的应用模式。

10.4.4 移动通信网络结构

1. 3G 移动通信网络结构

UMTS（通用移动通信系统）是国际标准化组织 3GPP 制定的 3G 移动通信标准。它主要包括 CDMA 接入网络和分组化的核心网络等一系列技术规范和接口协议。UMTS 除支持现有的固定和移动业务外，还提供全新的交互式多媒体业务。UMTS 通过移动或固定网络接入，与 GSM 和 IP 网络兼容。UMTS 的网络结构如图 10-29 所示。

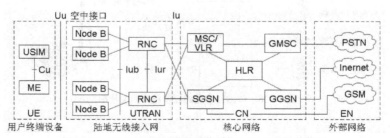

图 10-29　UMTS（通用移动通信系统）3G 网络结构模型

UMTS（通用移动通信系统）由 UE（用户终端设备，如手机）、UTRAN（陆地无线接入网）、CN（核心网络）、EN（外部网络）四部分组成。

（1）UE（用户终端设备）

UE（如手机）由两部分组成：移动设备（ME）和用户识别模块（USIM）。ME 用于完成语音、数据和控制信号在空中的接收和发送；USIM 用于识别唯一的移动台用户。USIM 是一张符合通信规范的"智能卡"（手机卡），卡内包含了与用户有关的、被存储在用户一方的信息，移动电话上只有装上了 USIM 卡才能使用。UE 通过 Uu 空中接口与无线基站进行数据传输，为用户提供各种业务功能，如语音通信、数据通信、Internet 应用等。

空中接口相当于有线通信中的线路接口。有线通信中线路接口定义了物理尺寸和一系列的电信号或光信号规范。在移动通信中，空中接口定义了移动终端与基站之间的无线传输规范，如无线信道的使用频率、带宽、接入时机、编码方法以及越区切换等。在 GSM/GPRS/CDMA2000 网络中，空中接口称为 Um；在 TD-SCDMA 和 WCDMA 网络中，空中接口称为 Uu。Uu 是 UE 与 UTRAN 之间最重要的无线空中接口。

（2）UTRAN（陆地无线接入网）

无线通信基站一般包括：天馈系统（天线塔、天线、馈线、防雷器等）、通信主设备、设备机柜、开关电源柜、蓄电池组、交/直流配电箱、防雷箱、照明设施、空调、走线架、避雷器支架、室内接地排、室外接地排、报警系统等设备。

如图 10-30 所示，UTRAN 由基站（Node B）和无线网络控制器（RNC）组成。

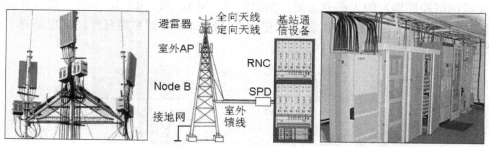

图 10-30　无线通信基站结构

Node B 是 WCDMA 网络的基站，它包括无线收发信机和基带处理部件。通过标准的 Iub 接口和 RNC（无线网络控制器）互连，主要完成 Uu 接口物理层协议的处理。它的主要功能是：扩频、信号调制、信道编码、解扩频、解调信道编码，还包括基带信号和射频信号的相互转换等功能。Node B 由下列功能模块组成：收发放大器（RF）、射频收发系统（TRX）、基带部分（BB）、传输接口单元、基站控制部分。

RNC（无线网络控制器）主要完成通信连接的建立和断开、切换、分集（将一组信号用多个逻辑信道发送）合并、无线资源管理等功能。

Iub 接口是 RNC 和 Node B 之间的逻辑接口。它是一个标准接口，允许不同厂家的设备互连。Iub 接口主要功能是：完成 RNC 和 Node B 之间的用户数据传送、管理 Iub 接口的传输资源、Node B 逻辑操作维护、传输操作维护信令、系统信息管理、专用信道控制、公共信道控制和定时、同步管理等。

（3）CN（核心网络）

CN 负责与其他网络的连接和对 UE 的通信和管理。

MSC/VLR（移动交换中心/访问位置寄存器）是 WCDMA 核心网的电路交换（CS，用于语音业务）功能节点。它的主要功能是：呼叫控制、移动管理、鉴权和加密等。

GMSC（网关移动交换中心）是可选功能节点，它的主要功能是充当移动网和固定网之间的移动网关，完成 PSTN 用户呼移动用户时的路由功能，承担路由分析、网间接续、网间结算等功能。

SGSN（GPRS 服务支持节点）是分组交换（PS，用于 IP 数据业务）功能节点。它的主要功能是：提供 IP 分组的路由转发、移动管理、会话管理、鉴权和加密等。

GGSN（GPRS 网关支持节点）是分组交换（PS）功能节点。它主要提供外部 IP 分组网络的接口功能，提供 UE 接入外网的网关功能。从外网观点来看，GGSN 就好象是可寻址 WCDMA 移动网络中所有用户的 IP 路由器，需要同外部网络交换路由信息。

HLR（归属位置寄存器）是 WCDMA 核心网电路交换和分组交换共用的节点。它的主要功能是提供用户的签约信息存放、新业务支持、增强的鉴权等。

（4）外部网络

PLMN（公共陆地移动网络）由大型通信运营商经营，为公众提供陆地移动通信业务。PLMN 网络与公用电话网（PSTN）互连，形成了国家规模的通信网。

2．4G 移动通信网络结构

LTE 网络结构如图 10-31 所示，LTE 网络结构也称为演进型 UTRAN 结构（E-UTRAN）。LET 接入网主要由基站 eNodeB（简称为 eNB）和信令网关（S-GW）两部分构成。S-GW 是核心网络的一部分，接入网主要由 eNB 一层构成。eNB 不仅具有 3G 网络基站 NodeB 的功能，还能完成 3G 网络 RNC（无线网络控制器）的大部分功能，如物理层、MAC 层、RRC、调度、接入控制、承载控制、接入移动性管理等。eNB 和 eNB 之间采用网格（Mesh）方式直接互连，这也是对 UTRAN 结构的重大改进。

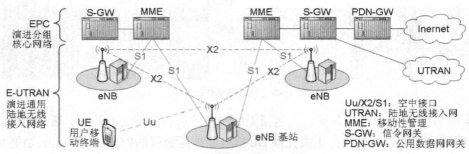

图 10-31　LTE（长期演进技术）4G 网络结构模型

（1）eNB（LTE 网络基站）。eNB 主要负责信令控制和数据传输，如无线资源管理、IP 数据包压缩和用户数据加密、UE（用户移动终端）呼叫时的 MME 选择、用户数据到 S-GW（信令网关）的路由、寻呼消息和广播信息的调度和发送、移动性测量和配置。eNB 之间采用网格连接，X2 是 eNB 之间的空中接口。由于在 E-UTRAN 结构中取消了无线网络控制器，因此 eNB 之间交互的数据量增加了，基站之间要不断进行数据交换。

（2）MME（移动性管理设备）。MME 负责移动性管理、信令处理等功能，如分发寻呼信息给 eNB，并且进行安全控制，空闲状态的移动性管理，服务承载控制，非接入层（NSA）信令的加密及完整性保护。

（3）S-GW（信令网关）。S-GW 负责连接 No.7 信令网与 IP 网的设备，主要完成传输层信令转换，负责媒体流处理及转发等功能。

3．4G 网络结构的改进

（1）实现了控制与承载的分离，MME 负责移动性管理、信令处理等功能，S-GW 负责媒体流处理及转发等功能。

（2）核心网取消了电路域（CS），采用全 IP 的移动核心网演进技术，支持各类技术统一接入，实现固网和移动网络的融合，支持 VoIP 等多媒体业务，实现了网络全 IP 化。

（3）取消 RNC，原来 RNC 的功能分散到了 eNB 和信令网关（S-GW）中。LTE 采用由 eNB 构成单层结构，这种结构有利于简化网络和减小信号延迟，在基站就可以完成电路交换，降低了网络复杂度和成本。

（4）引入 S1 和 X2 接口，X2 是相邻 eNB 之间的接口，主要用于用户移动性管理；S1 是从 eNB 到 EPC 之间的动态接口，主要用于提高网络冗余性，以及实现负载均衡。

（5）传输带宽方面，4G 较 3G 基站的传输带宽增加了 10 倍，初期为 200~300Mbit/s，后期将达到 1Gbit/s。

4G 与 3G 网络技术参数比较如表 10-5 所示。

表 10-5　　　　　　　　　　　4G 与 3G 网络技术参数比较

技术指标	4G 无线通信技术	3G 无线通信技术
实施时间	2012 年	2002 年
典型标准	LET、WiMAX	WCDMA、CDMA2000、TD-SCDMA
频带范围	2~8GHz	1.8~2.5GHz
最大下行速率	100Mbit/s	3.1Mbit/s
最大上行速率	50Mbit/s	1.8Mbit/s
核心网络	全 IP 网	电信网、部分 IP 网
基站形式	eNodeB	NodeB+RNC
交换方式	分组交换	电路交换、分组交换
模块设计	智能天线、软件无线电	无线优化设计、多载波适配器
终端移动速率	小于 350km/h	小于 200km/h

习题 10

10.1　简要说明 IP 接入网的主要功能。

10.2　简要说明 E1 与 T1 的区别。

10.3　简要说明 EPON 的技术特征。

10.4　简要说明 WLAN 中主机漫游的工作原理。

10.5　简要说明 LMDS 网络的基本特性。

10.6　讨论为什么电话语音信道采用 64kbit/s（1 个信道）的传输速率。

10.7　讨论电话城域接入网与 IP 城域接入网的区别。

10.8　讨论在三网融合中，电信运营商与电视运营商各自的竞争优势。

10.9　写一篇课程论文，讨论某一种接入技术在城域接入网中的应用。

10.10　进行 AAA 配置；LAN 接入 Internet 配置等实验。

第 11 章 城域传输网设计

传输网主要用于城域网和广域网的骨干传输链路。本章主要介绍目前最常用的传输网 SDH 和 WDM，以及它们的设计技术。

11.1 SDH 骨干传输网

11.1.1 SDH 工作原理

1985 年美国国家标准协会（ANSI）制定了光同步网络（SONET）标准，1988 年 ITU-T 在 SONET 的基础上制定了 SDH（同步数字系列）标准。目前 SDH 已经形成了一个完整的全球统一的光纤数字通信体系标准。

1. SDH 帧结构

ITU-T G.709 规定，**SDH 采用以字节为基础的矩形块状帧结构。**基本帧结构为 STM-N（同步传输模块），其中 N=1、4、16、64 等。如图 11-1 所示，一个 STM-1 帧由 9 行×270 列=2 430Byte 组成，前 9 列为系统开销，包括再生段开销（RSOH）、指针开销（AU-PTR）、复用段开销（MSOH）。用户数据为后 261 列，其中第 1 列为通道开销（POH），因此用户净负载（净荷）为 260 列×9 行=2 340Byte。SDH 信号帧的传输原则是：按帧结构的顺序，从左到右，自上至下逐个字节传输，传完一行再传下一行，传完一帧再传下一帧。

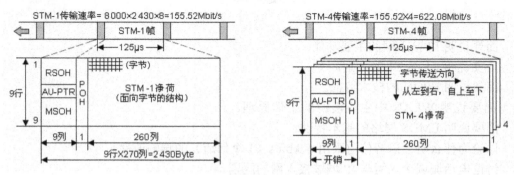

图 11-1　SDH 的 STM-1 和 STM-4 帧结构

ITU-T 规定，对任何级别的 STM-N 帧，帧频都是 8 000 帧/秒，也就是帧周期恒为 125μs。因此 STM-1 的信道基本传输速率为：8 000×2 430×8=155.52Mbit/s。

如图 11-1 所示，STM-N 帧开销的大小（3.7%）和位置是固定的（前 10 列），与负载无关，因此 SDH 帧在净负载区可以封装各种信息（如 Ethernet、E1、PPP 等），而不管具体信息的数据结构，因此 SDH 可用于集成新的服务。RFC 2615 规定在 SDH 链路上使用 PPP 封装，由于 PPP 专为点到点链路设计，因此可以在 SDH 传输网上实现 IP over SDH。SDH 技术虽然基于话音传输体制，但是目前的 SDH 传输设备都提供了 GE（吉比特以太网）接口。

2．SDH 的容器

容器是一种数据结构，主要完成速率调整功能。为了让 PDH（准同步数字体系）、E1、Ethernet 等信号进入容器（C）内，ITU-T 规定了 5 种标准容器：C11、C12、C2、C3 和 C4，我国规定只采用其中的 C12、C3 和 C4 三种容器。如图 11-2 所示，由标准容器出来的数据流加上通道开销后，就构成了虚容器（VC），它用于支持通道层的连接。

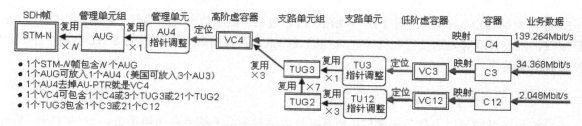

图 11-2　我国采用的 SDH 复用与映射结构

3．SDH 的映射、定位和复用

将低速支路信号复用为 SDH 标准速率信号，要经历映射、定位和复用 3 个步骤。

映射是将支路信号适配进虚容器（VC）的过程。也就是将各种速率的支路信号，先经过码速调整，然后分别装入到各自相应的标准容器中，再加上相应的通道开销（POH），形成各自相应的虚容器（VC）的过程。例如，将 E1（2Mbit/s）信号适配进虚容器 VC12。

定位是将帧偏移信息收进支路单元或管理单元的过程。即附加一个指针，指示净负载第 1 个字节在 VC（虚容器）中的位置，使接收端能正确地从 STM-N 中拆分出相应的 VC，进而分离出低速信号。

复用是将多个单独信道的独立信号复合起来，在一个公共信道的同一方向上进行传输。SDH 中的复用是将多个低阶信号适配进高阶通道的过程。

4．字节间插复用

字节间插复用是将 SDH 中低级别的 STM（同步传送模块）向高级别的 STM 复用的一种方式。例如，STM-4 的模块容量是 STM-1 的 4 倍，字节间插就是有规律地分别从 4 个 STM-1 中，依次抽出 1 个字节插入到 STM-4 中，在以上过程中，STM 保持帧频不变（8 000 帧/秒）。其余等级的 STM 字节间插复用过程也以此类推。

由于各支路信号在 STM-N 帧中的位置固定，因此可直接分出（分接）或插入。如图 11-3 所示，用字节间插复用方式，将低速信号插入到高速 STM-N 模块中；同样也可以用字节间插复用方式，从高速 STM-N 信号中分出低速支路信号。例如从 STM-1（155Mbit/s）帧中直接分出低速的 E1（2Mbit/s）信号。这种信号分出和插入设备称为 ADM（分插复用器）。

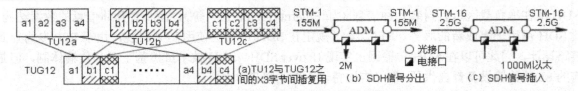

图 11-3　SDH 信号的字节间插和信号分出/插入

字节间插复用一是体现了 SDH 同步复用的设计思想；二是通过 STM 中管理单元指针（AU-PTR）的值，就可以定位低速信号在高速信号中的位置，使低速信号可以方便地分出或插入到高速信号中。

11.1.2　SDH 网络接口

SDH 对网络接口（NNI）进行了统一规范，内容包括：数字信号速率等级、帧结构、复用方法、线路接口、监控管理等。这使得在同一光纤传输线路上，可以安装不同厂商的 SDH 设备，使 SDH 具有良好的兼容性。

1. 光接口与电接口

光端机与光纤的连接点称为**光接口**，光端机与数字设备的连接点称为**电接口**。ITU-T G.957 将光接口分为三类：局内通信光接口、短距离局间通信光接口和长距离局间通信光接口。

2. SDH 接口速率等级

如表 11-1 所示，ITU-T 规定了一套 SDH 接口标准速率等级，基本等级是 STM-1（同步传输模块 1），速率为 155.52Mbit/s，高等级的同步传输模块可以由低等级的模块复接而成，复接个数是 4 的倍数。例如，STM-4＝STM-1×4，STM-16＝STM-4×4，STM-64＝STM-16×4 等。

表 11-1　　　　　　　　　　　　　　**SDH 接口标准速率等级**

SDH（欧/亚）	SONET（北美）		标准速率（Mbit/s）	SDH（欧/亚）	SONET（北美）		标准速率（Mbit/s）
	光接口	电接口			光接口	电接口	
—	OC-1	STS-1	51.840	STM-13	OC-36	STS-36	1 866.240
STM-1	OC-3	STS-3	155.520	STM-16	OC-48	STS-48	2 488.320
STM-3	OC-9	STS-9	466.560	STM-32	OC-96	STS-96	4 976.640
STM-4	OC-12	STS-12	622.080	STM-64	OC-192	—	9 953.280
STM-6	OC-18	STS-18	933.120	STM-128	OC-384		19 906.560
STM-8	OC-24	STS-24	1 244.160	STM-256	OC-768		39 813.120

SDH 光接口的链路编码为加扰码的 NRZ（非归零码）编码，扰码采用 x^7+x^6+1 多项式生成。扰码的目的是抑制链路中长串"0"和长串"1"，便于从链路中提取时钟信号。SDH 脉冲上升时间为 1.2μs、脉冲宽度为 50μs、电压幅度为 20V。

3. SDH 设备接口

SDH 传输网络设备如图 11-4 所示。

（1）SDH 电接口。E1（2Mbit/s）电接口；E3（34Mbit/s）电接口；75Ω 同轴接口；STM-1 155Mbit/s 电接口；100/1 000M 以太电接口等。

（2）同步时钟接口。外接高精度时钟源（如 BITS）接口，如符合 G.703 建议的 2.048MHz 或

2 048kbit/s 外同步时钟接口，接口形式为 75Ω 同轴接插件。

（3）数字通信及设备维护接口。X.25 接口，作为网络管理接口；RS232 接口，作为网元管理接口；以太网 RJ45 接口，作为网络管理或网元管理接口；$N \times 64$kbit/s 接口，作为同向 64kbit/s 数据通信接口；RS422 数据接口；RJ11 接口，作为公务电话接口等。

（4）电源接口。给设备子架提供−48V 电源和进行电源告警管理。

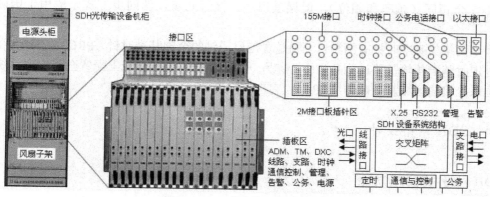

图 11-4　SDH 设备接口与系统结构

11.1.3　SDH 网络同步

1. 信号的同步

同步是数字信号流在传输时，其速率必须完全保持一致。如果收端和发端不能很好地同步，就不能保证数据传送的准确无误。同步包括位同步、帧同步、准同步和同步网。

（1）位同步。位同步是收发两端的时钟频率必须同频、同相。这样接收端才能正确接收和判决发送端送来的每一个码元。同频就是要求发送端发送了多少个码元，接收端必须产生同样多的判决脉冲，既不能多一个，也不能少一个。实现位同步最常用的方法是接收端直接从接收到的信号码流中提取时钟信号，作为接收端的时钟基准，去校正或调整接收端本地产生的时钟信号，使收发双方时钟保持同步。

（2）帧同步。帧同步的作用是实现数据和语音信号的正确分路。

（3）数字同步网。在数字通信网内，如果数字交换设备之间的时钟频率不一致，或数字比特流在传输中出现错误，就会在数字交换系统的缓冲存储器中产生码元的丢失和重复。

（4）准同步。准同步（如 PDH）是指在一个数字网中，各个节点分别设置高精度的独立时钟，这些时钟产生的定时信号以同一标称速率出现，而速率的变化限制在规定范围内。借助缓冲技术，每 2 个准同步时钟系统之间的 64kbit/s 承载链路的滑动，应在 72 天以上出现一次。通常国际通信时采用准同步方式。

2. SDH 同步网

SDH 是数字同步网，同步的方法有主从同步和伪同步。

（1）主从同步。主从同步是指网络内设一时钟主局，配有高精度时钟，网内各局均跟踪主局时钟，以主局时钟为定时基准，并且逐级下控，直到网络终端局。主从同步方式一般用于一个国家、地区内部的数字网络，它的特点是国家或地区只有一个主局时钟，网络上其他网元均以此主局时钟为基准进行本网元的定时。

我国 SDH 网采用分级主从同步方式。 即采用单一基准时钟，经同步分配网的同步链路控制全网同步，网中使用一系列分级时钟，每一级时钟都与上一级时钟或同一级时钟同步。

（2）伪同步。伪同步是指数字网络中，各数字交换局在时钟上相互独立、毫无关联，而各数字交换局的时钟都具有极高的精度和稳定度，一般用铯原子钟。由于时钟精度高，网内各局的时钟虽不完全相同（频率和相位），但误差很小，接近同步。伪同步方式一般用于国际数字传输网络中。

我国同步网络的基准时钟有两种：一种是含铯原子钟的全国基准时钟（PRC），它产生的定时基准信号通过定时基准传输链路送到各省中心；另一种是在同步供给单元上配置全球定位系统（GPS）或卫星定位系统组成区域基准时钟（LPR），它也可接受 PRC 的同步。

11.1.4 SDH 网络设计

1. SDH 网络主要设备功能

SDH 网络主要设备如图 11-4 所示，大部分 SDH 器件以插板形式、集中安装在机柜中。SDH 系统的信号交换方式如图 11-5 所示。

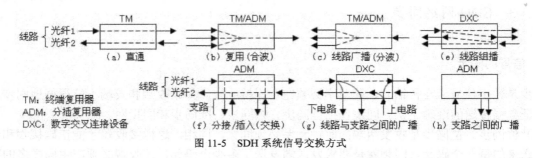

图 11-5 SDH 系统信号交换方式

（1）TM（终端复用器）。TM 是一个双端口器件，它的功能是将多路低速信号复用成为 1 路高速信号，或者将 1 路高速信号分接成多路低速信号。

（2）ADM（分插复用器）。ADM 是 SDH 网络应用最广泛的设备，它是一个三端口器件，用于 SDH 网络的中间局站，完成信号的上/下路（电信号上行或下行）功能。ADM 的主要功能是：在高速信号中分出或插入部分低速信号；进行不同 VC（虚容器）之间的互连；利用 ADM 构成各种自愈环网络。

（3）DXC（数字交叉连接设备）。DXC 有一个或多个信号端口，可以对接入的任何端口的接口速率进行控制，实现线路-线路、线路-支路、支路-支路之间的交叉连接（交换功能），满足上/下电路等功能。DXC 的其他功能有：分接/插入功能，例如将若干个 2Mbit/s 的 E1 信号复用至 155Mbit/s 的 STM-1 帧中，或从 155Mbit/s 的 STM-1 帧中解复用出 2Mbit/s 的 E1 信号；分离业务功能，例如分离本地交换业务和非本地交换业务，为非本地交换业务提供路由；电路调度功能，例如为临时重要事件迅速提供电路；简易网络配置功能，例如当网络出现故障时，迅速地对网络进行重新配置，快速恢复网络故障；网关功能；网络保护倒换功能；测试设备接入功能等。DXC 的交换连接是半永久性的，通常为几小时至几天，只要操作系统不下达指令，就继续保持连接状态。

（4）REG（再生中继器）。REG 设在网络中间局站，目的是延长传输距离，但不能上、下电路。REG 有两种类型，一种是纯光的再生中继器，主要进行光功率放大，以延长光传输距离；另一种是电再生中继器，通过光/电变换，电信号抽样、判决、再生整形，电/光变换，消除线路噪声积累，保证线路传送信号波形的完好。

2. SDH 网络结构

SDH 传输网由节点设备（网元）和传输线路互连而成。SDH 网络支持的网络结构有：点到点、链路形、环形、星形和网状等，如图 11-6 所示。

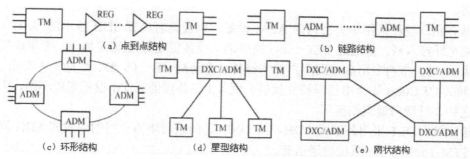

图 11-6　SDH 网络基本结构

（1）点到点结构。这种结构将数据从一个点传送到另一个点，中间不上下电路，因而只需使用终端复用器（TM）和再生中继器（REG）。

（2）链路结构。将点到点结构中的再生中继器（REG）换成分插复用器（ADM），就构成了链路形结构。链路结构较简单经济，常用于中继网和一些不很重要的长途线路，它由通信节点和链路串联起来，并且首尾两点开放。

（3）环型结构。将一串 ADM 首尾相接就构成环形结构。环形结构在 SDH 传输网中应用非常广泛，具有自愈能力，使网络有很强的可靠性。可以由 ADM 组成 SDH 网络，也可使用数字交叉连接设备（DXC）组成环网。

（4）星形结构。这种结构的优点是可以将多个光纤终端汇聚到一点上，也可用于广播式业务；但是，这种结构不利于提供双向通信业务，同时存在网络性能瓶颈、汇聚点对可靠性要求太高，以及光功率限制等问题。星形结构一般用于接入网。

（5）网状结构。网络可靠性高，但结构复杂、成本较高，一般仅用于网络核心层。

3. 自愈环

自愈是指网络发生故障时，无需人为干预，网络自动在极短的时间内（ITU-T 规定为 50ms），使业务自动从故障中恢复传输，用户几乎感觉不到网络出现了故障。

自愈是通过备用信道将失效的业务自动恢复，不涉及具体故障部件和线路的修复或更换。因此故障的修复仍然需要人工干预才能完成。

按环上业务的方向，可将自愈环分为单向环和双向环两大类；按网元节点之间的光纤数，可将自愈环划分为 2 纤环（一收一发）和 4 纤环（两收两发）；按保护方式还可将自愈环分为通道保护环和复用段保护环两类。

4. IP over SDH 技术

SDH 主要负责在物理层上传送字节数据，在数据链路层（L2）负责 SDH 协议与 IP 协议之间的接口。IETF 定义了 PPP（点对点）协议实现 IP over SDH。IP over SDH 技术通过 PPP 数据包，映射进 SDH 帧结构净负荷区，因此也称为 POS（Packet over SDH）。

5．SDH 城域传输网设计案例

【例 11-1】 NC 市电信局是一个省级通信调度中心，除负责城市周边区、县通信业务外，还是通信转接中心。

（1）设计目标。以自愈环方式，通过 SDH 网提供各类业务的接入。设计范围主要包括 NC 市 A 局光传输网络。

（2）组网方案。设计采用华为公司的 ADM 设备，以及具有内置 SDH 技术的 ONU（光网络单元）设备组成光纤接入网，再通过 OLT（光线路终端）设备将业务接到 A 局中。专用虚拟网用户的业务提供点为 A 局，市内专用虚拟网用户都需经各自本地局（B、C、D、E 局）中继层 ADM，转接到 A 局的网关 C&C08（华为电话程控交换机）设备上。各局的 ADM 设备形成环网，因为业务较集中，因此选择 2 纤双向通道倒换环。

（3）传输系统。OLT 采用外置式 SDH，与 ONU 之间采用华为公司的内置式 SDH 同步光传输系统，使用 STM-16 中的 2M 系统传递语音。

（4）设备配置。根据设计需求，ADM 网元设备有两个主线路光接口，需配置两组主线路光接口板。每个网元设备都有一部分公共插板，如主控板等。

（5）结构设计。SDH 网络传输系统的结构设计如图 11-7 所示。

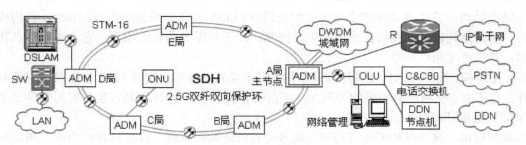

图 11-7　NC 市 SDH 传输网基本结构示意图

（6）网管系统。网管采用华为公司的网元级网管系统，网络通信设备连接到 A 局的局域网中，接入设备的管理维护纳入到 A 局 OLT 端的网管系统，通过网管软件对 OLT、ONU 进行网络管理。网管系统的功能包括：故障管理、性能管理、配置管理、安全管理和计费管理。

（7）业务功能及实现。设计提供以下功能：电话业务实现 PSTN 的全部功能；数据业务提供大用户以太网接入、个人用户 ADSL 接入；视频业务有 CATV、数字电视等。

（8）网络时钟同步。在 A 局接入 BITS（大楼综合定时系统）时钟，设备时钟选取外部参考时钟；其他网元设备从线路 STM-16 信号中获得同步信号，即跟随 A 局的时钟信号。

在以上设计中，省略了以下内容：用户业务需求分析、链路信号衰减计算、中继放大功率计算、设备技术指标分析、光纤链路设计、机房设计、软件设置、工程概预算等。

11.2 DWDM 骨干传输网

11.2.1 DWDM 工作原理

1. WDM 系统工作原理

波分复用（WDM）是在一根光纤中**同时传输多个波长光信号**的技术。WDM 技术采用波分复用器（合波器）在发送端将不同波长的光载波信号合并起来，并送入一根光纤中进行传输；在接收端，再由另一波分复用器（分波器）将这些不同的光载波信号分开，恢复出原信号后送入不同的终端。WDM 是一种纯粹的物理层技术，它的运行独立于所携带信息的类型，灵活地传送任何格式的信号。

光纤中的光信号复用方式有两种类型，一种是时分复用（TDM），如第 10 章讨论的 EPON（以太无源光网）技术；另一种是 **WDM 系统采用的频分复用（FDM）技术**，每个波长信道（有波道/波导/光通路/光通道等名称）在光谱中占用一定的频率，因此 WDM 系统本质上是光域上的模拟系统。**WDM 系统采用的光波是一系列特定长度的标准波长**（也称为彩色光）；其他系统（如 SDH）采用单个固定波长。

2. DWDM 与 CWDM

为了提高光纤带宽的利用率，WDM 系统中相邻两个波长信道的间距越来越小。按照波长信道间距的不同，WDM 可以分为 CWDM（粗波分复用）和 DWDM（密集波分复用）。WDM 与 DWDM 的差别没有严格的定义，一般认为波长信道间距大于 1nm，且信道总数少于 18 个时，称为 CWDM；如果波长信道间距小于 1nm，且信道总数大于 18 个以上，则称为 DWDM 系统。现有的商用 WDM 系统大部分是 DWDM 系统，阿尔卡特-朗讯（Alcatel- Lucent）所属的贝尔实验室，研发出了 1 022 波长信道的 DWDM 系统。低成本的 CWDM 系统，在沉寂了一段时间后，近来在城域网和局域网中又重新得到了重视和发展。

3. 单纤双向传输

一根光纤（单纤）双向传输的 DWDM 系统，可以减少光纤和线路放大器的数量。但双向传输的 DWDM 设计比较复杂，必须考虑多通干扰（MPI）、光反射影响、信号串扰、两个方向传输的电平功率数值、OSC（光监控信道）传输、自动功率关断等一系列问题。

目前的 DWDM 系统大部分采用单纤单向传输，单纤双向传输的 DWDM 系统只适用于光缆比较紧张的情况。DWDM 系统的干线光缆大都采用 24 芯以上的光纤，因此单纤双向传输在 DWDM 系统中应用并不多，它只适用于光缆纤芯数极少的地区。对于单纤双向传输的 DWDM 系统，我国没有完全禁止，但也并不提倡。IEEE 802.3ah 标准规定的 **EPON 系统是采用时分复用的单纤双向传输系统**。

4. WDM 信道容量

WDM 系统在一根光纤中最大能传送多少个光波长，这与光纤的特性、半导体激光、光滤波器、光放大器等技术有关。如图 11-8 所示，以现有的成熟技术，并遵循 ITU-T 建议，在 C 波段

（1 530~1 565nm）和 L 波段（1 565~1 615nm）采用 0.8nm（100GHz）信道间距，可传送 64 个光信道；如果采用 0.4nm（50GHz）信道间距，可传送 128 个光信道；CWDM 采用 20nm（2 500GHz）信道间距，可以传输 18 个光信道。

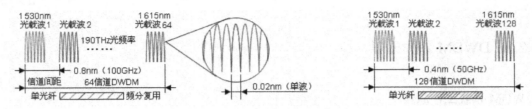

图 11-8　单光纤 DWDM 系统中承载的光信道数

为了有效利用信道，现有 DWDM 产品以传送 2.5Gbit/s 及 10/100Gbit/s 信号为主，速率低于 2.5Gbit/s 时，先进行集中处理。目前在一根光纤中采用 DWDM 技术时，商用总容量达到了 3.2Tbit/s（80 信道×40Gbit/s，烽火通信产品），DWDM 系统信道容量如表 11-2 所示。

表 11-2　　　　　　　　　　　　单光纤 DWDM 系统光信道容量

SDH 规范	SONET 规范	光信道数	光信道间距	每个光信道容量	单光纤信道总容量
STM-64	OC-192	40	100GHz	10Gbit/s	400Gbit/s
STM-64	OC-192	80	100GHz	10Gbit/s	800Gbit/s
STM-64	OC-192	160	50GHz	10Gbit/s	1.6Tbit/s
STM-256	OC-768	40	100GHz	40Gbit/s	1.6Tbit/s
STM-256	OC-768	80	100GHz	40Gbit/s	3.2Tbit/s
STM-256	OC-768	160	50GHz	40Gbit/s	6.4Tbit/s

5. DWDM 系统的优点

DWDM 系统与传送内容无关，也就是说可提供与服务内容完全无关的传送网络。例如，DWDM 网络可传送 IP、SDH、ATM 等数字信号，也可以传送 CATV、视频监控、音频等模拟信号。由于不同波长的光信号可以在同一根光纤中独立传输而互不干扰，因此能在一根光纤中同时传输声音、视频、数据等多媒体信息，实现真正意义上的多业务综合。

DWDM 传输容量大，可节约宝贵的光纤资源。单波长系统（如 SDH）收发一个信号需要使用 2 根光纤（一收一发）；对于 DWDM 系统，多个信号只需要 2 根光纤。例如，承载 64 个 2.5Gbit/s 信道的 SDH 系统，需要 128 根光纤；而 DWDM 系统仅需要 2 根光纤。尤其在大容量长途传输时，DWDM 系统可以节约大量的光纤资源。

SDH 网络中的节点需要光电转换设备，将光信号转换为电信号，再将电信号转回光信号（O-E-O），这样信号的总体传输速率会因为光电转换设备而受到限制，无法将光纤的潜力充分发挥。如果 DWDM 系统中的 ROADM（可重构光分插器）和 OXC（光交换机）设备能够商用化，就可以直接进行光交换，免除 O-E-O（光-电-光）转换步骤，提升网络效率。

DWDM 系统扩容时，不需要改变原有的光纤设备，也不需要铺设更多的光纤，只需要更换光端机或增加光波长，就可以进行容量扩充，因此 DWDM 是理想的扩容技术。

6. DWDM 的发展

光通信系统经历了20世纪80年代的PDH系统、20世纪90年代中期的SDH系统、目前的DWDM系统，以及正在研发的自动交换光网络（ASON），光通信系统在快速地更新换代。

DWDM 系统在以下方面取得了很大的进展。

（1）RZ（归零码）、DPSK（差分相移键控）等新型调制码型得到应用，打破了 NRZ（非归零码）一统天下的局面。

（2）信道间距不断变窄，50GHz（0.4nm）间隔 DWDM 系统已经大规模商用，25GHz（0.2nm）间距的超密集波分（UDWDM）系统也已具备商用条件。

（3）单信道传输速率不断提高，10/100Gbit/s 系统在逐步应用之中。

（4）随着 ROADM（可重构光分插器）技术的成熟和规模应用，DWDM 系统不再满足于简单的点到点传输，光传输网（OTN）已经开始商业化试用。

7. DWDM 系统存在的问题

（1）网络管理。具有复杂上/下信道的 DWDM 系统，网络管理仍不成熟。如果 DWDM 系统不能进行有效的网络管理，将很难大规模商业应用，目前的运行维护软件也不成熟。

（2）性能管理。DWDM 系统使用模拟方式复用和放大光信号，因此常用的 *BER*（比特误码率）指标并不适用衡量 DWDM 的业务质量，必须寻找新参数来衡量网络的服务质量。

（3）互连互通。DWDM 行业标准制定不规范，不同厂商的 DWDM 产品兼容性较差。DWDM 系统之间的互操作性，以及 DWDM 系统与传统系统之间的互连互通，都在进行研究。

（4）光器件。一些重要的光器件不成熟。例如，通常光网络中需要采用 4~6 个能在整个网络中进行调谐的激光器，但目前这种设备的商业化程度还不高。

（5）信号重叠。随着 0.2nm（25GHz）信道间距的 DWDM 系统的应用，信道间距的减小和信号光谱的展宽，使相邻信道之间的信号光谱开始发生重叠。

（6）网络成本。DWDM 系统的设备费用相当大，由于激光器和过滤器都是静态的，因此不得不保留相当数量的备用资源，例如，容量为 40 信道的节点必须准备 40 个备用的转发器。

11.2.2　DWDM 基本结构

WDM 系统不像 SDH 系统那样有严格统一的规范，主要原因在于 SDH 系统是 ITU-T 先制定了标准规范，各大厂商再根据标准制造产品；而 WDM 系统的发展却恰恰相反，是各厂商先有产品，而且规格不一，因此到现在 ITU-T 还没有形成统一的 WDM 规范。

1. 集成式 WDM 系统和开放式 WDM 系统

WDM 系统分为集成式 WDM 系统和开放式 WDM 系统。集成式系统是 WDM 设备具有满足 G.692 标准的光接口，采用标准光波长，有长距离传输的光源。系统结构比较简单，没有增加多余设备。由于集成式 WDM 兼容性较差、网络管理存在问题，因此应用不多。

开放式 WDM 系统是在波分复用器前加入 OTU（波长转换器），将 SDH、Ethernet、CATV 等不规范波长转换为标准波长。开放是指在同一 WDM 系统中，可以接入多家厂商的 WDM 系统。OTU 对输入的光信号没有要求，可以兼容任何厂商的 SDH 信号。OTU 输出满足 G.692 标准规定的光接口，满足长距离传输的光源。开放式 WDM 系统可以实现不同厂商的 SDH 系统工作在一个 WDM 系统内。开放式 WDM 系统的结构如图 11-9 所示。

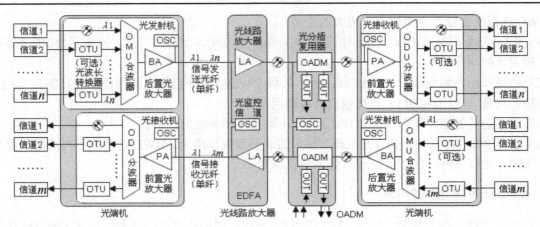

图 11-9　开放式 WDM 系统结构

2. 波长工作区的选择

对于常规 G.652 光纤，ITU-T G.692 标准给出了以 193.1THz 为标准频率、信道间距为 100GHz（0.8nm）的 41 个标准波长（192.1~196.1THz），即波长工作范围为 1 530~1 561nm。在实际 WDM 系统中，考虑到在 EDFA（掺铒光纤放大器）的放大频谱在 1 530~1 565nm 范围内，级联后的增益曲线极不平坦，可选用的增益区很小，各波长信号的增益不平衡，必须采取复杂的均衡措施。因此各大公司对 1 548~1 560nm 波长区内的 16 个波长更受青睐，例如西门子和朗讯都采用了这一波长区。在 1 548~1 560nm 波长区内，EDFA 的增益相对平坦，其增益差在 1.5dB 以内，而且增益较高，可充分利用 EDFA 的高增益区。在多级级联的 WDM 系统中，以上波长区更容易实现各信道的增益均衡。另外该区域位于长波长区一侧，很容易在 EDFA 的另一侧（1 530~1 545nm）开通另外 16 个波长，扩容为 32 信道的 WDM 系统。16 信道和 8 信道 WDM 系统的光波长中心频率，应满足表 11-3 的要求。

表 11-3　　　　　　　　　16 信道和 8 信道 WDM 系统的波长中心频率

信道	波长中心频率（THz）	波长（nm）	信道	波长中心频率（THz）	波长（nm）
1	192.1	1 560.61*	9	192.9	1 554.13*
2	192.2	1 559.79	10	193.0	1 553.33
3	192.3	1 558.98*	11	193.1	1 552.52*
4	192.4	1 558.17	12	193.2	1 551.72
5	192.5	1 557.36*	13	193.3	1 550.92*
6	192.6	1 556.55	14	193.4	1 550.12
7	192.7	1 555.75*	15	193.5	1 549.32*
8	192.8	1 554.94	16	193.6	1 548.51

说明：表中加 * 的波长用于 8 信道 WDM 系统。

WDM 系统除了对信道波长有明确规定外，对中心频率偏移也有严格规定。信道间距为 100GHz 的 16×2.5Gbit/s 的 WDM 系统，到光信号寿命终了时，波长偏移应不大于±20GHz。

3. WDM 系统环路保护

WDM 有光通道保护环（OCPR）和光复用段保护环（OMSP）两种保护方式。业务集中型网络多采用光通道保护环方式，省级干线和业务分散型网络多采用光复用段保护环方式。

（1）光通道保护环。如图 11-10(a)所示，光通道保护环采用**双发优收**（单收）方式实现保护，一根光纤组成工作环路，另一根光纤组成保护环路。信号在 OADM 的发端和收端桥接（用光分波器）到工作环光纤和保护环光纤上，**OADM 发端同时向工作环和保护环两个不同方向发送光信号，收端则选择其中一个质量较优的光信号接收。**

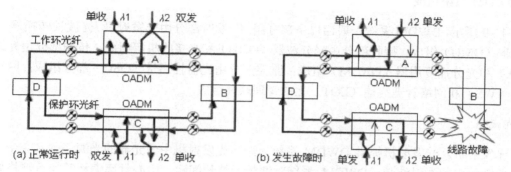

图 11-10　双纤单向光通道保护环（OCPR）工作原理

如图 11-10(b)所示，当环上某段光纤或节点出现故障时，收端 OADM 设备检测到某一方向信号丢失后，接收端会自动切换到保护环路光纤上，选择接收另一方向的信号。由于接收端并不需要通知发送端，所以不需要信令信道。

ITU-T G.8031 规定了 1+1 和 1:1 两种保护环结构。在 1+1 保护环结构中，单一业务信号通过单一实体进行保护，在首端采用永久连接，倒换主要发生在末端。在 1:1 保护环结构中，单一业务信号通过单一实体进行保护，首端的连接是不确定的，直到产生一个保护倒换请求时，才进行保护首端的连接，保护环两个端点的结构必须匹配。简单地说，1+1 保护方式中，信号发送端同时向工作环路和保护环路发送数据，由接收端进行信号选收。

光通道保护环是一种 1+1 保护方式。它的优点是不需要复杂的倒换协议、可靠性较高，目前已商用的 OADM 设备可用于组成光通道保护环。光通道保护环的缺点是光通道利用率低、成本较高。因为它需要提供与主通道同样数量的保护通道。

（2）光复用段保护环。光复用段保护环是只在光信道上进行 1+1 保护，而不对终端设备进行保护，这种方法减少了成本。光复用段保护只有在独立的 2 条光缆中实施才有实际意义。

4. WDM 系统安全要求

WDM 系统一般使用 EDFA 放大光信号，当输入光信号功率迅速增大时，由于 EDFA 的慢增益效应，会使 EDFA 内部产生"光浪涌"现象，导致输出的光功率出现"尖峰"，其峰值功率可达到数十瓦。在光缆突然被切断，或其他原因导致光信号丢失时，如果 EDFA 中的泵浦源不及时关闭，泵浦源就会一直处于高能级的激发状态，使泵浦中的离子浓度达到最大。这时，如果突然有一个较高功率的光信号进入掺铒光纤，将引起几乎所有的亚稳态离子发生受激辐射翻转，使 EDFA 的输出功率达到最大值。这种高功率的光信号非常危险，有可能烧坏光连接器件和光接收机。ITU-T 建议规定：单路或合路进入光纤的最大光功率为+17dBm。

为了防止光浪涌，当光缆中断或信号中断被检出时，系统应自动减小或切断向 EDFA 的馈送功率；当链路状态恢复时，待光信号恢复一定时间后，再恢复 EDFA 的馈送功率。

11.2.3 DWDM 常用器件

1. DWDM 系统组成

如图 11-9 所示，DWDM 系统一般由以下部分组成。发射部分由光发射机、光波长转换器（OTU）和光合波器（OMU）组成；接收部分由光分波器（ODU）和光接收机等组成；传输部分由光线路放大器（LA）和光分插复用器（OADM）组成；监控部分由光监控通道（OSC）部分组成；网管部分由工作站（WS）和网络管理终端（EOT）上的管理软件组成。

2. 光端机

（1）光发射机。光发射机提供 DWDM 系统光源，光发射机中激光器的光源必须具有十分狭窄的谱宽和非常稳定的发射波长，DWDM 系统对波长、波长间距、中心频率偏移等均有严格要求，必须符合 ITU-T G.692 建议要求。另外还需要根据 DWDM 系统的不同应用（主要是光纤类型和中继传输距离），选择具有一定色散容限的光发射机。

（2）光接收机。光接收机接收到经传输而衰减的光信号后，先对光信号进行放大，然后利用分波器从信道中分出特定波长的光信号，然后送往各个终端设备。

3. 掺铒光纤放大器（EDFA）

（1）光放大器功能。光放大器（OA）的作用是对复用后的光信号进行放大，由于分波/合波器的插入损耗较大，DWDM 系统中使用光放大器时，光放段传输距离一般为 60~80km，**光放大器是一种不需要经过光-电-光（O-E-O）转换，直接对光信号进行放大的有源器件**。光中继放大器（REG）可以对光信号进行 O-E-O 转换，并且对信号进行 3R（再放大、再整形、再定时）处理，使用光中继放大器（REG）后，光信号传输距离可达到 600km。

（2）光放大器的类型。如图 11-9 所示，WDM 系统有 3 种光放大器：后置光信号功率放大器（BA）、光线路放大器（OLA）、前置放大器（PA）。目前已经商用的光放大器有：掺稀土元素的掺铒光纤放大器（EDFA）、半导体激光放大器（SOA）和非线性拉曼光纤放大器（SRA）。目前 WDM 系统大部分采用 EDFA，EDFA 的结构如图 11-11 所示。

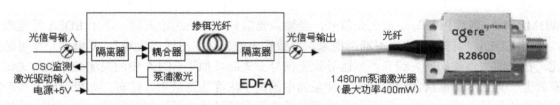

图 11-11　掺铒光纤放大器（EDFA）基本结构

（3）EDFA 工作原理。EDFA 由掺铒光纤、泵浦激光（Pump Laser）和耦合器等组成。EDFA 是在石英光纤中掺入铒离子（E3+），使掺铒光纤具有受激放大功能，然后用高功率泵浦激光对掺铒光纤进行辐射激发，掺铒光纤受辐射激发后会对光信号进行放大。耦合器的功能是将光信号与泵浦激光混合。

（4）EDFA 技术性能。泵浦激光有 980nm 和 1 480nm 两种类型，980nm 泵浦激光可以保持较低的噪声系数，而 1 480nm 泵浦激光有更高的泵浦效率，可以获得较大的输出功率。对于 8 路 WDM

系统,线路放大器(LA)的泵浦激光大多采用980nm波长;对16路以上的WDM系统,则采用1 480nm的泵浦激光。这是由于较大的分路比减少了可用的激光功率范围,必须采用功率更大的泵浦源。出于激光安全性和光纤非线性的考虑,输出光功率一般限制在 17dBm 以下, 放大频带一般为1 5301~1 565nm。EDFA 对光信号的放大与码率和信号格式无关,而且能把各波长光信号同时放大。

　　EDFA 只能进行光信号放大,没有信号整形和定时功能,不能消除因线路色散和反射等因素带来的不利影响。因此,WDM 系统经过 500~600km 的传输后(中间需要 OLA),必须使用光中继放大器(REG)对信号进行"光-电-光"转换和 3R 处理。

　　4.　光合波器(OMU)与光分波器(ODU)

　　(1)分波/合波器的功能。光合波器与光分波器也称为复用器/解复用器(MUX/DEMUX)。合波器是将不同波长的光信号结合在一起的器件;分波器将同一光纤送来的多波长信号分解为个别波长输出的器件。同一器件既可作为分波器,又可以作为合波器。一般要求合波器和分波器的插入损耗低、隔离度高、具有良好的带通特性、温度稳定性好、复用波长数多、有较高的分辨率等。

　　分波/合波器类型有:光栅型(FBG)、薄膜滤波器型(TFF)、集成光波导型(AWG)等。

　　(2)光栅型分波/合波器工作原理。光栅型分波器工作原理如图 11-12 所示,当一束入射光照射到透镜后,透镜将入射光聚焦到光栅上,由于光栅的色散作用,使不同波长的光信号以不同的角度反射出来,反射光经过透镜汇聚后,再由滤波器过滤出规定波长的光信号,然后输出到光纤中,从而达到分波的功能。合波器工作过程与分波器相反。

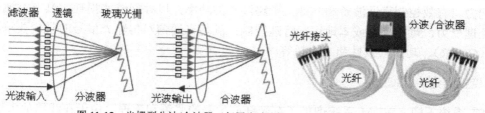

图 11-12　光栅型分波/合波器(复用/解复用器)工作原理示意图与产品

　　(3)分波/合波器技术性能。光栅型分波/合波器是一种无源器件,具有优良的波长选择特性,可使波长间距缩小到 0.51nm 左右。由于光栅型合波器并行工作,因此插入损耗不会随信道的增多而增加,它能实现 32~131 个波长的复用。但光栅型分波/合波器对温度很敏感,以 16 信道的 WDM为例,1 550nm 波长的温度系数大约为 0.4nm/℃,环境温度变化30℃时,会引起约 0.4nm 的波长偏移,这对信道带宽仅 0.31nm 的 WDM 系统,将导致 3dB 的插入损耗,因此必须采用温控措施。

　　5.　光波长转换器(OTU)

　　光波长转换器的功能是将输入的光信号转换成满足 G.692 要求的波长光信号。光波长转换器有光-电-光型和全光型,全光型光波长转换器尚未完全达到商用水平,大部分光波长转换器属于光-电-光型。光波长转换器主要有三个功能:一是在光信号恶化的情况下进行光信号再生和放大;二是波长的上路与下路;三是进行开销处理,因为光波长转换器可以接触电信号,所以它很容易进行开销处理。

　　光波长转换器采用"可调谐滤波器＋可调谐激光器"组合实现,它包括传送、控制、通信、电源、显示和接口等部分。在 DWM 系统中,光波长转换器是一个可选器件。

6. 光分插复用器（OADM）

OADM 的功能是在 DWDM 系统中，灵活地添加或分离（上路/下路）波长。目前固定波长的 OADM 已普遍应用，任意波长的 ROADM（可重构光分插复用器）尚处于推广阶段。

（1）OADM 工作原理。如图 11-13 所示，输入光波长（λ1~λ8）通过透镜，入射到滤波器 1，根据滤波器 1 的设定，光波 λ1 将直通输出；光波 λ2 被滤波器 1 阻挡不能通过，λ2 通过玻璃衬底折射到滤波器 2，按滤波器 2 的设定，光波 λ2 将通过滤波器 2 分出。

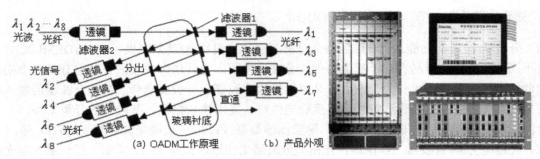

图 11-13　OADM 工作原理示意图与产品

（2）OADM 的功能。OADM 可以有选择地按需上下路波长，每一次上下路波长都不影响直通波长；具有波长转换功能，可在承载本地业务的非标准波长与 WDM 标准波长之间灵活转换；具有功率均衡能力，有效控制直通波长和本地上下路波长的功率，以补偿链路损耗；具有对波长进行管理和开销处理能力，可在远端或本地进行管理控制；满足光通信对传输光信号的常规要求，例如最大信噪比（OSNR）、功率一致性和光损耗等。

7. 光监控信道（OSC）

与 SDH 系统不同，WDM 系统增加了对光纤放大器的监测和管理。由于在线路放大器（LA）中的光信号不进行上下路，因此没有电接口，只有光信号放大，而且业务信号的开销中也没有对光放大器进行监控的字节，因此对于使用中继放大器的 WDM 系统，需要增加一个额外的光监控信道（如图 11-9 中的 OSC），对光放大器的运行状态进行监控。经常采用的技术是增加一个新的光波长，在这个波长上传送 OSC 检测信号。中继放大器的增益区一般为 1 530~1 565nm，SOC 必须位于增益带宽的外面，一般采用 1 510nm 波长，监控信号速率为 2Mbit/s，信号发送功率为 0~7dBm。

11.2.4　DWDM 网络设计

1. DWDM 网络对光纤的要求

在 DWDM 系统中，由于有多个光信号在一根光纤中同时传输，因此增加了光纤中光功率的密度，很容易引发四波混频（FWM，一种光干扰信号）等现象。DWDM 系统一般使用常规的 G.652 光纤，以及有色散位移的 G.653 光纤和非零色散的 G.655 光纤。

2. DWDM 网络对设备的要求

广域网的传输距离长达数千公里，中间需要经过很多设备，对激光器和复用器的要求很高。城域网传输距离一般在 80km 以内，对光纤的传输衰减不敏感，这就免除了使用外部调制解调器和光放大器的要求，以及相应的信道均衡要求。

城域网 DWDM 接入设备必须具有较高的扩展能力，能提供 16~44 个有保护的信道。

DWDM 接入设备应当能够包容各种业务，如 SDH、Ethernet、IP 和 CATV 等。

DWDM 系统的标准还没有完全制定，多个厂商设备的互连还存在问题。在这种情况下，应当尽量采用一个厂商的设备，或加入相应的转换设备，实现不同厂商设备之间的互连。

3. DWDM 网络结构设计

DWDM 系统支持环型、链路型、网状型、树型等结构。DWDM 系统中的信道数量很多，在工程设计中可以使用不同的信道，分别设计成不同的网络结构。例如，用其中的 n 个信道组成链路型网络，用其中 k 个信道组成环型网络，还可以用其他信道组成网状网络等。

长途传输网大多采用链路型和环型结构，业务保护由 OADM（光分插复用器）、OXC（光交换机）或更高层的协议执行。WDM 城域网大多采用环型结构，并组成光信道自愈环结构，以提高网络的可靠性。某电信运营商省级 DWDM 网络的基本结构如图 11-14 所示。

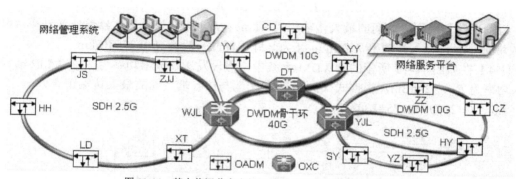

图 11-14　某电信运营商省级 DWDM 网络基本结构示意图

光通信设备的故障率很低，故障大多来自光缆线路。统计资料表明，光缆线路故障约每 100km 每年 0.1 次，每次故障历时平均 6 小时。光缆线路故障多为外部机械损伤所致，并且多为整条光缆全部阻断。因此在 DWDM 系统设计中，点到点之间应当采用不同路由的双光缆（1+1）组网方式。两条不同物理路由上的光缆同时阻断的概率很小，这种传输网的可靠性非常高，但是建设成本也很高。

4. 信道光功率计算

（1）发送端光功率

如图 11-9 所示，发送端放大单元内的后置放大器（BA）输入功率为

$$P_{BA \text{输入}} = 单波长最佳输入功率值 + 10\lg（波长数）\tag{11-1}$$

发送端放大单元内的后置放大器（BA）输出功率为

$$P_{BA \text{输出}} = P_{BA \text{输入}} + 增益 - 损耗\tag{11-2}$$

【例 11-2】在 DWDM 系统中，假设后置放大器（BA）的单波最佳输入功率为 -6dBm，波长信道数为 32，增益为 15dBm，耦合器插入损耗为 1dBm，计算发送端总输出光功率。

根据式（11-2），后置放大器输入总光功率为：$P_{BA \text{输入}} = -6\text{dBm} + 10\lg（32）= 9\text{dBm}$

根据式（11-2），后置放大器输出总光功率为：$P_{BA \text{输出}} = 9\text{dBm} + 15\text{dBm} - 1\text{dBm} = 23\text{dBm}$

（2）接收端光功率

【例11-3】 在 DWDM 系统中，假设接收光端机的前置放大器（PA）的单波最佳输入功率为 -19dBm，波长信道数为 32，根据式（11-1），前置放大器（PA）的输入总功率为：$P_{\text{PA输入}}=-19\text{Bm}+10\lg(32)=-4\text{dBm}$。

如果前置放大器（PA）的增益为 25dB，根据式（11-2），前置放大器（PA）输出总光功率为：$P_{\text{PA输出}}=-4\text{dBm}+25\text{dBm}=21\text{dBm}$。

（3）等增益设计

DWDM 系统的线路光放大器（OLA）一般按等增益进行设计，即光纤线路中的光放大器（LA）的输出功率及其接收灵敏度均相同，如果某个光放段的光纤衰减小于放大器的增益值，则可用光衰减器进行补齐。

5. 光放大器传输距离计算

第 8 章 8.3.4 小节中介绍了光纤链路传输距离的计算方法，这些方法中的所有参数基本都是按最坏值考虑，因此较为保守。光纤网络工程中，通常采用式（11-3）计算传输距离。

$$L=(P_{\text{out}}-P_{\text{in}})/A \tag{11-3}$$

式中，L 为发送端与接收端之间的最大传输距离（km）；P_{out} 为发送端放大器输出光功率（dBm）；P_{in} 为接收端最小允许输入光功率（dBm）；A 为光纤损耗，一般为 $A=0.275\text{dB/km}$。

【例11-4】 在如图 11-15 所示的 DWDM 系统中，假设发送端输出功率为 $P_{\text{out}}=7.5\text{dBm}$，接收端最小输入功率为 $P_{\text{in}}=-20\text{dBm}$，根据式（11-3），发送端与接收端之间的最大传输距离为

$$L=(7.5-(-20))/0.275=100\text{km}$$

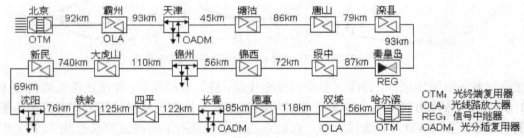

图 11-15 北京-哈尔滨 DWDM 网络结构示意图

由以上计算可知，大虎山-锦州、铁岭-四平、四平-长春、德惠-双城 4 个光放段的距离超过了以上计算的最大传输距离，需要加大光线路放大器（OLA）的发送功率。锦州-沈阳的传输距离达 500km 以上，因此在秦皇岛站点设置一个光中继放大器（REG）。

6. 光信道信噪比（OSNR）计算

再生段的单信道信噪比一般要求大于 20dB，光信道信噪比计算使用式（11-4）。

$$OSNR=58+P_0-N_f-G-10\lg(N) \tag{11-4}$$

式中，$OSNR$ 为光信道信噪比（dB）；58 为综合系数，P_0 为单信道光功率（dBm），N_f 为光线路放大器噪声系数（dB），G 为光放段增益（dB），N 为光放段数。

在 ITU-T G.692 建议中，对点到点 WDM 系统的光中继参数几乎没有定义。为了增加可操作性，我国规定了 3 种光信道信噪比设计方式：8×22dB、5×30dB 和 3×33dB 系统。其中 22dB、30dB 和 33dB 是每一个光纤区段允许的光信号损耗，数字 8、5、3 表示区段的数目，按以上参数进行 DWDM

网络设计时，可不再进行 OSNR 计算。

【**例 11-5**】例如，8×22dB 表示 WDM 系统由 8 个区段组成，每 2 个光线路放大器（OLA）之间的允许损耗为 22dB。假设光纤损耗为 0.275dB/km（包括接头和光缆富裕度），22dB 对应于 80km 的光纤损耗，则 8×22dB 的 WDM 系统可以传输 8×80km=640km，中间无需进行光信号的"光-电-光"（O-E-O）再生中继。

我国目前干线的中继段距离大多在 50~60km，80km 可以满足大部分地区传输距离的要求。另外 8×22dB 系统技术成熟、可靠性高、性能好、光信噪比（OSNR）比 3×33dB 和 5×30dB 要好 4~5dB。因此适合作为干线传输和省内 2 级干线传输系统。西北地区可能出现超长传输的情况，可以采用 3×33dB 系统（传输距离为 3×120km=360km），以适应某些沙漠地区超长传输距离的需要。

【**例 11-6**】2005 年，烽火通信开通了上海至杭州的 DWDM 网络工程。网络全程采用 G.655 光缆，光纤色散为 5ps/nm.km，信道总容量为 3.2Tbit/s（80 信道×40Gbit/s），网络结构如图 11-16 所示。

图 11-16　烽火通信上海-杭州的 DWDM 网络结构示意图

11.3　城域以太网技术

11.3.1　城域以太网的特征

1. 以太网技术的发展

传统上，以太网技术属于用户驻地网（CPN）领域。目前全球已有超过 10 亿多个以太网交换端口，以太网端口占全球销售数据端口的 95%以上，目前已成为仅次于供电插口的第二大住宅和办公室公用设施接口。采用城域以太网作为用户接入的主要原因是：以太网已有长期应用的经验，目前流行的操作系统和应用程序与以太网兼容，以太网初始建设成本和运营成本较低、扩展性好、容易安装开通等。**以太网采用异步工作方式**，适用于处理 IP 突发数据流，城域以太网与传统以太网相比，仅保留了**帧结构和简单性**，其他特征已有根本性变化。

2. 城域以太网的技术特征

城域以太网（MEN）也称为电信级以太网（CE），最早由 MEF（城域以太网论坛）在 2005 年提出。按照 MEF 定义，城域以太网包括 5 个方面的内容：标准化的业务（专线/虚拟专线、专用局域网/虚拟专用局域网）、可扩展性（业务带宽和业务规模均可灵活扩展）、可靠性（50ms 的保护倒换）、QoS（端到端有保障的业务性能）、电信级网络管理（快速业务建立、OAM、用户网络管理）。

（1）标准化

标准化的目的是强调组网技术和设备要具备良好的互联互通性，实现不同网络厂商设备和网络运营商之间的业务互通。标准化的内容包括网络和业务层面的标准化，前者涉及网络结构、接口和协议的标准化；后者涉及标准化的业务传送，包括以太网专线（EPL）、以太网虚拟专线（EVPL）和以太局域网（E-LAN）等城域以太网业务的互通。

城域以太网中的标准化组织有：IEEE、MEF、ITU-T、IETF 等，它们的研究方向和工作重点有所不同。MEF 主要定义城域以太网的体系结构、业务模型、业务规范、网络测试方法等；IEEE 主要从物理层和链路层的角度制定标准；ITU-T 主要从城域传输网的角度定义城域以太网的需求；IETF 的工作主要集中在 MPLS 工作组和 L2VPN 工作组。

（2）扩展性

城域以太网的扩展性主要关注支持用户的数量（百万级用户）、网络的地理范围（百公里）、业务识别（数据、语音、视频）、控制能力和组网规模等方面的问题。

在用户数量扩展性方面，MAC in MAC 和 Q in Q 提供了地址分级、用户定位和业务分流的解决方案。在业务识别和控制方面，通过 MPLS 标签，较好地提供了业务识别与控制能力。在组网方面，基于 MSR 的环网控制协议和 G.8032 可支持多环组网。

（3）可靠性

以太网以传统星形结构组网时，可能带来可靠性低，出现环路、广播风暴等问题；如果采用环形组网，则必须运行信令控制协议，因此城域以太网必须支持环形拓扑，以满足可靠性要求。城域以太网可对原有设备进行软件升级，增加信令协议，实现环形组网。但是新引入的信令控制协议也带来了一些问题，如多环组网时的协议效率、可靠性、交会节点设备的压力、环上节点过多时带来的效率下降等。

传统的以太网采用链路聚合（IEEE 802.3ad）和生成树协议（STP/RSTP/MSTP）提供可靠性。链路聚合耗费了大量的线路和端口资源，不适合城域以太网；而生成树协议（STP）/快速生成树协议（RSTP）在链路出现故障时，恢复时间都在秒级，远远大于电信级要求的 50ms。城域以太网采用弹性分组环（RPR）或 MPLS 等技术，确保业务倒换时间小于 50ms。

（4）QoS

以太网在局域网内主要承载数据业务，数据业务对时延不敏感，TCP 的重传机制能容忍以太网上少量数据包的丢失，因此 QoS 不是太大的问题。但对于城域以太网，由于需要承载综合业务（数据、语音、视频等），这种不区分流量类型的服务难以确保业务的质量。城域以太网的 QoS 过程包括：流分类、映射、拥塞控制和队列调度。

流分类是根据 MAC 地址、VLAN ID、IP 地址及 TCP/UDP 端口号区分业务流。

映射是根据一定的策略，将数据流的 QoS 参数映射到 IP TOS 字段、MPLS COS 域或 IEEE 802.1p 字段。对实时性较强的业务设置为 EF（加速转发）；对丢包敏感，而实时性不强的业务，设置为 AF（确保转发）；对普通 IP 业务设置为 BF（尽力而为）。

根据业务的不同需求，对数据流应用不同的拥塞控制算法，在网络节点发生拥塞时，能有选择地丢弃少量数据包。

队列调度可以确保时延和抖动等性能。队列调度算法包括：严格优先级（SP）算法、加权公平队列（WFQ）算法、加权循环（WRR）算法等。

（5）电信级管理

电信级网络管理包括一系列涉及多个层面的 OAM（操作、管理、维护）功能要求。以太网原来主要用于小型局域网环境，OAM 能力很弱，其管理功能不足以支持公用电信网所必需的网络范围。另外，以太网交换机的光口是以点到点方式直接相连的，不具备内置的故障定位和性能监视能力，使以太网中发生的故障难以诊断和修复。在公用电信网中，必须有效地运行和维护大规模、地理上分散的网络，需要有很强的 OAM 能力，以及端到端的网络级管理能力，这些网络管理系统都需要重新开发。

为了解决城域以太网的业务管理，ITU Y.1731 定义了大量的 OAM 消息组合，包括：连通性检查（CC）、环路（LB）检查、链路跟踪（LT）、告警指示信号（AIS）、信号锁（LCK）、自动保护切换（APS）、维护通信渠道（MCC）、试验（EXP）、供应商特定（VSP）故障管理，丢包管理（LM），以及时延评估（DM）等几乎所有的电信级 OAM 单元。

11.3.2　城域以太网结构

1. 城域以太网参考模型

城域以太网主要承载两大类业务：一类是面向公众用户的多业务承载，城域以太网主要负责用户与业务的分离、疏导、整合功能，以及部分面向用户的管理功能；另一类是企业用户的专线/VPN 业务承载，这类业务通常横跨城域范围。MEF 为了适应以上业务需求，定义了比较完备的城域以太网业务体系，称为城域以太网（MEN）模型。

（1）城域以太网组网参考模型。在横向组网参考模型中，只有 2 种功能实体，一是 MEN 的基础网络设施，二是用户的 CE（终端设备）设备，如图 11-17 所示。两个实体之间的接口称为 UNI（用户网络接口）参考点，UNI 要符合 IEEE 802.3 的 PHY 层和 MAC 层标准的物理接口。MEN 的基础设施由电信运营商维护。

图 11-17　城域以太网横向组网参考模型

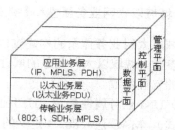

图 11-18　城域以太网业务参考模型

（2）城域以太网业务参考模型。如图 11-18 所示，立体业务参考模型从 Z 轴看，与传统电信网络相同，分为数据平面、控制平面和管理平面。数据平面的功能是与业务承载相关联的功能，控制平面功能是与信令控制相关联的功能，管理平面功能是网络与业务管理相关联的功能。从 Y 轴看，自底向上可分为 3 个不同的业务功能，它们分别是传送业务层、以太网业务层和应用业务层。这 3 个业务逻辑功能相互独立，下一层为上层提供服务。

传送业务层可采用不同的传送技术，如 IEEE 802.3 的物理层；SDH 的通道；MPLS 的 LSP、光纤直联通道等。业务层主要负责面向以太帧的业务传送功能，还包括业务帧传送相关联的所有 MAC 流的操作、管理、维护、提供等功能。应用业务层是指利用以太网业务帧作为传送手段，承载一些高级功能，如 IP、MPLS、电路仿真业务等。

2. 城域以太网业务类型

（1）EVC（以太网虚连接）。EVC 与帧中继和 ATM 技术中的 PVC/SVC（永久虚连接/交换式虚连接）的概念非常类似。**EVC 是一种端到端的逻辑管道连接**，以太网帧一旦进入到管道中是不会被泄露的。在城域以太网中，可以依靠网络资源构建统计复用的 EVC，EVC 可以将数据流量有效地隔离开来，通过对 EVC 及其中的流量进行相应控制，城域以太网就具有了比较完备的流量控制功能。

MEF 定义了 2 种 EVC：点到点 EVC 和多点 EVC。

如图 11-19 所示，MEF 定义了 3 种城域以太网业务类型：E-Line 点到点业务、E-LAN 多点到多点、E-Tree 点到多点。

图 11-19　城域以太网业务类型

（2）E-Line 业务类型。E-Line 业务在实际应用中表现为以太网专线（EPL）业务、以太网虚拟专线（EVPL）业务、以太网宽带接入（EIA）业务、IP VPN 传送业务等。EPL 具有 2 个 UNI 接口，每个 UNI 仅接入一个客户的业务，实现点到点的以太网透明传送，基本特征是传送带宽为专用，在不同用户之间不共享。EPL 业务可以继承和替代 TDM（时分复用）专线业务。EVPL 业务可以继承和替代帧中继和 ATM 业务。

（3）E-LAN 业务类型。在实际应用中，可表现为多点的 2 层 VPN 业务、透明以太网业务和以太网组播业务等。在以太网组播业务中，UNI 要求能够复用多个 EVC，不同的 EVC 对应不同的信道。**E-LAN 业务使得城域以太网就像一个局域网**。

（4）E-Tree 业务类型。E-Tree 业务类似于 EPON 的点到多点业务，可用于 ISP 连接。

3．城域以太网业务属性和参数的选择

城域以太网业务体系的构建过程如下：选择以太网业务类型→选择以太网业务属性→选择以太网业务参数。城域以太网业务的属性和参数分为两种，UNI 是作用于接口的属性参数，EVC 是作用于管道的属性参数。

（1）UNI 业务属性参数。UNI 业务属性参数包括：物理层（802.3 定义的传输介质、传输速率、传输模式）、MAC 层（802.3 定义的 MAC 工作模式）、业务复用状态（是或否）、MAC 地址绑定状态（是或否）、流量绑定（是或否）、EVC 数量等业务参数。

（2）EVC 业务属性参数。EVC 属性包括：EVC 类型（点到点、点到多点）、EVC 标识符、UNI 列表（与 EVC 有关联的 UNI 标识符）、最大 UNI 数、业务帧传送类型（无条件传送、条件传送、丢弃等）、L2CP（隧道透传或丢弃）、EVC 传送性能（传输时延、抖动、丢包率等）、MTU（最大传输单元）大小（大于 1522 的整数值）等业务参数。

11.3.3　城域以太网设计

城域以太网的相关技术较多，包括：环网技术（如 ERP、RPR 等）、2 层 VPN 技术（如 VLAN VPN、VPWS、VPLS 等）、增强型以太网技术、T-MPLS 传送技术等。

1．RPR 城域网技术

RPR（弹性分组环）遵循 IEEE 802.17 标准，属于中间层增强技术。

（1）RPR 的优点。RPR 将 IP 数据包通过新的 MAC 层送到光纤上，无需进行数据包的拆分与重组，提高了交换处理能力。RPR 能确保电路交换业务和专线业务的服务质量，特别是 50ms 的保护切换时间。

（2）RPR 的缺点。RPR 新增加了一个 MAC 层，必须采用 RPR 设备厂商专有 ASIC 芯片，造成系统成本较高；其次，RPR 只能支持环型组网，灵活性受限；第三，由于 RPR 没有跨环标准，单环的 RPR 信号无法跨环传输，独立组成大网的能力较弱，无法实现环相切、环相交、环相连等复杂的网络结构。到目前为止，RPR 标准的市场接受程度不高。

2．Q in Q（SVLAN）城域网技术

IEEE 802.1Q 标准定义了 VLAN 技术进行逻辑隔离，802.1Q 标准只给 VLAN 定义了 4 096 个 ID，这在局域网中不存在什么问题。但是，当以太网应用于城域网时，这才发现城域网需要百万级数量的 VLAN ID。因此，IEEE 提出了 QinQ 解决方案。

SVLAN（可堆叠 VLAN）也称为 Q in Q，它通过**在以太帧中堆叠 2 个 IEEE 802.1Q 标签**，使数据包带着 2 层 VLAN 标签穿越 IP 城域网，来自用户私网的 VLAN ID 封装在公网的某个 VLAN 标签下而被屏蔽。因此，Q in Q 技术可以有效地缓解日益紧缺的城域网 VLAN ID 号。此外，用户可以任意规划私网的 VLAN 方案，而不会与城域网的 VLAN ID 号发生冲突。Q in Q 提供了一种简单易行的 2 层 VPN 解决方案。

Q in Q 最多能提供 4 096×4 096 个 VLAN ID。同时，多个用户 VLAN 能够复用到一个 IP 城域网的 VLAN 中。Q in Q 技术作为初始解决方案是不错的，但随着用户数量的增加，Q in Q 也会带来可扩展性方面的问题。因为有些用户希望在分支机构之间进行数据传输时，可以携带自己的 VLAN ID 号，这使得 Q in Q 技术面临以下问题：一是第 1 个用户的 VLAN ID 标识可能与其他用户冲突；二是服务提供商将受到用户可使用 VLAN ID 标识数量的严重限制。如果允许用户使用各自的 VLAN ID 空间，那么 IP 城域网仍存在 4 096 个 VLAN 的限制。

3．MAC in MAC 城域网技术

MAC in MAC（IEEE 802.1ah 标准）也称为网络提供商骨干桥（PBB）技术，它的基本设计思想是：**在用户以太数据包上再封装一个运营商的以太帧头，形成 2 个 MAC 地址**。其中用户的 MAC 地址存储在电信运营商的以太帧中，而核心网并不清楚，传输网只根据运营商的 MAC 地址转发流量。MAC in MAC 技术有以下优点。

（1）运营网与用户之间的界限非常清晰，完全屏蔽了用户侧的信息，减轻了用户 MAC 地址对传输网转发的压力，解决了网络安全性问题。

（2）MAC 地址具有清晰的层次化结构，在运营商的 MAC 帧头有 24 位业务标签，理论上可以支持 1 600 万个用户，从根本上解决网络扩展性和业务扩展性问题。

（3）运营网与用户网的隔离，避免了用户网中可能发生的广播风暴和潜在的转发环路向城域传输网络扩散，使城域传输网络具有健壮性。

（4）MAC in MAC 采用 2 层封装技术，不需要复杂的信令机制，在交换机上就可以实现，设备成本优势明显。

（6）对下可以接入 VLAN 或 SVLAN（堆叠 VLAN），对上可以与 VPLS 或其他 VPN 业务互通，具有很强的灵活性，很适合城域网接入层或汇聚层应用。

4．MPLS 多协议标签交换技术

早期主要是在 ATM 交换机上实现 MPLS（多协议标签交换），现在完全脱离了 ATM，采用了 IP 下的 MPLS 技术。TE（流量工程）技术很快就与 MPLS 融合，称为 MPLS-TE。

MPLS 技术将骨干网的各种机制和协议引入到以太接入网中，借此来全面解决以太网存在的各

种问题。MPLS 糅合了 OSPF、IS-IS、BGP 等复杂路由协议，以及跨域等技术，因此 MPLS 技术相对以太网来说比较复杂，需要有一个逐渐熟悉和推广的过程。

5. MSTP 多业务传输技术

MSTP（多业务传输协议）的关键技术是在传统的 SDH 上，增加了 ATM 和以太网的承载能力，其余部分的功能模型没有任何改变。所以 MSTP 不但可以完成 TDM（时分复用）业务的传送，还可以直接提供各种速率的以太网接口，而且支持以太网业务在网络中的带宽配置，这是通过 VC（虚容器）级联的方式实现的。Ethernet 的处理采用 EoS（Ethernet over SDH），即 MSTP 设备将 2 层甚至 3 层（实际上极少有厂商做 3 层）的功能集成到 MSTP 设备中，然后将所有业务传到 POP（接入点）进行处理，基于 MSTP 的城域网是中国城域网的一个主流方案。但是，基于 MSTP 的城域网利用率很低，例如，一个 100M 带宽的 Ethernet 数据包，需要 155M 带宽的 VC 进行封装，2.5G 的 SDH 只能支持 2 个 GE 封装。

常见城域以太网的主流技术比较如表 11-4 所示。

表 11-4   常见城域以太网主流技术比较

技术指标	QinQ	MAC in MAC	以太环网	RPR	MPLS
数据封装	IEEE 802.1ad	IEEE 802.1ah	IEEE 802.1/3	IEEE 802.17	IETF PWE3
网络标准	IEEE 802.1	IEEE 802.1ag	私有协议	IEEE 802.17	MPLS LDP
网络结构	树形	树形	环形	环形	任意
带宽效率	高	低	高	高	高
业务能力	任意	只支持 E-Line	任意	任意	任意
网络保护	1~3s	200ms	200ms	50ms	50ms
MAC 地址隔离	未隔离	隔离	未隔离	隔离	隔离
端到端能力	无	802.1ah	802.1ah	带宽预留	LSP/TE
组播能力	高	未知	高	很高	低
QoS 能力	8 类	8 类，需要静态规划流量模型	8 类	4 类，可实现端到端公平分配带宽	8 类，结合 TE 提供端到端 QoS 保证
标准成熟度	成熟	不成熟	不成熟	成熟	较成熟
OAM	弱	较高	一般	一般	较高

11.3.4 RPR 以太网设计

1. 弹性分组环（RPR）的技术特征

弹性分组环网络技术由 IEEE 802.17 协议进行定义。RPR 具有 50ms 的电信级故障恢复能力，以及带宽公平机制和拥塞控制机制，它同样适用于 TDM（时分复用）的话音业务。RPR 是一种第 2 层的技术，它可以使用以太网或者 SDH 作为传送媒介，实际应用中 RPR 大都采用 SDH 作为传送平台。

RPR 采用类似以太网的帧格式，RPR 的帧类型包括：数据帧、公平帧（用于公平算法）、控制帧（指示拓扑和保护信息）和空闲帧（用于速率适配）4 种。在帧结构中，目的地址和源地址都是 48 位以太网 MAC 地址，这样，环网上的节点可以快速地进行第 2 层数据转发，节点只需要对分组进行插入、转发或剥离操作，不必为了寻找下一跳路由进行第 3 层的分析处理，从而大大简化了节点的操作，提高了传送速率。

RPR 是以太网和 SDH 技术结合的产物，它采用双环结构，外环顺时针和内环逆时针同时双向传输数据。 在光纤或节点发生故障时，它们通过保护倒换，互为保护环。SDH 环路中，保护光纤只能是工作光纤的备份，不能独立携带业务；而 RPR 的双环在平时都用于传送业务，因此 RPR 环网的带宽利用率高于 SDH 环路。

为了解决 RPR 硬件环网的高成本问题，一些厂商开发了软件环网技术，如 ERP（以太环保护）、RRPP 等。软件环由一个主节点和多个从节点首尾相连而成，主节点定时向环路上发送协议报文，用来检测链路的状态，并且根据链路状态来控制从端口的打开和关闭，从而实现故障自愈。软件以太环网目前没有形成统一标准，不同厂商的产品无法互通。

2. RPR 规定的业务等级

RPR 的传送业务等级分为 A、B、C 三类，4 个服务质量等级，对应的服务质量依次降低。A 等级为 EF（快速传送）服务，它的时延和抖动最小，可用于传输实时业务；B 等级允许一定的抖动和时延，它分为 AF1（保障传送 1）和 AF2（保障传送 2）两个等级，AF1 保证一定的承诺速率（B-CIR），AF2 保证一定额外速率（B-EIR）；C 等级为尽力而为型业务。

3. RPR 城域网设计案例

【例 11-7】下面以 CS 市 IP 城域网改造为例，说明 RPR 技术在城域网中的应用。CS 市宽带业务有 ADSL 用户、LAN 用户、光纤接入大客户等，IP 城域网自建成以来一直没有扩容，目前汇聚端口数量、数据处理性能、业务支持能力等，都已经无法满足用户数量的增长和应用的需求。CS 市 IP 城域网结构如图 11-20 所示。

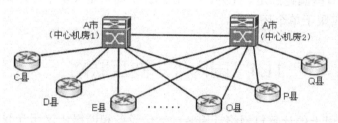

图 11-20　CS 市改造前 IP 城域网结构示意图

（1）CS 市目前城域网存在的问题。CS 市城域网采用光纤直连的星型结构，由于骨干设备光口资源缺乏，C、Q 两地无法实现双路由；2 台核心交换机处理能力不足，支持 VLAN 的数量只有 4 000 个；2 台交换机同时担负 CS 市本地 IP 数据汇聚和全市 3 层交换机的汇聚功能，网络层次不清晰，容易因为接入网的故障引起全网运行不稳定；当前采用裸光缆直连，监测和保护都难以实现，可管理性较差。

（2）RPR 城域网设计方案。RPR 的主要优势在于同城互连，如果需要进行跨城互连，可以将 RPR 作为 PE（供应商边缘）节点，从而实现 RPR 与 MPLS（多协议标签交换）的对接。改造后的 RPR 城域网网络结构如图 11-21 所示，图中只画出了市区部分的网络结构，郊县部分没有画出。

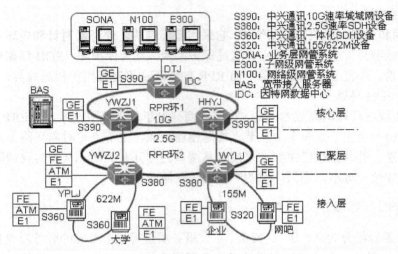

图 11-21　CS 市改造后的 IP 城域网结构示意图

4. RPR 环网的局限性

RPR 是 MAC 层协议，其应用仅限于单环，跨环时必须终结，因此无法实现跨环业务的端到端带宽共享、QoS 和保护功能。城域网需要混合使用环形、网状和树形网络结构，以满足工程实际的需要，而 RPR 环网很难满足这种要求。RPR 中 2 个节点之间的带宽需要增加时，整个环网的带宽都需要进行升级。弹性分组环的保护机制位于网络层，缺少对于单个业务和单个用户的保护粒度，造成了网络资源不必要的浪费。由于 SDH 本身具有 50ms 保护机制，当采用 SDH 作为传送层时，弹性分组环的保护机制有些画蛇添足。此外，IEEE 802.17 尚未定义多个环形结构的保护机制，因此现有的 50ms 保护机制仅限于单个环形中。

11.4　国内外主要互联网

网络互联是将两个以上的计算机网络，用多种通信设备和网络协议相互联接起来，构成更大的互联网络。多个城域网的互联构成了互联网（也称为广域网），互联网是一种跨地区的通信网络。下面介绍我国主要的互联网以及国际互联网的基本结构。

11.4.1　国内互联网

我国互联网通过北京、上海和广州 3 个国际出口，将我国的互联网接入到国际因特网中。受经济条件限制，互联网一般不使用局域网普遍采用的广播通信技术，往往采用点对点通信技术。互联网主要解决的问题是路由选择流量控制和拥塞控制。

1. 国家公用互联网基本设计原则

我国公用计算机互联网层次可分为 3 级：省际骨干网（国家骨干网）、省内骨干网和城域网（如图 11-22 所示），其中省际骨干网、省内骨干网、城域网分别采用独立的自治域。省内城市和地区可根据业务需求组建城域网，也可以组织省内跨地区的城域网。

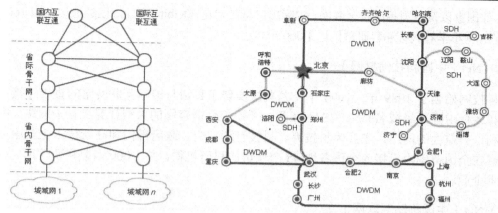

图 11-22　公用互联网层次模型（左）和某电信运营商网络干线示意图（右）

我国公用计算机互联网骨干传输网主要采用 IP Over SDH 和 IP Over DWDM 技术。本地传输网一般采用 IP over SDH 的组网方式，本地传输网可以提供 MSTP（多业务传送平台），可以利用 MSTP 设备的以太网承载能力组建城域网。

国家公用计算机互联网要求达到以下性能指标：单向延迟≤150ms（全网国内端到端，包括传输延迟和设备延迟）；抖动≤20ms；包丢失率≤1％；可用性≥99.99％。

我国公用计算机互联网域内路由采用动态路由机制，一般为 OSPF 或 IS-IS 路由协议。在自治域之间要求选用 BGP-4 作为域间路由协议。根据业务需求，网络内可以配置有关组播路由协议。对于用户接入优先采用静态路由配置，部分网络规模较大的企事业单位用户，也可采用 RIP、OSPF、BGP-4 等动态路由配置。为减少互联网路由数量，降低路由器设备的资源消耗，**各级路由器设备对外宣告路由时，要求采用无类域间路由（CIDR）方式**，最大化地进行路由聚合。网络中不应存在路由选择循环、路由黑洞。

2. ChinaNet（中国公用计算机互联网）

ChinaNet 是中国电信公司管理下的一个全国公用计算机互联网，也是目前国内最大的计算机骨干网，网络基本覆盖全国所有省、地州、市县，甚至农村。国际出入口带宽为 2.4Tbit/s（2014 年底），已建成连接省会城市的 1Tbit/s~100Tbit/s 宽带骨干网，截至 2015 年底，中国电信互联网骨干省际总带宽将达到 100Tbit/s。连接的国家有美国、加拿大、俄罗斯、澳大利亚、法国、英国、德国、日本、韩国等 20 多个国家。

3. CNCNet（中国联通计算机互联网）

中国联通公司与中国网通公司合并后，中国联通的 UNINet 互联网与中国网通的 CNCNet 互联网合并称为 CNCNet。CNCNet 是一个全国性互联网，它以原 ChinaNet 北方十省互联网为基础，经过大规模的改扩建，形成的一个全新结构的网络。它主要面向 ISP（因特网服务提供商）和 ICP（因特网内容提供商），骨干传输网已覆盖全国 230 多个城市。

4. CERNet（中国教育和科研计算机网）

CERNet 是由国家教育部主持建设和管理的全国性教育和科研计算机互联网。CERNet 已建成由全国主干网、地区网和校园网在内的三级层次结构网络。CERNet 全国网络中心设在清华大学，负责全国主干网的运行管理。CERNet 骨干网的传输速率已达到 100Gbit/s，已经与美国、加拿大、英国、德国、日本等国家以及中国香港特区联网，国际出口总带宽在 60Gbit/s 以上。已经通达全国 160 个城市，联网的大学、中小学等教育和科研单位达 1 000 个以上。

5. CSTNet（中国科技信息网）

中国科技网始建于 1989 年，1994 年 4 月首次实现了我国与国际互联网络的直接连接，同时在国内管理和运行中国顶级域名 CN。CSTNet 是一个覆盖全国范围的大型计算机骨干网络。中国科技网为非营利、公益性的网络，主要为科技界、科技管理部门、政府部门和高新技术企业服务。目前中国科技网在全国范围内已接入全国各地 45 个城市的科研机构，共 1 000 多家科研院所、科技部门和高新技术企业。

6. CMNet（中国移动互联网）

CMNet 主要提供无线上网服务，国际出口带宽达到 300Gbit/s 以上。CMNet 可提供：IP 电话、GPRS 骨干传输、手机 3G/4G 上网、专线上网、无线局域网（WLAN）、虚拟专用网、带宽批发、IDC 等服务。

11.4.2 电信骨干网 ChinaNet

1. ChinaNet 骨干网基本结构

ChinaNet 实现了与国内大型骨干网络的互连（如联通网、教育网等），目前 ChinaNet 已覆盖全国 31 个省、自治区和直辖市，并在全国 200 多个城市设有服务节点，全国用户数达到 2 亿多户。ChinaNet 在北京、上海、广州有 3 个国际出口，国际连接有 20 多个国家。

中国电信从 1995 年开始组建 ChinaNet（中国公众计算机互联网），经过多次网络扩容和建设，目前的网络结构和路由策略已经形成。ChinaNet 在网络结构上分为 3 层，即核心层、大区层和边缘层。ChinaNet 骨干网的基本结构如图 11-23 所示。

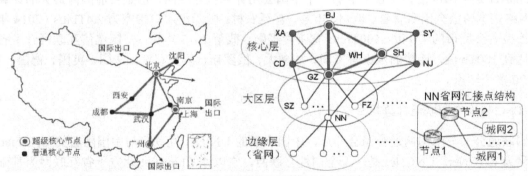

图 11-23　ChinaNet 核心层主干光缆链路示意图（左）和层次结构模型（中）

2. ChinaNet 核心层

如图 11-23 所示，ChinaNet 核心层由北京、上海、广州、沈阳、南京、武汉、成都、西安 8 个城市的核心节点组成。北/上/广 3 个节点称为**超级核心节点**，其他 5 个节点称为**普通核心节点**。如图 11-24 所示，北/上/广 3 个超级核心节点设有 2 台国际出口路由器（R5、R6），负责与国际 Internet 的互联；另外 4 台核心路由器与其他核心节点互联，提供大区之间信息交换通路。ChinaNet 骨干网的链路随着业务量增长在不断地进行调整，骨干网采用 DWDM（密集波分复用）技术，链路带宽为 $N×10Tbit/s$。

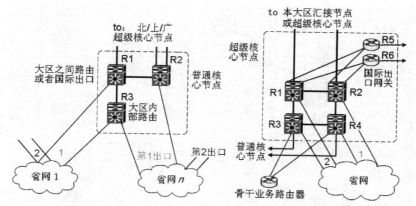

图 11-24　ChinaNet 普通核心节点（左）和超级核心节点（右）结构示意图

（1）超级核心节点

如图 11-24 所示，超级核心节点从功能上分为两组。第一组为 R1、R2 路由器，它们负责疏通其他 5 个核心节点汇集上来的流量，它们主要是国内流量，也包含一定的国际流量。结构设计中综合考虑了路由策略和负载均衡分配。

第二组为 R3、R4 路由器，它们根据连接带宽和预计的接入流量，尽可能平均地分配到 R1、R2 路由器上，以实现资源和处理能力的合理分担。这组路由器负责疏通的流量有：区域内汇聚节点之间的流量、各汇聚节点与国际接口之间的流量、北/上/广之间的流量。

（2）普通核心节点

如图 11-24 左图所示，5 个普通核心节点中，每个节点包含 3 台路由器（R1、R2、R3），它们负责跨区域流量和本大区内流量的疏通。流量以国内流量为主，也包含一定的国际流量。路由器的连接要综合考虑路由策略和资源的合理利用。

核心层 8 个核心节点之间采用不完全网状连接，每个核心节点均保持 3 个以上方向的网络链路与其他核心节点相连，以保证网络的安全和可靠。北/上/广三个核心节点之间的网络链路带宽为 $N×100Tbit/s$，其余核心节点之间的链路带宽为 1Tbit/s 或 10Tbit/s。

3. ChinaNet 大区层

中国电信将全国 31 个省会城市按照行政区划划分为 8 个大区网络，大区网络以核心节点为中心，主要提供大区内各个省网之间的信息交换，以及接入其他大区或国际出口的通路。大区之间的网络带宽为 $N×10Tbit/s$。不同大区之间的通信必须通过核心层。

每个省网根据业务情况有 1~2 个汇聚节点，分别负责两个方向的连接和流量疏通。每个汇接点有 2 个出口，它们与不同的核心节点连接，以保证网络的可靠性。如图 11-23 所示，省网汇接点 NN 的第 1 出口与核心节点 GZ 互联，第 2 出口与核心节点 SH 互联。省网汇接点配置适当的路由策略，尽量做到两条链路的负载均衡。

4. ChinaNet 边缘层

边缘层由各个省网组成，省网设核心节点 2 个，为省网提供冗余接入，并负责省内信息交换。边缘层主要提供用户接入端口和用户接入管理。各个省网通过本省省会城市接入节点，与大区核心节点相连后进入 ChinaNet 骨干网。边缘层的省网由省内各个地、市、县的城域网组成，省网的基本结构和接入界面如图 12-25 所示。

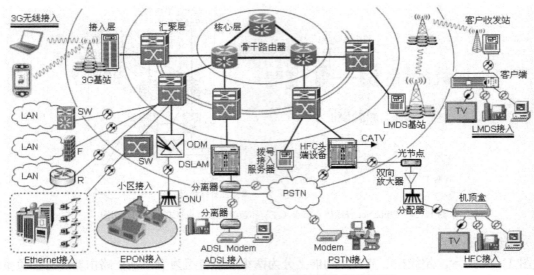

图 11-25　ChinaNet 省网的基本结构和接入界面示意图

5．ChinaNet 路由策略

在 ChinaNet 中，所有域外路由采用 BGP-4 协议；域内路由采用 IS-IS 协议。

（1）域外路由策略 BGP-4

ChinaNet 骨干网申请的自治域号为 AS 4134，整个骨干网为一个自治域（包括核心层和大区层）。北/上/广 3 个节点的国际出口网关与国外 Internet 节点之间采用 BGP-4 路由协议；ChinaNet 与其他骨干网（如 CERNET2）的互联也采用 BGP-4 协议；骨干网与省网的互联也采用 BGP-4 协议。BGP-4 协议在 ChinaNet 中起着承载、分配和控制外部路由的作用。

（2）域内路由策略 IS-IS

可用于大规模网络服务、同时基于开放标准的域内路由协议有 OSPF（开放系统最短路径，IETF 标准）和 IS-IS（中间系统-中间系统，ISO 标准）。它们都是基于链路状态的最短路径路由协议，它们采用同一路由算法（Dijkstra）。两种协议在实现方法、网络结构上非常相似，在大型网络中都有成功应用的案例。

ChinaNet 采用 IS-IS 作为内部网关协议，即核心层内部网络、8 个大区层内部网络、省网内部网络，均采用 IS-IS 协议进行内部路由选择。

6．ChinaNet 流量策略

超级核心节点（北/上/广）可以在逻辑上抽象成两个传输平面。平面一由超级核心节点的 R1、R2 路由器、链路，以及各省第一出口链路组成。由于各省第一出口链路都与超级核心节点的 R1、R2 号路由器相连，而 R1、R2 号路由器与国际出口路由器相连，因此在实际应用中，在平面一上可以实现下列流量交换。

各省的国际出口流量，通过各省第一出口直接转发到超级核心节点（北/上/广）的 R1、R2 号路由器转发；大区内各省之间的流量，通过本省所在大区核心节点的 R1、R2 号路由器转发；各超级核心节点所在省网之间的流量，通过平面一的链路转发。如北京省网与广东省网之间的访问，通过北京 R1 和广州 R1 之间的链路转发。也就是说平面一负责全部国际流量交换和大约 1/3 的国内流量交换。

平面二由普通核心节点到超级核心节点的链路和各省第二出口的链路组成，平面二负责跨大区之间的流量转发，大约占国内流量的 2/3。

平面一与平面二之间必须隔离，防止流量在两个平面之间穿越，造成网络资源浪费。

11.4.3 教育骨干网 CERNet2

1. CERNet 基本情况

CERNet（中国教育和科研网）是我国教育信息化的基础设施，也是国际上最大的国家级学术互联网。CERNet 自 1994 年底开始建设以来后，先后经历了示范工程、骨干网升级工程、"211"一期工程、现代远程教育工程等几个大型项目的建设。

2. 第 2 代中国教育科研网 CERNet2

CERNet2 是 1998 年开始进行的中国下一代互联网（CNGI）研究项目，项目由中国工程院负责，由清华大学等 25 所大学联合承担设计建设工作。2003 年，连接北京、上海和广州三个核心节点的 CERNet2 试验网开通，并投入试运行。2004 年，美国 Internet2、欧盟 GéANT 2 和中国 CERNet2 三个全球最大的学术互联网，同时开通了 IPv6 互联网服务。

CERNet2 是目前世界上最大规模的纯 IPv6 网络之一，骨干网尽可能采用了国产的 IPv6 设备，主要进行以下应用研究：中国教育科研网格（ChinaGrid）、高清晰度视频传输、无线移动技术的大规模点到点多媒体通信系统等研究。

3. CERNet2 总体结构

CERNet2 网络设计内容包括：总体设计、骨干网设计、核心节点设计、接入方案设计、CNGI（国际/国内互连中心）设计等。CERNet2 采用 2 级层次结构，分为骨干网和用户网。CERNet2 骨干网由网络中心和分布在全国 20 个城市的核心节点组成，用户网包括高校、科研单位等，CERNet2 全国网络中心设置在清华大学内。用户网通过城域网光纤或长途线路接入 CERNet2 核心节点，称为用户接入网。通过国内/国际互连中心，CERNet2 与国内其他 CNGI 互连，并与国际下一代互联网互连。CERNet2 的网络结构如图 11-26 所示。

CERNet2 北京交换节点与美国 Internet2 的专线连接速率为 1Gbit/s~10Gbit/s，CERNet2 与在日本的 APAN（亚洲先进网络）之间的专线连接速率为 10Gbit/s。CERNet2 以 $N\times10$bit/s 连接了国内 20 个城市的 25 个核心节点，各个核心节点均具有支持用户网以 1~10Gbit/s 速率接入的能力。另外，CERNet2 分别以 10~100Gbit/s 的速率连接了中国电信、中国联通、中科院、中国移动等 CNGI 核心网。

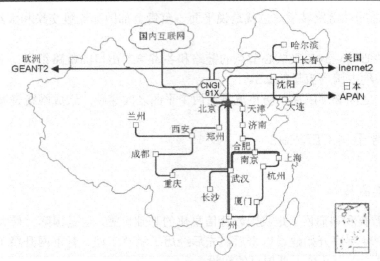

图 11-26　CERNet2 主干网络结构示意图

4. CERNet2 网络用户接入

CERNet2 骨干网采用纯 IPv6 协议，传输链路采用 DWDM 技术，支持 IPv4 和 IPv6 的用户网接入，对纯 IPv6、IPv6/IPv4 双栈和 IPv4 三种网络，采用以下三种方式支持用户端到端的应用。

（1）用户为纯 IPv6 网络时，使用 BGP+（IP v6 下的外部网关协议）路由协议或静态路由进行互连，实现 IPv6 端到端的连接。

（2）用户为 IPv6/IPv4 双栈网络时，使用 BGP+或静态路由进行网络互连。当用户使用 IPv4 应用时，利用 IPv4 over IPv6 隧道技术，通过 CERNet2 骨干网实现 IPv4 端到端的高性能连接。

（3）用户为 IPv4 网络时，通过网络地址转换（NAT）技术，实现基于 IPv6 骨干网的 IPv4 接入网互连，从而实现与现有网络的互连互通以及资源共享。

11.4.4　国际互联网

全球学术性互联网有：美国互联网 Internet 2、欧洲互联网 GéANT 2、亚洲互联网 APAN、泛欧亚互联网 TEIN2 等。全球互联网主干线路流量如图 11-27 所示。

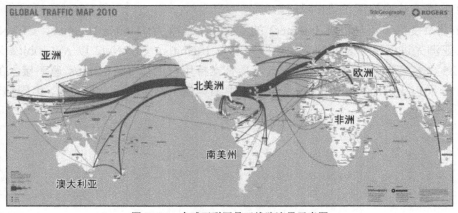

图 11-27　全球互联网骨干线路流量示意图

1．第 2 代美国互联网 Internet2

（1）Internet2 的发展

Internet2（第 2 代美国互联网）联盟成立于 1996 年，Internet2 联盟有 330 多个正式会员，其中包括 200 多所大学、34 个州教育科研网和政府机构。Internet2 的目的是：构建一个高性能的网络基础设施平台，开创网络应用的新领域，研究和开发未来先进的的网络技术，为创新型网络应用技术的研究提供试验平台。

（2）Internet2 主干网

2007 年，Internet2 联盟宣布完成了 Internet2 基础架构（如图 11-28 所示），并且开始运行。研究人员示范了网络的带宽特性，在美国内布拉斯加林肯大学（UNL）和巴达维亚的费米实验室之间建立了网络连接，传输 1TB 文件花费了 5 分钟，带宽稳定在 10Gbit/s 的水平。Internet2 构建了一个先进的主干网，网络带宽达到了 $N\times10$Gbit/s。

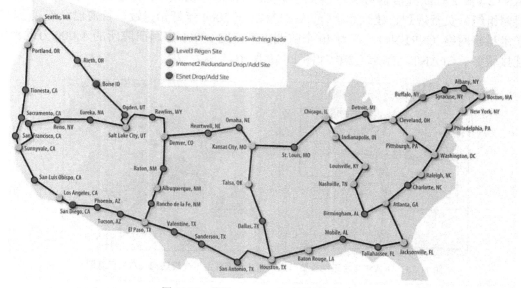

图 11-28　美国 Internet2 主干网结构示意图

2013 年，Internet2 主干网完成了初步升级，技术人员在一根光纤中同时传送 10 个波长的载波，从而将网络主干速率提高到了 100Gbit/s。升级后的主干网有 10 个核心节点，这些**节点之间采用 100Gbit/s 以太网互连，干线节点采用 100Gbit/s 以太网**。边缘连接采用 40Gbit/s 和 100Gbit/s 网络连接到州和国家网络。

运营商初期给研究机构和教育机构提供 10/100Gbit/s 的速率连接到 100Gbit/s 的 Internet2 主干网，另外还分配一个 10Gbit/s 的接口作为备份，以备突发流量之需。

Internet2 网络仍有提速潜力，目前商业化的单光纤传输速率达到了 6.4Tbit/s 以上，专家们希望将主干网带宽扩展到 8.8Tbit/s。主干网升级后将拥有 15 000 多英里的光缆。

（3）Internet2 的覆盖范围

Internet2 建立了一个覆盖全美国的高容量网络，它连接了 20 个地区性光纤网络，连接了超过 50 个国家学术网。Internet2 向 6.6 万个单位和部门提供宽带连接，升级后将把覆盖范围扩大到 20 万个单位。这些单位包括：学校、科研部门、图书馆、博物馆、艺术中心、健康中心、公众安全机构等。不过，这一超高速网络进入普通家庭还需较长的时间。

（4）Internet2 主干网管理

Internet2 主干网建设主要依靠运营商资助、国家投资和收取会员费等方式。2006 年开始，Internet2 主干网由美国 Level 3 公司负责运营和管理。Internet2 与其他互联网并行运作，为各个大学、研究所、社区提供实时的信息交换服务。

（5）Internet2 的应用

Internet2 的核心任务是：开发先进的网络技术，建立先进的网络基础设施，提供研究和试验网络技术的平台。开展的研究项目包括：网络中间件、安全性、网络管理和测量、网络运行数据收集和分析、新一代网络及部署、全光网络研究等。许多研究项目取得了很好的进展，也有一些研究成果变得无关紧要。例如，服务质量是 Internet2 早期重点研究项目，但是，互联网传输速率的极大提高，使得研究之中的服务质量技术成为"屠龙之技"。

2. 第 2 代欧洲互联网 GéANT2

GéANT2（第 2 代欧洲信息网络）由欧盟和欧洲国家学术网组成，由非营利组织 DANTE（欧洲国家教科网组织）负责规划、建设和运行。GéANT2 于 2004 年开始建设，目前已经连接了 32 个欧洲国家学术科研网络（NRENs），可为 40 个欧洲国家，约 8 000 家科研院所的 4 000 万欧洲用户提供网络连接服务。GéANT2 的网络结构如图 11-29 所示。

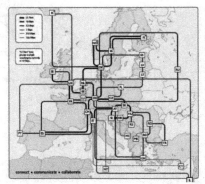 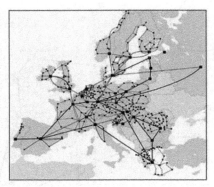

图 11-29 GéANT2 主干网重要节点（左）和网络主干光缆结构（右）示意图

GéANT2 主干网带宽为 10Gbit/s，包括 25 个 POP（核心节点）节点、44 个路由节点。GéANT 2 主干网建设了 5 万 km 的网络基础设施，其中包括横跨欧洲 1.2 万 km 的光缆，实现了与欧洲以外 50 个国家的网络互联。一般而言，任何不以营利为目的的研究和教育活动，都可以通过该国的教育科研网连接到 GéANT 2 主干网。

3. 第 2 代泛欧亚信息网 TEIN2

TEIN2（第 2 代泛欧亚信息网络）项目于 2004 年启动，项目由欧盟和欧洲 30 个国家教科研网络共同资助，由 DANTE（欧洲国家教科网组织）负责管理。TEIN2 的目标是改善欧洲与亚太地区教育科研网络的连接状况，提供亚洲国家的网络接入。TEIN2 连接了欧洲与亚洲之间的学术网，对欧亚大陆的学术交流发挥了重要作用。

（1）TEIN2 主干网结构

2005 年，经过欧盟招标，清华大学网络中心中标成为 TEIN2 主干网管理与运行中心，北京和香港分别取得了 TEIN2 主干网核心节点（POP）位置。北京通过 CERNET2 与 GENT2 进行 622Mbit/s 互联。TEIN2 的主干网结构如图 11-30 所示。

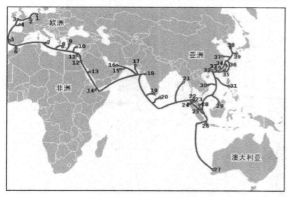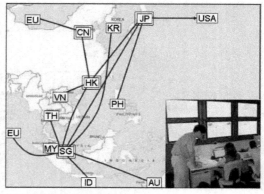

图 11-30 泛欧亚互联网 TEIN2 主干网和主干节点示意图

TEIN2 主干网核心节点（POP）包括北京（CN）、香港（HK）、新加坡（SG）和东京（JP）。北京和新加坡分别与欧洲（EU）的哥本哈根和法兰克福互联，总带宽为 3×622Mbit/s。同时，TEIN2 通过东京与北美（USA）实现了 10Gbit/s 的互联。通过以上 4 个 POP 点，TEIN2 主干网与中国、越南（VN）、泰国（TH）、马来西亚（MY）、印度尼西亚、菲律宾（PH）等 6 个受益国，以及韩国（KR）、日本、新加坡、澳大利亚（AU）等 4 个非受益国进行互联。老挝、柬埔寨等亚洲国家和地区也对 TEIN2 表示出浓厚的兴趣，正在与欧盟展开网络接入谈判。TEIN2 满足了各成员在网络互联方面的需求，产生了一定的规模经济效益。

（2）TEIN3 的建设

目前，TEIN2 主干网的建设已经全面完成，TEIN3 的建设也在进行之中。TEIN3 将直接连接到欧盟的下一代互联网 GÉANT2 中。在亚洲，TEIN3 已将澳大利亚、中国、印度尼西亚、日本、韩国、老挝、马来西亚、巴基斯坦、菲律宾、泰国及越南等国连接起来，并计划进一步扩大连接范围至南亚次大陆地区。

（3）TEIN2 对中国的意义

国际互联网的传输服务主要集中在全球几大运营商的交换中心（POP）上。中国虽然是互联网大国，但仍然只是大交换中心之下的一个节点，仅仅作为网络接入，对全球互联网的运行情况没有发言权。

TEIN2 是互联网的主干网，是一个国际交换中心，它实现了欧亚网络的直接互联。运行管理 TEIN2 之后，中国已经位于互联网的顶层，与全球其他网络交换中心形成对等关系，这种对等关系对提升中国在国际互联网的地位意义很大。从技术层面上看，路由是 Internet 体系结构的核心，而以 BGP 为基础的域间路由则是 Internet 路由的核心。在 TEIN2 之前，国内还没有任何网络运营商给其他国家的网络自治域提供大规模的"穿透"服务。TEIN2 是一个很好的实践机会，它将大大增加我国对全球互联网运行规律的理解和实际操作经验，使我国对互联网的研究和运行在全球 Internet 团体中拥有更多的话语权。

4. 中美俄环球科教网 GLORIAD

（1）GLORIAD 项目背景

GLORIAD（中美俄环球科教网）由中国科学院、美国国家科学基金会、俄罗斯部委与科学团体联盟共同出资建设。项目的目的是支持三国乃至全球先进的科教应用，并支持下一代互联网的研究。建设和运营单位分别是：中国科学院计算机网络信息中心、美国依利诺伊大学国家超级计算应用中心、俄罗斯库尔恰托夫研究院。GLORIAD 于 2004 年开通，网络结构如图 11-31 所示。

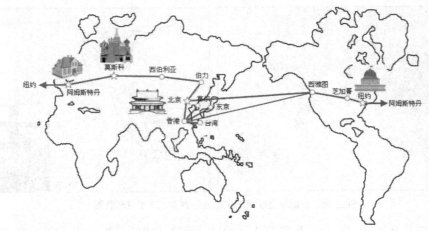

图 11-31　GLORIAD 主干网结构示意图

（2）GLORIAD 网络结构

GLORIAD 利用光缆直连的方式，从美国"芝加哥"节点出发，穿过大西洋和欧洲大陆"阿姆斯特丹"节点，继续往东到达"莫斯科"节点的俄罗斯科学城，再穿过"西伯利亚"节点以及中国边境，到达"北京"节点、"香港"节点，通过美国 Tyco 公司提供的跨太平洋海底光缆，经美国西雅图节点连接到美国"芝加哥"节点，形成一个"闭环"结构。GLORIAD 环网采用基于光纤的 DWDM 传输技术，网络速率分别为：北京——香港（2.5Gbit/s）、香港——西雅图（155Mbit/s）、西雅图——芝加哥（155Mbit/s）、纽约——阿姆斯特丹（2.5Gbit/s）、阿姆斯特丹——莫斯科（622Mbit/s）、莫斯科——北京（155Mbit/s）。随着网络技术的发展，全网传输速率将进一步提升到 10Gbit/s。

（3）香港交换节点（HK OEP）

2005 年，GLORIAD 网络的香港节点（HK Light）被提升为亚太地区的"开放交换节点"（OEP）。这意味着香港节点将成为亚太地区互联网的汇聚中心和国际互联网在亚太地区的交换中心（HK OEP）。可以通过香港交换点，直接联系中国、美国及俄罗斯的科研单位。

习题 11

11.1　将低速支路信号复用为 SDH 标准速率信号，要经历哪些步骤？

11.2　简要说明 DWDM 系统的基本组成部分。

11.3　在某 DWDM 传输网络中，发送端输出功率为 P_{out}=6dBm，接收端最小输入功率为 P_{in}= −10dBm，光纤损耗为 0.275dB/km，试计算发送端与接收端之间的最大传输距离。

11.4　讨论 SDH 为什么需要同步，与谁同步，怎样进行同步，如果不同步怎么处理。

11.5　我国骨干传输网采用哪些技术？

11.6　国家公用计算机互联网要求达到哪些性能指标？

11.7　讨论国家公用计算机互联网采用哪些路由机制。

11.8　讨论 CERNet2 网络采用了哪些新技术。

11.9　写一篇课程论文，设计一个小型城市的 SDH 主干传输网，并写出设计说明书。

11.10　进行 SDH 网络相关配置的演示或实验。

参考文献

[1] Darren L. Spohn，Tina L. Brown，Scott Grau. 数据网络设计. 3 版. 丁宏毅，王文同，李恒丁等译. 北京：人民邮电出版社，2005.

[2] Matthew J. Castelii. 网络工程师手册. 袁国忠译. 北京：人民邮电出版社，2005.

[3] Tom Sheldon. 网络与通信技术百科全书. 北京超品锐智技术有限公司译.北京：人民邮电出版社，2004.

[4] Diane Teaare. CCDA 自学指南：设计 Cisco 互联网络解决方案（DESGN）. 周兴围，曹芳译.北京：人民邮电出版社，2004.

[5] Sean Convery. 网络安全体系结构. 王迎春等译. 北京：人民邮电出版社，2005.

[6] Mark McGregor. CCNP 思科网络技术学院教程（第五学期）高级路由. 李逢天，张帆，程实译. 北京：人民邮电出版社，2001.

[7] YousefHaik. 工程设计过程. 李熠译.北京：清华大学出版社，2005.

[8] Anne Carasik-Henmi. 防火墙核心技术精解.李华飚，柳振良，王恒等译.北京：中国水利水电出版社，2005.

[9] Cisco System. 网络互连技术手册. 4 版. 李莉，童小林译.北京：人民邮电出版社，2004.

[10] 徐恪、吴建平、徐明书. 高等计算机网络——体系结构、协议机制、算法设计与路由技术.北京：机械工业出版社，2005.

[11] 穆维新. 现代通信工程设计.北京：人民邮电出版社，2007.

[12] 徐荣，龚倩，邓春胜，田沛. 电信级以太网.北京：人民邮电出版社，2009.

[13] 杨丰瑞，刘辉，张勇. 通信网络规划. 北京：人民邮电出版社，2005.

[14] 王加强，岳新全，李勇. 光纤通信工程.北京：北京邮电大学出版社，2003.

[15] 刘晓辉. 网络设备. 北京：机械工业出版社，2007.

[16] 苗来生，乔伟，王录学. 新电信网络技术需求与方案设计指南案例解析. 北京：清华大学出版社，2004.

[17] 高俊峰. 循序渐进 Linux. 北京：人民邮电出版社，2009.

[18] 邓江沙，徐蔚鸿，易建勋. 计算机网络技术与应用. 北京：人民邮电出版社，2008.

[19] 唐良荣，唐建湘，范丰仙，易建勋. 计算机导论——计算思维和应用技术. 北京：清华大学出版社，2015

[20] 易建勋等. 计算机硬件技术——结构与性能. 北京：清华大学出版社，2011